Manuel de jardinage

Un guide pratique pour la création de terrains domestiques et la culture de fleurs, de fruits et de légumes pour un usage domestique

LH Bailey

Writat

Cette édition parue en 2023

ISBN : 9789359253497

Publié par
Writat
email : info@writat.com

Contenu

EXPLICATION

J'ai eu envie de reconstruire les deux livres, « Garden-Making » et « Practical Garden-Book » ; mais dans la mesure où ces livres ont trouvé un public sous leur forme actuelle, il a semblé préférable de les laisser tels quels et de poursuivre leur publication aussi longtemps que la demande se maintient, et de préparer un nouvel ouvrage sur le jardinage. Ce nouvel ouvrage que je propose maintenant sous le titre « Un manuel de jardinage ». Il s'agit d'une combinaison et d'une révision des parties principales des deux autres livres, ainsi que de nombreux éléments nouveaux et les résultats de l'expérience de dix années supplémentaires.

Un livre de ce genre ne peut pas être entièrement tiré de sa propre pratique, à moins qu'il ne soit conçu pour avoir une application très restreinte et locale. La plupart des meilleures suggestions contenues dans un tel livre proviendront de correspondants, de questionneurs et de ceux qui aiment parler de jardins ; et ma situation a été telle que ces communications me sont parvenues librement. J'ai cependant toujours essayé de tester toutes ces suggestions par l'expérience et de me les approprier avant de les proposer à mon lecteur. Je dois exprimer mon obligation particulière envers les personnes qui ont collaboré à la préparation des deux autres livres et dont les contributions ont été librement utilisées dans celui-ci : à CE Hunn, un jardinier de longue expérience ; le professeur Ernest Walker, élevé comme fleuriste commercial ; Le professeur LR Taft et le professeur FA Waugh, bien connus pour leurs études et écrits sur des sujets horticoles.

En écrivant ce livre, j'ai constamment pensé au ménagère lui-même plutôt qu'au jardinier professionnel. Il est de la plus haute importance que nous attachions beaucoup de personnes à la terre ; et je suis convaincu que l'intérêt pour le jardinage remplacera naturellement de nombreux désirs beaucoup plus difficiles à satisfaire et qui sont hors de portée de l'homme ou de la femme moyen.

J'ai eu la chance d'avoir vu du jardinage amateur et commercial dans toutes les régions des États-Unis, et j'ai essayé d'exprimer quelque chose de cette généralité dans le livre ; Pourtant, mon expérience, ainsi que celle de mes premiers collaborateurs, concerne les États du Nord-Est, et le livre est donc nécessairement écrit à partir de cette région. Un livre de jardinage ne peut être appliqué à sa pratique dans toutes les régions des États-Unis et du Canada à moins que ses instructions ne soient si générales qu'elles soient pratiquement inutiles ; mais les principes et les points de vue peuvent avoir une application plus large. Bien que j'aie essayé de donner uniquement les conseils les plus solides et les plus éprouvés, je ne peux espérer avoir échappé aux erreurs et aux défauts, et je serai reconnaissant à mon lecteur s'il me fait part des erreurs ou des défauts qu'il pourrait découvrir. Je m'attendrai à utiliser ces informations dans la réalisation des éditions ultérieures.

Bien entendu, un auteur ne peut pas se rendre responsable des échecs que pourrait subir son lecteur. Les déclarations contenues dans un livre de ce type ont la nature de conseils, et elles peuvent ou non s'appliquer dans des conditions particulières, et le succès ou l'échec est principalement le résultat du jugement et de la prudence de l'opérateur. J'espère qu'aucun lecteur d'un livre sur le jardinage ne concevra jamais l'idée que lire un livre et le suivre littéralement fera de lui un jardinier. Il doit toujours assumer ses propres risques, et ce sera la première étape de son progrès personnel.

Je dois expliquer que la nomenclature botanique de ce livre est celle de la « Cyclopedia of American Horticulture », sauf indication contraire. Les exceptions sont les « noms commerciaux », ou ceux utilisés par les pépiniéristes et les semenciers pour la vente de leur stock.

Je devrais expliquer davantage la raison pour laquelle j'ai omis les ligatures et utilisé des mots tels que pivoine, spirée, dracena, cobea. Comme formulaires techniques latins, les composés doivent bien entendu être retenus, comme dans *Pæonia officinalis* , *Spiræa Thunbergi* , *Dracæna fragrans* , *Cobæa scandens* ; mais en tant que mots anglicisés du langage courant, il est temps de suivre l'usage de la littérature générale, dans laquelle les combinaisons æ et œ ont disparu. Cette simplification a été commencée dans la « Cyclopedia of American Horticulture » et s'est poursuivie dans d'autres écrits.

LH BAILEY.

ITHACA, NEW YORK,
20 janvier 1910.

CHAPITRE I
LE POINT DE VUE

I. Le centre ouvert.

Partout où il y a du sol, les plantes poussent et produisent leur espèce, et toutes les plantes sont intéressantes ; lorsqu'une personne fait un choix quant aux plantes qu'elle fera pousser dans un endroit donné, elle devient jardinier ou agriculteur ; et si les conditions sont telles qu'il ne peut pas faire de choix, il peut adopter les plantes qui y poussent naturellement et, en les tirant le meilleur parti, il peut encore être jardinier ou agriculteur dans une certaine mesure.

Chaque famille peut donc avoir un jardin. S'il n'y a pas un pied de terrain, il y a des porches ou des fenêtres. Partout où il y a du soleil, les plantes peuvent pousser ; et une plante dans une boîte de conserve peut être un jardin plus utile et plus inspirant pour certains qu'un acre entier de pelouse et de fleurs ne peut l'être pour un autre.

La satisfaction d'un jardin ne dépend pas de la superficie, ni, heureusement, du coût ou de la rareté des plantes. Cela dépend du tempérament de la personne. Il faut d'abord chercher à aimer les plantes et la nature, puis cultiver la tranquillité d'esprit heureuse qui se contente de peu.

Dans la grande majorité des cas, une personne sera plus heureuse si elle n'a pas de notions rigides et arbitraires, car les jardins sont maussades, surtout chez le novice. Si les plantes poussent et prospèrent, il devrait être heureux ; et si les plantes qui prospèrent ne sont pas celles qu'il a plantées, ce sont néanmoins des plantes, et la nature s'en contente.

Nous avons tendance à convoiter les choses que nous ne pouvons pas avoir ; mais nous sommes plus heureux lorsque nous aimons les choses qui poussent parce qu'elles le doivent. Un champ d'amarantes vigoureuses, poussant et se regroupant dans un abandon luxuriant, peut être un objet d'affection meilleur et plus digne qu'un lit de coleuses dans lequel toute étincelle de vie, d'esprit et d'individualité a été cisaillée et supprimée. L'homme qui s'inquiète matin et soir des pissenlits dans la pelouse trouvera un grand soulagement en aimant les pissenlits. Chaque fleur vaut plus qu'une pièce d'or, car elle brille sous la lumière exubérante du soleil du printemps et attire les insectes dans son sein. Les petits enfants aiment les pissenlits : pourquoi pas nous ? Aimez les choses les plus proches ; et aimer intensément. Si je devais écrire une devise sur la porte d'un jardin, je choisirais la remarque que Socrate aurait faite en voyant les produits de luxe sur le marché : « Combien y a-t-il au monde dont je ne veux pas ! »

Je crois en vérité que ce paragraphe que je viens d'écrire vaut mieux que tous les conseils dont j'ai l'intention de bourrer les pages suivantes, malgré le fait que j'ai très assidûment extrait ces conseils de divers auteurs dignes mais, heureusement, oubliés depuis longtemps. Le bonheur est une qualité d'une personne, pas d'une plante ou d'un jardin ; et l'attente de la joie ressentie lors de l'écriture d'un livre est peut-être la raison pour laquelle tant de livres sur la création de jardins ont été écrits. Bien sûr, tous ces livres ont été bons et utiles. Il serait pour le moins ingrat de la part de l'auteur de dire le contraire ; mais les livres vieillissent et les conseils deviennent trop familiers. Il faut transposer les phrases et varier l'ordre des chapitres de temps en temps, sinon l'intérêt est en décalage. Ou, pour parler clairement, un nouveau livre de conseils sur l'artisanat est nécessaire chaque décennie, ou peut-être plus souvent à l'heure actuelle où de nombreux éditeurs sont présents. Il y a eu une longue et digne procession de ces manuels, — Gardiner & Hepburn, M'Mahon, Cobbett — Cobbett original, piquant et polyvalent ! — Fessenden, Squibb, Bridgeman, Sayers, Buist et une douzaine d'autres, chacun un peu différent. plus riche parce que les autres avaient été écrits. Mais même le fait que tous les livres tombent dans l'oubli n'empêche pas une autre main de se lancer dans une nouvelle aventure.

J'espère donc que toute personne qui lira ce livre fera un jardin, ou essaiera d'en faire un ; mais si seulement l'ivraie pousse là où l'on désire les roses, je dois rappeler au lecteur qu'au début j'ai conseillé les amarantes. Le livre conviendra donc à tout le monde, au jardinier expérimenté, car il sera une répétition de ce qu'il sait déjà ; et le novice, car il s'appliquera aussi bien à un jardin de bardanes que d'oignons.

1. The ornamental burdock.

Qu'est-ce qu'un jardin .

Le jardin est la partie personnelle d'un domaine, l'espace le plus intimement associé à la vie privée de la maison. À l'origine, le jardin était la zone située à l'intérieur de l'enceinte ou des lignes de fortification, par opposition à la zone non protégée ou aux champs qui se trouvaient au-delà ; et ce dernier domaine était le domaine particulier de l'agriculture. Ce livre comprend le jardin comme la partie des locaux personnels ou domestiques consacrée à l'ornement et à la culture de légumes et de fruits. Le jardin est donc un domaine mal défini ; mais il ne faut pas commettre l'erreur de le définir par des dimensions, car on peut avoir un jardin dans un pot de fleurs ou sur mille acres. En d'autres termes, ce livre déclare que tout terrain qui n'est pas utilisé pour les bâtiments, les promenades, les allées et les clôtures doit être planté. Ce que nous planterons, qu'il s'agisse de gazon, de lilas, de chardons, de choux, de poires, de chrysanthèmes ou de tomates, nous en parlerons au fur et à mesure.

La seule façon de maintenir la terre parfaitement improductive est de la maintenir en mouvement. Dès que le propriétaire le laisse tranquille, la plantation a commencé. Dans mon propre jardin, cette première plantation est constituée d'amarantes. Celles-ci pourront être suivies, l'année suivante, par l'ambroisie, puis par les chardons et les chardons, avec ici et là un début de trèfle et d'herbe ; et tout se termine dans l'herbe de juin et les pissenlits.

La nature ne permet pas que la terre reste nue et inutilisée. Même les berges où le plâtre et les lattes étaient déversés il y a deux ou trois ans sont maintenant luxuriantes de bardanes et de mélilot ; et pourtant, les gens qui passent chaque jour devant ces décharges disent qu'ils ne peuvent rien cultiver dans leur propre jardin parce que le sol est si pauvre ! Pourtant, j'ose affirmer que ces mêmes personnes fournissent la plupart des graines d'amarante que j'utilise dans mon jardin.

La leçon est qu'il n'y a pas de sol – sur lequel on pourrait construire une maison – si pauvre qu'on ne puisse y cultiver quelque chose de valable. Si les bardanes poussent, quelque chose d'autre poussera ; ou si rien d'autre ne pousse, alors je préfère les bardanes au sable et aux détritus.

La bardane est l'une des plantes les plus frappantes et les plus décoratives, et un bon morceau de celle-ci contre un bâtiment ou sur une berge accidentée est tout aussi utile que de nombreuses plantes qui coûtent de l'argent et sont difficiles à cultiver. J'avais une bonne touffe de bardane sous la fenêtre de mon bureau, et c'était d'un grand réconfort ; mais l'homme persistait à vouloir le couper lorsqu'il tondait la pelouse. Sur mes remontrances, il déclara que ce n'était que de la bardane ; mais j'ai insisté sur le fait que, loin d'être de la bardane, il s'agissait en réalité de Lappa major, depuis lors la plante et sa progéniture jouissent de son plus grand respect. Et je trouve que la plupart de mes amis réservent leur appréciation d'une plante jusqu'à ce qu'ils aient appris son nom et ses liens familiaux.

La décharge dont j'ai parlé a une superficie de près de cent cinquante pieds carrés, et je trouve qu'elle a produit cette année plus de deux cents bonnes plantes d'une espèce ou d'une autre. C'est plus que ce que mon jardinier a accompli sur une surface égale, avec du fumier, de l'eau et un homme pour l'aider. La différence était que les plantes de la décharge voulaient pousser et que les plantes importées dans le jardin ne voulaient pas pousser. C'était la différence entre un cheval volontaire et un cheval hésitant. Si une personne veut montrer son talent, elle peut choisir la plante réticente ; mais s'il veut du plaisir et du confort dans le jardinage, il ferait mieux de choisir celui qui le veut.

Je n'ai jamais pu savoir quand les bardanes et la moutarde ont été plantées sur la décharge ; et je suis sûr qu'ils n'ont jamais été sarclés ni arrosés. La nature pratique une économie merveilleusement rigide. Pendant près de la moitié de l'été, elle a même refusé la pluie aux plantes, mais elles ont quand même prospéré ; pourtant, je suis resté à la maison après des vacances un été pour empêcher mes plantes de mourir. Depuis, j'ai appris que si les plantes de mes bordures rustiques ne peuvent pas prendre soin d'elles-mêmes pendant un certain temps, elles ne me réconfortent guère.

La joie de jardiner réside dans l'attitude mentale et dans les sentiments.

CHAPITRE II
LE PLAN GÉNÉRAL OU THÉORIE DU LIEU

Ayant maintenant discuté des éléments les plus essentiels du jardinage, nous pouvons prêter attention à des caractéristiques aussi mineures que la manière même dont un jardin satisfaisant doit être planifié et exécuté.

D'une manière générale, une personne tirera d'un jardin ce qu'elle y met ; et il est donc de la première importance qu'une conception claire de l'œuvre soit formulée dès le départ. Je ne veux pas dire que le jardin donnera toujours ce qu'on désirait qu'il soit ; mais l'échec d'un projet est généralement dû à une erreur dans le premier plan ou à une négligence dans l'exécution.

Parfois, la déception dans un jardin d'ornement est le résultat d'une confusion des idées sur l'utilité d'un jardin. Un de mes amis a été très déçu en retournant dans son jardin au début de septembre de constater qu'il n'était pas aussi plein et florifère qu'il l'avait quitté en juillet. Il n'avait pas appris la simple leçon selon laquelle même un jardin de fleurs devrait montrer le progrès naturel de la saison. Si le jardin commence à montrer des endroits irréguliers et à décliner fin août ou début septembre, c'est ce qui se produit dans toute la végétation environnante. L'année mûrit. Le jardin doit exprimer le sentiment des différents mois. Les feuilles défaillantes et les plantes fanées doivent donc être considérées, au moins dans une certaine mesure, comme l'ordre naturel et la destinée d'un bon jardin.

Ces attributs sont bien mis en valeur dans le potager. Au printemps, le potager est un modèle de propreté et de précision. Les rangées sont droites. Il ne manque aucune plante. La terre est douce et fraîche. Les mauvaises herbes sont absentes. On emmène ses amis au jardin et il en fait des photos. Fin juin ou début juillet, les plantes ont commencé à s'étendre et à se déformer. Les bugs en ont emporté certains. Les rangs ne sont plus coupés et précis. La terre est chaude et sèche. Les mauvaises herbes font des progrès. En août et septembre, le jardin a perdu sa régularité et sa fraîcheur initiales. La caméra est mise de côté. Les visiteurs n'y sont pas attirés : le jardinier préfère aller seul chercher le melon ou les tomates, et il repart dès qu'il a sécurisé son produit. Aujourd'hui, en fait, le jardin connaît sa croissance saisonnière régulière. Il est naturel qu'il devienne déchiqueté. Il n'est pas nécessaire que les mauvaises herbes s'en emparent ; mais je soupçonne que ce serait un jardin très pauvre, et certainement sans intérêt, s'il conservait l'habit de l'enfance au moment où il devrait développer les personnalités de l'âge.

Il existe deux types de jardinage extérieur dans lesquels le progrès de la saison ne s'exprime pas avec précision : le type de tapis et le type subtropical.

J'espère que mon lecteur obtiendra une distinction claire sur ces questions, car c'est extrêmement important. Le jardinage sur tapis consiste à faire des plates-bandes de poireaux, d'achyranthes, de coleus et de sanitalia, et d'autres choses qui peuvent être cultivées en masses compactes et éventuellement tondues pour les maintenir en place et dans les limites ; le lecteur voit ces parterres en perfection dans certains parcs et près des fleuristes ; il comprendra tout de suite qu'ils ne sont en aucune façon destinés à exprimer la saison, car la différence entre septembre et juin est seulement qu'ils peuvent être plus parfaits en septembre. Le jardinage subtropical (planches IV et V) consiste à planter, à partir de plantes cultivées sur place, afin de produire des effets donnés, des plantes telles que des palmiers, des dracenas, des crotons, des caladiums, des papyrus, ainsi que des choses aussi luxuriantes que des dahlias et des cannas. grosses graminées ornementales et graines de ricin ; ces plantes doivent produire des effets tout à fait étrangers à l'expression d'un paysage nordique, et elles sont généralement à leur meilleur et sont plus luxuriantes lorsqu'elles sont rattrapées par les gelées d'automne.

Désormais, le jardinier amateur s'appuie généralement sur des plantes qui vont et viennent plus ou moins au fil des saisons. Il détaille et prolonge la saison, bien sûr ; mais un jardin avec des pensées, des roses, des oliviers, des roses, des pois de senteur, des pétunias, des soucis, des salpiglossis, des sultans doux, des coquelicots, des zinnias, des asters, des cosmos et le reste, est néanmoins un jardin de progrès de saison ; et s'il s'agit d'un jardin de plantes herbacées vivaces, il exprime encore plus complètement la saison.

Mon lecteur se demandera peut-être maintenant s'il aurait son accent de jardin et accentuerait son année naturelle du printemps à l'automne, ou s'il désirerait introduire dans son année le sentiment d'un autre ordre de végétation. L'un ou l'autre est autorisé ; mais le jardinier doit d'abord distinguer.

Je souhaite également suggérer à mon lecteur qu'il est possible que le jardin conserve un certain intérêt même pendant les mois d'hiver. Je me demande parfois s'il est tout à fait sage d'enlever les vieilles tiges du jardin trop complètement et trop doucement à l'automne, et d'en effacer ainsi toute trace pour les mois d'hiver ; mais quoi qu'il en soit, il y a deux manières de prolonger l'année du jardin : en plantant des choses qui fleurissent très tard à l'automne et d'autres qui fleurissent très tôt au printemps ; en utilisant librement, en arrière-plan, des buissons et des arbres aux caractères hivernaux intéressants.

Le plan du terrain (voir planche II).

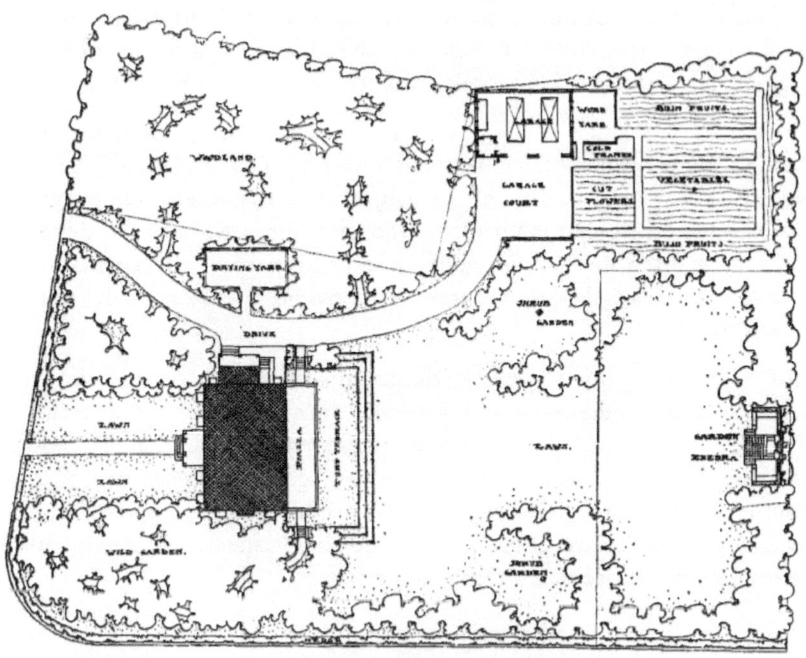

II. Le plan du lieu. La disposition de la propriété (qui se trouve à New York) est déterminée par un bois existant à gauche ou au sud-est de la maison et une ouverture naturelle au sud-ouest de la maison. La maison est coloniale et l'ensemble du traitement est d'une grande simplicité. Des jardins sauvages ou boisés ont été aménagés à droite et à gauche de l'entrée, ces dernières ou pelouses d'entrée étant laissées très simples et claires dans leur traitement. A l'arrière de la maison, une terrasse en gazon surélevée de trois marches au-dessus du niveau général de la pelouse mène à une pelouse générale terminée par un petit jardin exèdre ou salon de thé avec une fontaine en son centre, et à deux jardins d'arbustes formant d'intéressants poches fermées de verdure. pelouse. L'écurie et le potager sont situés au sud de la maison dans une ouverture naturelle dans le bois. La conception est réalisée par un architecte paysagiste professionnel.

On ne peut espérer de la satisfaction dans la plantation et le développement d'une zone résidentielle à moins d'avoir une conception claire de ce qui doit être fait. Cela s'ensuit nécessairement, puisque le plaisir que l'on tire de toute entreprise dépend principalement de la précision de ses idéaux et de sa capacité à les développer. La femme au foyer doit élaborer son plan avant de tenter d'aménager sa place. Il doit étudier les différents lotissements afin que les locaux puissent répondre à tous ses besoins. Il devra déterminer l'emplacement des éléments marquants du lieu et l'importance relative à accorder aux différentes parties de celui-ci, qu'il s'agisse des parties paysagères, des zones ornementales, du potager ou de la plantation fruitière.

Les détails de la plantation peuvent être déterminés en partie à mesure que le lieu se développe ; dans la plupart des petites propriétés, seules les caractéristiques structurelles et les objectifs doivent être déterminés au préalable. Les modifications fortuites qui peuvent être apportées de temps à autre à la plantation entretiennent l'intérêt et permettent au planteur de satisfaire son désir d'expérimenter de nouvelles plantes et de nouvelles méthodes.

Il faut comprendre que je parle ici de terrains domestiques ordinaires que le ménagère désire améliorer par lui-même. Si le territoire est suffisamment grand pour présenter des éléments paysagers distincts, il est toujours préférable de faire appel à un architecte paysagiste de mérite reconnu, dans le même esprit qu'on ferait appel à un architecte. Toutefois, les détails peuvent également être complétés par le propriétaire, s'il le souhaite, en suivant le plan élaboré par l'architecte paysagiste.

2. Diagram of a back yard.

Il est souhaitable d'avoir un plan précis sur papier (dessiné à l'échelle) pour l'emplacement des principaux éléments du lieu. Ces caractéristiques sont la résidence, les dépendances, les promenades et les allées, les aires de service (comme les cours à vêtements), les plantations en bordure, le jardin fleuri, le potager et le jardin fruitier. Il ne faut pas s'attendre à ce que le plan cartographique puisse être suivi dans tous les détails, mais il servira de guide général ; et si le projet est réalisé sur une échelle suffisamment grande, les différents types de plantes peuvent être localisés dans leurs positions appropriées et un enregistrement de l'endroit peut être tenu. Il est presque toujours insatisfaisant, tant pour le propriétaire que pour le concepteur, si un plan du lieu est élaboré sans une inspection personnelle de la zone. Les lignes qui apparaissent bien sur une carte peuvent ne pas s'adapter facilement aux contours variables du lieu lui-même, et l'emplacement des éléments à l'intérieur du terrain dépendra également dans une très large mesure des objets qui se trouvent à l'extérieur. Par exemple, toutes les vues intéressantes et audacieuses doivent être introduites dans le lieu et tous les objets disgracieux à proximité immédiate doivent être plantés.

Un plan d'une cour arrière d'un terrain urbain étroit est donné sur la figure 2, montrant la forte plantation d'arbres et d'arbustes, avec la bordure de fleurs en bordure. Devant se trouvent deux grands arbres, recherchés pour l'ombre. Ce plan montre clairement quelle est l'étendue de la zone réservée aux fleurs lorsqu'elles sont placées le long d'une bordure aussi détournée. Un tel arrangement de fleurs peut donner plus d'effet de couleur que si toute la zone était plantée en parterres de fleurs.

Un plan de contour d'un terrain très accidenté est montré à la figure 3. Les côtés de la place sont élevés et il devient nécessaire de faire une promenade à travers la zone médiane ; et de chaque côté du front, il longe les berges. Un tel plan est généralement inesthétique sur le papier, mais peut néanmoins très bien convenir à des cas particuliers. Le plan est inséré ici dans le but d'illustrer le fait qu'un plan qui fonctionnera sur le terrain ne fonctionnera pas nécessairement sur une carte.

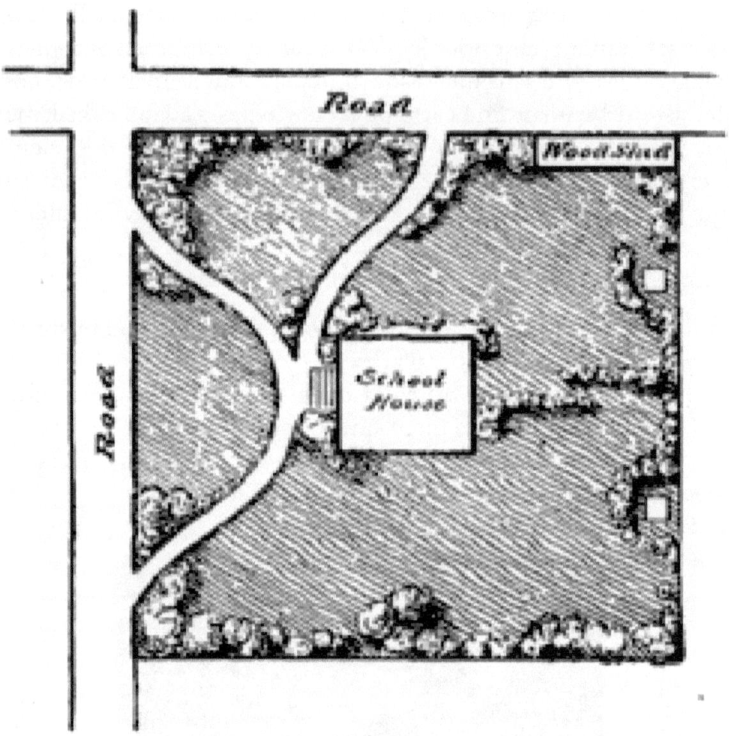

4. Suggestion for a school-ground on a four-corners.

Lors de la cartographie d'un lieu, il est important de localiser les points d'où les promenades doivent commencer et où elles doivent émerger du terrain. Ces deux points sont alors réunis par des courbes directes et simples ; et le long des allées, notamment dans les angles ou les courbes audacieuses, des plantations peuvent être insérées.

La figure 4 suggère un terrain d'école disposé à quatre coins et dans lequel les élèves entrent dans trois directions. Les deux terrains de jeux sont séparés par un groupe brisé de buissons s'étendant du bâtiment jusqu'à la limite arrière ; mais, en général, les espaces restent ouverts, et les lourdes masses frontalières habillent l'endroit et lui donnent un air de maison. L'étendue linéaire des marges du groupe est étonnamment grande, et le long de toutes ces marges, des fleurs peuvent être plantées, si on le souhaite.

S'il n'y a que six pieds entre une école et la clôture, il y a encore de la place pour une bordure d'arbustes. Cette frontière doit être entre l'allée et la clôture, — à la limite même — et non entre l'allée et le bâtiment, car dans ce dernier cas, la plantation divise les lieux et affaiblit l'effet. Un espace de deux pieds de large permettra un mur irrégulier de buissons, si les grands bâtiments ne coupent pas la lumière ; et si la superficie est de cent pieds de long, trente à cinquante espèces d'arbustes et de fleurs peuvent être cultivées à la perfection, et le terrain de l'école ne sera pratiquement pas plus petit pour la plantation.

On ne peut pas faire un plan d'un lieu avant de savoir ce qu'on veut faire de la propriété ; c'est pourquoi nous pouvons consacrer le reste de ce chapitre à développer l'idée dans l'agencement des lieux plutôt qu'aux détails de la cartographie et de la plantation.

Parce que je parle du libre traitement des espaces de jardin dans ce livre, il ne faut pas en déduire qu'une réflexion est destinée au jardin « formel ». Il existe de nombreux endroits dans lesquels un jardin à la française ou un « jardin d'architecte » laisse beaucoup à désirer ; mais chacun de ces cas doit être traité à part entière et intégré dans le cadre architectural du lieu. Ces questions sortent du cadre de ce livre. Tous les jardins à la française sont à proprement parler des études individuelles.

Tous les types très particuliers de conception de jardins sont naturellement exclus d'un livre de ce genre, comme par exemple le jardinage japonais. Les personnes désireuses de développer ces spécialités s'assureront les services de personnes compétentes dans ces domaines ; et il existe également des livres et des articles de magazines auxquels ils peuvent se référer.

L'image dans le paysage .

Le défaut de la plupart des terrains résidentiels ne réside pas tant dans le fait qu'il y a trop peu de plantations d'arbres et d'arbustes, mais plutôt dans le fait que cette plantation n'a aucun sens. Chaque cour devrait être une image. C'est-à-dire que la zone doit être isolée des autres zones et avoir un caractère tel que l'observateur en perçoive l'intégralité de l'effet et du but sans s'arrêter pour en analyser les parties. La cour doit être une seule chose, une seule zone, chaque élément contribuant à un effet fort et homogène.

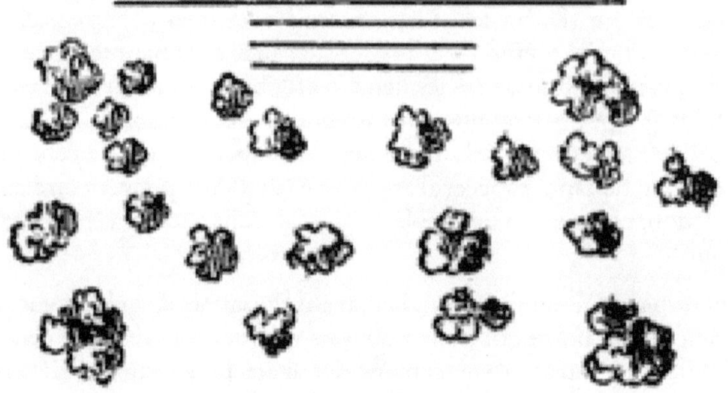

5. The common or nursery way of
planting.

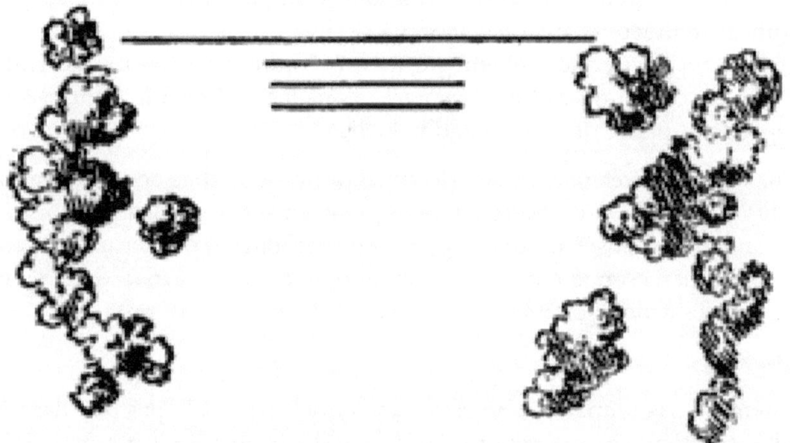

6. The proper or pictorial type of planting.

Ces remarques deviendront concrètes si le lecteur tourne son regard vers les Fig. 5 et 6. Le premier représente un type courant de plantation de cours avant. Les buissons et les arbres sont dispersés en désordre sur la zone. Un tel chantier n'a aucun but, aucune idée centrale. Cela montre clairement que le planteur n'avait aucune conception constructive, aucune compréhension d'aucune conception et aucune appréciation des éléments fondamentaux de la beauté du paysage. Son seul mérite réside dans le fait que des arbres et des arbustes ont été plantés ; et ceci, pour la plupart des esprits, constitue l'essence et la somme de l'ornementation des terrains. Chaque arbre et buisson est un individu seul, sans surveillance, déconnecté de son environnement et, par conséquent, dénué de sens. Une telle cour n'est qu'une pépinière.

L'autre plan (Fig. 6) est une image. L'œil saisit immédiatement sa signification. L'idée centrale est la résidence, avec un espace vert libre et ouvert devant elle. Les mêmes arbres et buissons dispersés au hasard sur la figure 5 sont regroupés dans un cadre pour donner de l'efficacité à l'image de la maison et du confort. Ce style de plantation crée un paysage, même si la superficie n'est pas plus grande qu'un salon. L'autre style n'est qu'une collection de plantes curieuses. L'un a un effet pictural instantané et durable, reposant et satisfaisant : l'observateur s'exclame : « Quelle belle maison c'est ! » L'autre pique la curiosité, obscurcit la demeure, divise et détourne l'attention : l'observateur s'écrie : « Quels excellents buissons de lilas sont-ils !

Une enquête sur les causes des impressions différentes que l'on reçoit d'un paysage donné et d'une peinture de celui-ci explique admirablement le sujet. L'une des raisons pour lesquelles le tableau nous attire plus que le paysage est que le tableau est condensé et que l'esprit se familiarise d'un coup avec tout son objectif, tandis que le paysage est si vaste que les objets individuels fixent d'abord l'attention, et il est ce n'est que par un processus de synthèse que l'unité du paysage devient enfin apparente. Ceci est admirablement illustré par les photographies. L'une des premières surprises qu'éprouve le novice dans l'utilisation de l'appareil photo est la découverte que des scènes très dociles deviennent intéressantes et souvent même pleines d'entrain dans la photographie. Mais il y a quelque chose de plus qu'une simple condensation dans cet effet vitalisant et embellissant de la photographie ou du tableau : les objets individuels sont tellement réduits qu'ils ne nous intéressent plus en tant que sujets distincts, et si grossiers qu'ils soient dans la réalité, ils font aucune impression sur la photo ; le gazon mince et aride peut ressembler plutôt à une pelouse rasée de près ou à une prairie fraîchement tondue. Et encore une fois, le tableau fixe une limite à la scène ; il l'encadre et coupe ainsi tous les paysages étrangers, déroutants ou hors de propos.

Ces remarques s'illustrent dans l'esthétique du jardinage paysager. C'est le seul désir de l'artiste de réaliser des images dans le paysage. Cela se fait de deux manières : par la forme de plantations et par l'utilisation de perspectives. Il placera ses plantations dans des positions telles que des zones de pelouse verte ouvertes et pourtant plus ou moins confinées se présenteront à l'observateur en différents points. Cette ouverture en forme d'image est presque ou totalement dépourvue d'objets petits ou individuels, qui détruisent généralement l'unité de ces zones et n'ont aucun sens en eux-mêmes. Une vue est une ouverture étroite ou une vue entre les plantations sur un paysage lointain. Il découpe le vaste horizon en portions facilement reconnaissables. Il encadre certaines parties de la campagne. Les côtés verdoyants de la plantation sont les côtés de la charpente ; le premier plan est le bas et le ciel est le haut. Il est de la plus haute importance que de belles vues soient laissées ou sécurisées depuis les meilleures fenêtres de la maison (sans oublier la fenêtre de la cuisine) ; en fait, l'emplacement de la maison peut souvent être déterminé par les vues qui peuvent être appropriées.

Si un paysage est une image, il doit avoir une toile. Cette toile est le gazon vert. Sur ce, l'artiste peint avec des arbres, des buissons et des fleurs comme le peintre le fait sur sa toile avec un pinceau et des pigments. Les possibilités de composition et de conception artistiques ne sont nulle part aussi grandes que dans le jardin paysager, car aucun autre art ne dispose d'un champ d'expression aussi illimité pour ses émotions. Il n'est pas étonnant, si cela est vrai, qu'il y ait eu peu de grands paysagistes, et que, faute d'art, le paysagiste travaille trop souvent dans le domaine de l'artisan. Il ne peut y avoir de règles pour l'aménagement paysager, pas plus qu'il ne peut y en avoir pour la peinture ou la sculpture. L'opérateur peut apprendre à tenir le pinceau, à frapper le ciseau ou à planter l'arbre, mais il reste un opérateur ; l'art est intellectuel et émotionnel et ne se limite pas à des préceptes.

La création d'une belle et spacieuse pelouse est donc la toute première considération pratique dans un jardin paysager.

La pelouse fournie, le jardinier conçoit quel est l'élément dominant et central du lieu, puis soumet l'ensemble des lieux à cet élément. Dans le domaine familial, cet élément central est la maison. Disperser des arbres et des buissons sur la zone va à l'encontre de l'objectif fondamental du lieu, à savoir celui de faire en sorte que chaque partie du terrain mène à la maison et d'accentuer son caractère familial.

7. A house.

Une maison doit avoir un arrière-plan si elle veut devenir un foyer. Une maison située sur une plaine ou une colline dénudée fait partie de l'univers et non d'une maison. Rappelez-vous la petite ferme confortable adossée à un bois ou à un verger ; puis comparez une structure prétentieuse qui se démarque de toute plantation. Et pourtant, combien de fermes se dressent sur le ciel aussi austères et froides que si elles rivalisaient avec la lune ! Nous ne croirions pas qu'il soit possible à un homme de vivre vingt-cinq ans dans une maison et de ne pas, par accident, laisser pousser un arbre, s'il n'en était pas ainsi !

Bien entendu, ces remarques sur la pelouse s'adressent aux pays où le gazon vert constitue le couvre-sol naturel. Dans le Sud et dans les pays arides, les pelouses vertes ne constituent pas l'élément dominant du paysage et, dans ces régions, l'aménagement paysager peut prendre un tout autre caractère si l'on veut que les travaux soient conformes à la nature. Nous n'avons pas encore développé d'autres conceptions du travail du paysage dans une mesure parfaite et nous injectons le traitement anglais du greensward même dans les déserts. Nous pouvons espérer le moment où un jardin paysager brun pourra être créé dans un pays brun, et ce sera peut-être un bon art de ne pas tenter de créer un centre largement ouvert dans les régions où le sous-bois plutôt que le gazon constitue la couverture naturelle du sol. Dans certaines régions des États-Unis, nous développons une bonne architecture hispano américaine, peut-être pourrions-nous développer un traitement paysager comparable et reconnu en tant qu'expression artistique.

Des oiseaux; et les chats

Le tableau du paysage n'est pas complet sans les oiseaux, et ceux-ci devraient comprendre plus d'espèces que les moineaux anglais. Si l'on veut avoir des oiseaux chez soi, il faut (1) les attirer et (2) les protéger.

On attire les oiseaux en leur fournissant des endroits où ils peuvent nicher. Les plantations en bordure libre présentent des avantages distincts pour attirer les moineaux broyeurs, les oiseaux-chats et d'autres espèces. Les merles bleus, les troglodytes domestiques et les hirondelles peuvent être attirés par les boîtes dans lesquelles ils peuvent construire.

On peut attirer les oiseaux en les nourrissant et en leur fournissant de l'eau. Le suif pour les pics et autres, les céréales et les miettes pour les autres espèces, et en prenant soin de ne pas les effrayer ni les molester, gagneront bientôt la confiance des oiseaux. Une fontaine qui coule lentement ou qui coule, avec un bon rebord sur lequel ils peuvent se percher, les attirera également, et ce n'est pas un mince plaisir d'observer les oiseaux se baigner. Ou, si l'on ne veut pas dépenser d'argent pour une fontaine à oiseaux, il peut subvenir à leurs besoins au moyen d'un plat d'eau peu profond posé sur la pelouse.

Les oiseaux auront besoin d'être protégés des chats. Il n'y a pas plus de raison pour que les chats se déplacent à volonté et sans contrôle que pour que les chiens, les chevaux ou les volailles aient une licence illimitée. Un chat loin de la maison est un intrus et doit être traité comme tel. Une personne n'a pas plus le droit d'infliger un chat à un quartier que d'infliger une chèvre, des lapins ou toute autre nuisance. Toutes les personnes qui élèvent des chats devraient ressentir la même responsabilité à leur égard qu'à l'égard d'autres biens ; et ils devraient être prêts à renoncer à leur droit de propriété lorsqu'ils perdent leur contrôle. Les chats non seulement détruisent les oiseaux, mais ils brisent également la paix. Les miaulements nocturnes ne seront pas autorisés dans les communautés bien gouvernées, pas plus que les tirs d'armes à feu ou les propos méchants ne seront autorisés : tous les chats errants la nuit devraient être rassemblés, tout comme les chiens errants et les vagabonds sont pourvus.

Je ne déteste pas les chats, mais je désire les voir gardés à la maison et sous contrôle. Si des personnes déclarent qu'elles ne peuvent pas les conserver dans leurs propres locaux, elles ne devraient pas être autorisées à les avoir. Une clochette sur le chat l'empêchera de capturer de vieux oiseaux, et cela peut servir à quelque chose en fin de saison ; mais cela n'empêchera pas le vol des nids ni la capture des jeunes oiseaux, et c'est là que se produisent les plus grands ravages.

On affirme souvent que les chats doivent se déplacer pour que les rats et les souris puissent être réduits ; mais probablement peu de souris domestiques et peu de rats sont capturés par des chats errants ; et, encore une fois, de nombreux chats ne sont pas des souris. Il existe d'autres moyens de contrôler les rats et les souris ; ou si des chats sont employés à cet effet, veillez à ce qu'ils soient limités aux endroits où se trouvent les rats et les souris domestiques.

Beaucoup de gens aiment les écureuils dans les environs, mais ils ne peuvent pas s'attendre à avoir à la fois des oiseaux et des écureuils à moins de prendre des précautions très spéciales.

Le moineau anglais ou domestique chasse les oiseaux indigènes, bien qu'il soit lui-même un habitant attrayant en hiver, en particulier là où les oiseaux indigènes ne résident pas. Le moineau anglais doit être gardé en nombre réduit. Cela peut être facilement accompli en les empoisonnant en hiver (lorsque les autres oiseaux ne sont pas en danger) avec du blé trempé dans de l'eau de strychnine. Le contenu de l'un des flacons de strychnine d'un huitième d'once qui peuvent être conservés dans une pharmacie est ajouté à suffisamment d'eau pour couvrir un litre de blé. Laissez le blé reposer dans l'eau empoisonnée pendant vingt-quatre à quarante-huit heures (mais pas assez longtemps pour que les grains germent), puis séchez soigneusement le blé. Il ne peut pas être distingué du blé ordinaire et les moineaux le mangent généralement librement, surtout s'ils ont l'habitude de manger des grains et des miettes épars. Bien entendu, il faut faire preuve de la plus grande prudence afin que lors de l'utilisation de matériaux aussi hautement toxiques, des accidents ne se produisent pas avec d'autres animaux ou avec des êtres humains.

III. Traitement en centre ouvert dans un pays semi-tropical.

9. The nursery or single-specimen type of planting in a front yard.

La plantation fait partie du design ou de l'image.

10. A native fence-row.

11. Birds build their nests here.

Si le lecteur saisit tout le sens de ces pages, il a acquis certaines des conceptions premières du jardinage paysager. La suggestion grandira en lui de jour en jour ; et s'il est d'esprit observateur, il constatera que cette simple leçon révolutionnera son habitude de penser concernant la plantation des sols et la beauté des paysages. Il verra qu'un buisson ou un parterre de fleurs qui ne fait partie d'aucun but ou dessin général, c'est-à-dire qui ne contribue pas à la réalisation d'un tableau, aurait mieux pu ne jamais être planté. Pour ma part, je préférerais avoir un pâturage nu et ouvert plutôt qu'une cour comme celle représentée sur la figure 9, même si elle contenait les plantes les plus choisies de chaque pays. Le pâturage serait au moins simple, reposant et sans prétention ; mais la cour serait pleine d'efforts et d'agitation.

12. A free-and-easy planting of things wild and tame.

Réduit à une seule expression, tout cela signifie que la plus grande valeur artistique de la plantation réside dans l'effet de masse et non dans la plante individuelle. Une masse a une plus grande valeur parce qu'elle présente une gamme et une variété de formes, de couleurs, de nuances et de textures beaucoup plus grandes, parce qu'elle a une étendue ou des dimensions suffisantes pour ajouter un caractère structurel à un lieu, et parce que ses caractéristiques sont si continues et si bien mélangé que l'esprit n'est pas distrait par des idées fortuites et non pertinentes. Deux photos illustreront tout cela. Les figures 10, 11 sont des photos de bosquets naturels. Le premier s'étend le long d'un champ et fait une pelouse d'un bout de prairie qui se trouve devant lui. Le paysage est devenu si petit et si bien défini par ce banc de verdure qu'il a un sentiment familier et personnel. Les grandes prairies nues et ouvertes sont trop mal définies et trop étendues pour donner un sentiment domestique ; mais voici une partie de prairie qui s'étend dans un espace que l'on peut parcourir avec ses affections.

Ces masses dans les Fig. Les numéros 10, 11 et 12 ont leurs propres mérites intrinsèques, ainsi que leur rôle dans la définition d'un peu de nature. On est attiré par la liberté d'agencement, l'irrégularité de la ligne d'horizon, les baies et promontoires audacieux et les jeux infinis d'ombre et de lumière. L'observateur s'intéresse à chacune d'elles parce qu'elle possède un caractère ou des caractéristiques qu'aucune autre masse au monde ne possède. Il sait que les oiseaux construisent leurs nids dans l'enchevêtrement et que les lapins y trouvent un abri.

Laissez maintenant le lecteur se tourner vers la figure 9, qui est une image d'un chantier urbain « amélioré ». Ici, il n'y a pas de contour structurel pour la plantation, pas de définition de la zone, pas de flux continu de formes et de couleurs. Chaque buisson est ce que tous les autres sont ou peuvent être, et il y en a des centaines comme eux dans la même ville. Les oiseaux les fuient. Seuls les insectes y trouvent leur bonheur. Le lieu n'a pas de conception ou d'idée fondamentale, pas de pelouse sur laquelle un tableau peut être construit. Cette cour est comme une phrase ou une conversation dans laquelle chaque mot est également souligné.

13. An open treatment of a school-ground. More trees might be placed in the area, if desired.

Le traitement à centre ouvert de la figure 13 contraste fortement avec cette cour. Il y a ici un effet pictural ; et il est possible le long des frontières de distribuer des arbres et des arbustes qui pourraient être désirés comme spécimens individuels.

14. A rill much as nature made it.

15. A rill "improved," so that it will not
look "ragged" and unkempt.

Le motif qui tond les arbres rase aussi le bosquet, afin que le jardinier ou «
l'aménageur » puisse montrer son art. Comparez les fig. 14 et 15. Beaucoup
de personnes semblent craindre de ne jamais être connues du monde à
moins qu'elles ne dépensent beaucoup de muscles ou ne fassent quelque
chose d'emphase ou de spectaculaire ; et leurs craintes sont généralement
fondées.

Il ne suffit pas de planter des arbres et des buissons en masse. Il faut les
conserver en masse en les laissant pousser librement de manière naturelle.
Le sécateur est l'ennemi le plus invétéré des buissons. Les images 16 et 17
illustrent ce que je veux dire. Le premier représente un bon groupe de
buissons en ce qui concerne la disposition ; mais il a été ruiné par les cisailles.
L'attention de l'observateur est immédiatement attirée par les buissons
individuels. Au lieu d'un objet libre et expressif, il existe plusieurs objets
rigides et sans expression. Si l'observateur s'arrête pour réfléchir à ses propres
pensées lorsqu'il tombe sur une telle collection, il se retrouvera probablement
à compter les buissons ; ou, du moins, il fera des comparaisons mentales
entre les différents buissons et se demandera pourquoi ils ne sont pas tous
tondus pour être exactement pareils. La figure 17 montre comment le même
« artiste » a traité deux deutzias et un genévrier. On aurait pu obtenir à peu
près le même effet, et avec bien moins de difficultés, en plaçant deux
tonneaux de farine bout à bout et en en plaçant un troisième entre eux.

16. The making of a good group, but spoiled by the pruning shears.

17. The three guardsmen.

18. A bit of semi-rustic work built into a native growth.

Je dois m'empresser de dire que je n'ai pas la moindre objection à la tonte des arbres. Le seul problème est de qualifier cette pratique d'art et de placer les arbres là où les gens doivent les voir (à moins qu'ils ne fassent partie d'un projet de jardin à la française reconnu). Si l'exploitant appelle simplement l'entreprise à tondre et place les objets là où lui et d'autres personnes qui les aiment peuvent les voir, aucune objection ne pourrait être soulevée. Certaines personnes aiment les pierres peintes, d'autres les bouledogues en fer dans la cour avant et le mot « bienvenue » gravé sur le paillasson, et d'autres encore aiment les arbres barbelés. Tant que ces likes sont purement personnels, il semblerait de meilleur goût de placer de telles curiosités dans la cour arrière, où le propriétaire peut les admirer sans être inquiété.

Il existe chez les ouvriers un désir persistant de tondre et de tailler : cela témoigne de leur industrie. C'est une grande chose de pouvoir laisser subsister la liberté de la nature. L'artiste construit souvent ses structures à partir d'une plantation indigène (comme sur la figure 18) plutôt que de se fier à la capacité de produire un bon résultat en plantant sur des surfaces rasées.

Dans cette discussion, j'ai essayé de souligner l'importance du centre ouvert dans les terrains d'habitation non formels des régions vertes. Bien entendu, cela ne signifie pas qu'il ne peut pas y avoir de plantation centrale dans des cas particuliers où les conditions l'exigent clairement, ni qu'il ne peut pas y avoir d'arbres sur la pelouse. Si l'on dispose les arbres, on peut voir qu'ils ne sont pas dispersés sans but ; mais si de bons arbres poussent déjà sur place, il serait insensé de songer à les supprimer simplement parce qu'ils ne sont pas dans la meilleure position idéale ; dans ce cas, il peut être très nécessaire d'adapter le traitement de la zone aux arbres. Le maître de maison devrait également toujours envisager de planter quelques arbres dans des endroits tels qu'ils ombragent et protègent la résidence : plus ils peuvent être intégrés à la conception générale ou à l'aménagement du lieu, meilleurs sont les résultats. sera.

La culture des fleurs doit faire partie de la conception.

Je ne veux pas décourager l'utilisation de fleurs brillantes, de feuillages brillants et de formes de végétation frappantes ; mais ces choses ne sont jamais des considérations primordiales dans un bon domaine. Les éléments structurels du lieu sont conçus en premier. Les masses flanquantes et limitrophes sont ensuite plantées. Enfin, les fleurs et les accessoires sont installés, comme une maison est peinte après sa construction. Les fleurs apparaissent mieux lorsqu'elles sont vues sur un fond de feuillage, et elles font alors également partie intégrante du tableau. Le jardin fleuri, en tant que tel, doit être situé à l'arrière ou sur le côté d'un lieu, comme le sont toutes les autres dépendances personnelles ; mais des fleurs et des feuilles brillantes peuvent être librement dispersées le long des bordures et près des masses foliaires.

C'est un dicton courant selon lequel de nombreuses personnes n'aiment ni n'apprécient les fleurs, mais il est probablement plus proche de la vérité de dire que personne ne manque totalement à cet égard. Même ceux qui déclarent ne pas se soucier des fleurs sont généralement trompés par leur aversion pour les parterres de fleurs et les méthodes conventionnelles de culture des fleurs. Je connais beaucoup de personnes qui nient catégoriquement tout goût pour les fleurs, mais qui se réjouissent néanmoins de la floraison des vergers et du pourpre des champs de trèfles. La faute n'en incombe peut-être pas tant aux personnes elles-mêmes qu'aux méthodes de culture et d'exposition des fleurs.

Défauts dans la floriculture.

Le plus grand défaut de notre culture florale est son avarice. Nous cultivons nos fleurs comme si elles étaient les plus rares, pour les dorloter dans un foyer ou sous une cloche, puis pour les exposer en spécimens uniques dans quelque petit trou pincé et ridicule creusé dans le gazon, ou perchés sur une fourmi. -une colline qu'un jardinier a laborieusement tassée oh une pelouse. La nature, en revanche, fait pousser beaucoup de ses fleurs dans le plus luxueux abandon, et l'on peut en cueillir une brassée sans offense. Elle cultive sérieusement ses fleurs, comme un homme cultive du maïs. On peut se délecter de la couleur et du parfum et être satisfait.

Le prochain défaut de notre floriculture est le parterre de fleurs. La nature n'a pas le temps de créer des parterres de fleurs : elle est occupée à faire pousser des fleurs. Et puis, si on la confiait aux parterres de fleurs, tout l'effet serait perdu, car elle ne pourrait plus être luxueuse et dévergondée, et si une fleur était cueillie, tout son projet pourrait être bouleversé. Imaginez un parterre de géraniums ou un parterre de coléus, au « design » merveilleux, implanté dans un bois ou dans un paysage libre et ouvert ! Même les oiseaux en riraient !

Ce que je veux dire, c'est que nous devrions faire pousser des fleurs librement lorsque nous créons un jardin de fleurs. Nous devrions en avoir suffisamment pour que cet effort en vaille la peine. Je sympathise avec l' homme qui aime les tournesols. Il y en a suffisamment pour mériter le détour. Ils remplissent les yeux. Maintenant, montrez à cet homme dix pieds carrés de roses, d'asters ou de marguerites, qui poussent tous librement et facilement et il vous dira qu'il les aime. Tout cela s'applique particulièrement au fermier, dont on dit souvent qu'il n'aime pas les fleurs. Il cultive des pommes de terre, du sarrasin et des mauvaises herbes à la superficie : deux ou trois roses ou géraniums malheureux ne suffisent pas à faire bonne impression.

Parterres de fleurs de pelouse.

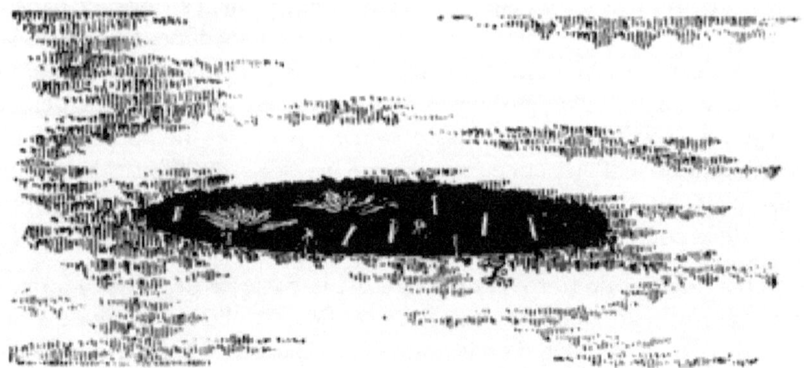

19. Hole-in-the-ground gardening.

La manière la plus simple de gâcher une bonne pelouse est d'y installer un parterre de fleurs ; et le moyen le plus efficace pour mettre en valeur les fleurs est de les planter dans un massif dans la verdure. Les fleurs ont besoin d'un arrière-plan. Nous n'accrochons pas nos photos aux poteaux de clôture. Si l'on veut faire pousser des fleurs sur une pelouse, qu'elles soient rustiques, qu'elles puissent être naturalisées dans le gazon et qu'elles poussent librement dans les hautes herbes non tondues ; ou bien des plantes vivaces de telle nature qu'elles forment toutes seules de jolies touffes. Les pelouses devraient être libres et généreuses, mais plus elles sont coupées et soucieuses d'effets insignifiants, plus elles paraissent petites et méchantes.

20. Worth paying admittance price to see!

Mais même si l'on considère ces parterres de pelouse comme totalement détachés de leur environnement, force est de constater qu'ils sont pour le moins insatisfaisants. Cela revient généralement à ceci que nous avons quatre mois de végétation clairsemée et abattue, un mois de plantes molles et gelées et sept mois de terre nue (Fig. 19). Je ne m'oppose pas maintenant aux lits de tapis que fabriquent les jardiniers professionnels. dans les parcs et autres musées. J'aime les musées, et certains des parterres de tapis et des décors sont « faits d'une manière effrayante et merveilleuse » (voir Fig 20). Je dirige mes remarques vers ces humbles parterres de fleurs faits maison qui sont si courants sur les pelouses de la campagne et de la ville. les maisons pareillement. Ces plates-bandes sont taillées dans du bon gazon frais, souvent selon les dessins les plus fantastiques, et sont remplies de plantes telles que les femmes du lieu peuvent les transporter dans les caves ou à la fenêtre. Les plantes elles-mêmes peuvent être très belles en pot, mais lorsqu'elles sont exposées à l'extérieur, elles ont un mois pénible à s'adapter au soleil et aux vents, et c'est généralement vers le milieu de l'été qu'elles commencent à recouvrir la terre. . Pendant toutes ces semaines, ils ont demandé plus de temps et de travail qu'il n'en aurait fallu pour entretenir une plantation beaucoup plus grande et qui aurait donné des fleurs chaque jour depuis le moment où les oiseaux ont commencé à nicher au printemps jusqu'au vol du dernier rouge-gorge. en novembre.

21. An artist's flower-
border.

Bordures fleuries.

22. Petunias against a background of osiers.

23. A sowing of flowers along a marginal planting.

Il faudrait prendre l'habitude de parler de parterre fleuri. La plantation de
frontières dont nous avons parlé délimite le lieu et se l'approprie. La
personne vit à l'intérieur de son logement et non à l'intérieur. Le long de
ces bordures, contre des groupes, souvent aux coins des résidences ou
devant les porches, ce sont des lieux de fleurs. Dix fleurs sur un fond sont
plus efficaces que cent dans une cour ouverte.

J'ai demandé à un artiste professionnel, M. Mathews, de me dessiner le genre
de parterre de fleurs qu'il aime. Il est représenté sur la figure 21. C'est une
frontière, une bande de terre de deux ou trois pieds de large le long d'une

clôture. C'est l'endroit où poussent habituellement les amarantes. Ici, il a planté des soucis, des glaïeuls, des verges d'or, des asters sauvages, des asters de Chine et, mieux encore, des roses trémières. Tout le monde aimerait ce jardin fleuri. Il a un peu de ce charme local et indéfinissable qui s'attache toujours à un « jardin à l'ancienne » avec son mélange de formes et de couleurs. Presque chaque cour possède une telle bande de terrain le long d'une allée arrière ou d'une clôture. ou contre un bâtiment. C'est la chose la plus simple de la planter, bien plus facile que de creuser un lit de géranium sans caractère au centre d'une pelouse inoffensive. Les suggestions sont poussées plus loin dans les numéros 22 à 25.

24. An open back yard. Flowers may be thrown in freely along the borders, but they would spoil the lawn if placed in its center.

25. A flower-garden at the rear or one side of the place.

Le jardin à l'ancienne.

Parlant du jardin à l'ancienne, cela rappelle l'un des excellents paragraphes de William Falconer (« Jardinage », 15 novembre 1897, p. 75) : « Nous l'avons essayé à Schenley Park cette année. Il nous fallait un dépotoir commode et nous tombâmes sur le fond d'un profond ravin entre deux bois ; nous y avons déversé des centaines et des centaines de wagons chargés de roches et d'argile, le remplissant presque jusqu'au sommet, puis l'avons recouvert de bonne terre. Ici nous avons planté quelques arbustes, et parmi eux nous avons répandu des coquelicots écarlates, des eschscholtzias, des capucines naines, des mufliers, des pensées, des soucis et toutes sortes de plantes herbacées rustiques, ayant suffisamment de chaque espèce pour former une masse de son espèce et de sa couleur, et l'effet était bon. Au milieu se trouvait une plantation de centaines de touffes d'iris du Japon et d'Allemagne interplantées, ensuite succédées par des milliers de glaïeuls, et entourées de montbrétias, dont nous avions des fleurs jusqu'aux gelées. La face escarpée de cette colline était un peu en pente et une série de marches de pierre sinueuses y étaient placées, rendant la descente dans le creux assez facile ; les pierres étaient des dalles rugueuses et inégales fixées lors du dynamitage des roches lors du nivellement dans d'autres parties du parc, et le long des bords extérieurs des marches et sur les côtés de l'allée supérieure, une large ceinture de mousse rose a été plantée ; et les berges tout autour étaient plantées d'arbustes, de vignes, de roses sauvages, d'ancolies et d'autres plantes. Plus d'appareils photo et de kodaks ont été braqués par les visiteurs sur ce jardin que sur tout autre endroit du parc, et nous avions quand même des hectares de parterres d'été peints.

Contenu des parterres de fleurs.

Il n'y a pas de règle prescrite quant à ce qu'il faut mettre dans ces bordures fleuries informelles. Mettez-y les plantes que vous aimez. Peut-être que la plupart d'entre elles devraient être des plantes vivaces qui poussent d'elles-mêmes chaque printemps, et qui sont robustes et fiables. Les fleurs sauvages sont particulièrement efficaces. Tout le monde sait que de nombreuses herbes indigènes des bois et des clairières sont plus attrayantes que certaines des fleurs de jardin les plus prisées. La plupart de ces fleurs indigènes poussent facilement en culture, parfois même dans des endroits qui, par le sol et l'exposition, sont très différents de leurs repaires naturels. Beaucoup d'entre eux produisent des racines épaissies et peuvent être transplantés en toute sécurité à tout moment après le passage des fleurs. Pour la plupart des gens, les fleurs sauvages sont moins connues que de nombreuses espèces exotiques qui ont moins de mérite, et l'extension de la culture tend constamment à les annihiler. Ici donc, dans la bordure fleurie informelle, se trouve l'occasion de les sauver. Ensuite, on peut semer librement des plantes annuelles à croissance facile, comme les soucis, les asters de Chine, les pétunias et les phlox, et les pois de senteur.

26. **Making the most of a rock.**

L'un des avantages de ces plates-bandes situées à la limite est qu'elles sont toujours prêtes à recevoir davantage de plants, à moins qu'elles ne soient pleines. Autrement dit, leur symétrie n'est pas altérée si certaines plantes sont arrachées et d'autres mises en place. Et si les mauvaises herbes commencent de temps à autre à se développer, il y a très peu de mal. Une telle bordure à moitié pleine de mauvaises herbes est plus belle qu'un lit de géranium moyen troué dans la pelouse. Une large bordure peut recevoir des plantes sauvages chaque mois de l'année lorsque le gel est hors de terre. Les plantes sont creusées dans les bois ou dans les champs, lors de chaque excursion, même en juillet. Les sommets sont coupés, les racines maintenues humides jusqu'à ce qu'elles soient placées en bordure ; la plupart de ces plantes tant maltraitées pousseront. Bien sûr, on sécurisera quelques mauvaises herbes ; mais alors, les mauvaises herbes font partie de la collection ! Bien sûr, certaines plantes détesteront ce traitement, mais la bordure peut être une famille heureuse, et n'en être que meilleure et plus personnelle car elle est le résultat de moments de détente. Une telle bordure a quelque chose de nouveau et d'intéressant chaque mois de la saison de croissance ; et même en hiver, les hautes touffes d'herbes et les tiges d'aster brandissent leurs bannières au-dessus de la neige et sont une source de plaisir pour chaque groupe espiègle de snowbirds.

J'ai parlé de terres adventices pour suggérer à quel point il est simple et facile de réaliser une plantation de masse attrayante. On peut tirer le meilleur parti d'un rocher (fig. 26), d'un talus ou de tout autre élément indésirable du lieu. Creusez le sol et enrichissez-le, puis plantez-y des plantes. Vous ne l'obtiendrez pas à votre convenance la première année, et peut-être pas la deuxième ou la troisième ; vous pouvez toujours arracher des plantes et en mettre davantage. Je ne voudrais pas d'un jardin à gazon si parfait que je ne puisse pas le modifier d'une manière ou d'une autre chaque année ; Je devrais m'en désintéresser.

Il ne faut pas comprendre que je parle uniquement des frontières mixtes. Au contraire, il est préférable dans la plupart des cas que chaque bordure ou parterre soit dominé par l'expression d'une sorte de fleur ou d'arbuste. Dans un endroit, une personne peut désirer un effet d'aster sauvage, ou un effet de pétunia, ou un effet de pied d'alouette, ou un effet de rhododendron ; ou il peut être souhaitable de courir fortement pour obtenir de forts effets de feuillage dans une direction et des effets de fleurs légers dans une autre. La frontière mixte est plutôt une idée de jardin fleuri qu'une idée de paysage ; quand il est souhaitable de mettre l'accent sur l'un et quand sur l'autre, cela ne peut être consigné dans un livre.

La valeur des plantes réside peut-être dans leur feuillage et leur forme plutôt que dans leur floraison.

27. The plant-form in a perennial salvia.

Les types d'arbustes et de fleurs à planter sont une considération entièrement secondaire et en grande partie personnelle. Les principales plantations sont constituées d'essences rustiques et vigoureuses ; puis les choses que vous aimez sont ajoutées. Il existe un choix infini d'espèces, mais la disposition ou la disposition des plantes est bien plus importante que les espèces ; et le feuillage et la forme de la plante sont généralement plus importants que sa floraison.

L'appréciation des effets de feuillage dans le paysage est un type de sentiment plus élevé que le simple désir de couleur. Les fleurs sont transitoires, mais le feuillage et les formes végétales sont permanents. Les roses communes ont très peu de valeur pour la plantation paysagère car le feuillage et le port du rosier ne sont pas attrayants, les feuilles sont attaquées de manière invétérée par les insectes et les fleurs sont éphémères. Certaines roses sauvages et la *Rosa rugosa du Japon* ont cependant des mérites évidents en termes d'effets de masse.

Même les fleurs communes, comme le souci, les zinnias et les gaillardes, sont intéressantes en tant que plantes bien avant leur floraison. Pour beaucoup de personnes, l'époque la plus satisfaisante dans le jardin est celle qui précède la floraison, car les habitudes et la stature des plantes sont alors dégagées. Les premiers stades des lys, des jonquilles et de toutes les plantes vivaces sont des plus intéressants ; et on n'apprécie jamais un jardin avant de s'en rendre compte.

28. Funkia, or day-lily.   Where lies the chief interest, — in the plant-form or
in the bloom?

29. A large-leaved nicotiana.

Laissez maintenant le lecteur, avec ces suggestions à l'esprit, observer pendant une semaine les formes végétales des humbles herbes qu'il rencontre, que ces herbes soient de fortes plantes de jardin ou des sculptures frappantes de molènes, de bardanes et de jimson. Les figures 27 à 31 seront suggestives.

Les buissons sauvages ont presque toujours une forme et un port attrayants lorsqu'ils sont plantés en bordures et en groupes. Leur apparence s'améliore lorsqu'ils sont cultivés car ils ont de meilleures chances de croître. Dans la nature sauvage, la lutte pour l'existence est si féroce que les plantes poussent généralement en quelques tiges ou en des tiges uniques, et elles sont clairsemées et de forme décharnée ; mais une fois qu'on leur donne tout l'espace dont ils ont besoin et un bon sol, ils deviennent luxueux, pleins et avenants. Dans la plupart des propriétés du pays, le corps de la plantation peut être très efficacement composé d'arbustes prélevés dans les bois et les champs adjacents. Les masses peuvent alors être animées par l'ajout çà et là de buissons cultivés et la plantation de fleurs et d'herbes sur les bordures. Il n'est pas indispensable de connaître les noms de ces buissons sauvages, même si la connaissance de leurs parentés botaniques ajoutera grandement au plaisir de les cultiver. Ils n'auront pas non plus l'air communs une fois transférés sur la pelouse. Il n'y a pas beaucoup de personnes qui connaissent intimement même les buissons sauvages les plus communs, et les choses changent tellement d'apparence lorsqu'elles sont déplacées vers un terrain riche que peu de ménagères les reconnaissent.

30. The awkward century plant that has been laboriously carried over winter year by year in the cellar: compare with other plants here shown as to its value as a lawn subject.

31. Making a picture with rhubarb.

Arbres étranges et formels.

32. A weeping tree at one side of the grounds and supported by a background.

Ce n'est qu'un corollaire de cette discussion que de dire que les plantes qui sont simplement étranges, grotesques ou inhabituelles, doivent être utilisées avec la plus grande prudence, car elles introduisent des effets étrangers et discordants. Ils sont peu en sympathie avec un jardin paysager. Un artiste ne se soucierait pas de peindre un feuillage persistant taillé en forme grotesque.

Ce n'est que curieux et montre ce qu'un homme disposant de beaucoup de temps et de longs sécateurs peut accomplir. Un arbre pleureur (en particulier s'il s'agit d'une espèce à petite croissance) est généralement considéré comme plus avantageux lorsqu'il se dresse contre un groupe ou une masse de feuillage (Fig. 32), comme un promontoire, ajoutant du piquant et de l'esprit à la bordure ; il a alors un rapport avec le lieu.

Ceci m'amène à parler de la plantation du peuplier de Lombardie, qui peut être considéré comme un type d'arbre formel et comme une illustration de ce que je veux exprimer. Ses principaux mérites pour le planteur moyen sont la rapidité de sa croissance et la facilité avec laquelle il se multiplie par pousses. Mais dans le Nord, il s'agit probablement d'un arbre de courte durée, il souffre des tempêtes et il possède peu de qualités réellement utiles. Il peut être utilisé avec un certain avantage comme brise-vent pour les vergers de pêchers et autres plantations de courte durée ; mais après quelques années, l'écran des Lombardies commence à se détériorer, et l'habitude de drageonner à partir de la racine ajoute à ses caractéristiques indésirables. Pour l'ombre, il a peu de mérite, et pour le bois aucun. Les gens l'aiment parce qu'il est frappant, et c'est là, au sens artistique, son plus grave défaut. Il ne ressemble à rien d'autre dans notre paysage et ne s'intègre pas bien dans notre paysage. Une rangée de Lombardies au bord d'une route, c'est comme une rangée de points d'exclamation !

IV. Literie subtropicale contre un bâtiment. Caladiums, cannas, abutilons, rhododendrons permanents et autres gros objets, avec des bégonias tubéreux et des baumes entre eux.

Mais la Lombardie peut souvent être utilisée à bon escient comme élément d'un groupe d'arbres, où sa forme en forme de flèche, dominant le feuillage environnant, peut conférer un charme fougueux au paysage. Il se combine bien dans de tels groupes s'il se trouve à proximité visuelle de cheminées ou d'autres objets formels de grande taille. Ensuite, cela donne une sorte de finition architecturale et d'esprit à un groupe ; mais l'effet est généralement atténué, sinon complètement gâté, dans de petites localités, si plus d'une Lombardie est en vue. Un ou deux spécimens peuvent souvent être utilisés pour donner de la vigueur à de lourdes plantations autour de bâtiments bas, et l'effet est généralement meilleur s'ils sont vus au-delà ou à l'arrière du bâtiment. Notons l'usage que l'artiste en a fait dans les fonds des Figs. 12, 13 et 43.

Peupliers et autres.

Un autre défaut des plantations ornementales communes, bien illustré par l'utilisation des peupliers, est le désir d'avoir des plantes simplement parce qu'elles poussent rapidement. Un arbre à croissance très rapide produit presque toujours des effets bon marché. Ceci est bien illustré par la plantation commune de saules et de peupliers sur les lieux d'été ou sur les rives des lacs. Leur effet est presque entièrement celui de la maigreur et du caractère temporaire. Il y a peu de choses qui suggèrent la résistance ou la durabilité des saules et des peupliers, et pour cette raison, ils devraient généralement être utilisés comme éléments mineurs ou secondaires dans les terrains ornementaux ou domestiques. Lorsque des résultats rapides sont souhaités, rien de mieux à planter que ces arbres ; mais de meilleurs arbres, comme des érables, des chênes ou des ormes, devraient en être plantés, et les peupliers et les saules devraient être enlevés aussi rapidement que les autres espèces commencent à offrir une protection. Lorsque la plantation aura enfin pris ses caractères permanents, quelques-uns des peupliers et des saules restants, judicieusement laissés, pourront produire d'excellents effets ; mais quiconque a le sens d'un artiste ne se contenterait pas de construire la charpente de son lieu avec ces arbres à croissance rapide et au bois tendre.

33. A spring expression worth securing. Catkins of the small poplar.

34. Plant-form in cherries. — Reine Hortense.

J'ai dit que l'usage légitime des peupliers dans les terrains ornementaux consiste à produire des effets mineurs ou secondaires. En règle générale, ils sont moins adaptés à la plantation isolée comme arbres spécimens qu'à leur utilisation en composition, c'est-à-dire en tant que parties de groupes généraux d'arbres, où leurs caractères servent à briser la monotonie des formes et du feuillage plus lourds. Les peupliers sont des arbres gais, en général, surtout ceux qui, comme les trembles, ont un feuillage tremblant. Leurs feuilles sont brillantes et la cime des arbres est fine. Le peuplier faux-tremble ou popple, *Populus tremuloides* , de nos bois, est un petit arbre méritoire pour certains effets. Ses chatons pendants (Fig. 33), son feuillage clair et dansant et ses membres gris argentés sont toujours réjouissants, et sa couleur automnale est l'une des jaunes d'or les plus pures de notre paysage. Il fait bon d'en voir un arbre se détacher devant un groupe d'érables ou de conifères.

Formes végétales.

Avant d'atteindre une grande sensibilité dans l'appréciation des jardins, on apprend à distinguer les plantes par leurs formes. Cela est particulièrement vrai pour les arbres et arbustes. Chaque espèce a sa propre « expression », qui est déterminée par la taille qui lui est naturelle, le mode de ramification, la forme de la cime, les caractères des rameaux, les caractères de l'écorce, les caractères du feuillage et, dans une certaine mesure, les caractères de ses fleurs et de ses fruits. C'est une pratique utile pour entraîner son œil en apprenant la différence d'expression des arbres de différentes variétés de cerises, de poires, de pommes ou d'autres fruits, s'il a accès à une plantation de ceux-ci. Les différences entre les cerises et les poires sont très marquées (fig. 34-36). Il peut également opposer et comparer soigneusement les espèces de tout arbre ou arbuste dont il existe deux ou trois espèces dans le voisinage, apprenant à les distinguer sans examen attentif ; comme l'érable à sucre, l'érable rouge, l'érable tendre et l'érable de Norvège (s'il est planté) ; l'orme blanc ou américain, l'orme-liège, l'orme rouge, l'orme européen planté ; le tremble, le peuplier à grandes dents, le peuplier, la mélisse, le peuplier de Caroline, le peuplier de Lombardie ; les principales essences de chênes ; les caryers; etc.

35. Morello cherry.

36. May Duke cherry.

L'observateur ne tardera pas à apprendre que bon nombre des caractères des arbres et des arbustes sont plus marqués en hiver ; et il commencera inconsciemment à ajouter l'hiver à son année.

Divers exemples précis .

Les remarques qui précèdent prendront davantage de sens si l'on montre au lecteur quelques exemples concrets. J'ai choisi quelques cas, non pas parce qu'ils sont les meilleurs, ni même parce qu'ils sont toujours assez bons pour servir de modèles, mais parce qu'ils me gênent et illustrent ce que je désire enseigner.

Un exemple de cour avant.

Nous examinerons d'abord une cour avant très ordinaire. Il ne contenait aucune plante, à l'exception d'un poirier situé près du coin de la maison. Quatre ans plus tard, on voit la cour comme le montre la Fig. 37. Une exochorda est le grand buisson au premier plan, et les fondations du porche sont masquées et une bordure est ainsi donnée à la pelouse. La longueur de cette plantation d'un bout à l'autre est d'environ quatorze pieds, avec une saillie vers l'avant à gauche de dix pieds. Dans la baie située à la base de cette saillie, la plantation n'a que deux pieds de largeur ou de profondeur, et à partir de là, elle s'étend graduellement jusqu'aux marches, larges de huit pieds. La plante à grandes feuilles dominante près des marches est une ronce, *Rubus odoratus* , très commune dans le quartier, et c'est une plante de choix pour les plantations décoratives, lorsqu'elle est maîtrisée. Les plantes de cette bordure devant le porche sont toutes sauvages et comprennent un frêne épineux, plusieurs plants de deux osiers ou cornouillers sauvages, un buisson d'épices, du rosier, des tournesols sauvages, des asters et des verges d'or. Le promontoire de gauche est une masse plus ambitieuse mais moins efficace. Il contient une exochorde, un roseau, du sureau panaché, de la sacaline, du cornouiller panaché, de la tanaisie et un jeune arbre de crabe sauvage. A l'arrière de la plantation, à côté de la maison, on aperçoit le poirier. La meilleure partie de la plantation est le roseau (*Arundo Donax*) dominant l'exochorda. La photographie a été prise au début de l'été, avant que le roseau ne devienne visible.

37. The planting in a simple front yard.

Un plan au sol de cette plantation est présenté à la Fig. 38. En A se trouve la promenade et en B les marches. Une ouverture en D sert de passage. La plantation principale, devant le porche, longue de quatorze pieds, a reçu douze plants, dont certains se sont maintenant répandus en grosses touffes. Au 1 se trouve un gros buisson d'osier, *Cornus Baileyi* , un des meilleurs buissons à tige rouge. En 2 se trouve une masse de *Rubus odoratus* ; à 5 asters et verges d'or ; à 3 heures, un bouquet de tournesols sauvages. La plantation en saillie de gauche comprend une dizaine de plantes, dont 4 exochorda, 6 arundo ou roseau, à l'arrière duquel se trouve une grosse touffe de sacaline, et 7 est un sureau à feuilles panachées.

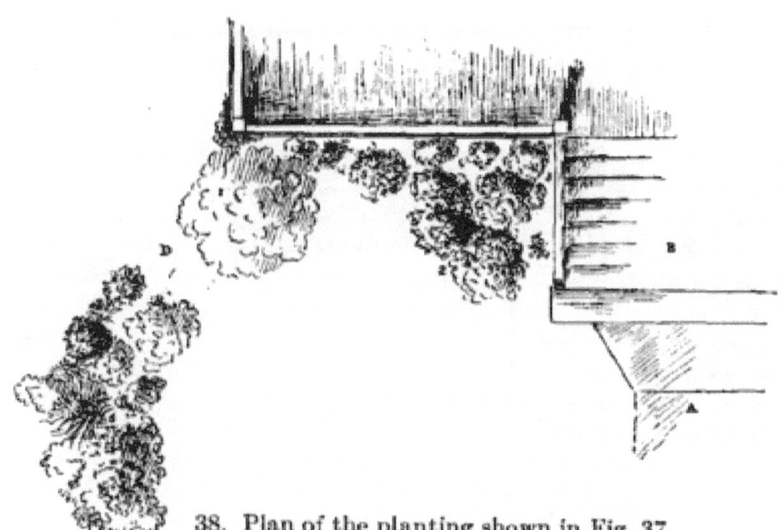

38. Plan of the planting shown in Fig. 37.

39. Diagram of a back-yard planting.
50 × 90 feet.

Un autre exemple.

40. The beginning of a landscape garden.

41. The result in five years.

Une cour arrière est représentée sur la figure 39. Le propriétaire voulait un court de tennis, et la cour est si petite qu'elle ne permet pas de larges plantations aux bordures. Cependant, quelque chose pourrait être fait. À gauche se trouve une bordure de mauvaises herbes, qui a constitué la base de la discussion sur les plantes sauvages à la page 35. En premier lieu, une bonne pelouse a été créée. En deuxième lieu, aucune promenade ni promenade n'a été aménagée dans la zone. L'allée pour les chariots d'épicier et le charbon est visible à l'arrière, à quatre-vingt-dix pieds de la maison. De I à J se trouve la friche, séparant la zone des locaux du voisin. Près de moi se trouve un bouquet de roses. En K se trouve un gros tas de verges d'or. H marque une touffe de yucca. G est une cabane couverte de vignes sur la façade. De G à F se trouve une bordure irrégulière, large d'environ six pieds, contenant des épine-vinette, des forsythias, du sureau sauvage et d'autres buissons. DE est un écran de mûrier russe, mettant en valeur la cour à vêtements depuis la pelouse. Près du porche arrière, au bout du paravent, se trouve une tonnelle couverte de raisins sauvages, faisant une maison de jeu pour les enfants. Un bouquet de lilas se dresse en A. En B se trouve un écran recouvert de vigne, servant de support de hamac. Le gazon fait et les plantations faites, il fallut ensuite aménager les allées. Ce sont des affaires totalement informelles, réalisées en enfonçant une planche de dix pouces de large dans le sol jusqu'au niveau du gazon. Les bordures de cette cour sont trop droites et régulières pour les résultats les plus artistiques, mais cela était nécessaire pour ne pas empiéter sur l'espace central. Pourtant, le lecteur conviendra sans aucun doute que ce jardin est bien meilleur que ce qu'il pourrait être fait par n'importe quel système de plantations dispersées et tachetées. Laissez-le imaginer à quoi ressemblerait un lit-tapis lumineux posé au centre de cette pelouse !

Un troisième exemple.

42. A meaningless back-yard planting, and an unnecessary drive.

43. Suggestions for improving Fig. 42.

La réalisation d'une image de paysage est bien illustrée dans les Figs. 40, 41. Le premier montre un petit champ d'argile (soixante-quinze pieds de large et trois cents pieds de profondeur), avec une grange à l'arrière. Devant la grange se trouve un écran de saules. L'observateur regarde depuis la maison d'habitation. La zone a été labourée et ensemencée pour une pelouse. L'opérateur a ensuite tracé une ligne tortueuse sur chaque bordure avec un manche de houe, et tout l'espace entre ces bordures a été parcouru avec un rouleau de jardin pour marquer la zone de gazon souhaité.

Les bordures sont désormais plantées d'une variété de petits arbres, d'arbustes et d'herbes. Cinq ans plus tard, la vue présentée sur la figure 41 a été prise.

Une petite cour arrière.

Une cour arrière est illustrée à la figure 42. Elle mesure environ soixante pieds carrés. À l'heure actuelle, il contient un lecteur inutile, coûteux à entretenir et destructeur de toute tentative de dresser une image de la région. L'endroit pourrait être amélioré en le plantant un peu à la manière de la figure 43.

V. Un lit subtropical. Le centre des cannas, avec une bordure de
Pennisetum longistylum (une graminée) a commencé fin février ou
début mars.

Un lot de ville.

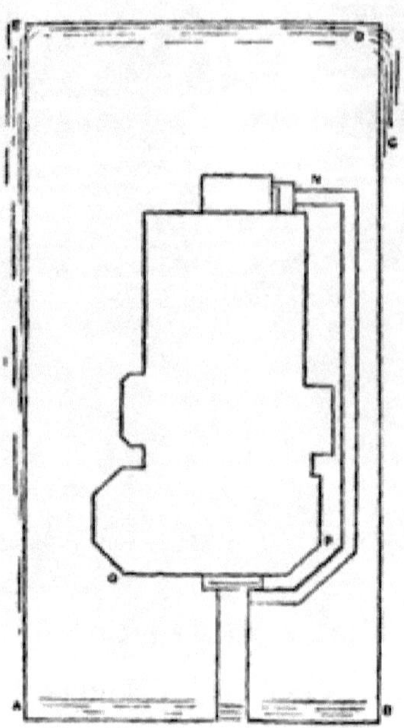

44. Present outline of a city
back yard, desired to be
planted.

Un plan d'un terrain urbain est donné sur la figure 44. La superficie est de cinquante sur cent et la maison occupe la plus grande partie de la largeur. Elle est plate, mais le terrain environnant est plus élevé, ce qui donne une terrasse pointue, haute de trois ou quatre pieds, sur l'arrière, E D. Cette terrasse disparaît en C à droite, mais s'étend sur presque toute la longueur de l'autre côté, diminuant graduellement à mesure qu'il s'approche de A. Il y a une terrasse de deux pieds de haut s'étendant de A à B, le long du front. Au-delà de la ligne ED se trouve l'arrière d'un établissement que l'on veut cacher. Puisque les terrasses délimitent clairement ce petit endroit, il est souhaitable de planter les limites de manière assez dense. Si les pelouses attenantes étaient au même niveau, ou si les voisins permettaient de fusionner une zone avec l'autre par des pentes agréables, les trois cours pourraient être réunies en un seul tableau ; mais le lieu doit rester isolé.

Il y a trois problèmes de plantation structurelle sur place : prévoir une couverture ou un écran à l'arrière ; prévoir des masses de bordure inférieures sur les terrasses latérales ; planter ensuite les fondations de la maison. En dehors de ces problèmes, le cultivateur a le droit de posséder un certain nombre de plantes spécimens, s'il apprécie particulièrement certains types, mais ces spécimens doivent être plantés dans une certaine relation avec les masses structurelles et non au milieu de la pelouse.

Le propriétaire souhaitait une plantation mixte, pour plus de variété. Les arbustes suivants ont été sélectionnés et plantés. L'endroit est au centre de New York :—

Arbustes pour le fond haut

- 2 Épine-vinette, *Berberis vulgaris* et var. *purpurée* .

- 1 Cornus Mas.

- 2 grands deutzias.

- 3 Lilas.

- 2 Fausses oranges, *Philadelphus grandiflorus* et *P. coronarius* .

- 2 Anciens panachés.

- 2 Eleagnus, *Elæagnus hortensis* et *E. longipes* .

- 1 Exocorde.

- 2 Hibiscus.

- Troène.

- 3 viornes.

- 1 boule de neige.

- 1 chèvrefeuille tartare.

- 1 cloche d'argent, *Halesia tetraptera* .

45. The planting of the terrace in Fig. 44.

Ceux-ci ont été plantés sur la berge en pente de la terrasse, de E à D. La terrasse a une inclinaison ou une largeur d'environ trois pieds. La figure 45 montre cette terrasse une fois la plantation terminée, vue depuis le point C.

Arbustes de taille moyenne, adaptés aux plantations latérales et aux groupes dans l'exemple précédent

- 3 Épine-vinettes, *Berberis Thunbergii* .

- 3 Cornouillers Osier, panachés.

- 2 coings japonais, *Cydonia Japonica* et *C. Maulei* .

- 4 grands deutzias.

- 1 Sureau panaché.

- 7 Weigelas, couleurs assorties.

- 1 Rhodotypos.

- 9 Spirées de croissance moyenne, assorties.

- 1 Rubus odorant.

- 1 Lonicera fragrantissima.

46. Said to have been planted.

La plupart de ces arbustes étaient plantés dans une bordure de deux pieds de largeur, s'étendant de B à CD, la plantation commençant à environ dix pieds en arrière de la rue. Certaines d'entre elles étaient placées sur la terrasse de gauche, s'étendant de E sur un quart de la distance jusqu'à A. Les plantes étaient espacées d'environ deux pieds. Une forte touffe a été placée en N pour masquer la cour arrière. Dans cette arrière-cour, quelques petits arbres fruitiers et un parterre de fraises ont été plantés.

Arbustes informels bas pour le devant du porche et contre la maison

- 3 Deutzia gracilis.

- 6 Kerrias, vertes et panachées.

- 3 Daphné Mezereum.

- 3Lonicera Halliana.

- 3 Rubus phœnicolasius.

- 3 Symphoricarpus vulgaris.

- 4 Mahonia.

- 1 Ribes doré.

- 1 Ribes sanguineum.

- 1 Rubus cratægifolius.

- 1 Rubus fruticosus var. laciniatus.

47. An area well filled.   Compare Fig. 46.

Ces buissons ont été plantés contre la façade de la maison (un porche sur fondation haute s'étend à droite de O), depuis l'allée jusqu'à P, et quelques-uns d'entre eux ont été placés à l'arrière de la maison.

Arbustes spécimens pour simple ornement, pour cet endroit

- Azalée.

- Rhododendron.

- Rose.

- 2 Hortensias.

- 1 boule de neige.

- 1 de chaque Forsythia suspensa et F. viridissima.

- 2 Amandes fleuries.

Ceux-ci ont été plantés ici et là à des endroits bien en vue contre les autres masses.

Voici cent buissons excellents et intéressants plantés dans une cour de seulement cinquante pieds de large et cent pieds de profondeur, et pourtant l'endroit a autant d'espace qu'auparavant. Il existe de nombreuses opportunités le long des frontières pour déposer des cannas, des dahlias, des roses trémières, des asters, des géraniums, des coleuses et d'autres plantes brillantes. Les buissons vont bientôt commencer à se rassembler, certes, mais il faut de la masse, et l'étroitesse des plantations permettra à chaque buisson de se développer latéralement à la perfection. Toutefois, si les bordures deviennent trop épaisses, il est facile d'enlever quelques buissons ; mais ils ne le feront probablement pas. Imaginez la couleur, la variété et la vie dans cette petite cour. Et si une amarante surgit de temps en temps dans la bordure, cela ne ferait pas de mal de la laisser tranquille : elle y a sa place ! Imaginez ensuite la même zone remplie de parterres de fleurs et de rosiers déconnectés, inégaux, dyspeptiques et sans esprit !

Divers exemples.

48. The screening of the tennis-screen.

49. At the bottom of the clothes-post.

Les fondations solides et dénudées doivent être soulagées par des plantations abondantes. Remplissez les coins de congères de feuillage. Plantez à main levée, comme si vous le pensiez (comparez les figures 46 et 47). Le coin près des marches est une source perpétuelle de mauvaise humeur. La tondeuse à gazon n'y touche pas et l'herbe doit être coupée avec un couteau de boucher.

Si rien d'autre ne vous tombe sous la main, laissez pousser une bardane (Fig. 1).

L'écran de tennis peut être relevé par un fond (Fig. 48), et une touffe d'herbe à ruban ou autre est à l'écart contre un poteau (Fig. 49).

D'excellents effets de masse peuvent être obtenus en coupant au sol chaque année des plantes bien établies de sumac, d'ailanthus, de tilleul et d'autres plantes à croissance forte, dans le but d'obtenir des pousses robustes. La figure 50 en donnera une idée.

50. Young shoots of ailanthus (and sunflowers for variety).

Mais si l'on n'a pas de terrain qu'il puisse transformer en pelouse et sur lequel il puisse planter des masses aussi verdoyantes, que peut-il alors faire ? Même dans ce cas, il peut y avoir une opportunité pour une petite plantation soignée et artistique. Même si quelqu'un vit dans une maison louée, il peut apporter un buisson ou une herbe de la forêt et peindre un tableau avec. Plantez-le dans le coin près des marches, devant le porche, au coin de la maison, presque n'importe où sauf au centre de la pelouse. Rendez le sol riche, assurez-vous d'avoir des racines solides et plantez-le avec soin ; puis attendre. Le petit bouquet aura non seulement une beauté et un intérêt qui lui sont propres, mais il pourra également ajouter énormément au mobilier de la cour.

51. A backyard cabin.

Autour de ces touffes, on peut planter des bulbes de tulipes rougeoyantes ou de délicats perce-neige et muguet ; et ceux-ci peuvent être suivis de pensées, de phlox et d'autres gens simples. Très vite, on s'intéresse profondément à ces images aléatoires et détachées, et presque avant de s'en rendre compte, on découvre qu'il a arrondi les coins de la maison, fait de petites tonnelles douillettes de raisins sauvages et de clématites, recouvert la clôture arrière et les toilettes extérieures. avec des actinidies et du doux-amer, et a ajouté des touches de couleur avec des roses trémières, des cannas et des lys, et a lié les fondations des bâtiments à la pelouse verte par des brins de vigne bas ou des parcelles de plantation adroites. Il en vient bientôt à sentir que les fleurs expriment le mieux les meilleures émotions lorsqu'elles sont délicatement déposées ici et là sur un fond de feuillage, ou bien lorsqu'elles sont placées comme pièce latérale dans l'endroit. Il n'y a pas de limite aux adaptations ; Figues. 51 à 58 suggèrent certaines des possibilités d'arrière-cour.

Actuellement, il se rebelle contre les desseins audacieux, durs et impudents de certains jardiniers et se développe en un amour ingénieux pour les formes végétales et la verdure. Il se peut qu'il aime encore les arbres pleureurs, aux feuilles coupées et aux couleurs festives de l'horticulteur, mais il voit que leurs meilleurs effets doivent être obtenus lorsqu'ils sont plantés avec parcimonie, comme bordures ou promontoires des masses structurelles.

52. A garden path with hedgerows, trellis, and bench, in formal treatment.

La meilleure plantation, comme la meilleure peinture et la meilleure musique, n'est possible qu'avec le sentiment le meilleur et le plus tendre et la vie la plus proche de la nature. La place de chacun devient le reflet de lui-même, changeant à mesure qu'il change et exprimant sa vie et ses sympathies jusqu'au bout.

Revoir

Nous avons maintenant discuté de certains principes et applications de l'architecture paysagère ou du jardinage paysager, notamment en référence à la plantation. Le but du jardinage paysager est *de créer une image* . Tous les travaux de classement, d'ensemencement et de plantation sont accessoires et complémentaires à cette idée centrale. La verdure est la toile, la maison ou tout autre point marquant est la figure centrale, la plantation complète la composition et ajoute de la couleur.

53. An enclosure for lawn games.

54. Sunlight and shadow.

La deuxième conception est le principe selon lequel *l'image doit avoir un effet paysager* . Autrement dit, cela devrait ressembler à la nature. Les lits avec moquette sont des masses de couleurs, pas des images. Ce sont de petites décorations et des reliefs qui doivent être utilisés avec beaucoup de prudence, car les petites excentricités et les conventions d'un bâtiment ne doivent jamais être plus que des éléments très mineurs.

Tous les autres concepts du jardinage paysager sont subordonnés à ces deux-là. Certaines des plus importantes de ces considérations secondaires mais sous-jacentes sont les suivantes :

Le lieu est à concevoir comme *une unité* . Si un bâtiment ne vous plaît pas, demandez à un architecte de l'améliorer. Le véritable architecte étudiera le bâtiment dans son ensemble, saisira sa conception et sa signification et suggérera des améliorations qui ajouteront à la force de la structure entière. Un bricoleur ajouterait une cheminée par-ci, une fenêtre par-là, et appliquerait diverses touches de peinture sur le bâtiment. Chacune de ces fonctionnalités peut être bonne en soi. Les peintures pourraient être les meilleures de l'ocre, de l'outremer ou du vert de Paris, mais elles pourraient n'avoir aucun rapport avec le bâtiment dans son ensemble et ne seraient que ridicules. Ces deux exemples illustrent la différence entre l'aménagement paysager et la dispersion de simples éléments ornementaux.

55. An upland garden, with grass-grown steps, sundial, and edge of foxgloves.

56. A garden corner.

Il devrait y avoir *un point central et emphatique dans l'image* . L'image d'une bataille tire son intérêt de l'action d'un personnage ou d'un groupe central. Dès que les figures accessoires et latérales deviennent aussi proéminentes que les figures centrales, l'image perd de son accent, de sa vie et de son sens. Les frontières d'un lieu ont moins d'importance que son centre. Donc:

Gardez le centre du lieu ouvert ;

Encadrer et masser les côtés ; Évitez les effets dispersés .

Dans une photo de paysage, *les fleurs sont des incidents* . Ils ajoutent de l'emphase, fournissent de la couleur, donnent de la variété et de la finition ; ce sont les ornements, mais la pelouse et les plantations massives constituent le cadre. Une fleur dans la bordure, et fait un incident de la photo, est plus efficace que vingt fleurs au centre de la pelouse.

Cela dépend davantage *des positions qu'occupent les plantes les unes par rapport aux autres et de la conception structurelle du lieu* que des mérites intrinsèques des plantes elles-mêmes.

Le jardinage paysager consiste donc à embellir un terrain de telle manière qu'il ait un effet naturel ou paysager. Les fleurs et les accessoires peuvent accentuer et accélérer l'effet, mais ils ne doivent pas le contredire.

57. An old-fashioned doorway.

58. An informally treated stream.

CHAPITRE III
EXÉCUTION DE CERTAINS ÉLÉMENTS DU PAYSAGE

L'aménagement général d'une petite propriété ayant maintenant été examiné, nous pouvons discuter des opérations pratiques d'exécution du plan. Il n'est pas prévu dans ce chapitre d'aborder la question générale du traitement du sol : cette discussion figure au chapitre IV ; ni en détail comment manipuler les plantes : cela se produit dans les chapitres V à X ; mais les sujets du nivellement, de l'aménagement des allées et des allées, de l'exécution des plantations de bordure et de la confection des pelouses peuvent être brièvement examinés.

Bien sûr, les instructions données dans un livre, aussi complètes soient-elles, sont très insuffisantes et peu satisfaisantes par rapport aux conseils d'une personne bien expérimentée. Il n'est cependant pas toujours possible de trouver une telle personne ; et ce n'est pas une mince satisfaction pour la femme au foyer si elle peut sentir qu'elle peut accomplir le travail elle-même, même au prix de quelques erreurs.

Le classement.

La première considération est de niveler le terrain. Le nivellement est très coûteux, surtout s'il est effectué à une saison où le sol est lourd en eau. Il faut donc s'efforcer de réduire le nivellement au minimum tout en garantissant un contour agréable. Un bon moment pour niveler, si l'on en a le temps, est à l'automne avant l'arrivée des fortes pluies, puis laisser la surface se stabiliser jusqu'au printemps, lorsque la finition peut être effectuée. Tout le remplissage se stabilisera avec le temps à moins qu'il ne soit soigneusement tassé au fur et à mesure.

Plus la zone est petite, plus il faut se soucier du nivellement ; mais sur toute plate-forme de cent pieds carrés ou plus, des ondulations très considérables peuvent être laissées à la surface avec un excellent effet. Dans des pelouses de cette taille, voire la moitié de cette taille, il est rarement conseillé de les avoir parfaitement plates et de niveau. Ils doivent s'éloigner progressivement de la maison ; et lorsque la pelouse mesure soixante-quinze pieds ou plus de largeur, elle peut être légèrement courbée avec un bon effet. Une pelouse ne doit jamais être creuse, c'est-à-dire plus basse au centre qu'aux bordures, et les larges pelouses parfaitement plates et nivelées semblent souvent creuses. Une pente d'un pied sur vingt ou trente n'est pas de trop pour une pente agréable dans des pelouses d'une certaine étendue.

Dans les petits endroits, le classement peut se faire à l'œil nu, sauf conditions très particulières à respecter. Dans les zones vastes ou difficiles, il est bon que l'endroit soit délimité par des instruments. Ceci est particulièrement souhaitable si le classement doit être effectué sous contrat. Une ligne basale ou de référence est établie, au-dessus ou en dessous de laquelle toutes les surfaces doivent être façonnées à des distances mesurées. Même dans les petits chantiers, une telle ligne de référence est souhaitable pour le meilleur type de travail.

La terrasse .

59. A terrace in the distance; in the foreground an ideal "running out" of the bank.

Dans les endroits où la pente naturelle est très sensible, on a tendance à terrasser la pelouse afin d'en rendre les différentes parties ou sections plus ou moins planes et planes. Cependant, dans presque tous les cas, une terrasse sur une pelouse principale est inacceptable. Il coupe la pelouse en deux ou plusieurs parties, ce qui la rend plus petite et gâche l'effet de l'image. Une terrasse impose toujours une ligne dure et rigide et attire l'attention sur elle-même plutôt que sur le paysage. Les terrasses sont également coûteuses à réaliser et à entretenir ; et une terrasse en mauvais état est toujours gênante.

Lorsque des effets formels sont recherchés, leur succès dépend cependant très largement de la rigidité des lignes et du soin avec lequel elles sont entretenues. Si une terrasse est nécessaire, elle doit être sous forme de mur de soutènement à côté de la rue, ou bien elle doit être située à côté du bâtiment, donnant une pelouse aussi large et continue que possible. Il ne faut cependant pas oublier qu'une terrasse à côté d'un bâtiment ne doit pas faire partie du paysage, mais de l'architecture ; c'est-à-dire qu'il devrait servir de base au bâtiment. On voit donc immédiatement que les terrasses sont plus en place contre les bâtiments qui ont de fortes lignes horizontales, et qu'elles conviennent peu contre les bâtiments aux lignes très brisées et aux éléments mixtes ou gothiques. Pour relier la terrasse au bâtiment, il est généralement conseillé de placer sur sa couronne un élément architectural, comme une balustrade, et d'y monter au moyen de marches architecturales. L'élévation de la terrasse devient donc une partie de la base du bâtiment et son sommet constitue une esplanade.

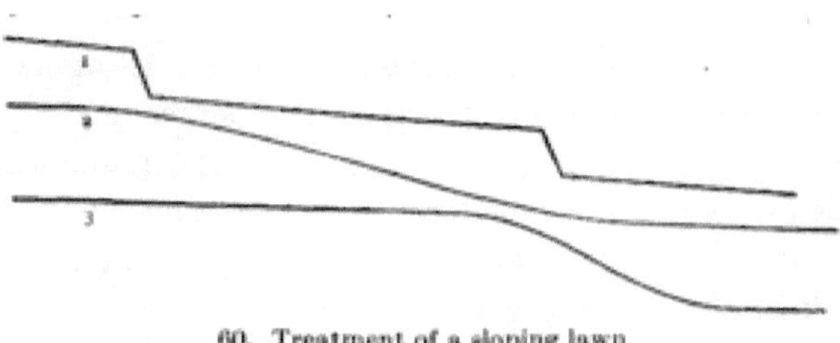

Un talus simple et en pente douce peut presque toujours être réalisé pour remplacer une terrasse. Par exemple, laissez l'exploitant aménager une terrasse, avec des angles vifs en haut et en bas, à l'automne de l'année ; au printemps, il constatera (s'il ne l'a pas engazonné abondamment) que la nature a pris les choses en main et que l'angle supérieur de la terrasse a été emporté et déposé dans l'angle inférieur, et le résultat est le début d'un bonne série de courbes. La figure 59 montre une pente idéale, avec sa double courbe, comprenant une courbe convexe en haut de la berge, et une courbe concave en partie basse. Il s'agit d'une pente qui serait normalement aménagée en terrasses, mais dans son état actuel, elle fait partie du paysage. Elle peut être tondue aussi facilement que n'importe quelle autre partie de la pelouse et elle prend soin d'elle-même.

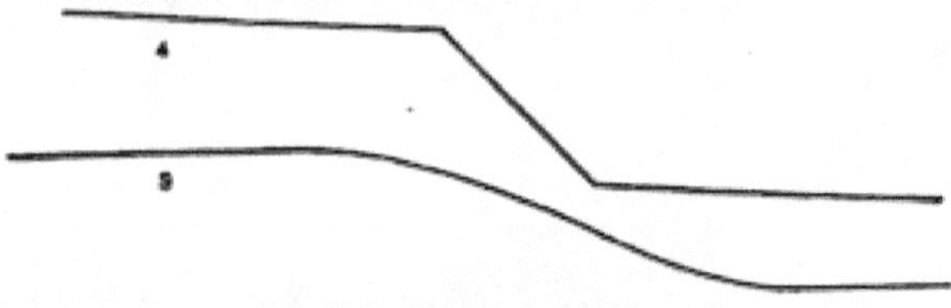

Les diagrammes de la figure 60 indiquent un mauvais et un bon traitement d'une pelouse. Les terrasses ne sont pas nécessaires dans ce cas ; ou s'ils le sont, ils ne devraient jamais être faits comme en 1. Le même pendage pourrait être repris en un seul talus incurvé, comme en 3, mais la meilleure façon, en général, est de donner le traitement indiqué en 2. Figure 61 montre comment une terrasse très haute, 4, peut être remplacée par un talus en pente 5. La figure 62 montre une terrasse qui s'éloigne trop brusquement de la maison.

Les lignes de démarcation .

Lors du nivellement des limites du lieu, il n'est pas toujours nécessaire, ni même souhaitable, de maintenir un contour continu, surtout si la bordure est plus haute ou plus basse que la pelouse. Une ligne de niveau quelque peu irrégulière semblera la plus naturelle et se prêtera le mieux à une plantation efficace. Cela est particulièrement vrai dans le cas des cours d'eau, qui, en règle générale, doivent être plus ou moins détournés ou sinueux ; et le terrain adjacent doit donc présenter des hauteurs et des contours variés. Il n'est cependant pas toujours nécessaire de tracer des berges distinctes le long des cours d'eau, surtout si l'endroit est petit et si la configuration naturelle du terrain est plus ou moins plane ou plate. Une très légère dépression, comme le montre la figure 63, peut répondre à tous les besoins d'un niveau d'eau dans de tels endroits.

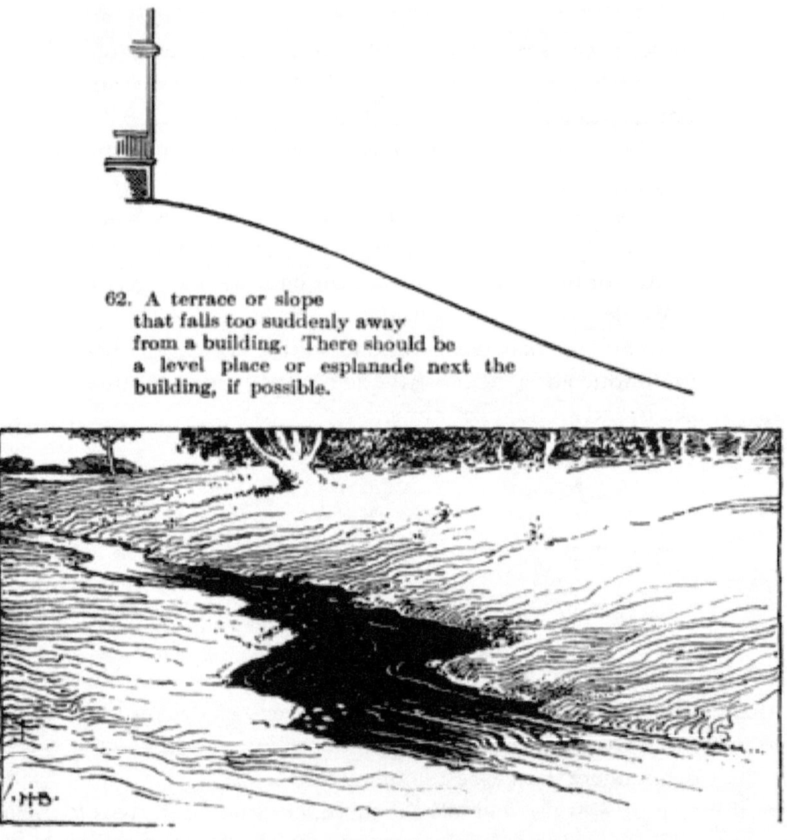

63. Shaping the land down to a water-course.

S'il est souhaitable que la pelouse soit aussi grande et spacieuse que possible, sa limite doit être supprimée. Supprimez les clôtures, les bordures et autres lignes droites. Dans les zones rurales, une clôture en contrebas peut parfois être placée en travers de la pelouse à son bord le plus éloigné dans le but d'éloigner le bétail de l'endroit et de faire ainsi entrer le paysage adjacent. La figure 64 suggère comment cela peut être réalisé. La dépression située au pied de la pelouse, qui est en réalité un fossé et à peine visible de la partie supérieure de la place à cause de la légère élévation de son bord intérieur, répond à tous les usages d'une clôture.

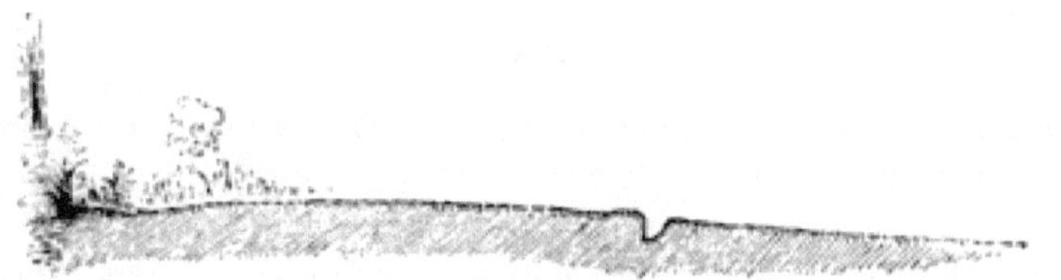

64. A sunken fence athwart a foreground.

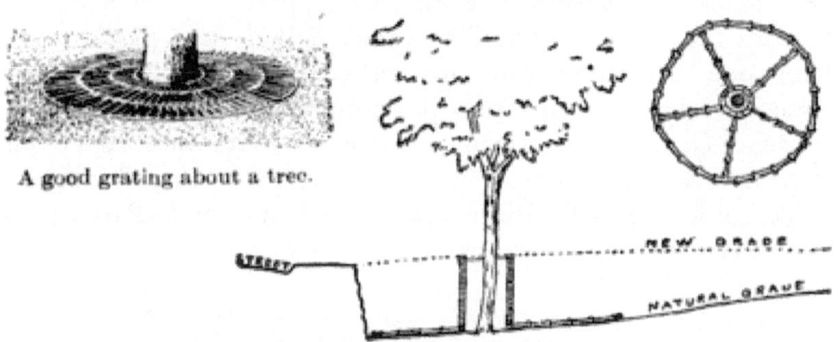

A good grating about a tree.

65. Protecting a tree in filled land.

Presque tous les arbres sont blessés si la terre est remplie autour de la base jusqu'à une profondeur d'un pied ou plus. La base naturelle de la plante doit être exposée autant que possible, non seulement pour protéger l'arbre, mais aussi parce que la base d'un tronc d'arbre est l'une de ses caractéristiques les plus distinctives. Les chênes, les érables et en fait la plupart des arbres perdront leur écorce près de la cime si la terre s'accumule contre eux ; et cela est particulièrement vrai si l'eau a tendance à se déposer autour des troncs. La figure 65 montre comment cette difficulté peut être évitée. Un puits est empierré, laissant un espace d'un pied ou deux de tous les côtés, et des drains en carrelage sont posés autour de la base du puits, comme le montre le schéma de droite. Une grille pour couvrir un puits est également représentée. Il est souvent possible de faire une berge en pente juste au-dessus de l'arbre, et de laisser le sol s'éloigner des racines du côté inférieur, de sorte qu'il n'y ait ni puits ni trou ; mais cela n'est réalisable que lorsque l'arbre est considérablement plus bas que celui qui est au-dessus.

Si une grande partie de la surface doit être enlevée, la bonne terre végétale doit être conservée et replacée sur la zone dans laquelle semer les graines de gazon et faire les plantations. Cette terre végétale peut être empilée d'un côté à l'écart pendant le nivellement.

Promenades et promenades .

En ce qui concerne l'image du paysage, les promenades et les promenades sont des défauts. Mais comme ils sont nécessaires, ils doivent faire partie de l'aménagement paysager. Ils doivent être le moins nombreux possible, non seulement parce qu'ils interfèrent avec la composition artistique, mais aussi parce qu'ils sont coûteux à réaliser et à entretenir.

La plupart des endroits proposent trop de promenades et de promenades, plutôt que trop peu. Les petites zones urbaines ont rarement besoin d'une entrée d'allée, même pas par la porte arrière. La cour arrière de la figure 39 illustre ce point. La distance entre la maison et la rue à l'arrière est d'environ quatre-vingt-dix pieds, mais il n'y a pas d'allée dans cet endroit. Le charbon et les provisions sont transportés ; et, même si les livreurs peuvent se plaindre au début, ils acceptent très vite l'inévitable. Cela ne vaut pas la peine de maintenir une circulation dans un tel endroit pour le confort des camionneurs et des épiciers. Il n'est pas non plus souvent nécessaire de se rendre dans la cour avant si la maison se trouve à moins de soixante-quinze ou cent pieds de la rue. Lorsqu'une promenade est nécessaire, elle doit entrer, si possible, sur le côté de la résidence, et non faire un cercle dans la pelouse avant. Cette remarque peut ne pas s'appliquer aux superficies d'un demi-acre ou plus.

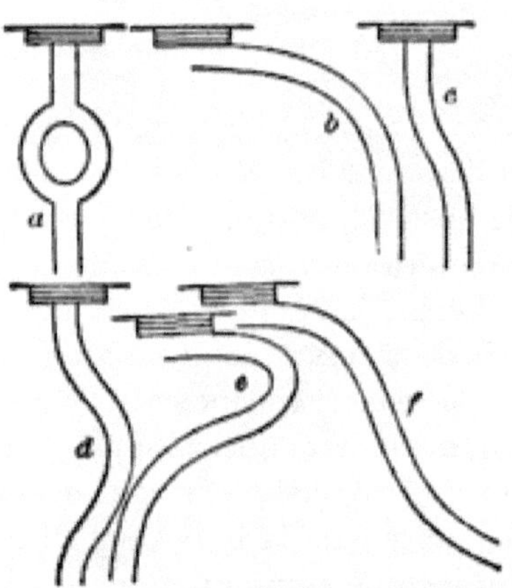

66. Forms of front walks.

Les trajets et promenades doivent être directs. Ils doivent aller là où ils semblent aller et doivent être pratiquement les distances les plus courtes entre les points à atteindre. La figure 66 illustre certains des problèmes liés aux déplacements jusqu'à la porte d'entrée. Un type de promenade courant est *le* , et c'est une nuisance. Le temps que l'on perd à faire le tour du camée central serait suffisant, s'il était conservé, pour allonger la vie d'un homme de plusieurs mois ou d'un an. Un tel dispositif n'a aucun mérite en termes d'art ou de commodité. La marche *b* est meilleure, mais elle n'est toujours pas idéale, dans la mesure où elle forme trop une courbe à angle droit et que le piéton désire couper le coin. De plus, une telle promenade s'étend généralement trop au-delà du coin de la maison pour donner l'impression d'être directe. Il a cependant le mérite de laisser le centre de la pelouse pratiquement intact. La courbe de la marche d n'est généralement pas nécessaire à moins que le sol ne roule. Dans les petits endroits comme celui-ci, il est préférable de marcher directement du trottoir jusqu'à la maison. En fait, cela est vrai dans presque tous les cas où la pelouse n'a pas plus de quarante à soixante-quinze pieds de profondeur. Le plan C est également inexcusable. Une marche droite répondrait mieux à tous les objectifs. Toute promenade qui passe devant la maison et y revient, e, est inexcusable à moins qu'il ne soit nécessaire de faire une montée très raide. Si la plupart des déplacements se font dans une seule direction à partir de la maison, une marche comme f peut être la plus directe et la plus efficace. Elle est connue sous le nom de courbe directe et est un composé d'une courbe concave et convexe.

Il est essentiel que toute promenade ou trajet de service, quelle que soit sa longueur, soit continu dans sa direction et sa conception d'un bout à l'autre. La figure 67 illustre un long trajet qui contredit ce principe.

67. A patched-up drive, showing meaningless crooks.

C'est une série de courbes dénuées de sens. La raison de ces courbes est le fait que le trajet était prolongé de temps en temps à mesure que de nouvelles maisons étaient ajoutées à la villa. Le lecteur comprendra facilement comment tous les défauts pourraient être éliminés de cette dynamique et comment une courbe directe et audacieuse pourrait être remplacée.

La question du drainage, des bordures et des gouttières.

Un drainage complet, naturel ou artificiel, est essentiel aux promenades et déplacements difficiles et permanents. Ce point est trop souvent négligé. À propos du drainage et du nivellement des rues résidentielles, un paysagiste bien connu, OC Simonds, écrit ce qui suit dans « Park and Cemetery » :

68. Treatment of walk and drive in a suburban region. There are no curbs.

« Le drainage superficiel est quelque chose qui nous intéresse lorsqu'il pleut ou lors de la fonte des neiges. Il est d'usage d'implanter des puisards pour recevoir les eaux de surface aux intersections des rues. Cette disposition fait couler la majeure partie des eaux de surface des deux rues au-delà des passages à niveau, ce qui oblige à abaisser le trottoir, de sorte qu'il faut descendre et monter pour passer d'un côté à l'autre d'une rue, ou bien un passage pour l'eau doit être faite par le passage. On peut dire qu'aux intersections des rues, descendre sur le trottoir et remonter sur le trottoir n'a aucune conséquence, mais il est réellement plus élégant et plus satisfaisant d'avoir une marche pratiquement continue (fig. 68). Avec le puisard au coin, l'arrêt de l'entrée, ou une forte chute de pluie, recouvre parfois d'eau le passage, il faut donc soit patauger, soit s'écarter de son chemin. Avec des puisards placés au centre des blocs ou, si les blocs sont longs, à une certaine distance du croisement, les intersections peuvent être maintenues relativement hautes et sèches. Les routes sont généralement couronnées au centre de manière à ce que l'eau s'écoule sur les côtés, mais souvent la chute dans le sens de la longueur de la chaussée est inférieure à ce qu'elle devrait être. Les ingénieurs municipaux sont généralement enclins à rendre la pente le long d'une rue aussi proche que possible. Les autorités qui ont étudié de manière approfondie le sujet des routes recommandent une chute dans le sens de la longueur d'au moins un pied sur cent vingt-cinq, ni de plus de six pieds sur cent. De tels niveaux ne sont pas toujours réalisables, mais une certaine variation de niveau peut généralement être réalisée dans une rue résidentielle, ce qui la rendra beaucoup plus agréable en apparence et présentera certains avantages pratiques en gardant la rue sèche. L'eau est généralement confinée au bord de la chaussée par des bordures, qui peuvent s'élever de quatre à quatorze pouces au-dessus de la surface. Cela fait que toute l'eau tombant sur la chaussée cherche le puisard et est gaspillée, à l'exception de son utilisation pour le rinçage des égouts. Si les bordures, qui sont vraiment inutiles dans la plupart des cas, étaient omises, une grande partie de l'eau de surface s'infiltrerait dans le sol entre le trottoir et la chaussée, faisant ainsi beaucoup de bien aux arbres, aux arbustes et à l'herbe. Les racines des arbres s'étendent naturellement aussi loin, voire plus loin, que leurs branches, et pour leur bien, le sol sous le pavé et le trottoir doit être pourvu d'une certaine quantité d'humidité.

VI. Un arbre qui donne du caractère à un lieu.

« L'aménagement fait pour l'évacuation des eaux de surface de la rue doit également tenir compte du surplus d'eau des terrains adjacents, il y a donc un avantage pratique à avoir le niveau de la rue plus bas que celui du terrain attenant. L'apparence des maisons et des terrains est également bien meilleure lorsqu'ils sont plus élevés que la rue, et c'est pour cette raison qu'il est généralement souhaitable de maintenir cette dernière aussi basse que possible et de couvrir suffisamment les canalisations souterraines pour les protéger du gel. Lorsque le sol est élevé et les égouts très profonds, les niveaux doivent bien entendu être déterminés en fonction uniquement de l'état de la surface. Il arrive parfois que cette disposition générale des inclinaisons des terrains d'habitation, qui est la plupart du temps souhaitable, fait couler l'eau de la fonte des neiges sur le trottoir en hiver, où elle peut geler et être dangereuse pour les piétons. Une légère dépression du terrain à l'écart du trottoir, puis une montée vers la maison remédieraient généralement à cette difficulté et feraient paraître la maison plus haute. Parfois, cependant, un tuyau doit être placé sous le trottoir pour permettre à l'eau d'atteindre la rue depuis l'intérieur de la limite de lot. L'objectif du drainage superficiel doit toujours être de maintenir les portions de rue fréquentées dans les conditions d'utilisation les plus parfaites. L'élimination rapide de l'excédent d'eau des trottoirs, des passages à niveau et des routes contribuera à garantir ce résultat.

Ces remarques concernant les bordures et les bordures dures des rues de la ville peuvent également s'appliquer aux promenades et aux déplacements sur de petits terrains. La figure 69, par exemple, montre la méthode courante de traitement du bord d'une allée, en réalisant une élévation nette et abrupte. Ce bord a besoin d'être constamment coupé, sinon il devient informe ; et ce parage tend à élargir la promenade. Pour des raisons générales, une bordure, comme celle illustrée à la figure 70, est préférable. Le gazon roule jusqu'à ce qu'il rencontre le trottoir et la tondeuse à gazon est capable de le maintenir en état. S'il devient plus ou moins rugueux et irrégulier, il est pilé.

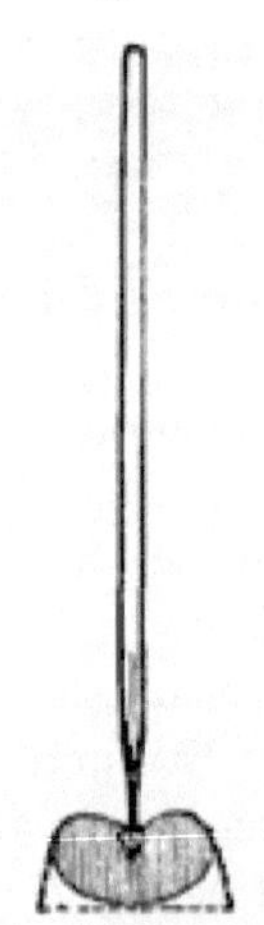

71. Sod cutter.

S'il s'avère nécessaire de tailler les bords des allées et des allées, on peut utiliser à cet effet l'un des différents types de coupe-gazon vendus par les revendeurs, ou bien on peut redresser la tige d'une vieille houe et redresser les coins de la houe. lame arrondie, comme le montre la Fig. 71, et cela répondra à tous les besoins du coupe-gazon commun ; ou bien, une bêche pointue et droite peut parfois être utilisée. L'herbe meuble qui surplombe ces bords est habituellement coupée par de grandes cisailles fabriquées à cet effet.

Les promenades et les allées doivent être aménagées dans une direction telle qu'elles aient tendance à s'assécher d'elles-mêmes ; mais s'il est nécessaire d'avoir des gouttières, celles-ci doivent être profondes et pointues au fond, car l'eau se rassemble alors et tend à maintenir la gouttière propre. Une gouttière en brique ou en galets peu profonde et arrondie ne se nettoie pas toute seule ; il est très susceptible de se remplir de mauvaises herbes et les véhicules y circulent souvent. Les meilleures gouttières et bordures sont désormais en ciment. La figure 72 montre un puisard à gauche d'une allée ou d'une allée, et la tuile posée en dessous dans le but d'évacuer les eaux de surface.

Les matériaux.

72. Draining the gutter and the drive.

Les meilleurs matériaux pour les promenades principales sont les dalles en ciment et en pierre. Cependant, dans de nombreux sols, il y a suffisamment de matériaux liants pour permettre une bonne marche sans ajout d'autres matériaux. Le gravier, les cendres, les cendres et autres sont presque toujours déconseillés, car ils risquent d'être meubles par temps sec et collants par temps humide. Lors de la pose de ciment, il est important que l'allée soit bien drainée par une couche d'un pied ou deux de pierres brisées ou de briquettes, à moins que l'allée ne soit située sur un terrain meuble et lixivié ou dans un pays sans gel.

Dans les cours arrière, il est souvent préférable de ne pas avoir de promenade bien définie. Une promenade à travers le gazon peut être tout aussi bien. Pour un chemin de campagne que doivent parcourir les livreurs, l'un des meilleurs moyens est d'enfoncer une planche d'un pied de large dans la terre, au niveau de la surface du gazon ; et il n'est pas nécessaire que la marche soit parfaitement droite. Ces promenades ne gênent pas le travail de la tondeuse à gazon et elle prend soin d'elle-même. Lorsque la planche pourrit, au bout de cinq à dix ans, on la relève et une autre est laissée tomber à sa place. C'est généralement le meilleur type de promenade le long d'une frontière arrière.

(Planche XI.) Dans les jardins, rien de mieux pour se promener que le tanbark.

73. Planting alongside a walk.

Les côtés des allées et des allées peuvent souvent être plantés d'arbustes. Il n'est pas nécessaire qu'ils aient toujours des frontières bien définies. La figure 73 illustre un banc de feuillage qui brise la ligne dure d'une allée et sert également de bordure pour la culture de fleurs et de spécimens intéressants. Cette promenade se caractérise également par l'absence de frontières hautes et dures. La figure 68 illustre ce fait et montre également comment le stationnement entre l'allée et la rue peut être efficacement aménagé.

Faire les frontières .

Les bordures et les groupes de plantation sont tracés sur le plan papier. Il existe plusieurs manières de les transférer au sol. Parfois, ils ne sont réalisés qu'une fois la pelouse établie, lorsque l'opérateur inexpérimenté peut les disposer plus facilement. Cependant, la plantation et la pelouse se déroulent généralement plus ou moins simultanément. Une fois le façonnage du terrain terminé, les zones sont délimitées par des piquets, par une corde molle posée en surface ou par un marquage fait avec un manche de râteau. Une fois la marge déterminée, la pelouse peut être ensemencée et roulée (Fig. 40), et la plantation peut se dérouler comme elle peut ; ou bien la plantation peut être entièrement effectuée à l'intérieur des bordures, et les semis peuvent ensuite être appliqués à la pelouse. Si les principales dimensions des bordures et des massifs sont soigneusement mesurées et marquées par des piquets, il est facile de compléter le contour en faisant un marquage avec un bâton ou un rakestale.

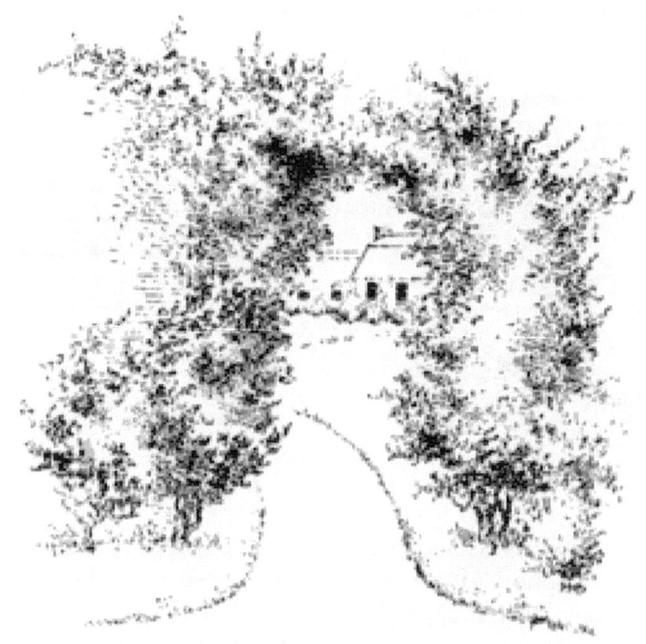

74. A bowered pathway.

75. Objects for pity.

La plantation peut se faire au printemps ou à l'automne, — à l'automne de préférence si le matériel est prêt (et d'espèces rustiques) et le terrain en parfait état de drainage ; cependant, les choses ne sont généralement pas prêtes assez tôt à l'automne pour permettre une plantation prolongée, et le travail est généralement effectué dès que le sol s'est stabilisé au printemps (voir chapitre V). Reculez les buissons. Creusez toute la zone. Bêchez le sol, épaississez les buissons, binez-les à intervalles réguliers, puis laissez-les partir. Si vous n'aimez pas la terre nue entre eux, semez les graines de fleurs annuelles rustiques, comme le phlox, le pétunia, l'alyssum et les roses. Ne placez jamais les buissons dans des trous creusés dans le vieux gazon (Fig. 75). Celui qui plante ses arbustes dans des trous dans la pelouse n'a pas sérieusement l'intention de créer une masse de feuillage, et il est probable qu'il ne sache pas quel rapport la masse de bordure a avec la plantation artistique. L'illustration, fig. 76, montre le rôle qu'un buisson peut remplir par rapport à un bâtiment ; ce bâtiment particulier a été érigé en plein champ.

76. A border group, limiting the space next the residence and separating it from the fields and the clothes-yards.

J'ai dit de planter les buissons épais. C'est pour un effet rapide. Il est facile d'éclaircir la plantation si elle devient trop épaisse. Tous les buissons communs peuvent généralement être plantés à une distance de deux à trois pieds dans chaque sens, surtout si l'on en cueille beaucoup dans les champs, afin de ne pas avoir à les acheter. S'il n'y a pas suffisamment de buissons permanents pour une plantation épaisse, les espaces peuvent être labourés temporairement par des buissons moins chers ou plus communs : mais n'oubliez pas d'enlever les fillers aussi rapidement que les autres ont besoin de place.

Faire la pelouse .

La première chose à faire lors de la réalisation d'une pelouse est d'établir le niveau approprié. Ceci doit être élaboré avec le plus grand soin, étant donné qu'une fois la pelouse créée, son niveau et son contour ne doivent jamais être modifiés.

Préparation du terrain.

La prochaine étape importante consiste à préparer le terrain en profondeur et minutieusement. La permanence du gazon dépendra très largement de la fertilité et de la préparation du sol au départ. Le sol doit être profond et poreux, afin que les racines puissent y pénétrer profondément et pouvoir ainsi résister aux sécheresses et aux hivers froids. Le meilleur moyen d'approfondir le sol, comme expliqué au chapitre IV, est le drainage par tuiles ; mais cela peut aussi être réalisé dans une certaine mesure par l'utilisation de la charrue souterraine et par le creusement de tranchées. Cependant, comme la pelouse ne peut pas être réaménagée, le sous-sol risque de retomber en terre dure au bout de quelques années s'il a été sous-solé ou creusé, alors qu'un bon drainage par tuiles permet une amélioration permanente du sous-sol. Les sols naturellement meubles et poreux n'ont peut-être pas besoin de cette attention supplémentaire. En fait, les terrains très meubles et sablonneux peuvent nécessiter d'être compactés ou cimentés plutôt que ameublis. L'un des meilleurs moyens d'y parvenir est de les remplir d'humus, afin que l'eau ne s'y infiltre pas rapidement. Presque toutes les terres conçues pour les pelouses bénéficient grandement d'épandages lourds de fumier soigneusement incorporé au début, bien qu'il soit possible d'obtenir au début un sol trop riche en surface ; il n'est pas nécessaire que tous les engrais végétaux ajoutés soient immédiatement disponibles.

La pelouse bénéficiera d'une application annuelle d'un bon engrais chimique. L'os broyé est l'un des meilleurs matériaux à appliquer, à raison de trois cents à quatre cents livres par acre. Il est généralement semé à la volée, au début du printemps. De la roche dissoute de Caroline du Sud peut être utilisée à la place, mais l'application devra être plus lourde si des résultats similaires sont attendus. L'herbe jaune et pauvre peut souvent être revigorée par une application de deux cents à trois cents livres par acre de nitrate de soude. Les cendres de bois sont souvent bonnes, particulièrement sur les sols qui ont tendance à être acides. Le muriate de potasse n'est pas si souvent utilisé, bien qu'il puisse donner d'excellents résultats dans certains cas. Il n'y a pas de règle invariable. Le meilleur plan est que le pelouseiste essaie les différents traitements sur un petit morceau ou un coin de la pelouse ; de cette façon, il devrait obtenir des informations plus précieuses que celles qui pourraient être obtenues autrement.

La première opération après le drainage et le nivellement est le labourage ou le bêchage de la surface. Si le terrain est suffisamment grand pour accueillir une équipe, la surface est travaillée au moyen de herses de diverses sortes. Ensuite, il est nivelé au moyen de pelles et de houes, et enfin au moyen de râteaux de jardin. Plus le sol est pulvérisé finement et complètement, plus rapidement la pelouse peut être sécurisée et plus les résultats sont permanents.

Le genre d'herbe.

La meilleure herbe pour le corps ou les fondations des pelouses dans le Nord est l'herbe de juin ou le pâturin des prés (*Poa pratensis*), et non le pâturin du Canada (*Poa compressa*).

La question de savoir si du trèfle blanc ou d'autres graines doivent être semées avec les graines de graminées est en grande partie une question personnelle. Certaines personnes l'aiment et d'autres non. Si cela est désiré, il peut être semé directement après le semis des graines de gazon, à raison de un à quatre litres ou plus par acre.

À des fins spéciales, d'autres graminées peuvent être utilisées pour les pelouses. Différents types de mélanges à gazon sont disponibles sur le marché, pour des usages particuliers, et certains d'entre eux sont très bons.

Un directeur de parc dans une des villes de l'Est donne l'expérience suivante sur les sortes de graminées : « Pour les prairies des grands parcs, nous utilisons généralement du pâturin des prés , du trèfle rouge et du trèfle blanc extra-nettoyés, dans la proportion de trente. livres d'herbe bleue, trente livres d'herbe rouge et dix livres de trèfle blanc par acre. Parfois, nous utilisons pour les petites pelouses le pâturin et le pâturin rouge sans le trèfle blanc. Nous avons utilisé du pâturin, du red-top et du Rhode Island courbé dans la proportion de vingt livres chacun, et dix livres de trèfle blanc par acre, mais le Rhode Island courbé est si cher que nous l'achetons rarement. Pour l'herbe des endroits ombragés, comme dans un bosquet, nous utilisons le pâturin des prés et le pâturin des prés (*Poa trivialis*) à parts égales à raison de soixante-dix livres par acre. Sur les parcours de golf, nous utilisons du pâturin sans aucun mélange sur certains putting greens ; parfois, nous utilisons le Rhode Island courbé, et sur les greens sablonneux, nous utilisons le red-top. Nous achetons toujours chaque type de graines séparément et les mélangeons, et nous veillons à obtenir le meilleur nettoyage supplémentaire de chaque type. Nous faisons souvent appel à trois concessionnaires différents pour obtenir le meilleur.

Dans la plupart des cas, l'herbe de juin germe et pousse un peu lentement, et il est généralement conseillé de semer quatre ou cinq litres de fléole des prés par acre avec les graines d'herbe de juin. La fléole des prés apparaît rapidement et devient verte la première année, et l'herbe de juin la supplante bientôt. Il n'est pas conseillé de semer des céréales dans la pelouse pour nourrir l'herbe. Si le terrain est bien préparé et si les graines sont semées dans la période fraîche de l'année, l'herbe devrait pousser beaucoup mieux sans les autres cultures qu'avec elles. Les terres dures et manquant d'azote peuvent bénéficier si du trèfle cramoisi (quatre ou cinq litres) est semé avec les graines de graminées. Cela fera un vert la première année, et brisera le sous-sol par ses racines profondes et fournira de l'azote, et étant une plante annuelle, elle ne deviendra pas gênante si elle est tondue assez fréquemment pour empêcher les semis.

Dans les États du sud, où l'herbe de juin ne prospère pas, l'herbe des Bermudes est la principale espèce utilisée pour les pelouses ; bien qu'il y en ait deux ou trois autres, comme l'oie-grass de Floride, qui peuvent être utilisées dans des localités spéciales. L'herbe des Bermudes se multiplie généralement par racines, mais des graines importées (provenant d'Australie) sont maintenant disponibles. L'herbe des Bermudes devient rougeâtre après le gel ; et le ray-grass anglais peut être semé sur le gazon des Bermudes en août ou en septembre, tout au sud, pour obtenir une verdure hivernale ; au printemps, les Bermudes l'évince.

Quand et comment semer la graine.

La pelouse doit être semée lorsque le sol est humide et que le temps est relativement frais. Il est généralement conseillé de niveler la pelouse à la fin de l'été ou au début de l'automne, car le terrain est alors relativement sec et peut être déplacé à moindre coût. La surface peut aussi être mise en état, peut-être, pour des semis fin septembre ou début octobre dans le Nord ; ou, si la surface a nécessité beaucoup de remplissage, il est bon de la laisser dans un état quelque peu inachevé jusqu'au printemps, afin que les endroits meubles puissent se déposer et ensuite être remplis à nouveau avant que les semailles ne soient faites. Si la graine peut être semée au début de l'automne, avant l'arrivée des pluies, l'herbe doit être suffisamment grande, sauf dans les localités les plus septentrionales, pour résister à l'hiver ; mais il est généralement préférable de semer au tout début du printemps. Si le terrain a été soigneusement préparé à l'automne, les graines peuvent être semées sur l'une des dernières neiges légères du printemps et, à mesure que la neige fond , les graines sont transportées dans le sol et germent très rapidement. Si la graine est semée lorsque la terre est meuble et exploitable, elle doit être ratissée ; et si le temps s'annonce sec ou si les semis sont tardifs, il faut rouler la surface.

Le semis est généralement effectué à la main sur toutes les petites surfaces, le semeur se déplaçant dans les deux sens (à angle droit) à travers la zone pour réduire le risque de manquer une partie. Les talus escarpés sont parfois semés de graines mélangées à de la terre ou de la terre à laquelle on ajoute de l'eau jusqu'à ce que la matière coule à peine par le bec d'un arrosoir ; le matériau est ensuite coulé sur la surface, qui est d'abord détachée.

Dans la mesure où nous souhaitons obtenir de nombreuses tiges d'herbe très fines plutôt que quelques grosses, il est essentiel que la graine soit semée très épaisse. Trois à cinq boisseaux par acre correspondent à l'application ordinaire de semences de gazon (page 79).

Sécuriser un gazon ferme.

La pelouse produira généralement une abondante récolte de mauvaises herbes la première année, surtout si une grande quantité de fumier stable a été utilisée. Il n'est pas nécessaire d'arracher les mauvaises herbes, à moins que des intrus aussi vicieux que des quais ou d'autres plantes vivaces ne prennent pied ; mais la zone doit être tondue fréquemment avec une tondeuse à gazon. Les mauvaises herbes annuelles meurent à l'approche du froid, et elles sont maintenues en place par l'usage de la tondeuse à gazon, tandis que l'herbe n'est pas endommagée.

Il arrive rarement que chaque partie de la pelouse ait une quantité égale d'herbe. Les endroits dénudés ou peu ensemencés doivent être semés à nouveau chaque automne et chaque printemps jusqu'à ce que la pelouse soit enfin terminée. En fait, il faut une attention constante pour garder une pelouse en bon état, et elle doit être continuellement en train de se fabriquer. Ce n'est pas chaque zone de pelouse, ni chaque partie de la zone, qui est adaptée au gazon ; et il faudra peut-être une longue étude pour découvrir pourquoi ce n'est pas le cas. Les endroits dénudés ou pauvres doivent être fortement réparés avec un râteau à dents de fer, peut-être fertilisés à nouveau, puis réensemencés. Il est inhabituel qu'une pelouse n'ait pas besoin d'être réparée chaque année. Les pelouses de plusieurs acres qui deviennent minces et moussues peuvent être traitées essentiellement de la même manière en les traînant avec une herse à pointes au début du printemps, dès que la terre est suffisamment sèche pour accueillir un attelage. Les engrais chimiques et les semences de gazon sont désormais semés généreusement, et la superficie est peut-être à nouveau draguée, même si cela n'est pas toujours indispensable ; puis le rouleau est appliqué pour amener la surface dans un état lisse. Labourer ces pauvres pelouses, c'est reprendre toute la bataille contre les mauvaises herbes, et en réalité ne faire aucun progrès ; car, tant que le contour est correct, la pelouse peut être réparée par ces applications de surface.

Plus le gazon est résistant, moins il y a de problèmes de mauvaises herbes ; pourtant, il est pratiquement impossible d'éloigner les pissenlits et quelques autres mauvaises herbes des pelouses, sauf en les coupant avec un couteau enfoncé sous terre (il existe de bonnes patates fabriquées à cet effet, fig. 108 à 111). Si le gazon est très mince une fois les mauvaises herbes enlevées, semez plus de graines de gazon.

La tonte.

La tonte de la pelouse doit commencer dès que l'herbe est suffisamment haute au printemps et se poursuivre aux intervalles nécessaires tout au long de l'été. Les tontes les plus fréquentes ont lieu en début de saison, lorsque l'herbe pousse rapidement. S'il est fauché fréquemment, disons une ou deux fois par semaine, dans les périodes de croissance la plus vigoureuse, il ne sera pas nécessaire de ratisser les tontes. En effet, il est préférable de laisser l'herbe sur la pelouse, d'être poussée en surface par les pluies et de s'offrir un paillis. Ce n'est que lorsque la pelouse a été négligée et que l'herbe est devenue si haute qu'elle devient inesthétique sur la pelouse, ou lorsque la végétation est inhabituellement luxuriante, qu'il est nécessaire de l'enlever. Par temps sec, il faut veiller à ne pas tondre la pelouse plus que nécessaire.

L'herbe doit être plutôt longue à l'entrée de l'hiver. Au cours des deux derniers mois de temps ouvert, l'herbe pousse peu, et elle a tendance à s'abattre et à couvrir densément la surface, ce qu'il faut lui permettre de faire.

Traitement d'automne.

En règle générale, il n'est pas nécessaire de ratisser toutes les feuilles de la pelouse à l'automne. Ils offrent un excellent paillis et, pendant les mois d'automne, les feuilles de la pelouse comptent parmi les éléments les plus attrayants du paysage. Les feuilles s'envolent généralement après un certain temps, et si l'endroit a été construit avec un centre ouvert et des côtés fortement plantés, les feuilles seront prises dans ces masses d'arbres et d'arbustes et fourniront là un excellent paillis. La plantation paysagère idéale se suffit donc dans une très large mesure à elle-même. C'est une mauvaise économie de brûler les feuilles, surtout si l'on a des bordures herbacées, des roses et d'autres plantes qui ont besoin d'un paillis. Lorsque les feuilles sont retirées des bordures au printemps, elles doivent être empilées avec le fumier ou autres déchets et laissées là passer au compost (pages 110, 111).

Si le terrain a été bien préparé au début et que sa vie n'est pas gâchée par de grands arbres, il n'est généralement pas nécessaire de recouvrir la pelouse de fumier à l'automne. La pratique courante consistant à recouvrir l'herbe avec du fumier brut doit être découragée parce que le matériau est inesthétique et peu recommandable, et les mêmes résultats peuvent être obtenus avec l'utilisation d'engrais commerciaux combinés avec des épandages de compost ou de fumier très fin et bien décomposé, et en ne ratisser la pelouse trop propre des tontes de gazon.

Traitement de printemps.

Chaque printemps, la pelouse doit être raffermie au moyen d'un rouleau ou, si la superficie est petite, au moyen d'un pilon ou du dos d'une bêche entre les mains d'un homme vigoureux. La tondeuse à gazon elle-même a tendance à tasser la surface. S'il y a de petites irrégularités dans la surface, causées par des dépressions d'environ un pouce, et que les endroits les plus élevés ne se trouvent pas au-dessus de la ligne de niveau de la pelouse, la surface peut être nivelée en épandant dessus de la terre fine et moelleuse. combler les dépressions. L'herbe poussera rapidement dans ce sol. De petites buttes peuvent être coupées, une partie de la terre enlevée et le gazon remplacé.

Arroser les pelouses.

L'arrosage courant des pelouses au moyen d'arroseurs fait généralement plus de mal que de bien. Ceci résulte de ce que l'arrosage se fait généralement par temps clair, et que l'eau est projetée dans l'air en jets très fins, de sorte qu'une partie considérable se perd en vapeur. Le sol est également chaud et l'eau ne pénètre pas profondément dans le sol. Si la pelouse est arrosée, elle doit être trempée ; allumez le tuyau à la tombée de la nuit et laissez-le couler jusqu'à ce que la terre soit mouillée aussi profondément que sèche, puis déplacez le tuyau vers un autre endroit. Un trempage complet comme celui-ci, plusieurs fois au cours d'un été sec, fera plus de bien qu'un aspersion quotidienne. Si le terrain est d'abord préparé en profondeur, de manière à ce que les racines s'enfoncent profondément dans le sol, il est rarement nécessaire d'arroser, à moins que l'endroit ne soit aride, que la saison soit inhabituellement sèche ou que l'humidité soit aspirée par les arbres. L'arrosage superficiel engendre une tendance des racines à s'établir près de la surface, et donc plus la pelouse est légèrement arrosée, plus il est nécessaire de l'arroser.

Engazonner la pelouse.

Les personnes qui souhaitent sécuriser une pelouse très rapidement peuvent gazonner la zone plutôt que de l'ensemencer, bien que les résultats les plus permanents soient généralement obtenus par l'ensemencement. Cependant, le gazon est coûteux et ne doit être utilisé qu'aux limites du lieu, à proximité des bâtiments ou dans les zones dans lesquelles le propriétaire peut se permettre de dépenser des sommes considérables. Le meilleur gazon est celui qui provient d'un vieux pâturage, et pour deux ou trois raisons. En premier lieu, c'est le bon type d'herbe, l'herbe de juin (dans le Nord) étant l'espèce qui court le plus souvent dans les pâturages et évince les autres plantes. De plus, il a été si étroitement mangé, surtout s'il a été pâturé par des moutons, qu'il a formé un gazon très dense et bien rempli, qui peut être enroulé en couches minces. En troisième lieu, le sol des vieux pâturages est susceptible d'être riche en excréments d'animaux.

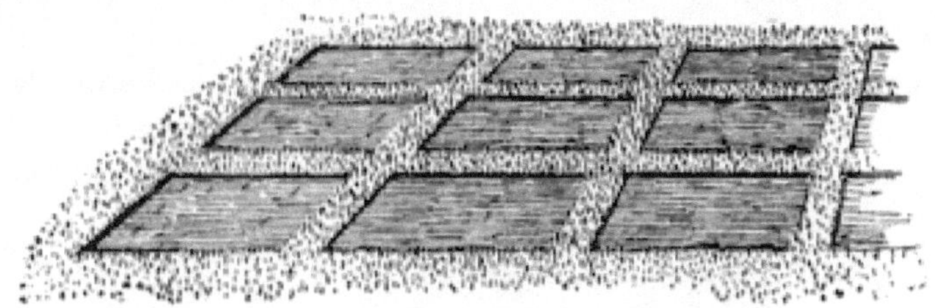

Lorsqu'on prend du gazon, il est important qu'il soit coupé très finement. Un pouce et demi d'épaisseur est généralement suffisant. Il est ordinairement enroulé en bandes d'un pied de large et de n'importe quelle longueur permettant aux rouleaux d'être manipulés par un ou deux hommes. Une planche d'un pied de largeur est posée sur le gazon et le gazon est coupé le long de chaque bord. Une personne se tient alors sur la bande de gazon et la roule vers elle, tandis qu'une autre la coupe avec une bêche, comme le montre la figure 77. Lorsque le gazon est posé, il est déroulé sur le sol puis fermement battu. Le terrain à engazonner doit être meuble sur le dessus, afin que le gazon puisse y être bien enfoncé. Si le gazon n'est pas bien battu, il se tassera de manière inégale et présentera une mauvaise surface, et séchera également et ne survivra peut-être pas à une période de sécheresse. Il est presque impossible de piler le gazon trop fermement. Si le terrain est fraîchement labouré, il est important que les bordures engazonnées soient d'un ou deux pouces plus basses que le terrain adjacent, car le terrain se tassera au bout de quelques semaines. Par temps sec, le gazon peut être recouvert d'un demi-pouce à un pouce de terre fine et moelleuse comme paillis. L'herbe devrait pousser sans difficulté dans ce sol. Sur les terrasses et les talus escarpés, le gazon peut être maintenu en place en y enfonçant des piquets de bois.

Une combinaison d'engazonnement et d'ensemencement.

Un « engazonnement économique » est décrit dans « American Garden » (Fig. 78) : « Obtenir suffisamment de gazon de qualité appropriée pour couvrir les pentes des terrasses ou les petits blocs qui, pour une raison quelconque, ne peuvent pas être ensemencés est souvent une tâche difficile. Dans l'illustration ci-jointe, nous montrons comment une surface de gazon peut être utilisée de manière avantageuse sur une superficie plus grande que celle que représente sa mesure réelle. Cela se fait en étendant le gazon, coupé en bandes de six à dix pouces de large, en lignes et en lignes transversales, et après avoir rempli les espaces avec de la bonne terre, en semant ces espaces avec des graines de gazon. Si, pour une raison quelconque, la récolte des graines est mauvaise, la couche de gazon des bandes aura tendance à s'étendre sur les espaces qui les séparent, et il est presque hors de question d'obtenir une bonne couverture dans un délai raisonnable. Aussi, si l'on a besoin de gazon et qu'on n'a d'autre endroit pour le tondre que la pelouse, en prenant des blocs de gazon, en laissant des bandes et des bandes croisées, et en traitant la surface comme décrit, les endroits dénudés sont bientôt recouverts de vert.

Semer avec du gazon.

Les pelouses peuvent être semées avec des morceaux de gazon plutôt qu'avec des graines. Les gazons peuvent être coupés en morceaux d'un pouce ou deux carrés, et ceux-ci peuvent être dispersés à la volée sur la zone et roulés dans le terrain. Bien qu'il soit préférable que les morceaux soient à l'endroit, cela n'est pas nécessaire s'ils sont coupés finement et semés par temps frais et humide. Semer des morceaux de gazon est une bonne pratique lorsqu'il est difficile d'obtenir une récolte de graines.

Si l'on devait entretenir un jardin de gazon permanent, d'un côté, pour la sélection et la culture du meilleur gazon (comme on cultiverait une semence de maïs ou de haricots), cette méthode devrait être la plus rationnelle de toutes les procédures, à du moins jusqu'au moment où nous produisons des variétés de gazon qui se réalisent à partir de graines.

Autres couvre-sols.

Sous les arbres et dans d'autres endroits ombragés, il peut être nécessaire de recouvrir le sol avec autre chose que de l'herbe. Les bonnes plantes pour de tels usages sont la pervenche (*Vinca minor* , une remorque à feuilles persistantes, souvent appelée « myrte courant »), l'argentine (*Lysimachia nummularia*), le muguet et diverses sortes de carex ou de carex. Dans certains endroits sombres ou ombragés, et sous certaines espèces d'arbres, il est pratiquement impossible d'obtenir une bonne pelouse et on peut être obligé de recourir à des buissons décombants ou à d'autres formes de plantation.

CHAPITRE IV
LA MANUTENTION DU TERRAIN

Presque toutes les terres contiennent suffisamment de nourriture pour faire pousser de bonnes récoltes, mais les éléments alimentaires peuvent être chimiquement indisponibles ou il peut y avoir suffisamment d'eau pour les dissoudre. C'est une histoire trop longue à expliquer ici, celle de la philosophie du travail du sol et de l'enrichissement de la terre, et le lecteur qui désire faire des excursions sur ce délicieux sujet devrait consulter King sur « The Soil », Roberts sur « The Fertility ». du pays », et des écrits récents de toutes sortes. Le lecteur doit me croire sur parole : le fait de cultiver la terre la rend productive.

Je dois attirer l'attention de mon lecteur sur le fait que ce livre porte sur la création de jardins, sur la planification et l'exécution des travaux d'un bout à l'autre de l'année, et non sur l'appréciation d'un jardin achevé. Je veux que le lecteur sache qu'un jardin ne vaut pas la peine d'être créé à moins qu'il ne le fasse de ses propres mains ou qu'il n'aide à le créer. Il doit s'y mettre lui-même. Il doit connaître le plaisir de préparer le terrain, de lutter contre les insectes et toutes autres difficultés, car c'est seulement ainsi qu'il peut apprécier la valeur réelle d'un jardin.

Je dis cela pour préparer le lecteur au travail que j'expose dans ce chapitre. Je veux qu'il connaisse la vraie joie qu'il y a dans les processus simples consistant à briser la terre et à la préparer pour la graine. Plus il prend soin de ces processus, plus il en prendra naturellement plaisir. Nul ne peut avoir d'autre satisfaction que celle du simple exercice manuel s'il ne connaît les raisons de ce qu'il fait de son sol. Je suis sûr que mon plus grand plaisir dans un jardin survient le premier mois de la saison d'ouverture et l'autre mois de la saison de fermeture. Ce sont les mois où je travaille le plus dur et où je suis au plus près du sol. Sentir le coup de bêche, sentir la terre douce, préparer les jeunes plants puis préparer l'année de clôture, manier les outils avec discernement, se prémunir du gel, être au plus près de la pluie et du vent, voir les jeunes choses commencer dans la vie, puis les voir passer l'hiver, voilà quelques-unes des meilleures joies du jardinage. Dans cet esprit, nous devrions entreprendre le travail de gestion de la terre.

Le drainage des terres .

79. Ditching tools.

La première étape de la préparation du terrain, une fois qu'il a été complètement déblayé et débarrassé de la forêt ou de la végétation antérieure, consiste à s'occuper du drainage. Toutes les terres qui sont élastiques, basses et « acides », ou qui retiennent l'eau dans des flaques d'eau pendant un jour ou deux après de fortes pluies, doivent être complètement sous-drainées. Le drainage améliore également l'état physique du sol même lorsque celui-ci n'a pas besoin d'évacuer l'eau superflue. Dans les terres dures, il abaisse la nappe phréatique ou tend à ameublir et à aérer le sol à une plus grande profondeur, lui permettant ainsi de retenir plus d'eau sans nuire aux plantes. Le drainage est particulièrement utile dans les terres de jardin sèches mais dures, car ces terres sont souvent recouvertes de gazon ou plantées en permanence, et le sol ne peut pas être brisé par un travail du sol en profondeur. Le drainage par carrelage est un sous-solage permanent.

Les carreaux cylindriques durs constituent les drains les meilleurs et les plus permanents. Les fossés ne doivent généralement pas avoir moins de deux pieds et demi de profondeur, et trois ou trois pieds et demi sont souvent préférables. Dans la plupart des jardins, des drains peuvent être posés avec profit aussi souvent que tous les trente pieds. Donnez à tous les drains une chute bonne et continue. Pour les drains simples et pour les canalisations latérales ne dépassant pas quatre cents ou cinq cents pieds de longueur, un carreau de deux pouces et demi est suffisant, à moins qu'une grande quantité d'eau ne doive être transportée depuis des rigoles ou des sources. Dans les pays pierreux, les pierres plates peuvent être utilisées à la place des tuiles, et les personnes habiles à les poser fabriquent des drains aussi bons et permanents que ceux construits en tuiles. Les carreaux ou les pierres sont recouverts de gazon, de paille ou de papier, et la terre est ensuite remplie.

Cette couverture temporaire empêche la saleté de pénétrer dans les carreaux et, au moment où elle pourrit, la terre s'est mise en place.

Dans les petits endroits, le creusement des fossés doit généralement être entièrement réalisé avec des outils manuels. Une bêche et une pioche sont les outils habituellement utilisés, bien qu'une bêche à long manche et à lame étroite, comme le montre la figure 79, soit très utile pour creuser le fond du fossé.

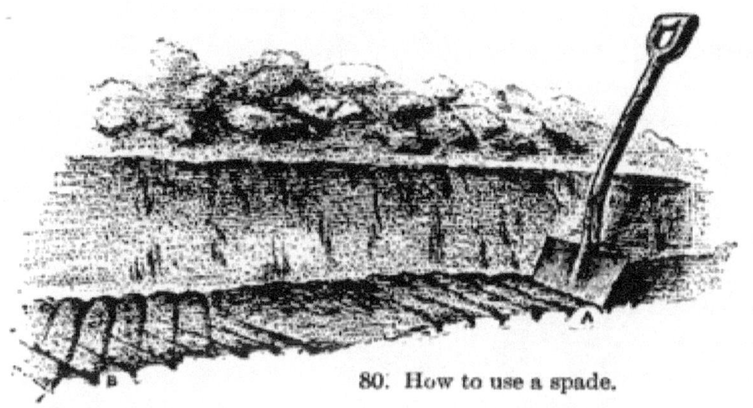

80. How to use a spade.

Dans la plupart des cas, l'utilisation de la pioche demande beaucoup de temps et d'efforts. Si le creusement est bien fait, une bêche peut être utilisée pour couper le sol, même dans des terrains argileux assez durs, sans grande difficulté. Le point essentiel pour une utilisation facile de la bêche est de faire en sorte qu'un bord de la bêche coupe toujours une surface libre ou exposée. L'illustration (Fig. 80) expliquera la méthode. Lorsque l'opérateur s'efforce de couper le sol selon la méthode indiquée en A, il est obligé de casser les deux bords à chaque poussée de l'outil ; mais lorsqu'il coupe la tranche en diagonale, en lançant sa bêche d'abord à droite puis à gauche, comme indiqué en B, il ne coupe qu'un côté et peut progresser sans dépenser d'effort inutile. Ces remarques s'appliqueront à tout bêchage du terrain.

Sur de grandes surfaces, les chevaux peuvent être utilisés pour faciliter les travaux d'amerrissage. Il existe des charrues et des machines à creuser des fossés, dont il n'est cependant pas nécessaire de parler ici ; mais trois ou quatre sillons peuvent être creusés dans les deux sens avec une charrue solide, et une charrue souterraine peut être placée derrière pour briser la couche dure, ce qui peut réduire le travail de creusement jusqu'à la moitié. Lorsque l'excavation est terminée, le fond du fossé est égalisé au moyen d'une ligne ou d'un niveau, et le lit pour les tuiles est préparé à l'aide d'une pelle à col de cygne, illustrée à la Fig. 79. Il est très important que les sorties des drains soient exemptes de mauvaises herbes et de détritus. Si la sortie est construite avec des travaux de maçonnerie, pour maintenir l'extrémité du carreau intacte, cela ajoutera beaucoup à la permanence du drain.

VII. Literie avec palmiers. Si l'on fait une fosse murée autour du porche, on pourra y plonger des palmiers en pot au printemps et des conifères en pot en hiver ; et les bulbes d'automne en boîtes de conserve (afin que les récipients ne se fendent pas avec le gel) peuvent être plongés parmi les conifères.

Creusement de tranchées et sous-solage.

Bien que le drainage souterrain soit le moyen le plus important pour augmenter la profondeur du sol, il n'est pas toujours possible de poser des drains à travers les jardins. Dans de tels cas, on a recours à une préparation très approfondie du terrain, soit tous les ans, soit tous les deux ou trois ans.

81. Trenching with a spade.

Dans les petits jardins, cette préparation en profondeur se fera généralement en creusant des tranchées avec une bêche. Cette opération de creusement de tranchées consiste à creuser la terre sur deux pelles de profondeur. La figure 81 explique le fonctionnement. La coupe de gauche montre une seule bêche, la terre étant renversée vers la droite, laissant le sous-sol exposé sur toute la largeur du lit. La coupe de droite montre une opération similaire, en ce qui concerne le bavage de la surface, mais le sous-sol a également été creusé aussi vite qu'il a été exposé. Ce sous-sol n'est pas projeté à la surface, et habituellement il n'est pas inversé ; mais une pelle est soulevée puis laissée tomber de manière à ce qu'elle soit complètement brisée et pulvérisée lors de la manipulation.

Dans toutes les terres qui ont un sous-sol dur et élevé, il est généralement indispensable de pratiquer le creusement de tranchées si l'on veut obtenir les meilleurs résultats ; cela est particulièrement vrai lorsqu'il s'agit de cultiver des plantes à racines profondes, comme les betteraves, les panais et autres plantes-racines ; il prépare le sol à retenir l'humidité ; et cela permet à l'eau des fortes pluies de passer à de plus grandes profondeurs plutôt que d'être retenue sous forme de flaques d'eau et de boue à la surface.

82. Home-made subsoil plow.

83. Forms of subsoil plows.

Dans les endroits où l'on peut pénétrer en équipe, un labour profond et lourd jusqu'à une profondeur de sept à dix pouces peut être souhaitable sur les terres dures, surtout si ces terres ne peuvent être labourées très souvent ; et la profondeur de la pulvérisation est souvent étendue au moyen de la charrue souterraine. Cette charrue souterraine ne tourne pas un sillon, mais une deuxième équipe tire l'outil derrière la charrue ordinaire, et le fond du sillon est desserré et brisé. La figure 82 montre une charrue souterraine artisanale et la figure 83 deux types d'outils commerciaux. Il ne faut pas oublier que ce sont les terres les plus dures qui nécessitent un sous-solage et que, par conséquent, la charrue souterraine doit être extrêmement solide.

Préparation de la surface .

Il faut prendre toutes les précautions nécessaires pour empêcher la surface de la terre de devenir croûteuse ou cuite, car la surface dure établit une connexion capillaire avec le sol humide en dessous et constitue un moyen de faire passer l'eau dans l'atmosphère. Un sol meuble et moelleux contient également plus de nourriture végétale gratuite et offre les conditions les plus agréables pour la croissance des plantes. Les outils dont on peut se servir pour préparer le sol superficiel sont aujourd'hui si nombreux et si bien adaptés à l'ouvrage que le jardinier devrait trouver une satisfaction particulière à les manier.

Si le sol est une argile dure, il est souvent conseillé de le labourer ou de le creuser à l'automne, en le laissant rugueux et meuble tout l'hiver, afin que les intempéries puissent le pulvériser et l'assécher. Si l'argile est très tenace, il peut être nécessaire de jeter de la moisissure ou de la litière sur la surface avant le bêchage, pour éviter que la terre ne coule ou ne se cimente avant le printemps. Cependant, sur les terrains moelleux et limoneux, il est généralement préférable de laisser la préparation de la surface jusqu'au printemps.

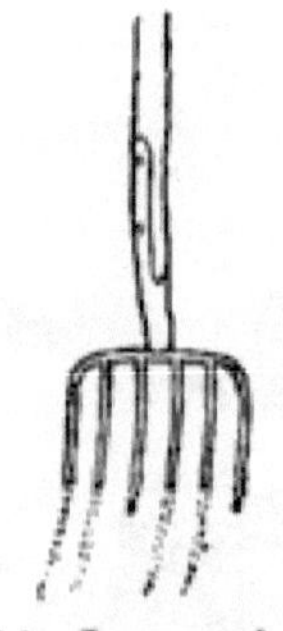

84. Improvis-
ing a spad-
ing-fork.

Lors de la préparation de la surface, des outils manuels ordinaires, ou des pelles et des bêches, peuvent être utilisés. Toutefois, si le sol est mou, une fourchette est un meilleur outil qu'une bêche, du fait qu'elle ne coupe pas le sol, mais tend à le briser en masses plus petites et plus irrégulières. La fourche à bêcher ordinaire, dotée de solides dents plates, est un outil des plus utiles ; une fourche à bêcher pour sol mou peut être fabriquée à partir d'une vieille fourche à fumier en coupant les dents, comme le montre la Fig. 84.

Il est important que le sol ne soit pas collant lors de sa préparation, car il risque de devenir dur et cuit et la condition physique sera gravement affectée. Cependant, la terre trop humide pour recevoir les graines peut encore être soulevée avec une bêche ou une fourchette et laissée sécher, et après deux ou trois jours, la préparation de la surface peut être complétée avec la houe et le râteau. Dans les sols ordinaires, la houe est l'outil qui suit la fourche ou la bêche, mais pour la préparation finale de la surface, un râteau en acier est l'outil idéal.

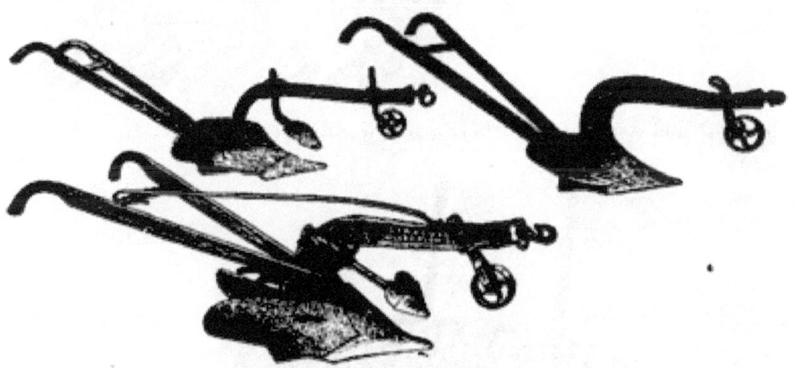

85. Excellent types of surface plows.

Dans les régions suffisamment vastes pour accueillir des outils à cheval, la terre peut être aménagée de manière plus économique au moyen des divers types de charrues, de herses et de cultivateurs que l'on peut se procurer chez tout commerçant d'instruments agricoles. La figure 85 montre différents types de charrues de surface modèles. Celle illustrée en haut à gauche est considérée par Roberts, dans son « Fertility of the Land », comme la charrue idéale à usage général, en ce qui concerne sa forme et sa méthode de construction.

Le type de machine à utiliser doit être entièrement déterminé par la nature du terrain et les usages pour lesquels elle doit être aménagée. Les terrains durs et motteux peuvent être réduits en utilisant des herses à disques ou Acme, illustrées à la Fig. 86 ; mais ceux qui sont friables et moelleux n'ont peut-être pas besoin d'outils aussi lourds et vigoureux. Sur ces terres plus douces, la herse à dents à ressort, dont les types sont illustrés à la figure 87, peut suivre la charrue. Sur les terrains très durs, ces herses à dents élastiques peuvent suivre les types disque et Acme. La préparation finale du terrain est accomplie par des outils légers du modèle montré à la Fig. 88. Ces herses à dents pointues font pour le champ ce que le râteau à main fait pour le lit de jardin.

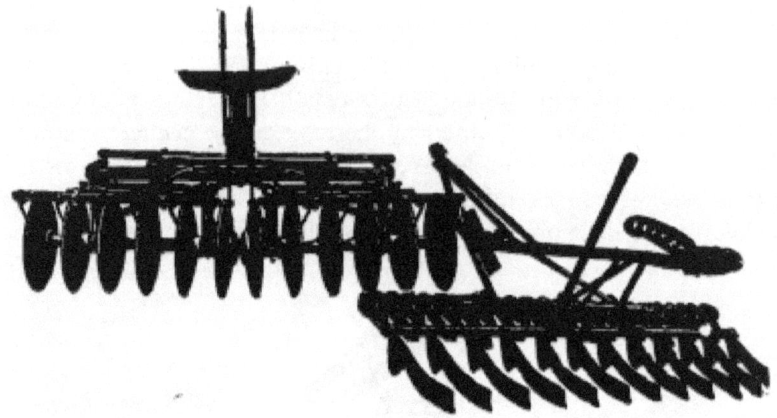

86. Disk and Acme harrows, for the first working of hard or cloddy land.

87. Spring-tooth harrows.

Si l'on souhaite donner une finition très fine à la surface du sol au moyen d'outils à cheval, des instruments comme le désherbeur Breed ou Wiard peuvent être utilisés. Ceux-ci sont construits sur le principe d'un râteau à foin à dents à ressort et sont très excellents, non seulement pour aménager des terres meubles pour les semailles ordinaires, mais aussi pour le labourage ultérieur.

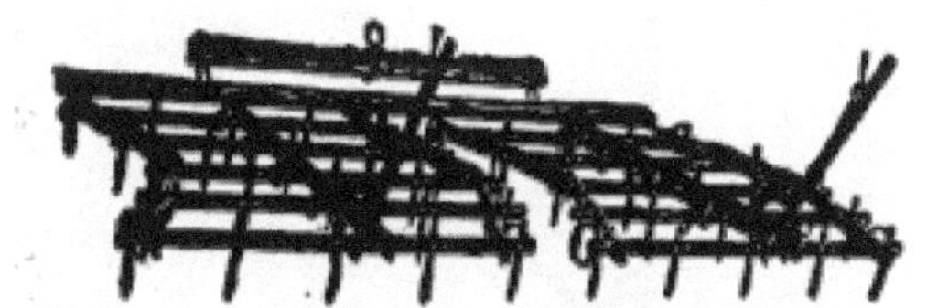

88. Spike-tooth harrow.

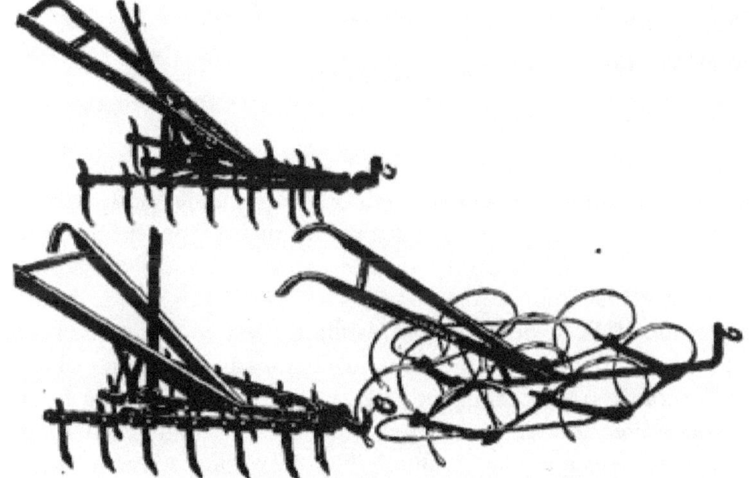

89. Spike-tooth and spring-tooth cultivators.

Dans les zones où l'on ne peut pas pénétrer en équipe, divers outils à un seul cheval peuvent effectuer le travail accompli par des outils plus lourds sur le terrain. Le cultivateur à dents à ressort, illustré à droite sur la figure 89, peut effectuer le genre de travail que les herses à dents à ressort sont censées effectuer sur de plus grandes superficies ; et divers cultivateurs à dents de pointe réglables, dont deux sont illustrés à la Fig. 89, sont utiles pour finir le terrain. Ces outils sont également disponibles pour le labourage des surfaces lorsque les cultures sont en croissance. Le cultivateur à dents à ressort est un outil très utile pour cultiver des framboises, des mûres et d'autres cultures à racines solides.

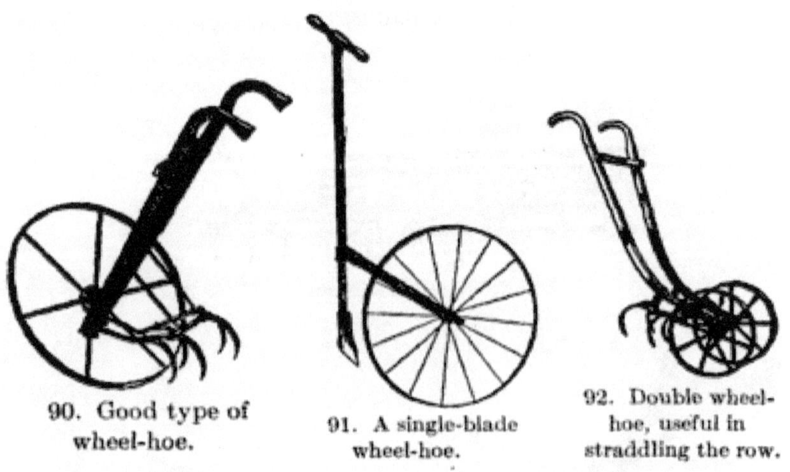

Pour les superficies encore plus petites, dans lesquelles les chevaux ne peuvent pas être utilisés et qui sont encore trop grandes pour être labourées entièrement au moyen de houes et de râteaux, divers types de houes sur roues peuvent être utilisés. Ces outils sont désormais fabriqués dans une grande variété de modèles, pour convenir à tous les goûts et à presque tous les types de travail du sol. Pour de meilleurs résultats, il est essentiel que la roue soit grande et dotée d'un pneu large, afin qu'elle puisse franchir les obstacles. La figure 90 montre un excellent type de houe à cinq lames, et la figure 91 en montre une avec une seule lame et qui peut être utilisée en rangées très étroites. Des houes à deux roues (Fig. 92) sont souvent utilisées, en particulier lorsqu'il est nécessaire d'avoir un outil très stable, et les roues peuvent chevaucher les rangées de plantes basses. Beaucoup de ces houes sont équipées de lames de formes diverses, de sorte que l'outil peut être adapté à de nombreux types de travaux. Presque tout le désherbage des plates-bandes d'oignons et de plantes semblables peut être fait au moyen de ces houes, si le terrain est bien préparé au début ; mais il ne faut pas oublier qu'ils sont d'une utilité relativement limitée sur des terrains très durs, motteux et pierreux.

L'économie d'humidité .

Le jardin doit avoir un apport abondant d'humidité. Le premier effort pour garantir cet approvisionnement devrait être la conservation de l'eau de pluie.

Une préparation et un travail du sol appropriés mettent la terre dans un état tel qu'elle retient l'eau de pluie. Les terres très dures et compactes peuvent évacuer les précipitations, surtout si elles sont en pente et si la surface est dénuée de végétation. Si la couche dure est proche de la surface, la terre ne peut pas retenir beaucoup d'eau, et toute pluie ordinaire peut la remplir à tel point qu'elle déborde ou que des flaques d'eau se forment à la surface. Sur une terre bien labourée, l'eau de pluie s'écoule et n'est pas visible sous forme d'eau libre.

Dès que l'humidité commence à s'échapper de l'atmosphère dominante, l'évaporation commence à la surface de la terre. Tout corps interposé entre la terre et l'air arrête cette évaporation ; c'est pourquoi il y a de l'humidité sous une planche. Il est toutefois impossible de recouvrir le jardin de planches, mais tout revêtement aura un effet similaire, mais à des degrés différents. Une couverture de sciure de bois, de feuilles ou de cendres sèches empêchera la perte d'humidité. Il en sera de même pour une couverture de terre sèche. Or, dans la mesure où le terrain est déjà recouvert de terre, il ne reste plus qu'à ameublir une couche ou une strate par-dessus afin de sécuriser le paillis.

Tout cela n'est qu'une manière détournée de dire que le travail fréquent et superficiel du sol conserve l'humidité. Le paillis relativement sec et lâche brise la connexion capillaire entre le sol de surface et le sol souterrain, et bien que le paillis lui-même puisse être inutile comme terrain d'alimentation pour les racines, il fait plus que payer sa subsistance en empêchant la perte d'humidité ; et ses propres aliments végétaux solubles sont entraînés dans les sols inférieurs par les pluies.

Dès que la surface devient compacte, le paillis doit être renouvelé ou réparé à l'aide du râteau, du cultivateur ou de la herse. Les gens se trompent en supposant que tant que la surface reste humide, la terre est dans le meilleur état possible ; une surface humide peut signifier que l'eau s'échappe rapidement dans l'atmosphère. Une surface sèche peut signifier qu'il y a moins d'évaporation et qu'il peut y avoir une terre plus humide en dessous ; et l'humidité est nécessaire sous la surface plutôt qu'au sommet. Un lit finement ratissé est sec sur le dessus ; mais les empreintes du chat restent humides, car l'animal remplissait la terre partout où il mettait les pieds et une connexion capillaire était établie avec le réservoir d'eau situé en dessous. Les jardiniers conseillent de raffermir la terre sur les graines nouvellement plantées pour accélérer la germination. Ceci est essentiel en période de sécheresse ; mais ce que nous gagnons en hâtant la germination, nous le perdons en évaporant plus rapidement l'humidité. La leçon est qu'il faut ameublir le sol dès que les graines ont germé, pour réduire au minimum l'évaporation. Les grosses graines, comme les haricots et les pois, peuvent être plantées en profondeur et avoir la terre ferme autour d'elles, puis le râteau peut être appliqué à la surface pour arrêter la montée de l'humidité avant qu'elle n'atteigne l'air.

Deux illustrations, adaptées de « Fertilité » de Roberts, montrent une bonne et une mauvaise préparation du terrain. La figure 93 est une section de terrain de douze pouces de profondeur. Le sous-sol a été finement concassé et pulvérisé puis compacté. Il est moelleux mais ferme et constitue un excellent réservoir d'eau. Trois pouces de la surface sont un paillis de terre meuble et sèche. La figure 94 montre un paillis de terre, mais il est trop peu profond ; et le sous-sol est si ouvert et si motte que l'eau y coule.

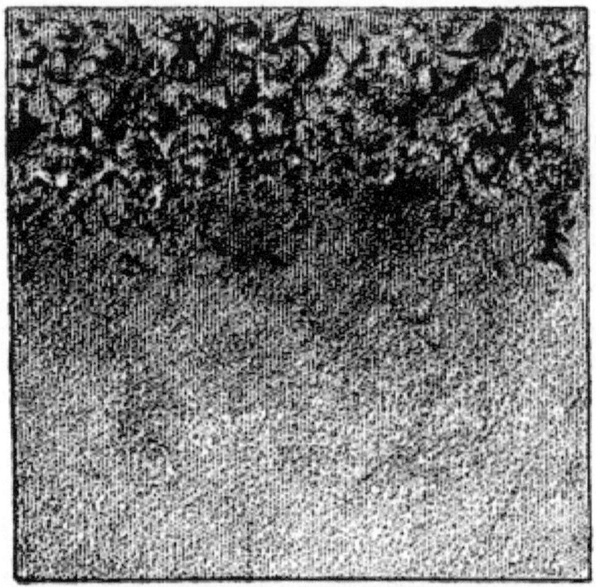

93. To illustrate good preparation of ground.

94. To illustrate poor preparation of ground.

Une fois le terrain bien préparé, le paillis est entretenu par des outils de travail en surface. Dans la pratique sur le terrain, ces outils sont des herses et des cultivateurs pour chevaux de toutes sortes ; dans la pratique des jardins familiaux, il s'agit de houes à roues, de râteaux et de nombreux modèles de houes à main et de scarificateurs, avec des désherbeurs à doigts et d'autres petits instruments pour le travail directement parmi les plantes.

Une terre de jardin n'est pas en bon état lorsqu'elle est dure et recouverte de croûtes. La croûte peut être cause de gaspillage d'eau, elle empêche l'air d'entrer et, en général, c'est une condition physique peu agréable ; mais son évaporation de l'eau est probablement son principal défaut. Au lieu de verser de l'eau sur la terre, nous essayons donc d'abord de retenir l'humidité de la terre. Si toutefois le sol devient si sec malgré vous que les plantes ne prospèrent pas, arrosez le massif. Ne l' *arrosez pas* , mais *arrosez* -le. Mouillez-le clairement le soir. Puis le matin, lorsque la terre commence à sécher, ameublissez à nouveau la surface pour empêcher l'eau de s'échapper. Arroser les plantes tous les jours ou tous les deux jours est l'un des moyens les plus sûrs de les gâter. On peut arroser le sol avec un râteau.

Outils à main pour le désherbage, le travail du sol ultérieur et d'autres travaux manuels.

Tous les cultivateurs et houes sont aussi utiles pour le labourage ultérieur de la récolte que pour la préparation initiale de la terre, mais il existe également d'autres outils qui facilitent grandement le maintien de l'ordre de la plantation. Pourtant, outre la valeur d'un outil comme instrument de travail du sol et comme arme pour chasser les mauvaises herbes, son mérite est simplement celui d'un instrument élégant et intéressant. Un homme prendra un soin infini à choisir un fusil ou une canne à pêche à son goût, et une femme accordera la plus grande attention au choix d'un parapluie ; mais une houe n'est qu'une houe et un râteau qu'un râteau. Si l'on met son choix personnel dans l'obtention de plantes pour un jardin, il doit aussi faire preuve de discernement dans le choix des outils à main, pour choisir ceux qui sont légers, bien taillés, bien faits et précisément adaptés au travail à accomplir. Une caisse d'outils de jardinage soignés devrait être une grande joie pour un jardinier joyeux. Je suis donc disposé à m'étendre sur le sujet des houes et de leurs espèces.

La houe .

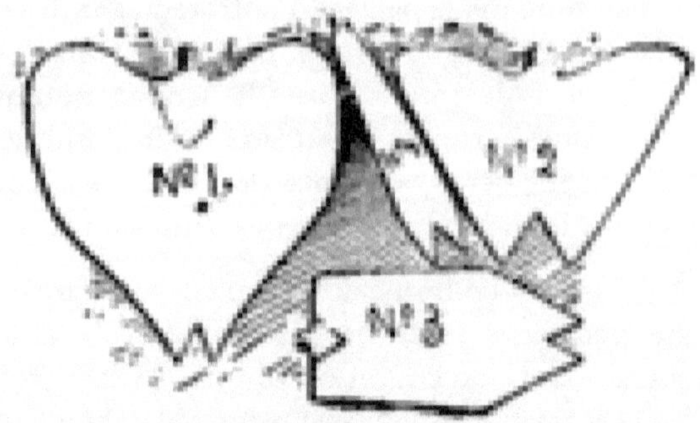

95. Useful forms of hoe-blades.

La houe ordinaire à lame rectangulaire est si bien ancrée dans l'esprit populaire qu'il est très difficile d'introduire de nouveaux modèles, même s'ils peuvent être intrinsèquement supérieurs. En tant qu'outil à usage général, il est sans aucun doute vrai qu'une houe ordinaire est meilleure que n'importe laquelle de ses modifications, mais il existe différents modèles de lames de houe qui sont bien supérieures pour des usages spéciaux et qui devraient plaire à toute âme tranquille. qui aime un jardin.

La grande largeur de la lame commune ne permet pas son utilisation dans des rangées très étroites ou très près de plantes délicates, et elle ne permet pas non plus de remuer profondément le sol dans des espaces étroits. Il est également difficile de pénétrer sur un terrain dur avec une face aussi large. Diverses lames pointues ont été introduites de temps en temps, et la plupart d'entre elles ont du mérite. Certaines personnes préfèrent deux pointes à la houe, comme le montrent les lames de Marvin, fig. 95. Ces formes intéressantes représentent les suggestions de jardiniers qui ne seront pas liés par ce que le marché leur offre, mais qui font couper et ajuster les lames pour leur propre satisfaction. .

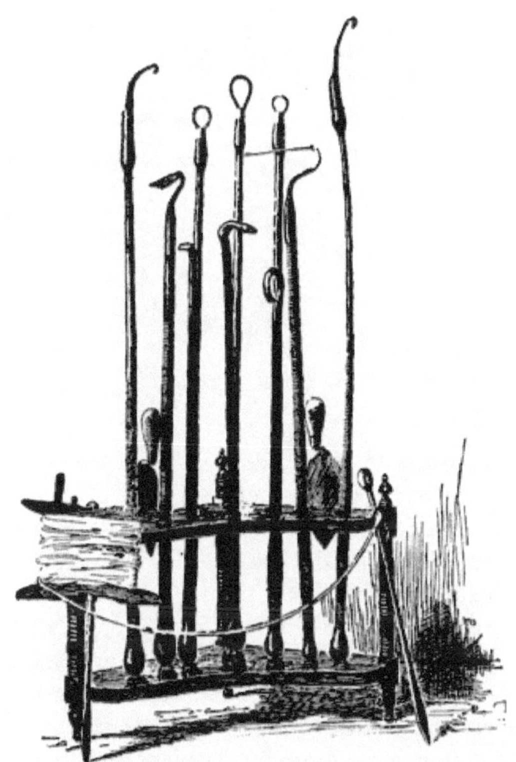

Les personnes qui ont suivi les écrits divertissants de celui qui se faisait appeler M. AB Tarryer, dans « American Garden », il y a quelques années, se souviendront de la grande variété d'instruments qu'il conseillait dans le but d'extirper ses ennemis héréditaires, les mauvaises herbes. Une variété de ces lames et outils est représentée sur les Fig. 96 et 97. Je laisserai M. Tarryer raconter assez longuement son histoire afin de conduire mon lecteur sans douleur dans un nouveau domaine des plaisirs du jardinage.

M. Tarryer prétend que la houe est une affaire beaucoup trop maladroite pour permettre la poursuite d'une mauvaise herbe individuelle. Pendant que l'opérateur s'affaire à régler sa machine et à la manipuler dans les coins du jardin, le chiendent s'est échappé par-dessus la clôture ou est parti en graines à l'autre bout de la plantation. Il conçut un outil rapide pour chaque petit travail à effectuer dans le jardin, pour les sols durs et mous, pour les vieilles et les jeunes herbes (un de ses instruments était appelé « damnation des enfants »).

97. Some of the details of the Tarryer
tools.

« Bien souvent au cours de la saison, écrit M. Tarryer, les dix ou quinze minutes dont on dispose pour profiter du jardin de fleurs, de fruits et de légumes – et cela suffirait pour le désherbage nécessaire avec les houes que nous célébrons – seraient se perdre à atteler des chevaux ou à régler et huiler des houes grinçantes, même si tout le monde en avait. Le « jardin américain » n'est pas assez grand, ni ma patience assez longue, pour donner une simple idée des mérites indicibles de ces armes de société et de civilisation. Lorsque Mme Tarryer faisait visiter douze ou quinze acres de jardin sans jamais voir la moindre mauvaise herbe, elle évaluait sa douzaine ou plus de ces outils légers à cinq ou dix dollars par jour ; qu'ils soient réellement utilisés ou qu'ils ornent le hall d'entrée, comme les meubles d'un chasseur ou d'un pêcheur, ne faisait aucune différence. Mais où sont fabriqués et vendus ces outils millénaires ? Nulle part. Ils sont aussi inconnus que la Bible l'était aux âges sombres, et nous devons donner quelques indications pour les fabriquer.

« Tout d'abord, à propos des poignées. Le marchand ou l'ouvrier ordinaire peut dire que ces boutons peuvent être formés sur n'importe quelle poignée en l'enroulant avec du cuir ; mais imaginez simplement une jeune fille installant sa houe en méditation et posant ses mains et son menton sur un vieux bouton de cuir pour réfléchir à quelque chose qui lui a été dit dans le jardin, et nous percevrons qu'un bouton portant un autre nom sentirait très mauvais. plus doux. De plus, les arbres poussent assez gros au niveau de la crosse pour fournir tous les boutons dont nous avons besoin, même pour des balais, bien que les scieurs, les tourneurs, les marchands et le public ne semblent pas s'en rendre compte ; pourtant, il faut avouer que nous sommes allés si loin dans la dépravation qu'il sera difficile d'obtenir ces poignées...

« Dans une prière diffusée de cette nature publique, des spécifications absolues ne seraient pas polies. Le noyer noir et le noyer cendré sont parfumés ainsi que de beaux bois. Le cerisier est rigide, lourd, durable et, comme l'érable, prend un vernis glissant. Pour les manches fins et légers, auxquels la paume adhère, les coupes en bout de peuplier ou de peuplier ne peuvent pas être excellées, mais le frêne à grain droit supportera une utilisation plus imprudente.

« Les manches des houes de Mme Tarryer ne sont jamais parfaitement droites. Toute la classe des baïonnettes se plie vers le bas lors de son utilisation d'un demi-pouce ou plus ; toutes les poignées des houes se recourbent selon une courbe régulière (comme un arc de violon retourné) de deux ou trois pouces. À moins qu'elles ne soient bien accrochées, ces putes sont des choses très gênantes. Lorsqu'ils conviennent parfaitement à l'un, ils peuvent ne pas convenir à un autre ; c'est-à-dire qu'une personne grande et perspicace ne peut pas utiliser la houe qui convient parfaitement à une houe très courte... Les courbes des poignées placent les centres de gravité là où ils appartiennent. Le bon bois se déforme généralement dans un manche à peu près à droite, seuls les fabricants d'outils et les bébés en désherbage peuvent ne pas savoir quand il est mis à l'endroit dans la houe.

« Il y a beaucoup de houes de poussée sur le marché, comme elles le sont. Certains ont des douilles et des arceaux en fer malléable – plus lourds pour l'acheteur et moins chers pour le revendeur – au lieu du fer forgé et de l'acier, comme il en faut pour leur vraie valeur.

Scarificateurs.

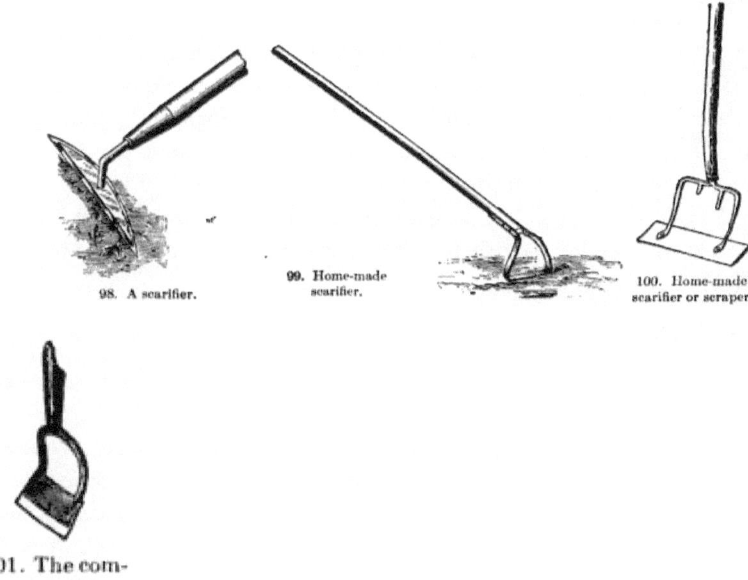

Dans de nombreux cas, les outils qui grattent ou scarifient la surface sont préférables aux houes qui creusent le sol. Les mauvaises herbes peuvent être maîtrisées en les coupant, comme dans les allées et souvent dans les parterres de fleurs, plutôt qu'en les arrachant. La figure 98 montre un tel outil, et un outil artisanal répondant au même objectif est illustré sur la figure 99. Ce dernier outil est facilement fabriqué à partir d'une bande de fer solide. Un autre type est suggéré sur la figure 100, représentant une houe à trancher fabriquée en fixant une feuille de bon métal aux dents d'une fourchette cassée. Le type principalement présent sur le marché est illustré à la Fig. 101.

Désherbeurs manuels.

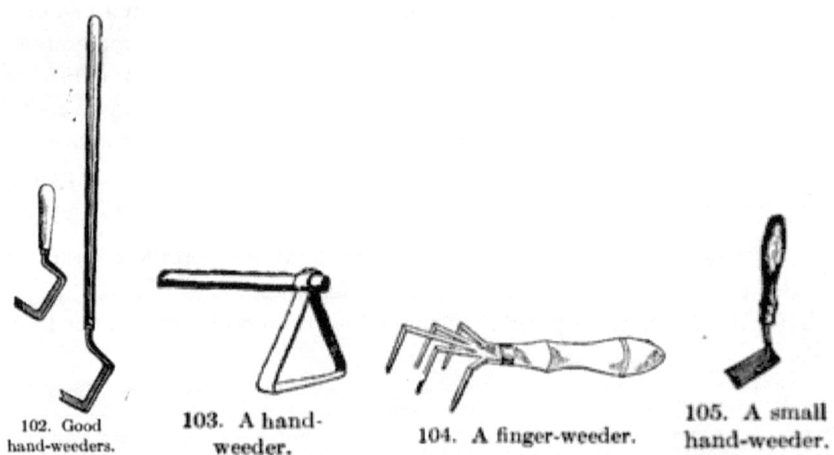

Pour les petits massifs de fleurs ou de légumes, des désherbeurs manuels de différents modèles sont indispensables pour un travail facile et efficace. L'un des meilleurs modèles, avec des manches longs et courts, est illustré à la Fig. 102. Un autre style, qui peut être fabriqué à la maison avec du cerceau, est dessiné à la Fig. 103. Une désherbeuse à doigts est illustrée à la Fig. 104. Sur la figure 105, une forme courante est représentée. De nombreux modèles de désherbeuses manuelles sont disponibles sur le marché, et d'autres formes se suggéreront à l'opérateur.

Truelles et leurs semblables.

De petits outils à main pour creuser, comme des truelles, des plantoirs et des patates, peuvent être achetés chez les revendeurs. En achetant une truelle, il est économique de payer un prix supplémentaire et de sécuriser une lame en acier avec une tige solide qui traverse toute la longueur du manche. L'un de ces outils durera plusieurs années et peut être utilisé sur un sol dur, mais les truelles bon marché ne valent généralement pas la peine d'être achetées. Une truelle en fer forgé solide d'une seule pièce est également fabriquée et constitue le modèle le plus durable. Une truelle en acier peut être fixée à un long manche ; ou la lame d'une truelle cassée peut être utilisée de la même manière (Fig. 106). Une très bonne truelle peut également être fabriquée à partir d'une lame abandonnée d'une faucheuse (Fig. 107), et elle remplit la fonction d'une désherbeuse manuelle.

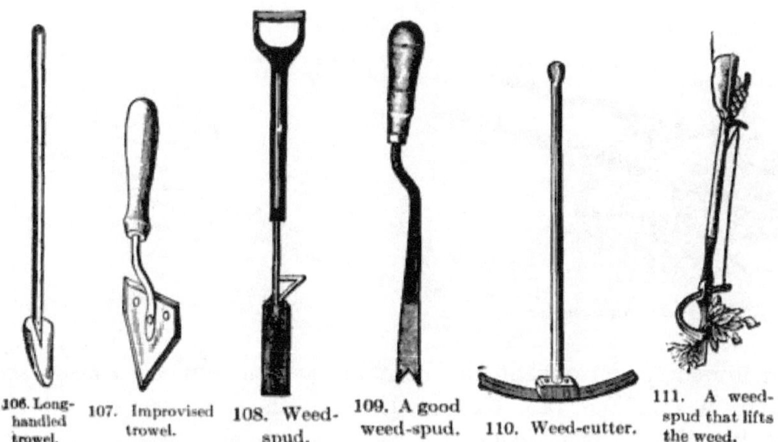

106. Long-handled trowel. 107. Improvised trowel. 108. Weed-spud. 109. A good weed-spud. 110. Weed-cutter. 111. A weed-spud that lifts the weed.

Les patates de mauvaises herbes sont illustrées aux Fig. 108 à 111. Le premier est particulièrement utile pour couper les quais et autres mauvaises herbes fortes des pelouses et des pâturages. Il est muni d'un renfort pour permettre de l'enfoncer dans le sol avec le pied. Il est rarement nécessaire d'arracher les mauvaises herbes vivaces jusqu'au bout de leurs racines profondes, si la couronne est sectionnée à une courte distance sous la surface.

Patin à roulettes.

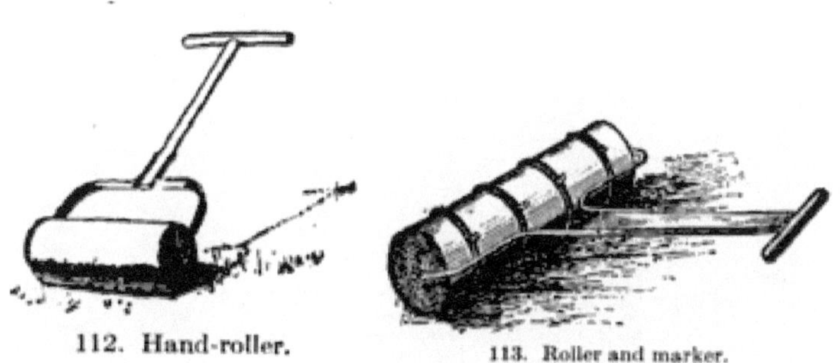

112. Hand-roller. 113. Roller and marker.

Il est souvent essentiel que la terre soit compactée après avoir été bêcheuse ou binée, et une sorte de rouleau à main est alors utile. Des rouleaux en fer très efficaces sont disponibles sur le marché, mais un bon rouleau peut être fabriqué à partir d'une bûche dure de châtaignier ou de chêne, comme le montre la Fig. 112. (Il ne faut pas oublier que lorsque la surface est dure et compacte, l'eau s'en échappe rapidement. , et les plantes peuvent souffrir d'humidité à l'arrivée du temps chaud.) Le rouleau est utile de deux manières : pour compacter la sous-surface, auquel cas la surface doit être à nouveau relâchée dès que le roulage est terminé ; et pour raffermir la terre autour des graines (page 98) ou des racines des plantes nouvellement plantées.

Marqueurs.

114. Roller and marker.

115. Marking-stick.

Un marqueur peut souvent être combiné avec le rouleau à bon escient, comme dans la Fig. 113. Des cordes sont fixées autour du cylindre à intervalles appropriés, et celles-ci marquent les rangées. Des nœuds peuvent être placés dans les cordes pour indiquer les endroits où les plantes doivent être plantées ou les graines doivent être déposées. Une extension de la même idée est vue sur la figure 114, qui montre des piquets en fer ou en bois qui font des trous dans lesquels de très petites plantes peuvent être plantées. Une tige en forme de L fait saillie sur un côté pour marquer l'emplacement de la rangée suivante.

116. Tool for spacing plants.   1

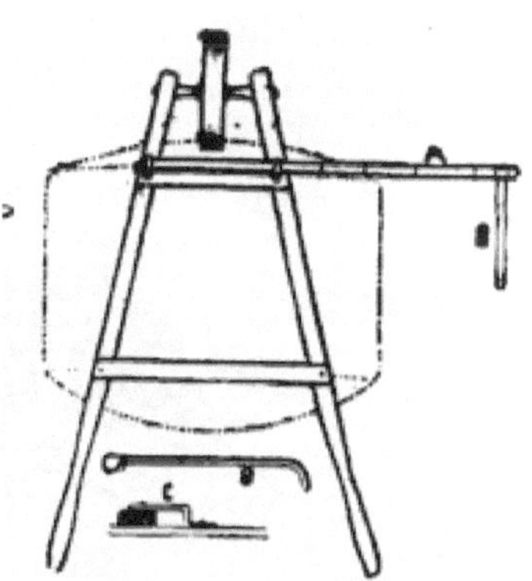

117. Barrow rigged with a marker.

118. Hand sled-marker.

Dans la plupart des cas, la méthode la meilleure et la plus rapide pour délimiter le jardin consiste à utiliser la ligne de jardin, qui est fixée à un dévidoir (Fig. 96), mais divers autres dispositifs sont souvent utiles. Pour les très petits lits, les forets ou les sillons peuvent être creusés à l'aide d'un simple bâton de marquage (Fig. 115). Un marqueur pratique est illustré à la figure 116. Un marqueur peut être fixé sur une brouette, comme sur la figure 117. Une tige est fixée sous la ferme avant et à son extrémité une remorque réglable, B, est suspendue. La roue de la brouette marque le rang et la remorque indique l'emplacement du rang suivant, gardant ainsi les rangs parallèles. Un marqueur de traîneau manuel est illustré à la Fig. 118, et un dispositif similaire peut être fixé au châssis d'un cultivateur sulky (Fig. 119) ou d'un autre outil à roue. Un bon marqueur de traîneau réglable est décrit à la Fig. 120.

119. Trailing sled-marker.

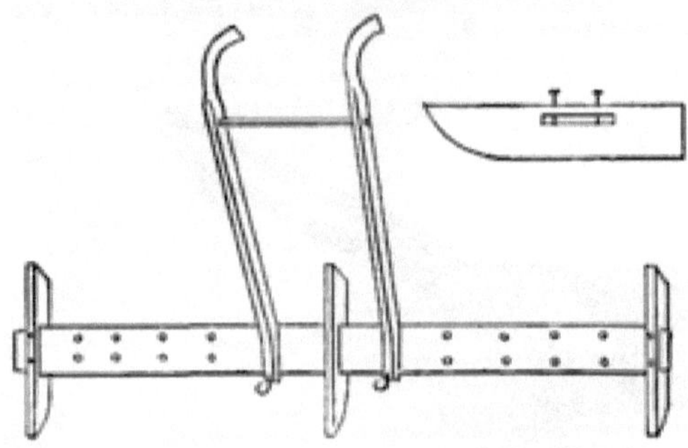

120. Adjustable sled-marker.

Enrichir le territoire .

Deux problèmes se posent dans la fertilisation des terres : l'apport direct d'engrais végétaux et l'amélioration de la structure physique du sol. Cette dernière fonction est souvent la plus importante.

Les terres qui, d'une part, sont très dures et solides, avec tendance à cuire, et, d'autre part, qui sont meubles et lessivables, bénéficient grandement de l'apport de matière organique. Lorsque cette matière organique – sous forme de restes animaux et végétaux – se décompose et s'incorpore complètement au sol, elle forme ce qu'on appelle l'humus. L' ajout de cet humus rend la terre moelleuse, friable, rétentrice d'humidité et favorise les activités chimiques générales du sol. Il met également le sol dans les meilleures conditions physiques pour le confort et le bien-être des plantes. Un grand nombre de terres que l'on dit épuisées en nourriture végétale contiennent encore suffisamment de potasse, d'acide phosphorique, de chaux et d'autres éléments fertilisants pour produire de bonnes récoltes ; mais leur condition physique a été gravement endommagée par une culture prolongée, un travail du sol peu judicieux et la rétention de matières végétales. Une partie des résultats marqués obtenus par le labour du trèfle est due à l'incorporation de matière végétale, totalement indépendante de l'addition de matière fertilisante ; et cela est particulièrement vrai pour le trèfle, car ses racines profondes pénètrent et brisent le sous-sol.

La terre noire et la moisissure des feuilles sont souvent très utiles pour améliorer les terres très dures ou très meubles. Une excellente matière humifère peut être constamment à portée de main si les feuilles, les déchets de jardin et une partie du fumier sont empilés et compostés (p. 114). Si le tas est retourné plusieurs fois par an, le matériau devient fin et de texture uniforme.

Les différentes questions liées à la fertilisation des terres sont trop vastes pour être examinées ici en détail. Les personnes désirant se familiariser avec le sujet devraient consulter des ouvrages récents. On peut dire cependant qu'en règle générale, la plupart des terres contiennent tous les éléments de la nourriture végétale en quantité suffisante, à l'exception de la potasse, de l'acide phosphorique et de l'azote. Dans de nombreux cas, la chaux est très bénéfique pour les terres, généralement parce qu'elle corrige l'acidité et a un effet mécanique en pulvérisant et en floculant l'argile et en cimentant les sables.

Les principales sources de potasse commerciale sont le muriate de potasse, le sulfate de potasse et les cendres de bois. Pour des usages généraux, le muriate de potasse est maintenant recommandé, parce qu'il est relativement bon marché et que sa composition est uniforme. Une application normale de muriate de potasse est de 200 à 300 livres par acre ; mais sur certaines terres, où les plus grands résultats sont exigés, on peut parfois faire jusqu'à deux fois cette demande.

L'acide phosphorique se trouve dans les roches dissoutes de Caroline du Sud et de Floride et dans diverses préparations osseuses. Ces matériaux sont appliqués à raison de 200 à 400 livres par acre.

L'azote commercial est obtenu principalement sous forme de détritus animaux, de sang et de réservoirs, ainsi que de nitrate de soude. Il est plus probable que les substances minérales soient perdues par lessivage à travers le sol, surtout si le sol manque d'humus. Le nitrate de soude est très soluble et doit être appliqué en petites quantités à intervalles réguliers. L'azote, élément le plus propice à la croissance végétative, a tendance à retarder la saison de maturité s'il est appliqué massivement ou tard dans la saison. De 100 à 300 livres de nitrate de soude peuvent être appliquées par acre, mais il est ordinairement préférable de faire deux ou trois applications à des intervalles de trois à six semaines. Les matières fertilisantes peuvent être appliquées à l'automne ou au printemps ; mais dans le cas du nitrate de soude, il est généralement préférable de ne pas l'appliquer à l'automne, à moins que le terrain ne contienne beaucoup d'humus pour empêcher le lessivage, ou sur des plantes qui commencent très tôt au printemps.

Le matériel fertilisant est semé à la volée, ou il peut être légèrement dispersé dans des sillons sous les graines, puis recouvert de terre. En cas de semis à la volée, il peut être appliqué soit après le semis, soit avant. Il est généralement préférable de l'appliquer avant, car même si les pluies l'entraînent, le mouvement ascendant de l'eau pendant le temps sec de l'été tend à le ramener à la surface. Il est important que de gros morceaux d'engrais, en particulier du muriate de potasse et du nitrate de soude, ne tombent pas près des couronnes des plantes ; sinon les plantes pourraient être gravement blessées. C'est également un principe général qu'il est préférable d'utiliser avec plus de parcimonie les engrais que le travail du sol. La tendance est de faire pénitence des engrais pour les péchés de négligence, mais les résultats ne répondent pas souvent aux attentes.

Si l'on ne possède qu'un petit jardin ou une cour de maison, il ne sera généralement pas payé pour acheter les produits chimiques séparément, comme suggéré ci-dessus, mais il peut acheter un engrais complet vendu sous une marque commerciale et disposant d'une analyse garantie. Si l'on cultive des plantes principalement pour leur feuillage, comme la rhubarbe et les buissons ornementaux, il faut choisir un engrais relativement riche en azote ; mais s'il désire principalement des fruits et des fleurs, les éléments minéraux, comme la potasse et l'acide phosphorique, doivent généralement être élevés. Si l'on utilise des produits chimiques, il n'est pas nécessaire qu'ils soient mélangés avant l'application ; en fait, il est généralement préférable de ne pas les mélanger, car certaines plantes et certains sols ont besoin de plus d'un élément que d'un autre. Les matériaux et la quantité dont ont besoin les différents sols et plantes doivent être déterminés par le producteur lui-même par l'observation et l'expérimentation ; et c'est une des satisfactions du jardinage que d'arriver à une discrimination en pareille matière.

Le muriate de potasse coûte 40 $ et plus la tonne, le sulfate environ 48 $, le noir d'os dissous environ 24 $, l'os broyé environ 30 $, le kaïnit environ 13 $ et le nitrate de soude environ 2 1/4 cents la livre. Ces prix varient bien entendu en fonction de la composition ou de l'état mécanique des matériaux, ainsi qu'en fonction de l'état du marché. La composition moyenne des cendres de bois non lessivées sur le marché est à peu près la suivante : potasse, 5,2 pour cent ; acide phosphorique, 1,70 pour cent ; chaux, 34 pour cent; magnésie, 3,40 pour cent. La composition moyenne de la kaïnite est de 13,54 pour cent de potasse et 1,15 pour cent de chaux.

Le fait que le sol lui-même est le plus grand réservoir de nourriture végétale est démontré par la moyenne suivante de trente-cinq analyses du contenu total des huit premiers pouces de sol de surface, par acre : 3 521 livres d'azote, 4 400 livres de phosphore. acide, 19,836 livres de potasse. Une grande partie de ces ressources n'est pas disponible, mais un bon travail du sol, un engrais

vert et une gestion appropriée tendent à les débloquer et en même temps à
les éviter du gaspillage.

121. A good cart for collect-
ing leaves and other ma-
terials.

Tout jardinier attentif prendra plaisir à conserver les feuilles , les rognures et
les déchets des étables et à en faire du compost pour compléter les réserves
indigènes du sol. Un coin à l'écart sera trouvé pour une pile permanente, avec
de la place pour l'empiler de temps en temps. Le tas sera masqué par ses
plantations de jardin. (La figure 121 suggère un chariot utile pour collecter
de tels matériaux.) Il économisera également l'énergie de sa terre en déplaçant
ses cultures vers d'autres parties du jardin, année après année, en ne cultivant
pas ses asters de Chine, ni ses mufliers, ni ses pommes de terre. ou des fraises
en continu sur la même surface ; et ainsi aussi son jardin aura-t-il un nouveau
visage chaque année.

De peur que le lecteur n'ait l'impression qu'il n'y a pas de limite à
l'enrichissement du sol, je l'avertirai à la fin de mon exposé qu'il peut
facilement rendre l'endroit si riche que certaines plantes y proliféreront et ne
viendront pas. en floraison ou en fructification avant le gel, et les fleurs
peuvent manquer d'éclat. Sur des terres très riches, la sauge écarlate atteindra
une grande taille mais ne fleurira pas pendant la saison septentrionale ; les
pois de senteur courront jusqu'à la vigne ; les gaillardes et quelques autres
plantes se décomposeront ; les tomates, les melons et les poivrons peuvent
arriver si tard que les fruits ne mûriront pas. Seuls l'expérience et le bon
jugement permettront au jardinier de déterminer jusqu'où il doit ou ne doit
pas aller.

CHAPITRE V
LA MANIPULATION DES PLANTES

Il existe un talent dans la manipulation réussie des plantes qu'il est impossible de décrire sous forme imprimée. Tout le monde peut améliorer sa pratique grâce à la lecture assidue de la littérature utile sur le jardinage, mais aucune lecture ni aucun conseil ne feront un bon jardinier d'une personne qui n'aime pas creuser dans un jardin ou qui ne prend pas soin des plantes simplement parce qu'elles sont des plantes.

Pour bien cultiver une plante, il faut apprendre ses habitudes naturelles. Certaines personnes apprennent cela comme par intuition, en acquérant leurs connaissances grâce à une discrimination étroite du comportement de la plante. Souvent, ils sont eux-mêmes inconscients de ce don de savoir ce qui fera prospérer la plante ; mais il n'est pas du tout nécessaire d'avoir un jugement aussi intuitif pour pouvoir être encore plus qu'un assez bon jardinier. Une attention diligente aux habitudes et aux exigences de la plante, ainsi qu'un réel respect pour le bien-être de la plante, feront de toute personne un cultivateur de plantes prospère.

Certaines des choses qu'une personne devrait savoir sur toute plante qu'elle cultiverait sont les suivantes : -

•	Si la plante arrive à maturité au cours de la première, de la deuxième, de la troisième année ou des années suivantes ; et quand il commence naturellement à échouer.

•	La période de l'année ou la saison à laquelle il pousse, fleurit ou fructifie normalement ; et si cela peut être forcé à d'autres saisons.

•	Qu'il préfère une situation sèche ou humide, chaude ou fraîche, ensoleillée ou ombragée.

•	Ses préférences quant au sol, qu'il soit très riche ou moyennement riche, sableux ou limoneux, tourbe ou argileux.

•	Sa rusticité quant au gel, au vent, à la sécheresse, à la chaleur.

•	S'il a des exigences particulières en matière de germination et s'il se transplante bien.

•	Qu'il soit particulièrement sensible aux attaques d'insectes ou de maladies.

•	Qu'il présente une incapacité particulière à croître deux années de suite sur le même terrain.

Après avoir adapté la situation à l'usine, après avoir bien préparé le terrain et pris la résolution de le bien entretenir, une attention particulière doit être accordée à des questions telles que celles-ci :

• Se protéger de tous les insectes et maladies ; et aussi des chats, des poules et des chiens ; et de même des lapins et des souris.

• Protéger des mauvaises herbes.

• Taille, dans le cas d'arbres et d'arbustes fruitiers, et aussi occasionnellement de plantes ligneuses ornementales, et parfois même de graminées annuelles.

• Tuteurage et liage, en particulier pour les fleurs de jardin tentaculaires.

• Cueillette persistante de gousses ou de fleurs mortes sur des plantes à fleurs, afin de conserver la vigueur de la plante et de prolonger sa saison de floraison.

• Arroser par temps sec (mais sans aspersion ni goutte à goutte).

• Protection hivernale complète des plantes qui en ont besoin.

• Enlever les feuilles mortes, les branches cassées, les plantes faibles et malades, et garder l'endroit bien rangé et bien entretenu.

Semer les graines .

Préparez bien la terre de surface pour faire un bon lit de semence. Plantez lorsque le sol est humide, si possible, et de préférence juste avant une pluie si le sol est tel qu'il ne cuit pas. Pour les graines plantées peu profondément, raffermissez la terre au-dessus d'elles en marchant sur le rang ou en la tapotant avec une houe. Il faut faire particulièrement attention à ne pas semer des graines très petites et à germination lente, comme le céleri, la carotte, l'oignon, dans un sol mal préparé ou dans un sol qui cuit. Avec de telles graines, il est bon de semer des graines de radis ou de navet, car celles-ci germent rapidement et cassent la croûte, et marquent également le rang afin que le travail du sol puisse commencer avant que les graines de la culture régulière ne soient levées.

On peut empêcher la terre de cuire sur les graines en dispersant une très fine couche de litière fine, sous forme de paille, ou de mousse ou de moisissure tamisée, sur le rang. Une planche est parfois posée sur le rang pour retenir l'humidité, mais elle doit être soulevée progressivement dès que les plantes commencent à briser le sol, sinon elles seront gravement blessées. Chaque fois que cela est possible, les planches de semis de céleri et d'autres graines à germination lente doivent être ombragées. Si les plates-bandes sont arrosées, veillez à ce que le sol ne soit pas compacté par la force de l'eau ou cuit par le soleil. Dans les lits de semence denses, éclaircissez ou repiquez les plants dès qu'ils ont formé leurs premières vraies feuilles.

Pour la plupart des terrains, les graines peuvent être semées à la main, mais pour de grandes superficies d'une seule culture, l'un des nombreux types de semoirs peut être utilisé. Les méthodes particulières de semis des graines sont généralement spécifiées dans les catalogues de semences, si un traitement autre qu'ordinaire est requis. Les traîneaux (déjà décrits, p. 108) ouvrent un sillon suffisamment profond pour la plantation de la plupart des graines. Si des sillons de marquage ne sont pas disponibles, un sillon peut être ouvert avec une houe pour les graines profondément plantées comme les pois et les pois de senteur, ou avec une truelle ou l'extrémité d'un rakestale pour les graines plus petites. Dans les plates-bandes ou les boîtes étroites, un bâton ou une règle (Fig. 115) peut être utilisé pour ouvrir les plis destinés à recevoir les graines.

La profondeur à laquelle les graines doivent être plantées varie selon l'espèce, le sol et sa préparation, la saison et selon qu'elles sont plantées en plein air ou en maison. En caisses et sous serre, il est de bonne règle de semer la graine à une profondeur égale à deux fois son propre diamètre, mais un semis plus profond est généralement nécessaire à l'extérieur, particulièrement par temps chaud et sec. Les graines fortes et rustiques, comme les pois, les pois de senteur, les graines de gros arbres fruitiers, peuvent être plantées de trois à six pouces de profondeur. Les graines tendres, endommagées par le froid et l'humidité, peuvent être plantées une fois que le sol est stabilisé et réchauffé à une plus grande profondeur qu'avant cette saison. En règle générale, il n'y a rien à gagner à semer des graines tendres avant que le temps ne soit complètement réglé et que le sol ne soit chaud.

Multiplication par bouturage .

De nombreuses plantes communes se multiplient par boutures plutôt que par graines, en particulier lorsqu'on souhaite augmenter une variété particulière.

Les boutures sont des parties de plantes insérées dans le sol ou dans l'eau dans le but de pousser et de produire de nouvelles plantes. Ils sont de diverses sortes. Ils peuvent être classés, en fonction de l'âge du bois ou du tissu, en deux classes : à savoir. ceux fabriqués à partir de bois parfaitement durs ou dormants (tirés des brindilles hivernales des arbres et des buissons), et ceux fabriqués à partir de bois plus ou moins immatures ou en croissance. Ils peuvent être classés à nouveau en fonction de la partie des plantes dont ils sont extraits, en boutures de racines, boutures de tubercules (comme la « graine » ordinaire plantée pour les pommes de terre), boutures de tiges et boutures de feuilles.

Boutures de tiges dormantes.

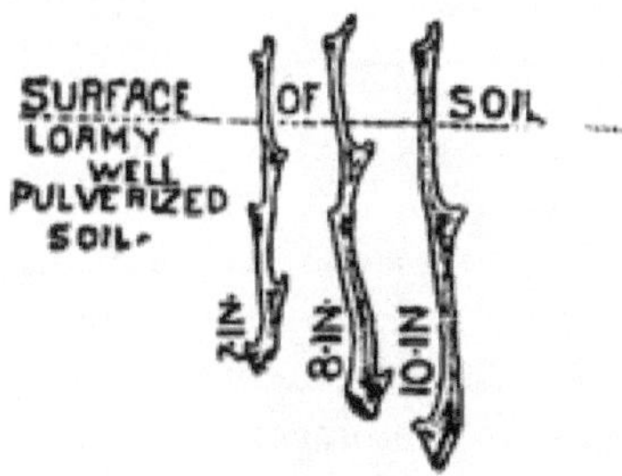

122. The planting of the dormant-wood cuttings.

Les boutures de bois dormant sont utilisées pour la vigne (fig. 122), les groseilles, les groseilles à maquereau, les saules, les peupliers et bien d'autres espèces d'arbres et d'arbustes à bois tendre. De telles boutures sont habituellement prélevées en automne ou en hiver, mais coupées à la longueur appropriée, puis enterrées dans du sable ou de la mousse où elles ne gèlent pas, afin que l'extrémité inférieure puisse cicatriser ou devenir calleuse. Au printemps ces boutures sont mises en terre, de préférence dans un endroit plutôt sableux et bien drainé.

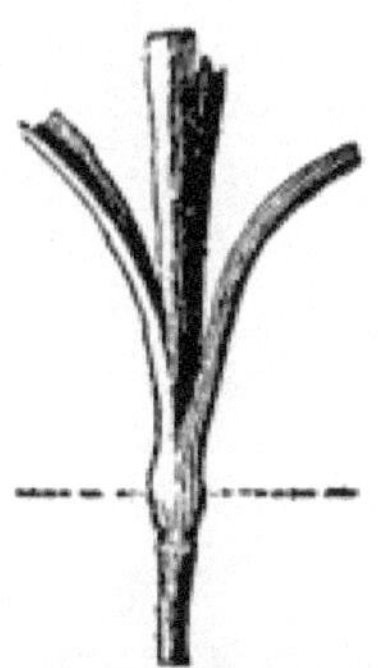

123. Carnation cutting.

Habituellement, les boutures de feuillus sont constituées de deux à quatre articulations ou bourgeons, et lorsqu'elles sont plantées, seul le bourgeon supérieur dépasse du sol. Ils peuvent être plantés droits, comme le montre la Fig. 122, ou légèrement inclinés. Pour que la bouture puisse atteindre la terre humide, il est souhaitable qu'elle n'ait pas moins de 6 pouces de longueur ; et il est quelquefois préférable qu'elle mesure de 8 à 12 pouces. Si le bois est à joints courts, il peut y avoir plusieurs bourgeons sur une bouture de cette longueur ; et afin d'éviter qu'un trop grand nombre de pousses ne naissent de ces bourgeons, les bourgeons les plus bas sont souvent coupés. Les racines démarreront aussi facilement si les bourgeons inférieurs sont enlevés, puisque les bourgeons se transforment en pousses et non en racines.

Les boutures de groseilles, de raisins, de groseilles à maquereau et autres peuvent être disposées en rangées suffisamment espacées pour permettre un travail facile du sol avec des outils à cheval ou à main, et les boutures peuvent être placées à 3 à 8 pouces l'une de l'autre dans la rangée. Les variétés anglaises de groseilles, considérablement cultivées dans ce pays, ne se multiplient pas facilement par bouturage.

Après que les boutures ont poussé une saison, les plantes sont généralement transplantées et leur donnent plus d'espace pour la croissance de la deuxième année, après quoi elles sont prêtes à être plantées dans des plantations permanentes. Dans certains cas, les plants sont plantés à la fin de la première année ; mais les plantes de deux ans sont plus fortes et généralement préférables.

Boutures de racines.

Les boutures de racines sont utilisées pour les mûres, les framboises et quelques autres choses. Ils sont généralement constitués de racines allant de la taille d'un crayon à mine jusqu'au petit doigt et sont coupés en longueurs de 3 à 5 pouces de long. Les boutures sont stockées de la même manière que les boutures de tige et laissées calleuses. Au printemps, ils sont plantés en position horizontale ou presque horizontale dans un sol sableux humide, entièrement recouverts jusqu'à une profondeur de 1 ou 2 pouces.

Boutures vertes.

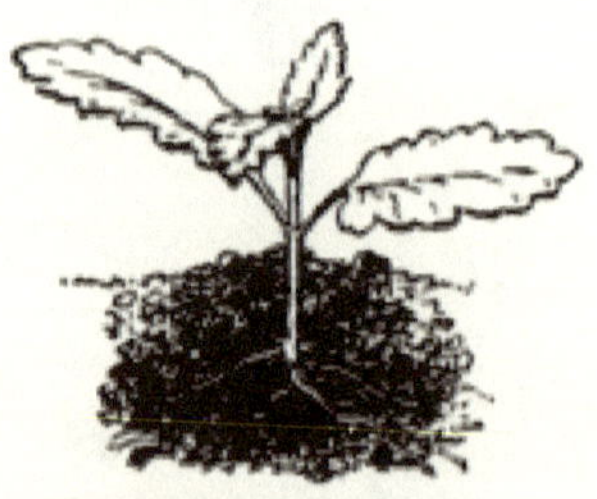

124. Verbena cutting.

Les boutures de résineux ou de bois vert sont généralement constituées de bois suffisamment mûr pour se briser lorsqu'il est fortement plié. Lorsque le bois est si tendre qu'il se plie et ne se brise pas, il est trop immature, dans la majorité des plantes, pour faire de bonnes boutures.

Un à deux joints correspond à la longueur appropriée d'une bouture de bois vert. S'il s'agit de deux articulations, les feuilles inférieures doivent être coupées et les feuilles supérieures coupées en deux afin qu'elles ne présentent pas toute leur surface à l'air et n'évaporent ainsi trop rapidement les sucs de la plante. Si la coupe ne concerne qu'un seul joint, l'extrémité inférieure est généralement coupée juste au-dessus d'un joint. Dans les deux cas, les boutures sont généralement insérées dans du sable ou du gravier bien lavé, presque ou presque jusqu'aux feuilles. Gardez le lit uniformément humide sur toute sa profondeur, mais évitez tout sol qui retient tellement d'humidité qu'il devient boueux et aigre. Ces boutures doivent être ombragées jusqu'à ce qu'elles commencent à émettre leurs racines. Les coléus, les géraniums, les fuchsias, les œillets et presque toutes les plantes communes de serre et d'intérieur se multiplient par ces boutures ou boutures (Fig. 123, 124).

Boutures de feuilles.

Les boutures de feuilles sont souvent utilisées pour les bégonias à feuilles fantaisie, les gloxinias et quelques autres plantes. La jeune plante naît généralement plus facilement de la tige de la feuille ou du pétiole. La feuille est donc insérée dans le sol à la manière d'une bouture verte. Les feuilles de bégonia jetteront les jeunes plants des côtes principales lorsque ces nervures ou côtes seront coupées. Par conséquent, des feuilles de bégonia bien développées et fermes sont parfois posées à plat sur le sable et les nervures principales sont coupées ; puis la feuille est lestée avec des cailloux ou des piquets afin que ces surfaces coupées entrent en contact intime avec le sol en dessous. Cependant, la méthode habituelle consiste à couper un morceau triangulaire de la feuille (Fig. 125) et à insérer la pointe dans le sable. Tant que la bouture est vivante, ne vous découragez pas, même si elle ne démarre pas.

VIII. Une entrée bien arborée. Arbres et buissons communs, avec du lierre de Boston sur le poteau et *Berberis Thunbergii* devant.

Traitement général des boutures.

Dans la culture de tous les bois verts et boutures de feuilles, il est bon de se rappeler qu'ils doivent avoir une douce chaleur de fond ; le sol doit être tel qu'il retienne l'humidité sans pour autant rester humide ; l'air autour des sommets ne doit pas devenir dense et stagnant, sinon les plantes s'humidifieraient ; et les sommets doivent être ombragés pendant un certain temps. Afin de contrôler toutes les conditions, ces boutures sont cultivées sous abri, comme dans une serre, un châssis froid ou une boîte dans la fenêtre de la maison.

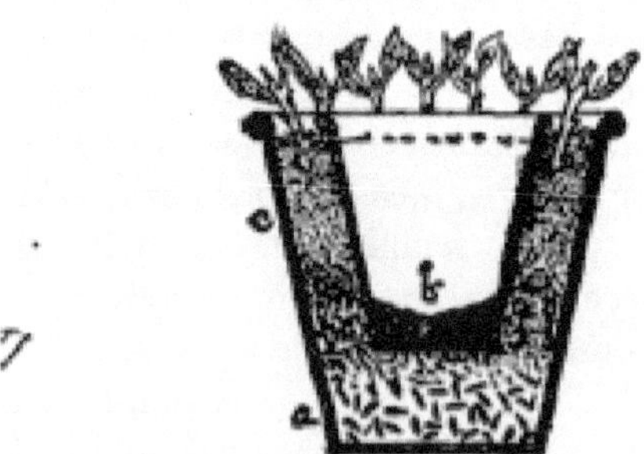

126. Cuttings inserted in a double pot.

Une excellente méthode pour démarrer des boutures dans le salon consiste à faire un pot double, comme le montre la figure 126. À l'intérieur d'un pot de 6 pouces. pot réglé sur 4 pouces. pot. Remplissez le fond, *a* , avec du gravier ou des morceaux de brique, pour le drainage. Bouchez le trou dans le pot intérieur. Remplissez les espaces entre *c* avec de la terre et placez-y les boutures. De l'eau peut être versée dans le pot intérieur, *b* , pour fournir de l'humidité.

Transplantation de jeunes plants .

Lors du repiquage de choux, de tomates, de fleurs et de toutes plantes récemment germées à partir de graines, il est important que le sol soit soigneusement raffiné et compacté. Les plantes vivent généralement mieux si elles sont transplantées dans un sol fraîchement retourné. Si possible, transplantez par temps nuageux ou pluvieux, surtout si tard dans la saison. Tassez bien la terre autour des racines avec les mains ou les pieds, afin de faire remonter l'humidité du sol ; mais il est généralement préférable de ratisser la surface afin de rétablir le paillis de terre, à moins que les plantes ne soient si petites que leurs racines ne puissent pas traverser le paillis (p. 98).

Si les plantes sont prélevées dans des pots, arrosez les pots un certain temps à l'avance et la boule de terre tombera lorsque le pot sera retourné et tapoté légèrement. En retirant les plantes du sol, il convient également de bien les arroser quelque temps avant de les retirer ; la terre peut alors être retenue sur les racines. Veiller à ce que l'arrosage soit fait suffisamment à l'avance pour permettre à l'eau de se décanter et de se répartir ; la terre ne doit pas être boueuse lorsque les plantes sont enlevées.

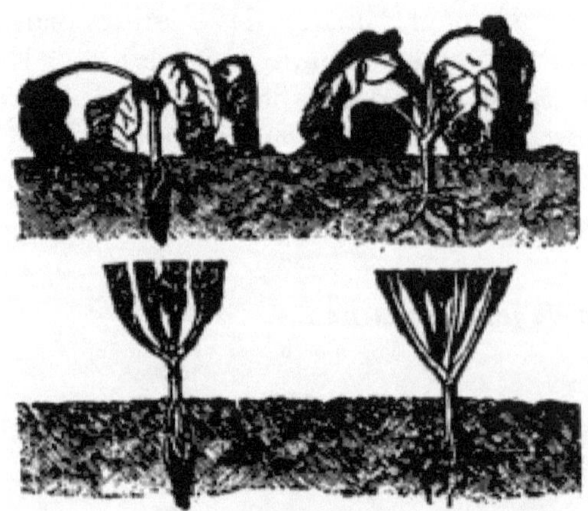

Afin de réduire l'évaporation de la plante, des bardeaux peuvent être enfoncés dans le sol pour ombrager la plante ; ou un écran peut être improvisé avec des morceaux de papier (Fig. 122), des boîtes de conserve, des pots de fleurs inversés, des couvertures de broussailles ou d'autres moyens.

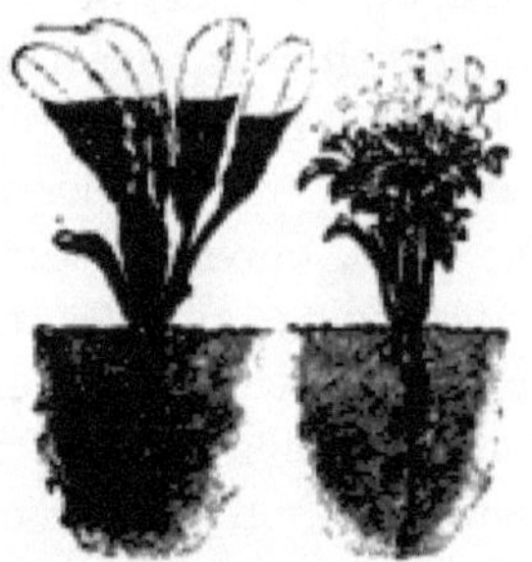

Il est presque toujours conseillé d'enlever une partie du feuillage, surtout si la plante a plusieurs feuilles et si elle n'a pas été cultivée en pot, et aussi si le repiquage s'effectue par temps chaud. La figure 128 montre un bon traitement pour les plantes transplantées. Avec tout le feuillage laissé en place, les plantes sont susceptibles de se comporter comme dans la rangée supérieure ; mais lorsque la plus grande partie est coupée, comme dans la rangée inférieure, il y a peu de flétrissement et de nouvelles feuilles commencent bientôt. La figure 129 montre également quelle partie des feuilles peut être coupée lors du repiquage. Si le terrain est fraîchement retourné et que le repiquage est bien fait, il sera rarement nécessaire d'arroser les plantes ; mais si un arrosage est nécessaire, il doit être fait à la tombée de la nuit, et la surface doit être ameublie le lendemain matin ou dès qu'elle devient sèche.

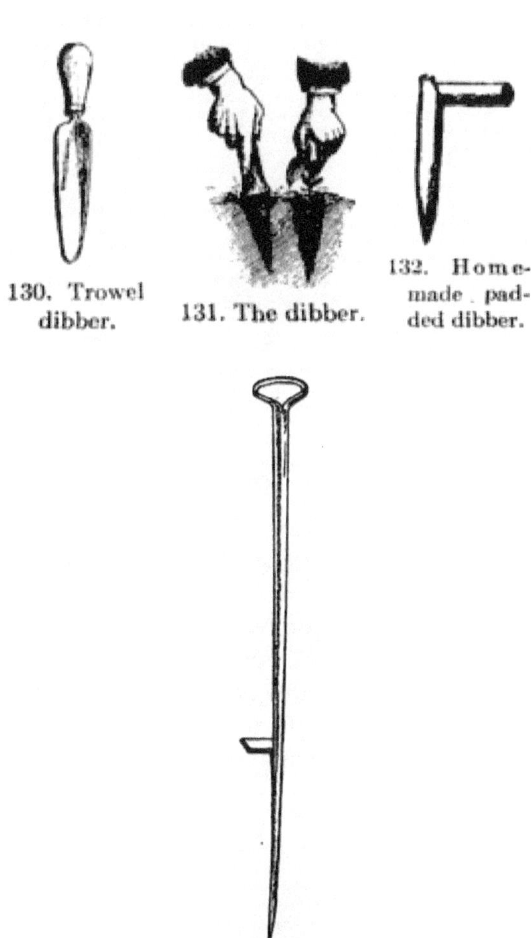

130. Trowel dibber.

131. The dibber.

132. Home-made padded dibber.

133. Dibber and crow-bar combined.

Lors du repiquage de jeunes plants, il convient d'utiliser une sorte de plantoir pour faire les trous. Les planteurs font des trous sans rien enlever de la terre. Une bonne forme de plantoir est illustrée à la Fig. 130, qui ressemble à une truelle plate ou plane. De nombreuses personnes préfèrent un plantoir cylindrique et conique, comme celui illustré à la Fig. 131. Pour les sols durs et les plantes plus grandes, un plantoir solide peut être fabriqué à partir d'une branche dotée d'une branche à angle droit qui sert de manche. Cette poignée peut être ramollie en y glissant un morceau de tuyau en caoutchouc (Fig.

132). Un long plantoir en fer, qui peut également être utilisé comme pied-de-biche, est illustré à la Fig. 133. Lors du repiquage avec le plantoir, un trou est d'abord fait par une poussée de l'outil, et la terre est ensuite pressée contre la racine au moyen du pied, de la main ou du plantoir lui-même (comme sur la fig. 131). Le trou n'est pas comblé en mettant de la terre au sommet.

134. Straw-
berry planter.

Pour les grandes plantes, un plantoir plus large peut être utilisé. Un outil comme celui illustré à la Fig. 134 est utile pour planter des fraisiers et d'autres plantes à grosses racines. Il est fait d'une planche de deux pouces, avec un bloc sur le dessus qui sert de repose-pieds et empêche la lame d'aller trop profondément. Afin de laisser de la place au pied et de diriger facilement la poussée, la poignée peut être placée d'un côté du milieu. Pour les pots plongeants, un plantoir comme celui illustré à la Fig. 135 est utile, en particulier lorsque le sol est si dur qu'un outil à longue pointe est nécessaire. Le fond du trou peut être rempli de terre avant d'insérer le pot ; mais il est souvent conseillé de laisser l'espace vacant en dessous (comme en b) pour assurer le drainage, empêcher la plante de s'enraciner et empêcher les vers de terre de pénétrer dans le trou du fond du pot. Pour les pots plus petits, l'outil peut être inséré moins profondément (comme en c).

135. The plunging of
pots.

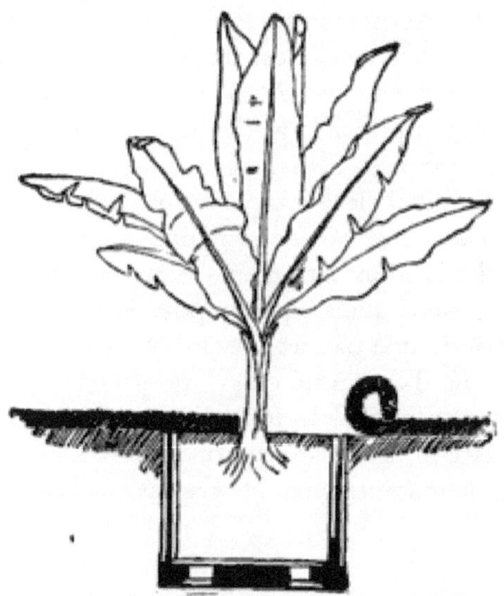

136. Setting large tub-plants in the lawn.

En plaçant des plantes en pot à l'extérieur, il est presque toujours conseillé de les plonger, c'est-à-dire de planter les pots dans la terre, à moins que l'endroit ne soit très humide. Les pots sont alors arrosés par les précipitations et demandent peu de soins. Si les plantes doivent être ramenées à la maison à l'automne, elles ne doivent pas pouvoir s'enraciner à travers le trou du pot, et l'enracinement peut être évité en retournant le pot tous les quelques jours. On peut donner l'impression que de grandes plantes décoratives poussent naturellement dans la pelouse en enfonçant le pot ou la boîte juste en dessous de la surface et en faisant rouler le gazon dessus, comme le suggère la Fig. 136. Un espace autour et en dessous de la baignoire peut être prévu pour assurer le drainage.

Plantes en bac.

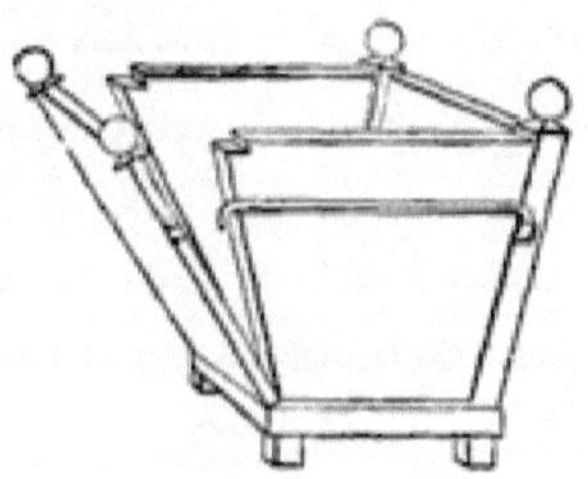

137. Plant-box with a
movable side.

Pour le déplacement de très grandes plantes en bac, une boîte ou un bac à côtés mobiles, comme sur la figure 137, est pratique et efficace. Le bac à plantes recommandé aux personnes qui cultivaient des plantes pour les exposer à l'Exposition universelle est illustré à la figure 138. Il est fait de planches ou de planches solides. En A est montré l'intérieur de l'une des deux sections ou côtés opposés, large de quatre pieds en haut, de trois pieds de large en bas et de trois pieds de haut. Les taquets sont des échantillonnages de deux par quatre, à travers lesquels des trous sont percés pour recevoir les boulons avec lesquels la boîte doit être maintenue ensemble. B est une vue extérieure de l'une des sections alternées, mesurant trois pieds quatre pouces de largeur en haut, deux pieds quatre pouces en bas et trois pieds de profondeur. Une bande une par six est clouée au centre pour donner de la solidité. C est une vue d'extrémité de A, montrant les boulons ainsi qu'un taquet deux par quatre auquel le fond doit être cloué. Cette caisse était principalement utilisée pour transporter du matériel sur pied de grande taille jusqu'à l'exposition, le matériel ayant été creusé à ciel ouvert et la caisse fixée autour de la motte de terre.

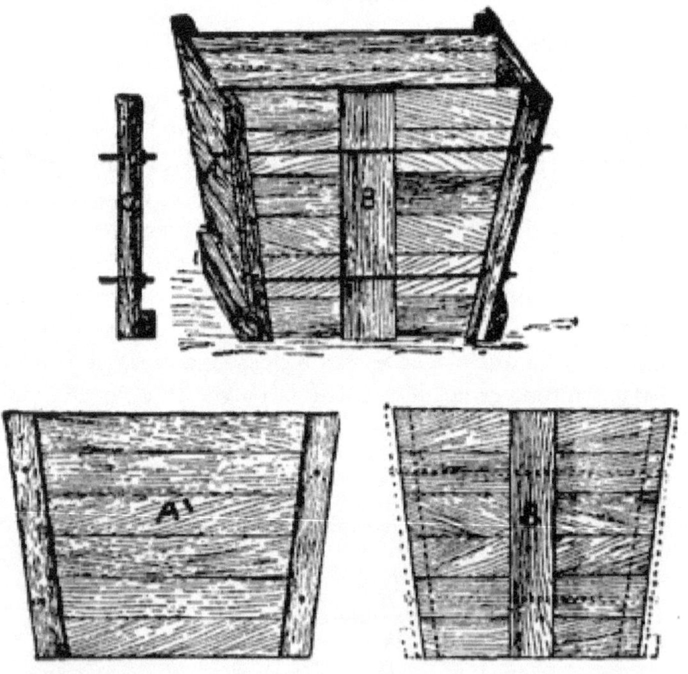

138. Box for transporting large transplanted stock.

Quand transplanter.

En général, il est préférable de planter les plantes rustiques à l'automne, surtout si le sol est assez sec et que l'exposition n'est pas trop sombre. A cette classe appartiennent la plupart des arbres fruitiers et des arbres et arbustes ornementaux ; aussi des herbes rustiques, comme les ancolies, les pivoines, les lys, les cœurs saignants, etc. Ils doivent être plantés dès qu'ils sont complètement mûrs, afin que les feuilles commencent à tomber naturellement. S'il reste des feuilles sur l'arbre ou le buisson au moment de la plantation, retirez-les , à moins que la plante ne soit à feuilles persistantes. Il est généralement préférable de ne pas couper les arbres plantés à l'automne dans toute la mesure souhaitée, mais de les raccourcir des trois quarts de la quantité requise à l'automne et d'enlever le quart restant au printemps, afin qu'aucune pointe morte ou sèche ne soit éliminée. sont laissés sur la plante. Les conifères, comme les pins et les épicéas, ne sont pas très enfoncés, voire pas du tout.

Toutes les plantes tendres et très petites doivent être plantées au printemps, auquel cas une plantation très précoce est souhaitable ; et les semis de printemps sont toujours à conseiller lorsque le sol n'est pas complètement drainé et bien préparé.

Profondeur à transplanter.

Dans un terrain bien compacté, les arbres et arbustes doivent être plantés à peu près à la même profondeur que dans la pépinière, mais si le terrain a été profondément creusé ou s'il est meuble pour d'autres raisons, les plantes doivent être plantées plus profondément, car le la terre va probablement s'installer. Le trou doit être rempli de terre fine. Il n'est généralement pas conseillé de mettre du fumier dans le trou, mais si on l'utilise, il doit être en petite quantité et bien mélangé à la terre, sinon le sol risque de se dessécher. Dans les pelouses et autres endroits où le travail du sol en surface ne peut être effectué, un léger paillis de litière ou de fumier peut être placé autour des plantes ; mais le paillis de terre (page 98), lorsqu'il peut être obtenu, est de loin le meilleur conservateur d'humidité.

Rendre les rangées droites.

139. A planting board.

Pour disposer les arbres en rangées, il est nécessaire d'utiliser une ligne de jardin (fig. 96), ou de délimiter le terrain avec certains des dispositifs déjà décrits (fig. 113-120) ; ou dans des zones étendues, le lieu peut être jalonné. Lors de la plantation de vergers, la zone est aménagée (de préférence par un géomètre) avec deux ou plusieurs rangées de piquets placés de manière à ce qu'un homme puisse voir d'un point fixe à un autre. Deux ou trois hommes travaillent de manière optimale à ces plantations.

140. Device for placing the tree.

Il existe différents dispositifs permettant de localiser l'emplacement du piquet une fois le piquet retiré et le trou creusé, au cas où la zone n'est pas régulièrement jalonnée de telle manière qu'une observation à travers la zone puisse être utilisée. L'un des plus simples est représenté sur la figure 139. Il s'agit d'une planche étroite et mince avec une encoche au centre et un piquet à chaque extrémité, l'un des piquets étant fixe. L'outil est placé de manière à ce que l'encoche rencontre le piquet, puis une extrémité est rejetée jusqu'à ce que le trou soit creusé. Lorsque l'outil est ramené à sa position d'origine, l'encoche représente l'emplacement du tuteur et de l'arbre. La figure 140 est un dispositif comportant un couvercle, au bout duquel se trouve une encoche pour marquer l'emplacement du piquet. Ce couvercle est rejeté, comme le montrent les lignes pointillées, lors du creusement du trou. La figure 141 montre une méthode pour aligner les arbres en mesurant à partir d'une ligne.

141. Lining a tree from a stake.

Réduction ; remplissage.

Lors de la plantation d'un arbre ou d'un buisson, les racines doivent être coupées au-delà de toutes les cassures et contusions graves, et la terre fine doit être soigneusement remplie et raffermie autour d'elles, comme dans la Fig. 142. Aucun outil n'est aussi bon que les doigts pour travailler le sol au niveau des racines. Si l'arbre a beaucoup de racines, travaillez-le légèrement de haut en bas plusieurs fois pendant le remplissage du trou, pour tasser la terre. Lorsque la terre est jetée négligemment, les racines se coincent les unes contre les autres, et souvent un espace vide reste sous la couronne, comme dans la figure 143, ce qui provoque le dessèchement des racines.

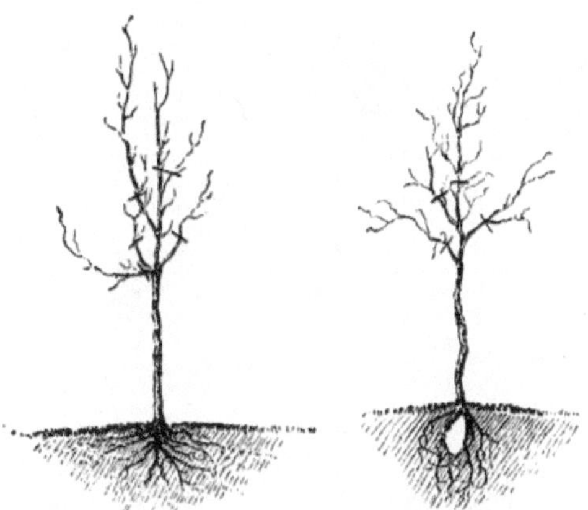

142. Proper planting of a tree.   143. Careless planting of a tree.

144. Pruned young tree.   145. Pruned young tree.

Les marques sur la cime de ces arbres dans les Fig. 142 et 143 montrent où les branches peuvent être coupées. Voir également la figure 152. Les figures 144 et 145 montrent la cime des arbres après la taille. Les arbres fortement ramifiés, comme les pommiers, les poiriers et les arbres ornementaux, sont généralement repoussés de cette manière lors de la plantation. Si l'arbre a une tête droite et plusieurs ou plusieurs branches minces (Fig. 146), il est généralement taillé, comme dans la Fig. 147, chaque branche étant coupée en un ou deux bourgeons. S'il n'y a pas de branches, ou très peu d'entre elles,

— auquel cas il y aura de bons bourgeons sur la tige principale, — la tige peut être coupée du tiers ou de la moitié de sa longueur, à un simple fouet. Les buissons ornementaux à cime longue sont généralement réduits d'un tiers ou de moitié une fois plantés, comme le montre la figure 45.

Laissez toujours un peu de petites pousses qui produisent des bourgeons. La pratique consistant à réduire les arbres d'ombrage à de simples longues massues, ou poteaux, sans petites brindilles, doit être découragée. Dans ce cas, l'arbre est obligé d'expulser les bourgeons adventifs du vieux bois, et il se peut qu'il n'ait pas assez de vigueur pour le faire ; et le processus peut être tellement retardé qu'il permet à l'arbre d'être rattrapé par la sécheresse avant qu'il ne démarre.

Suppression de très grands arbres.

146. Peach tree. 147. Peach tree pruned for planting.

Les très grands arbres peuvent souvent être déplacés en toute sécurité. Il est essentiel que le repiquage se fasse lorsque les arbres sont parfaitement dormants, l'hiver étant préférable, qu'une grande masse de terre et de racines soit emportée avec l'arbre et que la cime soit vigoureusement taillée. Les grands arbres sont souvent déplacés en hiver sur un bateau en pierre, en fixant une grosse boule de terre gelée autour des racines. Cette boule gelée est sécurisée en creusant autour de l'arbre plusieurs jours de suite, afin que le gel progresse au fur et à mesure de l'excavation. Un bon dispositif pour déplacer de tels arbres est illustré à la Fig. 148. Le tronc de l'arbre est solidement enveloppé de toile de jute ou d'un autre matériau souple, et un anneau ou une chaîne est ensuite fixé autour de lui. Une longue perche, *b* , est passée sur le camion d'un chariot et son extrémité est fixée à la chaîne ou à l'anneau de l'arbre. Ce poteau est un levier permettant de sortir l'arbre du sol. Une équipe est attelée en *a* , et un homme tient le poteau *b* . D'autres dispositifs plus élaborés sont utilisés, mais cela explique l'idée et est donc suffisant pour le présent objectif ; car lorsqu'une personne désire abattre un très grand arbre, elle doit s'assurer les services d'un expert.

148. Moving a large tree.

Les instructions plus explicites suivantes pour déplacer de grands arbres sont celles d'Edward Hicks, qui a beaucoup d'expérience dans le domaine et qui a fait ce rapport à la presse il y a quelques années : « En déplaçant de grands arbres, disons ceux de dix à douze pouces de diamètre. et mesurant vingt-cinq à trente pieds de haut, il est bon de les préparer en taillant et en coupant ou en sciant les racines à une distance appropriée des troncs, disons six à huit pieds, en juin. Les racines coupées guérissent et envoient des racines fibreuses, qui ne devraient pas être blessées plus que nécessaire pour déplacer les arbres à l'automne ou au printemps prochain. Les jeunes érables et ormes économes, originaires de la pépinière, n'ont pas autant besoin d'une telle préparation que d'autres arbres plus âgés. En déplaçant un arbre, nous commençons par creuser une large tranchée à six à huit pieds de lui, en y laissant toutes les racines possibles. En creusant sous l'arbre dans la large tranchée et en travaillant la terre hors des racines au moyen de bâtons ronds ou à pointe émoussée, la terre tombe dans la cavité pratiquée sous l'arbre. Trois ou quatre hommes en autant d'heures pourraient retirer une telle quantité de terre des racines qu'il serait sans danger d'attacher une corde et un agrès à la partie supérieure du tronc et à un poteau ou à un arbre adjacent dans le but de tirer le arbre terminé. Une bonne quantité de sac doit être placée autour de l'arbre sous la corde pour éviter les blessures, et il faut veiller à ce que le fait de tirer sur la corde ne brise pas ou ne brise pas un membre. Une équipe est attelée à l'extrémité de la corde de traction et entraînée lentement dans la bonne direction pour renverser l'arbre. Si l'arbre ne se renverse pas facilement, creusez en dessous et coupez toute racine rapide. Pendant qu'il est renversé, travaillez davantage de terre avec les bâtons. Passez maintenant une grosse corde, double, autour de quelques grosses racines proches de l'arbre, en laissant les extrémités de la corde retroussées par le tronc pour servir à soulever l'arbre au moment opportun. Inclinez l'arbre dans la direction opposée et placez une autre grande corde autour des grosses racines près du tronc ; enlevez plus de terre et veillez à ce qu'aucune racine ne soit attachée au sol. Quatre haubans attachés aux parties supérieures de l'arbre, comme le montre la coupe (Fig. 149), doivent être correctement mis en place et utilisés pour empêcher l'arbre de trop basculer ainsi que pour le maintenir droit. Une bonne partie de la terre peut être remise dans le trou sans recouvrir les racines pour ne pas gêner la machine. Ce dernier peut maintenant être placé autour de l'arbre en retirant la partie avant, fixée par quatre boulons, en plaçant le cadre avec les roues arrière autour de l'arbre et en replaçant les parties avant. Deux poutres de trois pouces sur neuf et vingt pieds de long sont maintenant placées sur le sol sous les roues postérieures et devant elles, parallèles l'une à l'autre dans le but de maintenir les roues postérieures hors du grand trou. en éloignant l'arbre ; et ils sont également utilisés pour faire reculer les roues arrière à travers le nouveau trou dans lequel l'arbre doit être planté. La machine (Fig. 149, 150) se compose d'un essieu arrière de douze pieds de long et de roues à pneus larges. Le cadre est en épicéa de trois pouces sur huit et vingt pieds de long. Les accolades mesurent trois pouces sur cinq et dix pieds de long, et verticales trois pouces sur neuf et trois pieds de haut ; ceux-ci sont boulonnés à l'essieu arrière et au châssis principal. L'essieu avant comporte un ensemble de blocs boulonnés ensemble et d'une hauteur suffisante pour soutenir l'extrémité avant du châssis. Dans les poutres supérieures, de trois pouces sur six, des creux sont creusés aux distances appropriées pour recevoir les extrémités de deux rouleaux anti-criquets. Un guindeau ou un treuil est placé à chaque extrémité du cadre, grâce auquel les arbres peuvent être facilement et régulièrement soulevés et abaissés, les grandes cordes doubles passant sur les rouleaux jusqu'aux guindeaux. Une perche anti-acridienne est placée en travers de la machine sous le châssis et au-dessus des croisillons ; des épingles en fer le maintiennent en place. Les haubans latéraux sont fixés aux extrémités de cette bôme. Les autres haubans sont fixés aux parties avant et arrière de la machine. Quatre boucles de corde sont fixées à l'intérieur du cadre et sont placées de telle sorte qu'en passant une corde autour du tronc de l'arbre et à travers les boucles deux ou trois fois, un anneau de corde est formé autour de l'arbre qui maintiendra le tronc dans le milieu du cadre et ne lui permettez pas de heurter les bords ou les rouleaux, une protection très nécessaire. Au fur et à mesure que l'arbre est soulevé lentement par les guindeaux, les haubans sont desserrés, selon les besoins. L'arbre franchira les obstacles, tels que les arbres au bord de la route, mais ce faisant, il est préférable de pencher l'arbre vers l'arrière. Lorsque l'arbre est arrivé à sa nouvelle place, les deux poutres sont placées le long des bords opposés du trou afin que les roues postérieures puissent reculer dessus. L'arbre est ensuite abaissé à la profondeur appropriée et rendu d'aplomb par les haubans, et de la bonne terre moelleuse est jetée et bien tassée dans toutes les cavités sous les racines. Lorsque le trou est à moitié rempli, il faut y verser plusieurs barils d'eau ; cela lavera beaucoup mieux le sol dans les cavités situées sous le centre de l'arbre. Une fois l'eau retombée, remplissez et tassez le sol jusqu'à ce que le trou soit à peine plein. Laissez une dépression, afin que toute la pluie qui pourrait tomber soit retenue. L'arbre doit maintenant être judicieusement élagué et la machine retirée. Cinq hommes peuvent soulever, déplacer et planter un arbre en une journée, si la distance est courte et le creusement pas trop dur. L'arbre doit être correctement câblé aux piquets pour empêcher le vent de le renverser. La partie avant de la machine fait partie de notre chariot à ressorts à plate-forme, tandis que les roues arrière proviennent d'un chariot à essieux en bois. Un arbre de dix pouces de diamètre, avec un peu de terre adhérant à ses racines, pèsera une tonne ou plus.

149. The tree ready to lift.

150. The tree ready to move.

Protection hivernale des plantes .

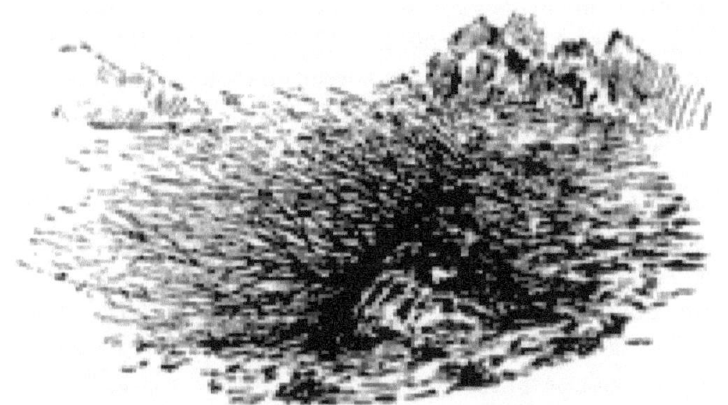

Si le sol n'est pas prêt pour la plantation à l'automne, ou si l'on souhaite, pour une raison quelconque, attendre jusqu'au printemps, les arbres ou les buissons peuvent être talonnés, comme illustré à la Fig. 151. Les racines sont déposées dans un sillon ou tranchée et sont recouverts de terre bien ferme. De la paille ou du fumier peuvent être jetés encore plus loin sur la terre pour protéger les racines, mais s'ils sont jetés par-dessus la cime, les souris peuvent être attirées par cela et les arbres peuvent être annelés. Les arbres ou buissons tendres peuvent être légèrement recouverts de terre jusqu'aux pointes. Les plantes doivent être plantées uniquement dans un sol meuble, chaud, limoneux ou sableux et dans un endroit bien drainé.

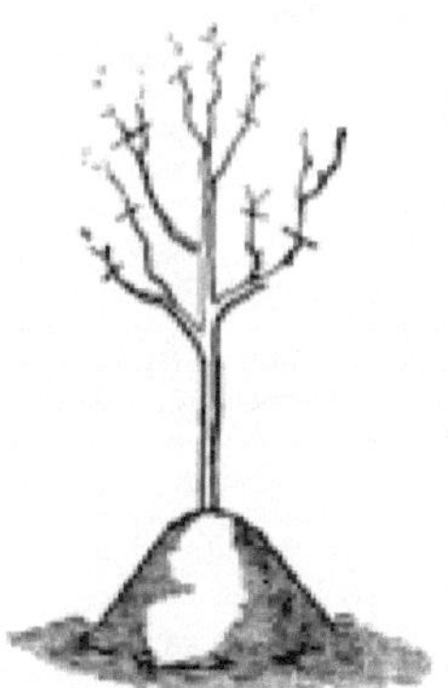

Les arbres plantés à l'automne doivent généralement être mis en butte, parfois même aussi haut que le montre la figure 152. Ce buttage maintient la plante en position, évacue l'eau, empêche un gel trop profond et empêche la terre de se soulever. Le monticule est enlevé au printemps. Il est parfois conseillé de butter les arbres établis à l'automne, mais sur des terrains bien drainés, cette pratique n'est généralement pas nécessaire. En buttant des arbres, il faut prendre soin de ne pas laisser de trous profonds, dans lesquels la terre a été creusée, près de l'arbre, car l'eau s'y accumule. Les roses et bien d'autres buissons peuvent être récoltés à l'automne avec profit.

Il est toujours conseillé de pailler les plantes plantées à l'automne. Tout matériau meuble et sec, comme la paille, le fumier, les feuilles, les moisissures, la litière des cours et des écuries, les branches de pin, peut être utilisé à cette fin. Il faut éviter les fumiers très résistants ou compacts, comme ceux dans lesquels il y a peu de paille ou de litière. Le sol peut être recouvert jusqu'à une profondeur de cinq ou six pouces, voire même d'un pied ou plus si le matériau est meuble. Évitez de jeter du fumier fort directement sur la couronne des plantes, en particulier des herbes, car les matières qui s'échappent du fumier endommagent parfois les bourgeons de la couronne et les racines.

Cette protection peut également être accordée aux plantes établies, en particulier à celles qui, comme les roses et les plantes herbacées, sont susceptibles de donner une floraison abondante l'année suivante. Ce paillis offre non seulement une protection hivernale, mais constitue également un moyen efficace de fertiliser la terre. Une grande partie des matières nutritives végétales ont été lessivées du paillis au printemps et ont été incorporées dans le sol, où la plante les utilise facilement.

153. Covering plants in a box.

Les paillis jouent également un rôle très utile en empêchant le sol de se tasser et de cuire sous le poids des neiges et des pluies et en empêchant l'action de cimentation d'une trop grande quantité d'eau dans le sol de surface. Au printemps, les parties les plus grossières du paillis peuvent être enlevées et les parties les plus fines peuvent être bêcheées ou binées dans le sol.

Les buissons tendres et les petits arbres peuvent être enveloppés de paille, de foin, de toile de jute ou de morceaux de nattes ou de tapis. Même les arbres assez grands, comme les pêchers, sont souvent mis en balles de cette manière, ou parfois avec du fourrage de maïs, bien que les résultats en matière de protection des bourgeons fruitiers ne soient pas souvent très satisfaisants. Il est important qu'aucun grain ne reste dans le matériau de mise en balles, sinon les souris pourraient y être attirées. (Il faut toujours s'attendre au danger de ronger les souris qui nichent dans les couvertures d'hiver.) Il faut savoir aussi que l'objectif de l'attachement ou de la mise en balles des plantes n'est pas tant de les protéger du froid direct que d'atténuer les effets du froid. alterner gel et dégel et se protéger des vents desséchants. Les plantes peuvent être enveloppées si épaisses et serrées qu'elles risquent de les blesser.

Le travail de protection des grandes plantes est souvent considérable et les résultats incertains, et dans la plupart des cas, la question se pose de savoir si l'on ne pourrait pas obtenir davantage de satisfaction en cultivant uniquement des arbres et des arbustes robustes.

L'objection à couvrir les plantes ligneuses tendres ne peut pas être soulevée avec la même force contre les herbes tendres ou les buissons très bas, car ceux-ci sont facilement protégés. Même le paillis ordinaire peut offrir une protection suffisante ; et si les sommets meurent, la plante se renouvelle rapidement près de la base, et chez de nombreuses plantes, comme dans la plupart des roses perpétuelles hybrides, la meilleure floraison se trouve sur ces nouvelles pousses de la saison. De vieilles caisses ou tonneaux peuvent être utilisés pour protéger les plantes basses et tendres (Fig. 153, 154). La boîte est remplie de feuilles ou de paille sèche et soit laissée ouverte sur le dessus, soit recouverte de planches, de branches ou même de toiles de jute (Fig. 154).

Les connaisseurs de roses tendres et d'autres plantes se donnent parfois la peine d'ériger un hangar pliable au-dessus du buisson et de le remplir de feuilles ou de paille. Que cela en vaille la peine dépend entièrement du degré de satisfaction que l'on retire de la culture de plantes de choix (voir *Roses*, au Chap. VIII).

155. Laying down of trellis-grown blackberries.

La cime des plantes peut être déposée pour l'hiver. La figure 155 montre une méthode de conservation des mûres, telle qu'elle est pratiquée dans la vallée de la rivière Hudson. Les plantes étaient attachées à un treillis, comme cela se fait dans ce pays, deux fils (*a, b*) ayant été passés de chaque côté du rang. Les poteaux sont articulés sur un pivot à un poteau court (*c*) et sont maintenus en position par un renfort (*d*). L'ensemble du treillis est ensuite posé à l'approche de l'hiver, comme le montre l'illustration. Les cimes des mûres sont si solides qu'elles maintiennent les fils du sol, même lorsque le treillis est posé . Pour maintenir les fils près de la terre, des piquets sont passés dessus en position inclinée, comme indiqué en *nn* . La neige qui traverse les plantes offre généralement une protection suffisante aux plantes aussi rustiques que les raisins et les baies. En fait, les espèces peuvent être indemnes même sans abri, puisque, dans leur position prostrée, elles échappent aux vents froids et desséchants.

Dans les climats rigoureux, ou dans le cas de plantes tendres, les sommets doivent être recouverts de paille, de branches ou de litière, comme recommandé pour les couvertures de paillis ordinaires. Parfois, une auge en forme de V composée de deux planches est placée sur les tiges de plantes longues ou ressemblant à des vignes qui ont été déposées. Toutes les plantes aux tiges fines ou plus ou moins souples peuvent être plantées facilement. Avec une telle protection, les figues peuvent être cultivées dans les États du nord. Les pêchers et autres arbres fruitiers peuvent être dressés de manière à être renversés et couverts.

Les plantes couchées sont souvent blessées si la couverture reste trop tard au printemps. Le sol se réchauffe tôt et peut faire naître des bourgeons sur des parties des plantes enterrées, et ces bourgeons tendres peuvent être brisés lorsque les plantes sont élevées ou blessés par le soleil, le vent ou le gel. Les plantes doivent être cultivées pendant que le bois et les bourgeons sont encore durs et dormants.

Taille .

La taille est nécessaire pour maintenir les plantes en forme, les rendre plus florifères et fructueuses et les maintenir dans certaines limites.

Même les plantes annuelles peuvent souvent être taillées à leur avantage. Cela est vrai pour les tomates, dont les pousses superflues ou encombrées peuvent être enlevées, surtout si le terrain est si riche qu'elles poussent de manière très luxuriante ; parfois, ils sont formés en une seule tige et la plupart des pousses latérales sont enlevées au fur et à mesure de leur apparition. Si des plants de souci, de gaillarde ou d'autres plantes à croissance forte et étalée sont retenus par des tuteurs ou des supports métalliques (une bonne pratique), il peut être conseillé de retirer les pousses faibles et tentaculaires. Les baumes donnent de meilleurs résultats lorsque les pousses latérales sont enlevées. L'élimination des vieilles fleurs, qui est conseillée pour les plantes de jardin fleuri (page 116), est aussi une espèce de taille.

Il faut distinguer la taille et la tonte. Les plantes sont découpées selon des formes données. Cela peut être nécessaire dans les plantes à massif, et occasionnellement lorsqu'un effet formel est souhaité dans les arbustes et les arbres ; mais le meilleur goût s'obtient, dans la grande majorité des cas, en permettant aux plantes de reprendre leurs habitudes naturelles, en les gardant simplement en forme, en coupant le bois vieux ou mort et, dans certains cas, en empêchant un tel encombrement des pousses que cela réduirait la taille de la floraison. La pratique courante de la tonte des arbustes est très répréhensible ; ce sujet est abordé sous un autre point de vue à la page 24.

Le sécateur doit connaître le port des fleurs de la plante qu'il taille, si la fleur est sur les pousses de la saison dernière ou sur le nouveau bois de la saison en cours, et si les boutons floraux des plantes à floraison printanière sont séparés. des bourgeons de feuilles. Une très petite observation minutieuse déterminera ces points pour n'importe quelle plante. (1) Les plantes ligneuses à floraison printanière produisent généralement leurs fleurs à partir de bourgeons perfectionnés à l'automne avant et restant dormants pendant l'hiver. Cela est vrai de la plupart des arbres fruitiers et des arbustes tels que le lilas, le forsythia, la pivoine arbustive, la glycine, certaines spirées et viornes, le weigela, le deutzia. Couper les pousses de ces plantes au début du printemps ou à la fin de l'automne supprime donc la floraison. Le moment approprié pour tailler ces plantes (à moins que l'on ait l'intention de réduire ou d'éclaircir la floraison) est juste après la saison de floraison. (2) Les plantes ligneuses à floraison estivale produisent généralement leurs fleurs sur des pousses qui poussent tôt au cours de la même saison. Cela est vrai pour les raisins, les coings, les roses perpétuelles hybrides, l'hibiscus arbustif, le myrte crêpe, le faux-orange, l'hortensia (paniculata) et autres. La taille en hiver ou au début du printemps pour obtenir de nouvelles pousses fortes est donc la procédure appropriée dans ces cas-là.

Des remarques sur la taille peuvent être trouvées dans la discussion sur les roses et autres plantes dans les chapitres suivants, lorsque les plantes nécessitent une attention particulière ou particulière.

Les arbres fruitiers et les arbres d'ombrage sont généralement taillés en hiver, de préférence à la fin de l'hiver ou au tout début du printemps. Cependant, il n'y a généralement aucune objection à une taille modérée à tout moment de l'année ; et une taille modérée chaque année, plutôt qu'une taille violente certaines années occasionnelles, est à conseiller. C'est une vieille idée que la taille d'été tend à favoriser la production de bourgeons fruitiers et donc à favoriser la fécondité ; il y a sans aucun doute du vrai là-dedans, mais il faut se rappeler que la fécondité n'est pas le résultat d'un traitement ou d'une condition, mais de toutes les conditions dans lesquelles vit la plante.

Tous les membres doivent être retirés à proximité de la branche ou du tronc d'où ils proviennent, et la surface de la plaie doit être pratiquement parallèle à cette branche ou à ce tronc, plutôt que d'être réduite en moignons. Les moignons ne guérissent pas facilement.

Toutes les blessures de plus d'un pouce de diamètre peuvent être protégées par une bonne couche de peinture à l'huile de lin ; mais les blessures plus petites, si l'arbre est vigoureux, ne nécessitent généralement aucune protection. Le but de la peinture est de protéger la plaie des fissures et de la pourriture jusqu'à ce que le tissu cicatrisant la recouvre.

Les branches superflues et gênantes doivent être enlevées des arbres fruitiers, afin que la cime soit assez ouverte au soleil et aux cueilleurs. Les arbres bien taillés permettent une répartition homogène et un développement uniforme des fruits. Les germes et les drageons doivent être retirés dès qu'ils sont découverts. L'ouverture du sommet dépendra du climat. En Occident, les arbres ouverts souffrent des brûlures du soleil.

Le port fruitier de l'arbre fruitier doit être pris en compte lors de la taille. Le sécateur doit être capable de distinguer les bourgeons à fruits des bourgeons à feuilles chez des espèces telles que les cerises, les prunes, les abricots, les pêches, les poires, les pommes, et il doit tailler de manière à épargner ces bourgeons ou à les éclaircir de manière compréhensible. Les bourgeons fruitiers se distinguent par leur position sur l'arbre ainsi que par leur taille et leur forme. Ils peuvent être sur des « éperons » distincts ou sur des branches courtes, dans tous les fruits ci-dessus ; ou, comme chez le pêcher, ils peuvent être principalement latéraux sur les nouvelles pousses (chez le pêcher, les bourgeons fruitiers sont généralement au nombre de deux au niveau d'un nœud et avec un bourgeon feuille entre eux), ou, comme parfois chez les pommes et les poires, ils sont peut-être à la fin des croissances de l'année dernière. Les bourgeons fruitiers sont généralement plus épais, ou « plus gros », que les bourgeons foliaires, et souvent flous. Le recul de l'arbre a bien sûr tendance à concentrer les bourgeons fruitiers et à les maintenir plus près du centre de la cime de l'arbre ; mais le refoulement doit s'accompagner d'une sauvegarde et d'un éclaircissage intelligents des pousses intérieures. L'étêtement des poires, des pêches et des prunes est généralement une pratique très souhaitable.

Chirurgie et protection des arbres .

Outre la taille régulière visant à développer l'arbre dans sa meilleure forme et à lui permettre de faire son meilleur travail, il y a des blessures et des malformations à soigner. Récemment, le traitement des arbres blessés ou pourris a reçu beaucoup d'attention, et les « médecins des arbres » et les « chirurgiens des arbres » se sont lancés dans ce secteur. S'il y a des charlatans parmi ces gens, il y a aussi des hommes compétents et fiables qui rendent d'utiles services en sauvant et en prolongeant la vie des arbres ; il faut choisir un arboriculteur avec le même soin qu'on choisirait n'importe quel autre médecin. Le risque de dommages aux arbres de rue dans la ville moderne et le respect croissant pour les arbres rendent les services de bons experts de plus en plus nécessaires.

Les arbres des rues sont endommagés pour de nombreuses causes : par exemple, ils meurent de faim en raison de la pauvreté des sols et du manque d'eau sous les trottoirs ; fumée et poussière ; fuite des conduites de gaz et des installations électriques ; ronger les chevaux; dépeçage par des personnes enfilant des fils métalliques; négligence des entrepreneurs et des constructeurs; tempêtes de vent et de verglas; surpeuplement; et le travail maladroit de ceux qui croient savoir tailler. Des réglementations municipales bien appliquées devraient permettre de contrôler la plupart de ces problèmes.

Gardes d'arbres.

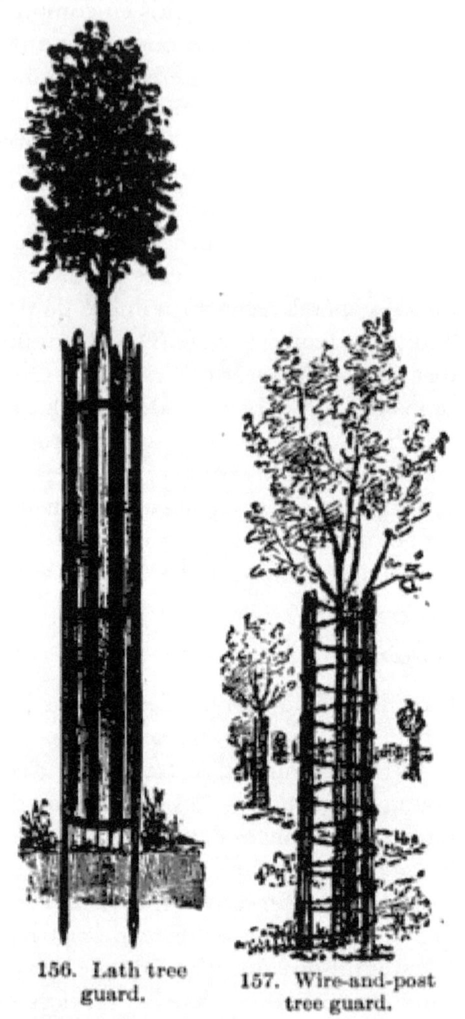

156. Lath tree guard.

157. Wire-and-post tree guard.

Le long des routes et dans d'autres endroits exposés, il est souvent nécessaire de protéger les arbres nouvellement plantés des chevaux, des garçons et des véhicules. Il existe différents types de protège-arbres à cet effet. Les meilleurs types sont ceux qui sont plus ou moins ouverts, de manière à permettre le libre passage de l'air, et qui sont si éloignés du corps de l'arbre que son tronc peut se dilater sans difficulté. Si les protections sont très serrées, elles peuvent ombrager tellement le tronc que l'arbre peut souffrir lorsque la protection est retirée et empêcher la découverte d'insectes et de blessures. Il est important que le garde-corps ne soit pas rempli de détritus dans lesquels des insectes pourraient se réfugier. Dès que l'arbre est suffisamment vieux pour échapper aux blessures, les protections doivent être retirées. Une très bonne garde, faite de lattes maintenues ensemble par trois bandes de fer à repasser et fixées à des poteaux de fer, est montrée sur la figure 156. La figure 157 montre une garde faite en enroulant du fil de clôture sur trois poteaux ou piquets. Lorsqu'il existe un danger dû à un ombrage trop important du tronc, cette dernière forme de protection est l'une des meilleures. Il existe de bonnes formes de protège-arbres sur le marché. Bien entendu, des poteaux d'attelage devraient être installés partout où les chevaux doivent se tenir, afin d'écarter la tentation de s'attacher aux arbres. La figure 158 montre cependant un très bon dispositif lorsqu'un poteau d'attelage n'est pas nécessaire. Un bâton solide, long de quatre ou cinq pieds, est fixé à l'arbre par une agrafe et à l'extrémité inférieure du bâton se trouve une chaîne courte avec un bouton-pression au bout. Le mousqueton est fixé à la bride et le cheval ne peut pas atteindre l'arbre.

158. How a horse may be hitched to a
tree.

Souris et lapins.

Les arbres et les buissons sont souvent gravement blessés par les rongements des souris et des lapins. La meilleure prévention est de ne pas avoir de vermine. S'il n'y a pas d'endroits où les lapins et les souris peuvent creuser et se reproduire, il n'y aura que peu de difficultés. A l'approche de l'hiver, si l'on craint les souris, on enlèvera la litière sèche autour des arbres, ou on la tassera très fermement, afin que les souris ne puissent pas y nicher. Si les rongeurs sont très abondants, il peut être conseillé d'enrouler un grillage fin autour de la base de l'arbre. Un garçon qui aime le piégeage ou la chasse résoudra généralement le problème du lapin. Des chiffons attachés à des bâtons placés à intervalles réguliers dans la plantation effrayeront souvent les lapins.

Arbres ceinturés.

159. Bridge-graft-
ing a girdle.

Les arbres entourés de souris doivent être enveloppés dès qu'ils sont découverts, afin que le bois ne devienne pas trop sec. Lorsque le temps chaud approche, rasez les bords de la ceinture afin que le tissu cicatrisant puisse croître librement, enduisez toute la surface de cire à greffer ou d'argile, et liez toute la plaie avec des tissus solides. Même si l'arbre est complètement annelé sur une distance de trois ou quatre pouces, il peut généralement être sauvé par ce traitement, à moins que la blessure ne s'étende dans le bois. L'eau des racines monte à travers le bois tendre et non entre l'écorce et le bois, comme on le croit communément. Lorsque cette eau de sève a atteint le feuillage, elle participe à l'élaboration de la nourriture végétale, et cette nourriture est distribuée dans toute la plante, le chemin de transfert se faisant dans les couches internes de l'écorce. Cette matière alimentaire, redistribuée à la ceinture, guérira généralement sur la plaie si le bois ne sèche pas.

Dans certains cas, cependant, il est nécessaire de joindre l'écorce au-dessus et au-dessous de la ceinture au moyen de cions, qui sont taillés en forme de coin à chaque extrémité et insérés sous les deux bords de l'écorce (Fig. 159). Les extrémités des plaies et les bords de la plaie sont retenus par un bandage de toile, et l'ensemble est protégé par de la cire de greffage fondue versée dessus. [Note : Une bonne cire à greffer se prépare comme suit : Dans une bouilloire, mettez une partie en poids de suif, deux parties de cire d'abeille, quatre parties de colophane. Une fois complètement fondu, versez dans une baignoire ou un seau d'eau froide, puis travaillez-le avec les mains (qui doivent être graissées) jusqu'à ce qu'il développe un grain et prenne la couleur d'un bonbon à la tire. Toute la question de la propagation des plantes est discutée dans « The Nursery-Book ».]

Réparer les arbres des rues.

161. A wound, made by freezing, trimmed out and filled with cement.

Le conseil suivant sur la « chirurgie des arbres » est celui de AD Taylor (Bulletin 256, Cornell University, dont les illustrations qui l'accompagnent sont adaptées) : -

« La chirurgie des arbres comprend la protection intelligente de toutes les blessures mécaniques et des cavités. L'élagage nécessite une connaissance approfondie et préalable des habitudes de croissance des arbres ; la chirurgie, en revanche, nécessite en outre la connaissance des meilleures méthodes pour rendre les cavités étanches à l'air et prévenir la carie. Le remplissage des cavités des arbres n'est pas pratiqué depuis suffisamment longtemps pour permettre de se prononcer avec certitude sur le succès ou l'échec permanent de l'opération ; le travail est encore au stade expérimental. Le soin des cavités des arbres doit être encouragé comme le seul moyen de préserver les spécimens atteints, et la préservation de nombreux spécimens nobles a été au moins temporairement assurée grâce aux efforts de ceux qui pratiquent ce genre de travail.

160. A cement-filled cavity at the base of a tree.

« Le succès de l'opération dépend de deux facteurs importants : premièrement, que toutes les parties cariées de la cavité soient entièrement éliminées et que la surface exposée soit soigneusement lavée avec un antiseptique ; deuxièmement, que la cavité, une fois remplie, doit être étanche à l'air et hermétiquement fermée si possible. Les arbres sont traités comme suit : La cavité est soigneusement nettoyée en enlevant tout le bois pourri et en lavant la surface intérieure avec une solution de sulfate de cuivre et de chaux, afin de détruire les champignons qui pourraient subsister. Les bords de la cavité sont coupés en douceur afin de permettre la libre croissance du cambium une fois la cavité remplie. N'importe quel antiseptique, tel que le sublimé corrosif, la créosote ou même la peinture, peut répondre à cet objectif ; La créosote, cependant, possède les pouvoirs les plus pénétrants. La méthode de remplissage des cavités dépend dans une large mesure de leur taille et de leur forme. Les très grandes cavités avec de grandes ouvertures sont généralement maçonnées à l'extérieur, au-dessus de l' ouverture, et remplies à l'intérieur de béton, la brique servant de mur de soutènement pour maintenir le béton en place. Le béton utilisé pour le remplissage principal est généralement composé d'une part de bon ciment Portland, de deux parts de sable et de quatre parts de pierre concassée, la consistance du mélange étant telle qu'il peut être versé dans la cavité et nécessite peu ou pas de bourrage. pour rendre la masse solide. (Fig. 160.)

« Les obturations ainsi réalisées sont considérées par les arboriculteurs experts comme un moyen permanent de prévention de la pourriture. L'extérieur du remplissage est toujours recouvert d'une fine couche de béton, composée d'une part de ciment pour deux parts de sable fin. Les cavités résultant du gel et qui, bien que grandes à l'intérieur, ne présentent qu'une fissure longue et étroite à l'extérieur, sont plus facilement remplies en plaçant une forme contre toute la longueur de l'ouverture, ayant un espace au sommet par lequel le ciment peut être versé (Fig. 161). Une autre méthode de retenue du béton consiste à le renforcer de l'extérieur en enfonçant des rangées de pointes le long de la surface intérieure de chaque côté de la cavité et en laçant un fil solide sur la face de la cavité. Pour de meilleurs résultats, toutes les obturations doivent affleurer l'écorce interne une fois terminées. Au cours de la première année, ce tissu en croissance s'étendra sur le bord extérieur de l'obturation, formant ainsi une cavité hermétiquement fermée. Au fil du temps, l'extérieur des ouvertures petites ou étroites doit être entièrement recouvert de tissu, ce qui dissimule le remplissage à la vue.

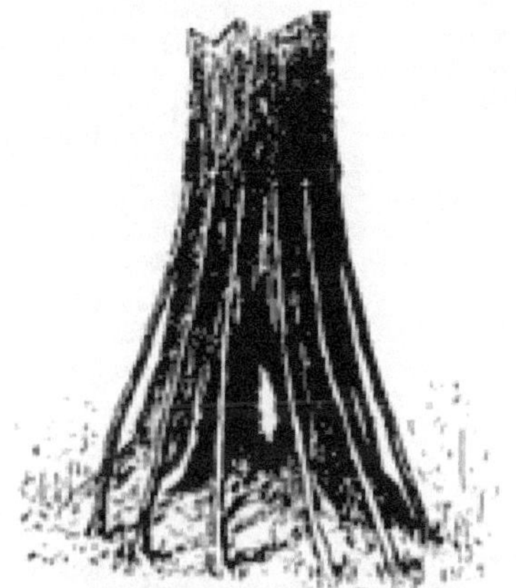

162. Bridge-grafting or in-
arching from saplings
planted about the tree.

« Il a été constaté que le ciment Portland a tendance à se contracter du bois après séchage, laissant un espace entre le bois et le ciment par lequel l'eau et les germes de pourriture peuvent pénétrer. Un remède à ce défaut a été suggéré par l'emploi d'une épaisse couche de goudron ou d'un ciment élastique qui pourrait être étalé sur la surface de la cavité avant le remplissage. La fissuration du ciment Portland à la surface des longues cavités est causée par le balancement des arbres lors de fortes tempêtes et ne devrait pas se produire si le remplissage est correctement effectué.

163. Faulty methods of bracing a crotched tree. The lower method is wholly wrong. The upper method is good if the bolt-heads are properly counter-sunk and the bolts tightly fitted; but if the distance between the branches is great, it is better to have two bolts and join them by hooks, to allow of wind movements.

"En plus de la préservation des spécimens pourris en remplissant les cavités, comme indiqué ci-dessus, il a été proposé de renforcer l'arbre en le traitant comme indiqué sur la figure 162. Les jeunes plants de la même espèce, après s'être établis comme indiqué, sont greffés par approche du spécimen mature.

« Les blessures résultent souvent d'une erreur dans la méthode utilisée pour tenter de sauver les branches cassées ou de renforcer et de soutenir des branches faibles qui sont par ailleurs saines. Les moyens utilisés pour soutenir les branches fissurées, cassées par le vent et surchargées qui ont tendance à se fendre au niveau des fourches sont le boulonnage et le chaînage. La pratique consistant à placer des bandes de fer autour des grosses branches afin de les protéger a entraîné de nombreux dégâts ; à mesure que l'arbre grandit et s'étend, ces bandes se resserrent, provoquant la rupture de l'écorce et, au bout de quelques années, un annelage partiel (Fig. 163).

164. Trees ruined to allow of the
passage of wires.

165. Accommodating a wall to a valuable
tree.

166. The death of a
long stub.

« Boulonner correctement un arbre est relativement peu coûteux. Le moyen le plus sûr consiste à faire passer un boulon solide dans un trou percé à cet effet dans la branche, et à le fixer extérieurement au moyen d'une rondelle et d'un écrou. Généralement la rondelle a été placée contre l'écorce et l'écrou la maintient ensuite en place. Une meilleure méthode de boulonnage, et qui assure une apparence soignée de la branche en plus de servir de garantie la plus sûre contre l'entrée de la maladie, consiste à enfoncer la noix dans l'écorce et à l'enrober dans du ciment Portland. Le trou pour l'enfoncement de l'écrou et de la rondelle est recouvert d'une épaisse couche de peinture au plomb puis d'une couche de ciment, sur laquelle sont placés l'écrou et la rondelle, tous deux ensuite noyés dans le ciment. Si la surface extérieure de la noix affleure le plan de l'écorce, elle sera recouverte au bout de quelques années par le tissu en croissance.

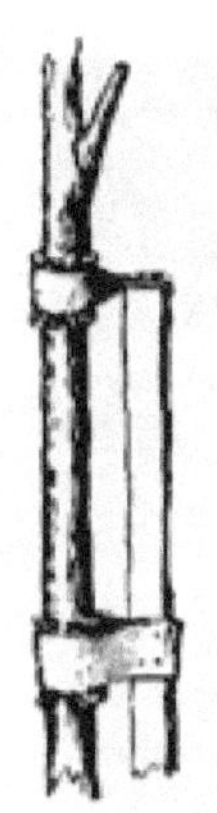

169. A weak-bodied young tree well supported; padding is placed under the bandages.

170. The wrong way of attaching a guy rope.

171. An allowable way of attaching a guy rope.

172. The best way of attaching a guy rope, if a tree must be used as support.

« Les extrémités intérieures des tiges des deux branches peuvent être reliées par une tige ou une chaîne. La préférence pour la fixation par chaîne plutôt que par tige est basée sur les contraintes de compression et de traction qui s'exercent sur la connexion lors des tempêtes de vent. Les connexions par tiges sont cependant préférées lorsque la rigidité est requise, comme dans les unions réalisées près de l'entrejambe ; mais pour attacher deux branches ensemble avant qu'elles n'aient montré des signes d'affaiblissement au niveau de la fourche, il est préférable d'utiliser la chaîne, car le point d'attache peut être placé à une certaine distance de l'entrejambe, où le facteur de flexibilité sera important et la contrainte relativement faible. . Les ormes à un stade avancé de maturité, s'ils sont soumis à des conditions climatiques sévères, présentent souvent cette tendance à se fendre. Ces arbres, en particulier, devraient être soigneusement inspectés et des mesures prises pour les préserver, en les boulonnant si nécessaire.

173. A method of saving valuable trees along streets
'on which heavy lowering of grade has been made.

Les illustrations, fig. 164-173, sont explicites et montrent de mauvaises pratiques et de bonnes pratiques en matière de soin des arbres.

IX. Un talus rocheux recouvert de plantations informelles
permanentes.

Le greffage des plantes .

Le greffage est l'opération consistant à insérer un morceau d'une plante dans une autre plante dans le but de la faire croître. Elle diffère de la réalisation de boutures par le fait que la partie coupée pousse dans une autre plante plutôt que dans le sol.

Il existe deux types généraux de greffage : l'un insère un morceau de branche dans le porte-greffe (greffage proprement dit) et l'autre qui insère uniquement un bourgeon avec peu ou pas de bois attaché (bourgeonnement). Dans les deux cas, le succès de l'opération dépend de la cohabitation du cambium du cion (ou bouture) et de celui du cep. Le cambium est le nouveau tissu en croissance situé sous l'écorce et à l'extérieur du bois en croissance. Par conséquent, la ligne de démarcation entre l'écorce et le bois doit coïncider lorsque le cion et le cep sont joints.

La plante sur laquelle est posée la pièce coupée est appelée la souche. La partie qui est retirée et placée dans le cep est appelée cion s'il s'agit d'un morceau de branche, ou « bourgeon » s'il ne s'agit que d'un seul bourgeon auquel un peu de tissu est attaché.

La plus grande partie du greffage et du bourgeonnement est effectuée lorsque le cion ou le bourgeon est presque ou complètement dormant. Autrement dit, le greffage est généralement effectué à la fin de l'hiver et au début du printemps, et le bourgeonnement peut être effectué à ce moment-là, ou à la fin de l'été, lorsque les bourgeons sont presque ou complètement mûrs.

174. Budding.
The " bud ";
the opening
to receive it ;
the bud tied.

Le but principal du greffage est de perpétuer une espèce de plante qui ne se reproduit pas à partir de graines, ou dont les graines sont très difficiles à obtenir. Les cions ou bourgeons sont donc extraits de cette plante et placés dans n'importe quel type de plante disponible sur laquelle ils pousseront. Ainsi, si l'on veut multiplier la pomme Baldwin, on n'en sème pas à cet effet des graines, mais on prend des cions ou des bourgeons d'un arbre Baldwin et on les greffe sur un autre pommier. Les stocks sont généralement obtenus à partir de graines. Dans le cas de la pomme, les jeunes plants sont issus de graines provenant pour la plupart de cidreries, sans référence à la variété dont elles sont issues. Lorsque les plants ont atteint un certain âge, ils sont bourgeonnés ou greffés, la partie greffée constituant toute la cime de l'arbre ; et le sommet porte des fruits semblables à ceux de l'arbre dont les cions ont été tirés.

Il existe de nombreuses façons de réaliser l'union entre la cion et le stock. Le bourgeonnement peut être d'abord discuté. Elle consiste à insérer un bourgeon sous l'écorce du cep, et la pratique la plus courante est celle montrée dans les illustrations. Le débourrement a lieu principalement en juillet, août et début septembre, lorsque l'écorce est encore lâche ou en état de peler. Les rameaux sont coupés sur l'arbre que l'on souhaite propager, et les bourgeons sont coupés avec un couteau bien aiguisé, en laissant avec eux un morceau d'écorce en forme de bouclier (avec éventuellement un peu de bois) (Fig. 174). Le bourgeon est ensuite poussé dans une fente pratiquée dans la tige et maintenu en place en l'attachant avec un fil souple. Au bout de deux ou trois semaines, le bourgeon sera « coincé » (c'est-à-dire qu'il aura poussé rapidement jusqu'au cep) et le brin est coupé pour éviter qu'il n'étrangle le cep. D'ordinaire, le bourgeon ne pousse qu'au printemps suivant, moment auquel la totalité de la tige ou de la branche dans laquelle le bourgeon est inséré est coupée à un pouce au-dessus du bourgeon ; et le bourgeon reçoit ainsi toute l'énergie du stock. Le bourgeonnement est l'opération de greffage la plus courante en pépinière. Les graines de pêchers peuvent être semées au printemps et les plantes qui en résulteront seront prêtes à bourgeonner au mois d'août même. Le printemps suivant, ou un an après la plantation de la graine, le cep est coupé juste au-dessus du bourgeon (qui est inséré près du sol), et à l'automne de cette année-là, l'arbre est prêt à être vendu ; c'est-à-dire que la cime a une saison et la racine a deux saisons, mais dans le commerce, on l'appelle un arbre d'un an. Dans le Sud, le cep de pêcher peut être débourré en juin ou début juillet de l'année où la graine est plantée, et le bourgeon devient un arbre vendable la même année : c'est ce qu'on appelle le débourrement de juin. Chez les pommes et les poires, le cep a généralement deux ans avant de débourrer, et l'arbre n'est vendu que lorsque la cime a grandi de deux ou trois ans. Le débourrement peut également avoir lieu au printemps, auquel cas le bourgeon poussera à la même saison. Le débourrement se fait toujours sur les jeunes pousses, de préférence sur celles âgées d'au plus un an.

175. Whip-graft.

Le greffage est l'insertion d'une petite branche (ou cion), portant généralement plus d'un bourgeon. Si le greffage est employé sur de petits sujets, il est d'usage d'employer la greffe en fouet (Fig. 175). Le bouillon et le cion sont coupés en diagonale et une fente est faite dans chacun, de sorte que l'un s'emboîte dans l'autre. Le greffon est solidement attaché avec une ficelle, puis, s'il est en surface, il est également soigneusement ciré.

Dans les membres ou les souches plus grandes, la méthode courante consiste à utiliser la greffe en fente (Fig. 176). Cela consiste à couper le cep, à le fendre et à insérer un cion en forme de coin sur un ou deux côtés de la fente, en prenant soin que la couche de cambium du cion corresponde à celle du cep. Les surfaces exposées sont ensuite solidement recouvertes de cire.

Le greffage est généralement effectué au début du printemps, juste avant le gonflement des bourgeons. Les cions auraient dû être coupés avant cette époque, alors qu'ils étaient parfaitement dormants. Les cions peuvent être stockés dans le sable dans la cave ou dans la glacière, ou ils peuvent être enterrés sur le terrain. Le but est de les garder frais et dormants jusqu'à ce qu'on en ait besoin.

Si l'on désire remplacer la cime d'un vieux prunier, pommier ou poirier par une autre variété, on y parvient généralement au moyen de la greffe fendue. Si l'arbre est très jeune, un bourgeonnement ou une greffe en fouet peuvent être utilisés. Sur un vieux sommet, les cions devraient commencer à porter vers l'âge de trois ou quatre ans. Tous les membres principaux doivent être greffés. Il est important de maintenir les drageons ou les germes autour des greffons, et une partie de la cime restante doit être coupée chaque année jusqu'à ce que la cime soit entièrement changée (ce qui prendra deux à quatre ans).

Une bonne cire pour recouvrir les parties exposées est décrite dans la note de bas de page de la page 145.

Tenir des registres de la plantation.

Si l'on possède une collection importante et précieuse de plantes fruitières ou ornementales, il est souhaitable qu'il en ait une trace permanente. La méthode la plus satisfaisante consiste à étiqueter les plantes, puis à dresser un tableau ou une carte sur laquelle les différentes plantes sont indiquées dans leur position appropriée. Les étiquettes risquent toujours de se perdre et de devenir illisibles, et elles sont souvent égarées par des ouvriers négligents ou des garçons espiègles.

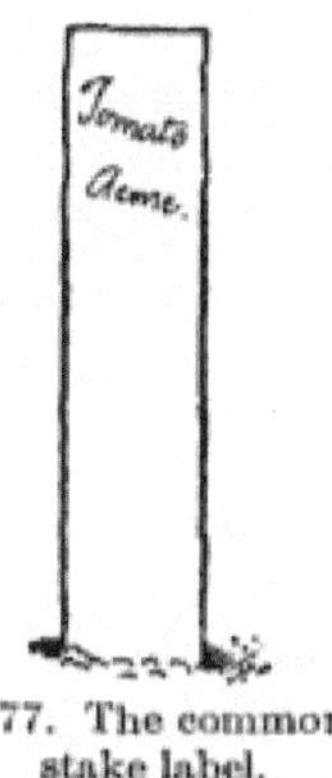

177. The common
stake label.

Pour les légumes, les plantes annuelles et autres plantes temporaires, les meilleures étiquettes sont des tuteurs simples, comme celui illustré à la Fig. 177. Des tuteurs de jardin d'un pied de long, d'un pouce de large et de trois huitièmes de pouce d'épaisseur peuvent être achetés auprès des fabricants d'étiquettes pour trois à cinq dollars mille. Ceux-ci s'enlèvent très facilement avec un crayon doux, et si les étiquettes sont reprises à l'automne et conservées dans un endroit sec, elles dureront deux ou trois ans.

178. A good stake
label, with the leg-
end covered.

Pour les plantes herbacées plus permanentes, comme la rhubarbe et l'asperge, ou même pour les buissons, un tuteur scié dans du pin ou du cyprès clair, mesurant dix-huit pouces de long, trois pouces de large et un pouce ou plus d'épaisseur, offre une excellente étiquette. L'extrémité inférieure du pieu est sciée en pointe et trempée dans du goudron de houille, de la créosote ou un autre agent de conservation. Le haut du pieu est peint en blanc et la légende est écrite avec un crayon gros et doux. Lorsque l'écriture devient illisible ou que le tuteur est nécessaire pour d'autres plantes, un copeau est retiré du devant de l'étiquette avec un rabot, une nouvelle couche de peinture ajoutée, et l'étiquette est toujours aussi bonne. Ces étiquettes sont suffisamment solides pour résister aux chocs des arbres et des outils et devraient durer dix ans.

Lorsqu'une légende est écrite à la mine de plomb, il est conseillé d'utiliser le crayon lorsque la peinture (qui doit être de la mine de plomb) est encore fraîche ou molle. La figure 178 montre un très bon dispositif pour préserver l'écriture sur le recto de l'étiquette. Un bloc de bois est fixé à l'étiquette au moyen d'une vis, recouvrant entièrement l'inscription et la protégeant des intempéries.

Si des étiquettes de piquet plus ornementales sont souhaitées, différents types peuvent être achetés sur le marché, ou une peut être fabriquée à l'instar de la figure 179. Il s'agit d'une plaque de zinc qui peut être peinte en noir, sur laquelle le nom est écrit avec de la peinture blanche. . Cependant, de nombreuses personnes préfèrent peindre le zinc en blanc et écrire ou tamponner l'étiquette avec de l'encre noire ou des caractères noirs. Deux pattes en fil de fer solide sont soudées à l'étiquette, ce qui l'empêche de se retourner. Ces labels sont bien entendu beaucoup plus chers que les labels sur piquets ordinaires et ne sont généralement pas aussi satisfaisants, bien que plus attractifs.

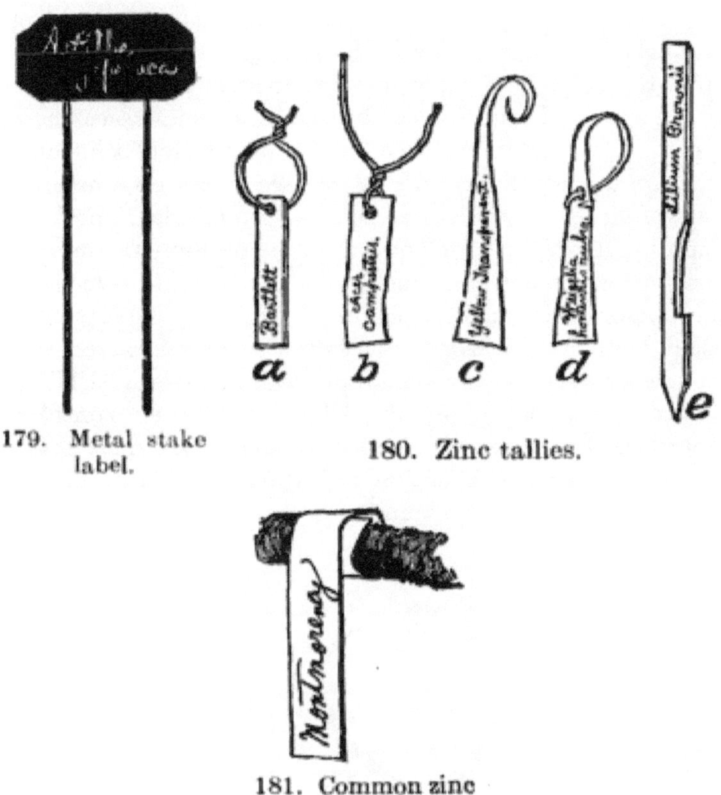

179. Metal stake label.

180. Zinc tallies.

181. Common zinc tally.

Pour l'étiquetage des arbres, divers types de compteurs de zinc sont couramment utilisés, comme le montrent les figures 1 et 2. 180 et 181. Le zinc frais prend facilement un crayon à mine, et l'écriture devient souvent plus lisible à mesure qu'elle vieillit, et elle reste généralement trois ou quatre ans. Ces étiquettes sont fixées soit par des fils, comme *a, b* , Fig. 180, soit enroulées autour du membre comme indiqué en *c, d*, et *e* , sur la Fig. 180. Le type d'étiquette en zinc le plus utilisé est un simple bande de zinc, comme le montre la Fig. 181, enroulée autour du membre. Le métal est si flexible qu'il se dilate facilement avec la croissance de la branche. Bien que ces étiquettes en zinc soient durables, elles sont très discrètes en raison de leur couleur neutre et il est souvent difficile de les trouver dans les masses denses de feuillage.

L'étiquette en bois commune des pépiniéristes (Fig. 182) est peut-être aussi utile que n'importe quelle autre à des fins générales. Si l'étiquette a été recouverte d'une fine couche de céruse et que la légende a été réalisée avec un crayon à mine tendre, l'écriture doit rester lisible pendant quatre ou cinq ans. La figure 183 montre un autre type d'étiquette plus durable, puisque le fil est rigide et gros et est fixé autour du membre au moyen de pinces. La grande boucle permet au membre de se dilater et le fil rigide empêche l'égarement de l'étiquette par le vent et les ouvriers. Le décompte lui-même est ce qu'on appelle «d'étiquette d'emballage» des pépiniéristes, mesurant six pouces de long, un quart de pouce de large et coûtant (peint) moins d'un dollar et demi le mille. La légende est réalisée au crayon à mine lorsque la peinture est fraîche, et parfois l'étiquette est trempée dans une fine mine de plomb après l'écriture, de sorte que la peinture recouvre l'écriture d'une très fine couche protectrice. Une étiquette similaire est représentée sur la figure 184., qui comporte une grande boucle de fil, avec une bobine, pour permettre l'expansion du membre. Les décomptes de ce type sont souvent en verre ou en porcelaine sur lesquels le nom est imprimé de manière indélébile. La figure 185. montre un support en zinc fixé à l'arbre au moyen d'un fil pointu et pointu enfoncé dans le bois. Certains préfèrent avoir deux bras à ce fil, enfonçant une pointe de chaque côté de l'arbre. Si du fil galvanisé est utilisé, ces étiquettes dureront de nombreuses années.

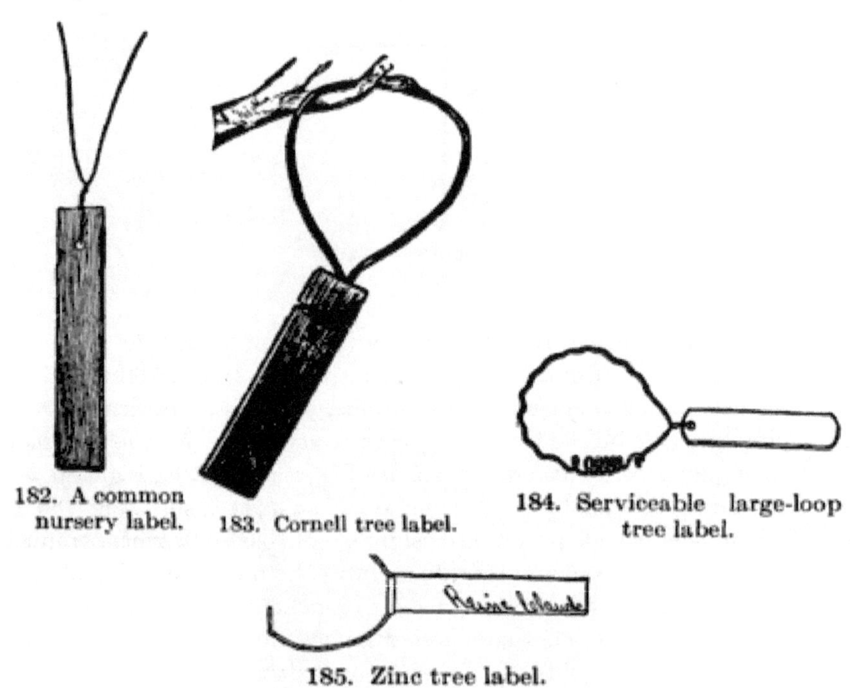

182. A common nursery label.

183. Cornell tree label.

184. Serviceable large-loop tree label.

185. Zinc tree label.

186. Injury by a
tight label wire.

Il est très important, lors de l'ajustement des étiquettes sur les arbres, de s'assurer que le fil n'est pas serré contre le bois. La figure 186 montre les blessures susceptibles de résulter des fils d'étiquettes. Lorsqu'un arbre est resserré ou annelé, il est très susceptible d'être brisé par les vents. Il devrait être de règle d'apposer l'étiquette sur une branche de moindre importance, de sorte que si le fil venait à blesser la pièce, la perte ne serait pas grave. Lorsque l'étiquette, fig. 182, est appliquée, seules les extrémités du fil doivent être torsadées ensemble, laissant une grande boucle pour l'expansion du membre.

La conservation des fruits et légumes .

187. The old-fashioned "outdoor cellar," still a very useful and convenient storage place.

Les principes impliqués dans le stockage des produits périssables, comme les fruits et légumes, diffèrent selon les différents produits. Toutes les plantes-racines et la plupart des fruits doivent être conservés dans une température fraîche, humide et uniforme si l'on veut les conserver longtemps. Les courges, les patates douces et quelques autres choses doivent être conservées dans une température intermédiaire et ce qu'on pourrait appeler une température élevée ; et l'atmosphère devrait être plus sèche que pour la plupart des autres produits. La basse température a pour effet d'arrêter la décomposition et le travail des champignons et des bactéries. L'atmosphère humide a pour effet d'éviter une évaporation trop importante et le flétrissement qui en résulte.

Lors du stockage de tout produit, il est très important que le produit soit en bon état de conservation. Jetez tous les spécimens meurtris ou susceptibles de se décomposer. Une grande partie de la pourriture des fruits et légumes stockés n'est pas la faute du processus de stockage, mais plutôt l'œuvre de maladies par lesquelles les matériaux sont infectés avant d'être stockés. Par exemple, si les pommes de terre et les choux sont atteints de pourriture, il est pratiquement impossible de les conserver longtemps.

188. Lean-to fruit cellar, covered with earth. The roof should be of cement or stone slabs. Provide a ventilator.

Les pommes, les poires d'hiver et toutes les racines doivent être conservées à une température quelque peu proche du point de congélation. Il ne doit pas dépasser 40° F. pour de meilleurs résultats. Les pommes peuvent être conservées même à un ou deux degrés en dessous du point de congélation si la température est uniforme. Les caves équipées de chauffages seront probablement trop sèches et la température trop élevée. Dans de tels endroits, il est bon de conserver les légumes et les fruits frais dans des récipients hermétiques et d'emballer les racines dans du sable ou de la mousse afin d'éviter qu'elles ne se flétrissent. Dans ces endroits, les pommes se conservent généralement mieux si elles sont placées dans des fûts que si elles sont conservées sur des casiers ou des étagères. Cependant, dans les caves humides et fraîches, il est préférable que les ménages les placent sur des étagères, sans les empiler à plus de cinq ou six pouces de profondeur, car ils peuvent alors être triés selon les besoins. Dans le cas des fruits, assurez-vous que les spécimens ne sont pas trop mûrs lorsqu'ils sont stockés. Si les pommes sont laissées au soleil pendant quelques jours avant d'être emballées, elles mûriront tellement qu'il sera très difficile de les conserver.

Les choux doivent être conservés à une température basse et uniforme et l'eau doit en être évacuée. Ils sont stockés de nombreuses manières sur le terrain, mais le succès dépend tellement de la saison, de la variété particulière, de la maturité et de l'absence de dommages causés par des champignons et des insectes, que des résultats uniformes sont rarement obtenus par une seule méthode. On peut s'attendre aux meilleurs résultats lorsqu'ils peuvent être conservés dans une maison construite à cet effet, dans laquelle la température est uniforme et l'air assez humide. Lorsqu'ils sont stockés à l'extérieur, ils sont susceptibles de geler et de décongeler alternativement ; et si l'eau coule dans les têtes, il en résulte des méfaits. Parfois, ils sont facilement stockés en étant empilés en tas conique sur un sol bien drainé et recouverts de paille sèche, et la paille recouverte de planches. Peu importe s'ils sont givrés, à condition qu'ils ne soient pas décongelés fréquemment. Parfois, les choux sont déposés la tête en bas dans un sillon peu profond, labouré dans un terrain bien drainé, et on jette dessus de la paille, les souches pouvant dépasser à travers le couvert. Ce n'est que pendant les hivers aux températures plutôt uniformes que l'on peut attendre de bons résultats de ces méthodes. Ce sont quelques-unes des principales considérations liées au stockage de produits tels que le chou ; le sujet est évoqué à nouveau dans la discussion sur le chou au chapitre X.

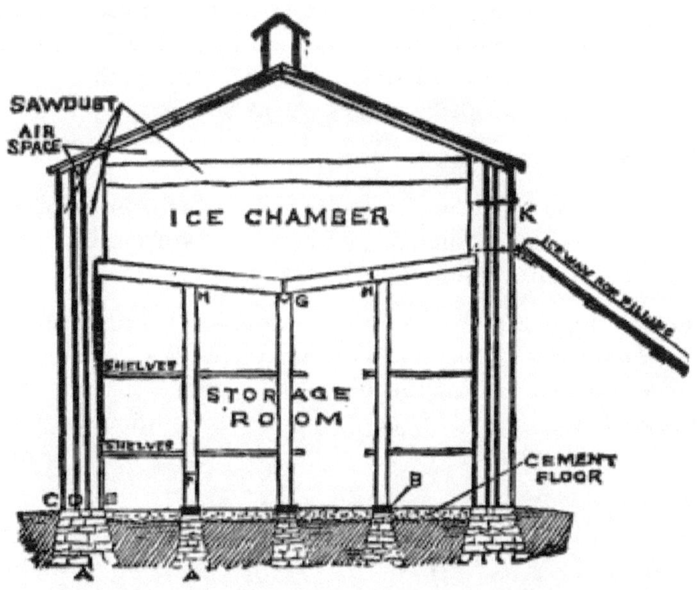

189. A fruit storage house cooled by ice.

Dans le stockage de tous les produits, surtout de ceux qui contiennent des matières molles et vertes, comme les choux, il convient de se prémunir contre l'échauffement des produits. Si les objets sont enterrés à l'extérieur, il est important de mettre d'abord une couverture très légère afin que la chaleur puisse s'échapper. Couvrez-les progressivement au fur et à mesure que le froid arrive. Ceci est important pour tous les légumes placés dans des noyaux, comme les pommes de terre, les betteraves, etc. S'ils sont recouverts profondément d'un coup, ils risquent de chauffer et de pourrir. Toutes les fosses creusées à l'extérieur doivent être situées sur un terrain bien drainé et de préférence sablonneux.

Lorsque des légumes sont demandés à intervalles réguliers pendant l'hiver dans des fosses, il est bon de faire des fosses à compartiments, chaque compartiment contenant un chargement de chariot ou toute autre quantité susceptible d'être demandée à chaque moment. Ces fosses sont creusées dans un terrain bien drainé, et entre chacune des deux fosses est laissé un mur de terre d'environ un pied d'épaisseur. Une fosse peut alors être vidée par temps froid sans interférer avec les autres.

Une cave extérieure vaut mieux qu'une cave de maison dans laquelle il y a un chauffage, mais ce n'est pas si pratique. S'il se trouve à proximité de la maison, cela ne doit cependant pas être gênant. Une maison est généralement plus saine si la cave ne sert pas de stockage. Les caves des maisons utilisées pour le stockage doivent avoir une gaine de ventilation.

Certains des principes impliqués dans une maison de stockage refroidie par la glace sont expliqués dans le diagramme de la figure 189. Si le lecteur désire faire une étude minutieuse du stockage et des structures de stockage, il devrait consulter des cyclopédies et des articles spéciaux.

Le forçage des plantes .

Il existe trois moyens généraux (outre les serres) de forcer les plantes avant leur saison au début du printemps : au moyen de collines de forçage et de boîtes à main, de cadres froids et de lits chauds.

La colline de forçage est un dispositif au moyen duquel une seule plante ou une seule « colline » de plantes peut être forcée là où elle se trouve en permanence. Ce type de forçage peut être appliqué aux plantes vivaces, comme la rhubarbe et les asperges, ou aux plantes annuelles, comme les melons et les concombres.

190. Forcing-hill for
rhubarb.

La figure 190 illustre une méthode courante pour accélérer la croissance de la rhubarbe au printemps. Une boîte à quatre côtés amovibles, dont deux sont représentés en coupe d'extrémité sur la figure, est placée autour de la plante à l'automne. L'intérieur de la caisse est rempli de paille ou de litière, et l'extérieur est soigneusement remblayé avec tous les déchets, pour éviter que le sol ne gèle. Lorsqu'on souhaite démarrer les plants, le revêtement est retiré à la fois de l'intérieur et de l'extérieur de la caisse et du fumier chaud est empilé autour de la caisse jusqu'à son sommet.

S'il fait encore froid, des feuilles sèches et légères ou de la paille peuvent être placées à l'intérieur de la boîte ; ou une vitre ou un châssis de verre peut être placé sur le dessus de la boîte, lorsqu'elle deviendra un cadre froid. La rhubarbe, les asperges, le chou marin et les plantes similaires peuvent être avancées de deux ou quatre semaines au moyen de cette méthode de forçage. Certains jardiniers utilisent de vieux fûts ou demi-fûts à la place de la caisse. La boîte, cependant, est meilleure et plus maniable, et les côtés peuvent être rangés pour une utilisation ultérieure.

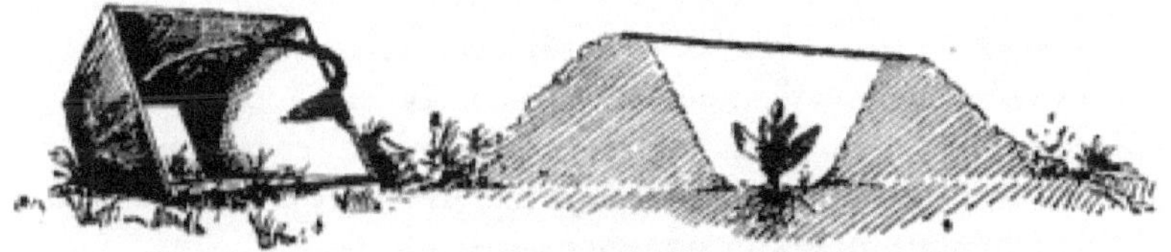

191. Forcing-hill, and the mold or frame for making it.

Les plantes qui nécessitent une longue saison pour mûrir et qui ne se transplantent pas facilement, comme les melons et les concombres, peuvent être plantées dans des collines forcées dans le champ. L'une de ces collines est illustrée à la Fig. 191. Le cadre ou le moule est illustré à gauche. Ce moule est une boîte à côtés évasés, sans haut ni fond, et munie d'une poignée. Ce cadre est placé avec la petite extrémité vers le bas, à l'endroit où les graines doivent être plantées, et la terre est soulevée autour et fermement tassée avec les pieds. Le moule est ensuite retiré et une vitre est posée au sommet du monticule pour concentrer les rayons du soleil et empêcher la berge d'être emportée par les pluies. Une motte de terre ou une pierre peut être placée sur la vitre pour la maintenir en place. Parfois, une brique est utilisée comme moule. Ce type de forçage n'est pas très utilisé, car le talus de terre est susceptible d'être emporté par les eaux, et de fortes pluies tombant lorsque le verre est éteint rempliront la colline d'eau et noieront la plante. Cependant, il peut être utilisé à bon escient lorsque le jardinier peut lui accorder une attention particulière.

192. Hand-box.

Une colline de forçage est parfois réalisée en creusant un trou dans le sol et en plantant les graines au fond, en plaçant la vitre sur une légère crête ou un monticule fait à la surface du sol. Cette méthode est moins souhaitable que l'autre, car les graines sont placées dans le sol le plus pauvre et le plus froid, et le trou est très susceptible de se remplir d'eau au début du printemps.

Un excellent type de forçage est réalisé en utilisant la boîte à main, comme le montre la figure 192. Il s'agit d'une boîte rectangulaire, sans haut ni bas, et une vitre est glissée dans une rainure au sommet. Il s'agit en réalité d'un cadre froid miniature. La terre est légèrement relevée autour de la boîte, afin de la retenir contre les vents et d'empêcher l'eau d'y couler. Si ces boîtes sont faites de bon bois et peintes, elles dureront de nombreuses années. N'importe quelle taille de verre peut être utilisée, mais une vitre de dix sur douze est aussi bonne qu'une autre pour un usage général.

Une fois que les plantes sont bien établies dans ces collines de forçage et que le temps s'est calmé, la protection est entièrement supprimée et les plantes poussent normalement à l'air libre.

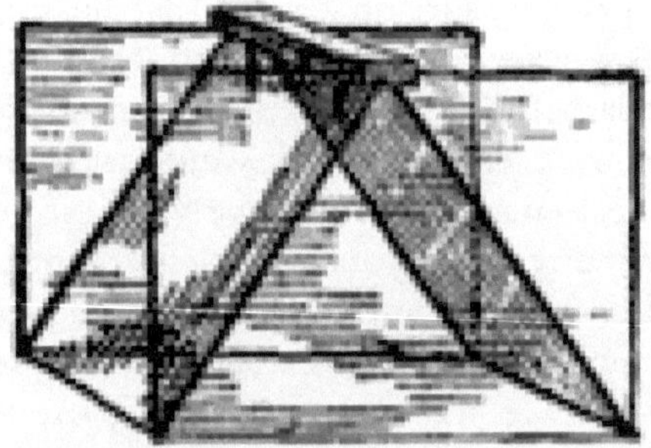

193. Glass forcing-hill.

Une très bonne protection temporaire peut être donnée aux plantes tendres en utilisant quatre panneaux de verre, comme expliqué dans la fig. 193, les deux panneaux intérieurs étant maintenus ensemble en haut par un bloc de bois à travers lequel quatre clous sont enfoncés. Les plantes risquent davantage de brûler dans ces cadres en verre que dans les caisses à main, et ces cadres ne sont pas si bien adaptés à la protection des plantes au tout début du printemps ; mais ils sont souvent utiles à des fins spéciales.

Dans tous les forcing-hills, comme dans les chambres froides et les foyers, il est extrêmement important que les plantes reçoivent beaucoup d'air les jours ensoleillés. Les plantes trop proches deviennent faibles ou « tirées » et perdent leur capacité à résister aux changements climatiques lorsque la protection est retirée. Même si le vent est froid et violent, les plantes à l'intérieur des cadres ne souffriront généralement pas si le verre est retiré lorsque le soleil brille.

Cadres froids.

Un cadre froid n'est rien de plus qu'une boîte à main agrandie ; c'est-à-dire qu'au lieu de protéger une seule plante ou une seule colline avec une seule vitre, le cadre est recouvert de châssis et est suffisamment grand pour accueillir de nombreuses plantes.

Il existe trois objectifs généraux pour lesquels un cadre froid est utilisé : Pour le démarrage des plantes au début du printemps ; pour recevoir des plantes partiellement durcies qui ont été démarrées plus tôt dans des serres et des forçages ; pour l'hivernage des jeunes choux, laitues et autres plantes rustiques semées à l'automne.

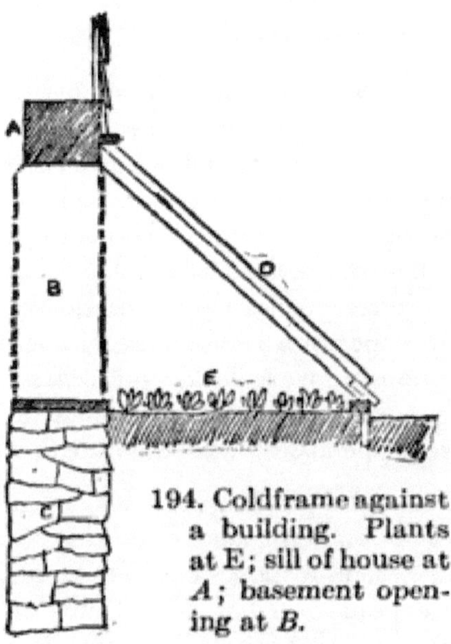

194. Coldframe against a building. Plants at E; sill of house at A; basement opening at B.

Les châssis froids sont généralement placés à proximité des bâtiments et les plantes sont transplantées dans le champ lorsque le temps s'installe. Parfois, cependant, ils sont fabriqués directement dans le champ où les plantes doivent rester, et les cadres, et non les plantes, sont retirés. Lorsqu'ils sont utilisés à cette dernière fin, les cadres sont fabriqués à très bon marché en faisant passer deux rangées de planches parallèles à travers le champ à une distance de six pieds l'une de l'autre. La planche du nord a ordinairement de dix à douze pouces de largeur, et celle du sud de huit à dix pouces. Ces planches sont maintenues en place par des piquets et les ouvrants sont posés en travers d'elles. Des graines de radis, de betteraves, de laitue, etc. sont ensuite semées sous la ceinture, et lorsque le temps s'installe, la ceinture et les planches sont retirées et les plantes poussent naturellement dans le champ. Les plantes semi-rustiques, comme celles mentionnées, peuvent être plantées de cette manière deux ou trois semaines avant la saison normale.

195. Weather screen, or cold-frame, against a building.

L'un des types de charpentes froides les plus simples est illustré à la figure 194, qui est un appentis contre les fondations d'une maison. Un appui est posé juste au-dessus de la surface du sol, et les châssis, représentés en D, sont posés sur des chevrons qui vont de ce appui au seuil de la maison, A. Si cette charpente est du côté sud du bâtiment, les plants peuvent être démarrés même un mois avant l'ouverture de la saison. De tels appentis sont parfois construits contre des serres ou des caves chaudes, et la chaleur leur est fournie par l'ouverture d'une porte dans le mur, comme en B. Dans les cadres qui sont dans des positions aussi ensoleillées que celles-ci, il est extrêmement important que il faut prendre soin d'enlever le châssis, ou au moins de donner une ventilation suffisante, pendant toutes les journées ensoleillées.

Un autre type de structure d'appentis est illustré à la figure 195. Il peut s'agir d'un bâtiment temporaire ou permanent, et il est généralement utilisé pour la protection des plantes semi-rustiques cultivées en pots et en bacs. Il peut cependant être utilisé pour expédier des plantes en pot au début du printemps et pour protéger les pêches, les raisins, les oranges ou d'autres fruits dans des bacs ou des boîtes. Si l'on souhaite simplement protéger les plantes pendant l'hiver, il est préférable de placer la structure du côté nord du bâtiment, afin que le soleil ne force pas les plantes à s'activer.

196. A pit or coldframe on permanent walls, and a useful adjunct to a garden. The rear cover is open (*a*).

197. The usual form of coldframe.

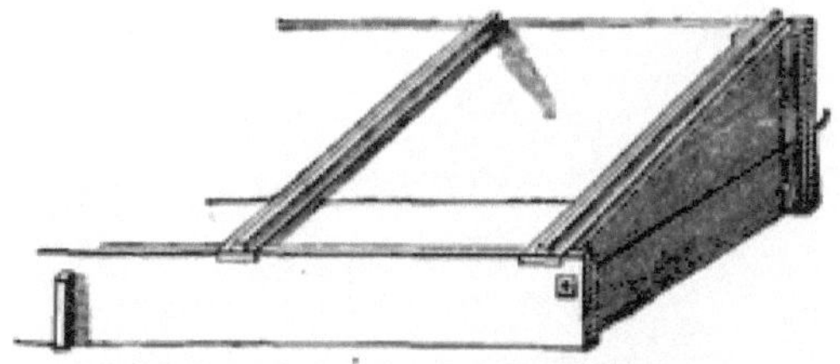

198. A strong and durable frame.

Une autre structure qui peut être utilisée à la fois pour transporter des plantes à moitié rustiques pendant l'hiver et pour faire démarrer les plantes au début du printemps est illustrée à la figure 196. Il s'agit en réalité d'une serre miniature sans chaleur. Il est bien adapté aux climats doux. La photo a été réalisée à partir d'une structure située dans la région côtière de la Caroline du Nord.

Le type courant de cadre froid est illustré à la Fig. 197. Il mesure douze pieds de long et six pieds de large et est recouvert de quatre châssis de trois par six. Il est fait de bois ordinaire cloué ensemble de manière lâche. Cependant, si l'on prévoit d'utiliser des cadres froids ou des foyers chaque année, il est conseillé de fabriquer les cadres en matériaux de deux pouces, bien peints, et d'assembler les pièces par des boulons et des tenons, afin qu'elles puissent être démontées et stockées jusqu'à ce que nous en ayons besoin. pour la récolte de l'année suivante. La figure 198 suggère une méthode de fabrication des cadres afin qu'ils puissent être démontés.

199. A frame yard.

200. Portable coldframe.

201. A larger portable coldframe.

Il est toujours conseillé de placer les chambres froides et les foyers dans un endroit protégé, et particulièrement de les protéger des vents froids du nord. Les bâtiments offrent une excellente protection, mais le soleil est parfois trop chaud du côté sud des grands bâtiments de couleur claire. L'un des meilleurs moyens de protection est de planter une haie de conifères, comme le montre la figure 199. Il est toujours souhaitable également de placer tous les cadres froids et les foyers rapprochés les uns des autres, afin d'économiser du temps et du travail. Une zone ou une cour régulière peut être réservée à cet effet.

Divers petits cadres froids portables peuvent être utilisés dans le jardin pour protéger les plantes tendres ou pour les démarrer au début du printemps. Les pensées, les marguerites et les œillets de bordure, par exemple, peuvent être introduits très tôt en plaçant de tels cadres dessus ou en les plantant sous les cadres à l'automne. Ces cadres peuvent être de n'importe quelle taille souhaitée et le châssis peut être soit amovible, soit, dans le cas de petits cadres, ils peuvent être articulés en haut. Figues. 200-203 illustrent différents types.

Des foyers.

Un foyer diffère d'un cadre froid en ce sens qu'il est doté de chaleur par le bas. Cette chaleur est habituellement fournie au moyen de fumier en fermentation, mais elle peut être obtenue à partir d'autres matières en fermentation, comme l'écorce de tan ou les feuilles, ou à partir de chaleur artificielle, comme des conduits de fumée, des conduites de vapeur ou des conduites d'eau.

Le foyer est utilisé pour le démarrage très précoce des plantes ; et lorsque les plantes sont devenues trop grandes pour le lit ou sont devenues trop épaisses, elles sont transplantées dans des serres plus fraîches ou dans des cadres froids. Certaines cultures, cependant, sont portées à pleine maturité dans la serre elle-même, comme les radis et la laitue.

La date à laquelle le foyer peut être démarré en toute sécurité dépend presque entièrement des moyens dont on dispose pour le chauffer et de l'habileté de l'opérateur. Dans les États du nord, où le jardinage extérieur ne commence que le premier ou le dernier mai, les serres sont parfois démarrées dès janvier ; mais ils sont ordinairement retardés jusqu'au début de mars.

La chaleur des foyers est généralement fournie par la fermentation du fumier de cheval. Il est important que le fumier soit le plus uniforme possible en composition et en texture, qu'il provienne de chevaux bien nourris et qu'il soit pratiquement du même âge. Les meilleurs résultats sont généralement obtenus avec le fumier des écuries, à partir duquel il peut être obtenu en grande quantité dans un court laps de temps. Peut-être que la moitié du matériau total devrait être constituée de litière ou de paille ayant été utilisée pour la litière.

204. Hotbed with manure on top of the ground.

Le fumier est placé en tas long et peu profond, à sommet carré, ne dépassant pas quatre ou six pieds de haut, en règle générale, et on le laisse ensuite fermenter. De meilleurs résultats sont généralement obtenus si le fumier est entassé sous abri. Si le temps est froid et que la fermentation ne démarre pas facilement, mouiller le tas avec de l'eau chaude peut la démarrer. La première fermentation est presque toujours irrégulière ; c'est-à-dire qu'il commence de manière inégale à plusieurs endroits de la pile. Afin d'uniformiser la fermentation, il faut retourner le tas de temps en temps, en prenant soin de briser toutes les mottes dures et de répartir le fumier chaud dans toute la masse. Il est parfois nécessaire de retourner la pile cinq ou six fois avant de l'utiliser définitivement, bien que la moitié de ce nombre de tours soit habituellement suffisante. Lorsque le tas est uniformément fumant, il est placé dans le foyer et recouvert de la terre dans laquelle les plantes doivent pousser.

Les cadres des foyers sont parfois placés au-dessus du tas de fumier en fermentation, comme le montre la figure 204. Le fumier doit s'étendre sur une certaine distance au-delà des bords du cadre ; sinon le cadre deviendra trop froid à l'extérieur et les plantes en souffriront.

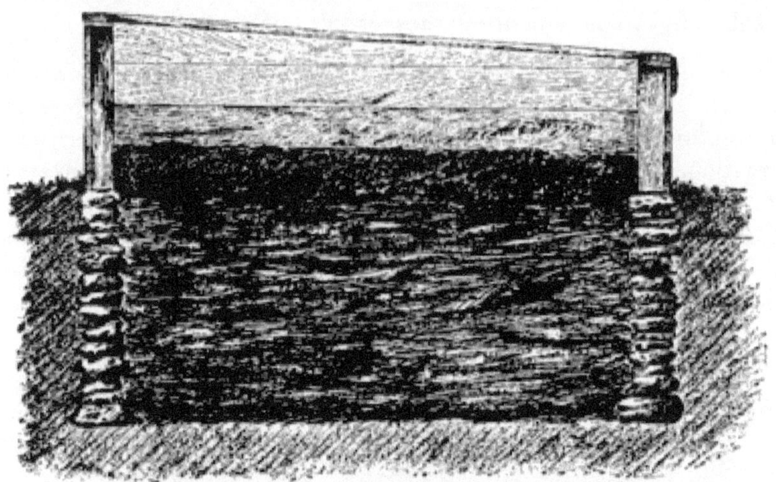

205. Section of a hotbed built with a pit.

Il est préférable cependant d'avoir une fosse sous le châssis dans laquelle est déposé le fumier. Si le massif doit être commencé au milieu de l'hiver ou très tôt au printemps, il est conseillé de réaliser cette fosse à l'automne et de la remplir de paille ou autre litière pour éviter que la terre ne gèle profondément. Quand vient le temps de faire le lit, la litière est jetée, et le sol est chaud et prêt à recevoir le fumier en fermentation. La fosse doit être d'un pied plus large de chaque côté que la largeur du cadre. La figure 205 est une coupe transversale d'un tel foyer. Sur le sol, une couche d'un pouce ou deux de n'importe quel matériau grossier est placée pour garder le fumier hors de la terre froide. Là-dessus, on dépose de douze à trente pouces de fumier. Au-dessus du fumier se trouve une fine couche de moisissure foliaire ou de quelque matière poreuse, qui servira de répartiteur de chaleur, et au-dessus se trouve quatre ou cinq pouces de terreau mou de jardin, dans lequel les plantes doivent pousser.

Il est conseillé de placer le fumier dans la fosse en couches, chaque couche devant être soigneusement foulée avant d'en mettre une autre. Ces couches doivent avoir de quatre à huit pouces d'épaisseur. De cette manière, la masse devient facilement de consistance uniforme. Le fumier qui contient trop de paille pour obtenir les meilleurs résultats, et qui perdra donc bientôt sa chaleur, jaillira rapidement lorsque la pression des pieds sera supprimée. Le fumier qui contient trop peu de paille et qui, par conséquent, ne chauffe pas bien ou dépense rapidement sa chaleur, se tassera en une masse détrempée sous les pieds. Lorsque le fumier contient suffisamment de litière, il donnera une sensation élastique aux pieds lorsque la personne marche dessus, mais ne gonflera pas lorsque la pression sera relâchée. La quantité de fumier à utiliser dépendra de sa qualité, mais aussi de la saison à laquelle le foyer est réalisé. Plus le lit est fait tôt, plus la quantité de fumier doit être importante. Les foyers destinés à durer deux mois devraient généralement contenir environ deux pieds de fumier.

Le fumier chauffe habituellement très vigoureusement pendant quelques jours après avoir été déposé dans le lit. Un thermomètre de sol doit être enfoncé dans la terre jusqu'au fumier et le cadre doit être maintenu hermétiquement fermé. Lorsque la température descend en dessous de 90°, les graines des plantes chaudes, comme les tomates, peuvent être semées, et lorsqu'elle descend en dessous de 80° ou 70°, les graines des plantes plus froides peuvent être semées.

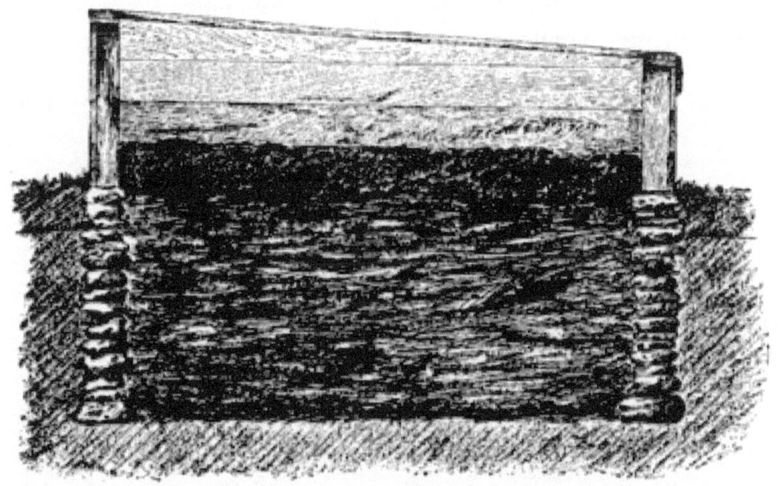

205. Section of a hotbed built with a pit.

Si les foyers doivent être utilisés chaque année, des fosses permanentes doivent être prévues à cet effet. Les fosses ont une profondeur de deux à trois pieds, de préférence la même profondeur, et sont murées de pierre ou de brique. Il est important qu'ils soient bien drainés par le bas. En été, une fois les châssis retirés, les anciennes plates-bandes peuvent être utilisées pour la culture de diverses cultures délicates, comme des melons ou des fleurs semi-rustiques. Dans cette position, les plantes peuvent être protégées à l'automne. Comme déjà suggéré, les fosses devraient être nettoyées à l'automne et remplies de litière pour faciliter le travail de fabrication du nouveau lit en hiver ou au printemps.

207. Manure-heated greenhouse.

Diverses modifications du type courant de foyer se suggéreront à l'opérateur. Les cadres doivent généralement être disposés en rangées parallèles, de sorte qu'un homme marchant entre eux puisse s'occuper de la ventilation de deux rangées de châssis à la fois. La figure 206 montre un agencement différent. Il y a deux chemins parallèles, avec des marches à l'extérieur, et entre eux se trouvent des crémaillères pour recevoir l'ouvrant des cadres adjacents. Les ouvrants du lit de gauche sont dirigés vers la droite et ceux du lit de droite sont dirigés vers la gauche. Fonctionnant sur des crémaillères, l'opérateur n'a pas besoin de les manipuler, et les bris de verre sont donc moindres ; mais ce système est peu utilisé à cause de la difficulté d'atteindre le côté le plus éloigné du lit à partir de l'unique allée.

Si le foyer était assez haut et assez large pour permettre à un homme de travailler à l'intérieur, nous aurions une maison de forçage. Une telle structure est représentée sur la figure 207, sur un côté de laquelle le fumier et la terre sont déjà en place. Ces maisons chauffées au fumier sont souvent très efficaces et constituent une bonne solution de fortune jusqu'à ce que le jardinier puisse se permettre d'installer du chauffage par conduit de fumée ou par conduit.

Les foyers peuvent être chauffés au moyen de vapeur ou d'eau chaude. Ils peuvent être raccordés au radiateur d'une maison d'habitation ou d'une serre. La figure 208 montre un foyer avec deux tuyaux, dans les positions 7, 7 sous le lit. La terre est représentée en 4, et les plantes (qui, dans ce cas, sont des vignes) poussent sur un support, en 6. Il y a des portes au fond de la maison, représentées en 2, 2, qui peuvent être utilisées pour ventilation ou pour admettre de l'air sous les lits. Les tuyaux ne doivent pas être entourés de terre, mais doivent traverser un espace d'air libre.

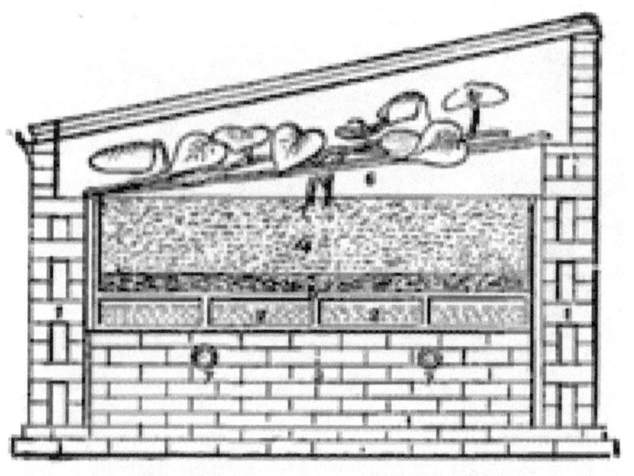

Il ne serait guère rentable d'installer un chauffe-eau chaude ou à vapeur dans le but exprès de chauffer des foyers, car si une telle dépense était engagée, il vaudrait mieux construire une maison de forçage. Les foyers peuvent cependant être chauffés avec des conduits d'air chaud avec de très bons résultats. Un four à briques fait maison peut être construit dans une fosse à une extrémité du parcours et sous un hangar, et la fumée et l'air chaud, au lieu d'être transportés directement vers le haut, sont transportés par un tuyau horizontal légèrement ascendant qui passe sous les lits. . À une certaine distance du fourneau, ce conduit de fumée peut être constitué de briques ou d'un tuyau d'égout non vitrifié, mais un tuyau de poêle peut être utilisé pour la plus grande partie du trajet. La cheminée se trouve habituellement à l'extrémité la plus éloignée de la rangée de lits. Il doit être élevé afin de fournir un bon tirage. Si le parcours des lits est long, il devrait y avoir une élévation du tuyau sous-jacent d'au moins un pied sur vingt-cinq. Plus la montée de ce tuyau est importante, plus le tirage sera parfait. Si les parcours ne sont pas trop longs, le tuyau sous-jacent peut revenir sous les lits et entrer dans une cheminée directement au-dessus de l'extrémité arrière du four, et une telle cheminée, chauffée par le four, aura généralement un excellent tirage. Le tuyau sous-jacent doit occuper un espace libre ou une fosse sous les lits, et chaque fois qu'il se trouve près du sol du lit ou qu'il fait très chaud, il doit être recouvert d'une toile d'amiante. Bien que de tels foyers chauffés par un conduit de fumée puissent connaître un grand succès auprès d'un cultivateur ou d'un constructeur expérimenté, on peut néanmoins dire, en guise de déclaration générale, que chaque fois que de tels ennuis et de telles dépenses sont engagés, il est préférable de construire une serre. Le sujet des maisons de forçage et des serres n'est pas abordé dans ce livre.

209. Useful kinds of watering-pots. These are adapted to different uses, as are different forms of hoes or pruning tools.

Le matériau le plus satisfaisant pour une utilisation dans les châssis de foyers et de châssis froids est le verre double épaisseur de deuxième qualité ; et les vitres de douze pouces de largeur sont ordinairement assez larges, et elles souffrent relativement peu de bris. Pour les châssis froids, cependant, divers papiers huilés et toiles imperméables peuvent être utilisés, en particulier pour les plantes démarrées peu avant l'ouverture de la saison. Lorsque ces matériaux sont utilisés, il n'est pas nécessaire d'avoir des châssis coûteux, mais les cadres rectangulaires sont fabriqués à partir de bandes de pin de sept huitièmes de pouce d'épaisseur et de deux pouces et demi de largeur, coupées en deux aux coins et chaque coin renforcé par un carré. coin de voiture, tel que celui utilisé par les constructeurs de voitures pour sécuriser les coins des caisses de poussettes. Ces coins peuvent être achetés à la livre dans les quincailleries.

Gestion des foyers.

Une attention particulière est nécessaire dans la gestion des foyers, pour s'assurer qu'ils ne deviennent pas trop chauds lorsque le soleil se lève soudainement et pour fournir beaucoup d'air frais.

La ventilation s'effectue généralement en soulevant l'ouvrant à l'extrémité supérieure et en le laissant reposer sur un bloc. Chaque fois que la température est au-dessus du point de congélation, il est généralement conseillé de retirer partiellement l'ouvrant, comme le montre la partie centrale de la Fig. 199, ou même de l'enlever entièrement, comme le montre la Fig. 197.

Il faut veiller à ne pas arroser les plantes à la tombée de la nuit, surtout par temps maussade et froid, mais à les arroser le matin, lorsque le soleil ramènera bientôt la température à son état normal. La compétence et le jugement en matière d'arrosage sont de la plus haute importance dans la gestion des foyers ; mais cette compétence ne vient que d'une pratique réfléchie. La satisfaction et l'efficacité du travail sont grandement accrues par de bons raccords de tuyaux et de bons arrosoirs (Fig. 209).

Une certaine protection, autre que le verre, doit être apportée aux foyers. Ils ont besoin d'être couverts toutes les nuits froides, et parfois toute la journée par temps très violent. Un très bon matériau pour recouvrir l'ouvrant est le tapis, comme celui utilisé pour recouvrir les sols. De vieux morceaux de tapis peuvent également être utilisés. Divers tapis de foyer sont vendus par les revendeurs de fournitures de jardinage.

210. The making of straw mats.

Les jardiniers fabriquent souvent des nattes en paille de seigle, bien que le prix d'une bonne paille et l'excellence des matériaux manufacturés rendent ces nattes faites maison moins recherchées qu'autrefois. Ces nattes sont épaisses et durables et sont enroulées le matin, comme le montre la figure 199. Il existe différentes méthodes de fabrication de ces nattes de paille, mais la figure 210 illustre l'une des meilleures. Un cadre est réalisé à la manière d'un chevalet, avec un double sommet, et de la ficelle goudronnée ou marline est utilisée pour fixer les brins de paille. Il est d'usage d'utiliser six passages de cette chaîne. Douze bobines de ficelle sont fournies, six suspendues de chaque côté. Certaines personnes enroulent la corde sur deux clous de vingt sous, comme le montre la figure, ces clous étant maintenus ensemble à une extrémité par un fil qui est fixé dans des encoches limées à l'intérieur. Les autres extrémités des pointes sont libres et permettent de coincer la ficelle entre elles, empêchant ainsi les boules de se dérouler lorsqu'elles s'accrochent au cadre. Deux brins de paille de seigle droite sont fixés et posés sur le cadre, les extrémités étant tournées vers l'extérieur et les têtes se chevauchant. Deux bobines opposées sont ensuite remontées et un nœud dur est noué à chaque point. Les bouts saillants de la paille sont ensuite coupés avec une hachette, et le tapis peut tomber à travers pour recevoir la paire de mèches suivante. Lors de la fabrication de ces nattes, il est essentiel que le seigle ne contienne aucun grain mûr ; sinon ça attire les souris. Il est préférable de cultiver le seigle dans ce but particulier et de le couper avant que le grain ne soit dans le lait, afin que la paille n'ait pas besoin d'être battue.

En plus de ces couvertures de paille ou de nattes, il est parfois nécessaire de prévoir des volets en planches pour protéger les massifs, notamment si les plants sont démarrés très tôt dans la saison. Ces volets sont faits de bois de pin d'un demi-pouce ou de cinq huitièmes de pouce et ont la même taille que le châssis, soit trois pieds sur six. Ils peuvent être placés sur le châssis sous le tapis, ou ils peuvent être utilisés au-dessus du tapis. Dans certains cas, ils sont utilisés sans aucun tapis.

Lors de la culture de plantes dans des serres, tous les efforts doivent être faits pour empêcher les plantes de devenir fusiformes ou de devenir « tirées ». Pour faire des plantes trapues, il faut laisser de la place à chaque plante, s'assurer que la distance des plantes au verre ne soit pas grande, ne pas apporter trop d'eau par temps maussade et froid, et surtout donner de l'air en abondance. .

CHAPITRE VI
PROTÉGER LES PLANTES CONTRE LES CHOSES QUI LES PROTEENT

Les plantes sont la proie des insectes et des champignons ; et ils sont sujets à diverses sortes de maladies qui, pour la plupart, ne sont pas encore comprises. Ils sont souvent blessés aussi par des souris et des lapins (p. 144), par des taupes, des chiens, des chats et des poules ; et les fruits sont mangés par les oiseaux. Les taupes peuvent être gênantes sur les terrains sablonneux ; ils soulèvent le sol en creusant et peuvent souvent être tués en piétinant lorsque le terrier est en train d'être creusé ; il existe des pièges à taupes qui fonctionnent plus ou moins bien. Les chiens et les chats se blessent principalement en marchant dans des jardins nouvellement aménagés ou en s'y couchant. Ces animaux, ainsi que les poules, doivent être gardés à leur place (p. 160) ; ou s'ils se déplacent à volonté, le jardin doit être enfermé dans une clôture métallique serrée ou les plates-bandes protégées par des broussailles posées étroitement dessus.

Les insectes et les maladies qui attaquent les plantes du jardin sont légion ; et pourtant, pour la plupart, ils ne sont pas très difficiles à combattre si l'on mène ses opérations à temps et avec minutie. Ces difficultés peuvent être divisées en trois grandes catégories : les dommages causés par les insectes ; les blessures causées par des champignons parasites ; les différents types de maladies dites constitutionnelles, dont certaines sont causées par des germes ou des bactéries, et dont beaucoup n'ont pas encore été élucidées par les enquêteurs.

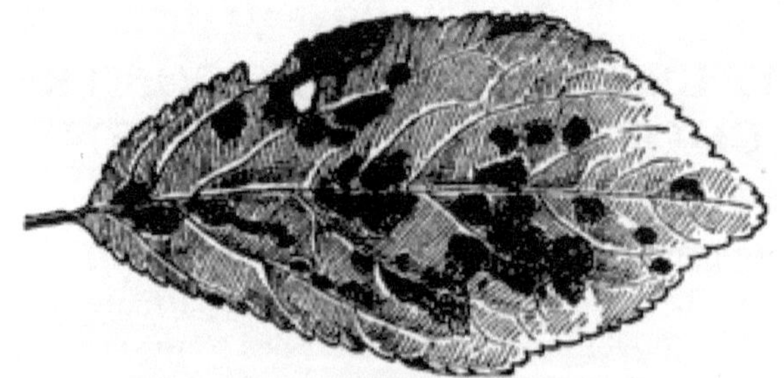

211. Shot-hole disease of plum.

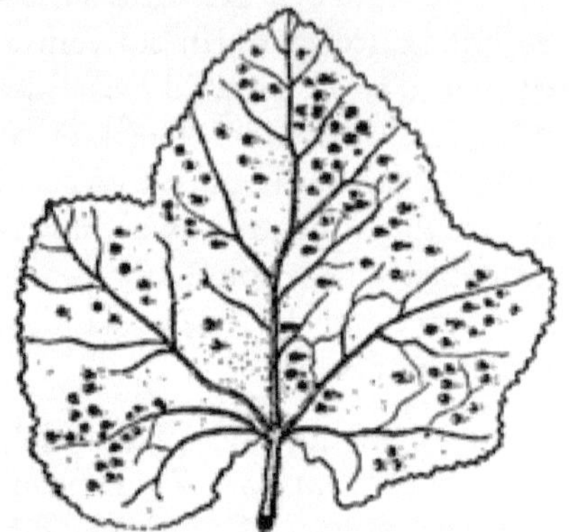

212. Hollyhock rust.

Les maladies provoquées par des champignons parasites se distinguent généralement par des marques, des taches ou des cloques distinctes sur les feuilles ou les tiges, ainsi que par l'affaiblissement ou la mort progressive de la partie ; et, dans de nombreux cas, les feuilles tombent physiquement. Pour la plupart, ces taches sur les feuilles ou les tiges présentent tôt ou tard un aspect mildiou ou rouillé, en raison du développement des spores ou des fructifications. La figure 211 illustre les ravages causés par l'un des champignons parasites, le champignon de la prune. Chaque tache représente probablement une attaque distincte du champignon, et dans cette maladie particulière, ces parties de tissu blessées sont susceptibles de tomber, laissant des trous dans la feuille. Les feuilles de prunier attaquées en début de saison par cette maladie tombent généralement prématurément ; mais parfois les feuilles persistent, étant criblées de trous à la fin de la saison. Fig. 212 est la rouille de la rose trémière. Dans ce cas, les pustules du champignon sont très nettes sur la face inférieure de la feuille. Les cloques de l'enroulement des feuilles sont illustrées à la Fig. 213. Le travail irrégulier du champignon de la tavelure du pommier est illustré à la Fig. 214.

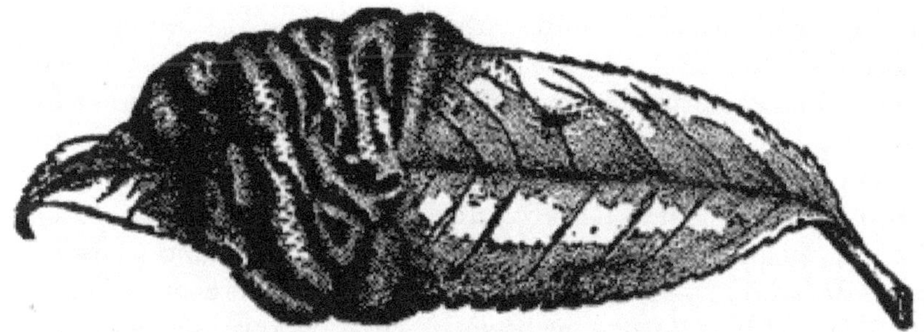

Les maladies constitutionnelles et bactériennes affectent généralement la plante entière, ou du moins de grandes parties de celle-ci ; et le siège de l'attaque n'est généralement pas tant dans les feuilles individuelles que dans les tiges, les sources de nourriture étant ainsi coupées du feuillage. Les symptômes de cette classe de maladies sont un affaiblissement général de la plante lorsque la maladie affecte la plante dans son ensemble ou lorsqu'elle s'attaque aux grosses branches ; ou parfois les feuilles se ratatinent et meurent sur les bords ou en de grandes taches irrégulières décolorées, mais sans les marques pustuleuses distinctes des champignons parasites. Il existe une tendance générale du feuillage des plantes touchées par de telles maladies à se ratatiner et à rester accroché à la tige pendant un certain temps. L'une des meilleures illustrations de ce type de maladie est la brûlure du poirier. Parfois, la plante donne lieu à des croissances anormales, comme dans les « pousses de saule » des pêchers atteints de jaunissement (Fig. 215).

Une autre classe de maladies est celle des galles des racines. Ils sont de diverses sortes. La galle des racines des framboisiers, la galle du collet des pêchers, des pommiers et d'autres arbres, sont les plus communément reconnues de cette classe de troubles (Fig. 216). Elle est connue depuis longtemps comme une maladie du matériel de pépinière. De nombreux États ont des lois interdisant la vente d'arbres atteints de cette maladie. Sa cause était inconnue jusqu'à ce qu'en 1907 Smith et Townsend, du Bureau of Plant Industry du Département de l'Agriculture des États-Unis, entreprennent une enquête. Ils ont prouvé qu'il s'agit d'une maladie bactérienne (causée par *Bacterium tumefaciens*) ; mais on ne sait pas exactement comment les bactéries pénètrent dans la racine. La même bactérie peut provoquer des galles sur les tiges d'autres plantes, comme par exemple sur certaines marguerites. La « racine velue » des pommes et certaines galles qui apparaissent souvent sur les branches des gros pommiers sont également connues pour être causées par cette même bactérie. La maladie semble être la plus grave et la plus destructrice sur les framboisiers, particulièrement sur la variété Cuthbert. La meilleure chose à faire lorsque le framboisier est infesté est d'arracher les plantes et de les détruire, en plantant une nouvelle parcelle avec des plants propres sur un terrain qui n'a pas produit de baies depuis un certain temps. Malgré les lois qui ont été adoptées contre la propagation de la galle des racines dans les pépinières, les preuves semblent montrer qu'il ne s'agit pas d'une maladie grave des pommes ou des pêches, du moins pas dans le nord-est des États-Unis. Il n'est pas déterminé dans quelle mesure il peut endommager ces arbres.

215. The slender tufted growth indicating peach yellows. The cause of this disease is undetermined.

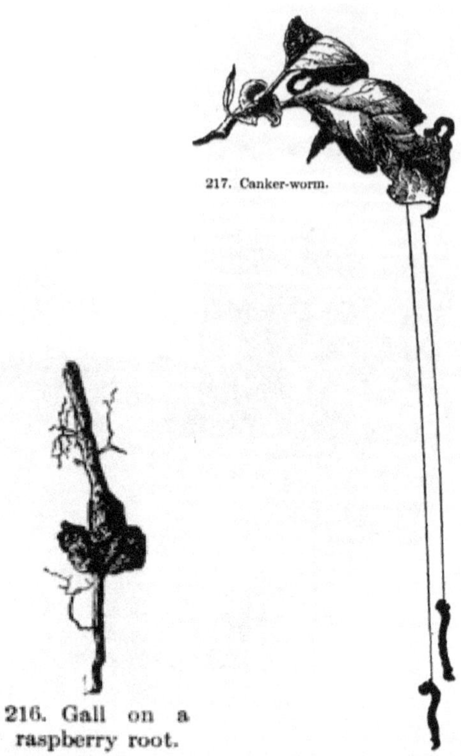

217. Canker-worm.

216. Gall on a
raspberry root.

Parmi les blessures évidentes causées par les insectes, il existe deux types généraux : celles provoquées par des insectes qui mordent ou mâchent leur nourriture, comme les coléoptères et les vers ordinaires, et celles provoquées par des insectes qui perforent la surface de la plante et tirent leur nourriture en suçant le jus. , comme les cochenilles et les poux des plantes. Le chancre-ver (Fig. 217) est un exemple notable de la première classe ; et beaucoup de ces insectes peuvent être éliminés en appliquant du poison sur les parties qu'ils mangent. Il est cependant évident que les insectes qui sucent le suc de la plante ne sont empoisonnés par aucun liquide appliqué à la surface. Ils peuvent être tués par divers matériaux qui agissent sur eux de l'extérieur, comme les savons de lavage, les huiles miscibles, les émulsions de kérosène, les pulvérisations de chaux et de soufre, etc.

Il y a eu beaucoup d'activités ces dernières années dans l'identification et l'étude des insectes, des champignons et des micro-organismes qui endommagent les plantes ; et un grand nombre de bulletins et de monographies ont été publiés ; et pourtant, le jardinier qui a essayé de suivre assidûment ces investigations est susceptible d'aller dans son jardin n'importe quel matin et de trouver des problèmes qu'il ne peut pas identifier et que peut-être même un enquêteur lui-même ne comprendrait pas. Il est donc important que le jardinier s'informe non seulement sur des types particuliers d'insectes et de maladies, mais qu'il développe sa propre ingéniosité. Il devrait être capable de faire quelque chose, même s'il ne connaît pas de remède complet ou spécifique. Certaines des procédures, préventives et curatives, qui doivent toujours être prises en compte, sont les suivantes : -

Gardez l'endroit propre et exempt de toute infection. En plus de garder les plantes vigoureuses et fortes, c'est le premier et le meilleur moyen d'éviter les problèmes causés par les insectes et les champignons. Les déchets et tous les endroits dans lesquels les insectes peuvent hiberner et où les champignons peuvent se propager doivent être supprimés. Toutes les feuilles tombées des plantes attaquées par des champignons doivent être ratissées et brûlées, et à l'automne, tout le bois malade doit être coupé et détruit. Il est important que les plantes malades ne soient pas jetées sur le tas de fumier, qui sera distribué dans le jardin la saison suivante.

Pratiquez une rotation ou une alternance de cultures (p. 114). Certaines maladies restent dans le sol et attaquent la plante année après année. Chaque fois qu'une culture montre des signes de maladie des racines ou du sol, il est particulièrement important qu'une autre culture soit cultivée sur place.

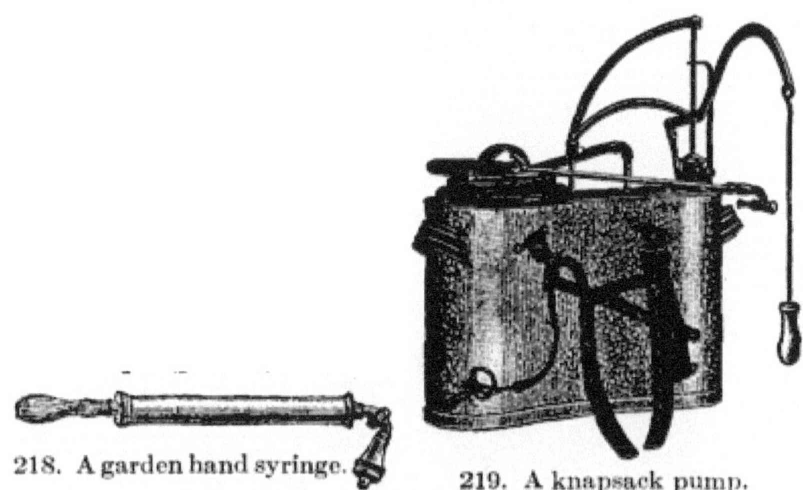

218. A garden hand syringe.

219. A knapsack pump.

Assurez-vous que la maladie ou l'insecte ne se propage pas sur des mauvaises herbes ou d'autres plantes botaniquement liées à la culture que vous cultivez. Si la mauve sauvage, ou plante connue des enfants sous le nom de « fromages » *(Malva rotundifolia)*, est détruite, il y aura beaucoup moins de problèmes avec la rouille de la rose trémière. Ne laissez pas la maladie de la hernie du chou se reproduire sur les navets sauvages et autres moutardes, ni le nœud noir sur les pousses de prunier et les cerisiers sauvages, ni les chenilles des tentes sur les cerisiers sauvages et autres arbres.

Soyez toujours prêt à recourir à la cueillette manuelle. Nous sommes tellement habitués à tuer les insectes par d'autres moyens que nous avons presque oublié que la cueillette manuelle est souvent le moyen le plus sûr et parfois même le plus rapide de contrôler une invasion dans un jardin potager. De nombreux insectes peuvent être chassés tôt le matin. Les masses d'œufs sur les feuilles et les tiges peuvent être supprimées. Les vers-gris peuvent être déterrés. Les feuilles malades peuvent être arrachées et brûlées ; cela fera beaucoup pour lutter contre la rouille de la rose trémière, la rouille de l'aster et d'autres infections.

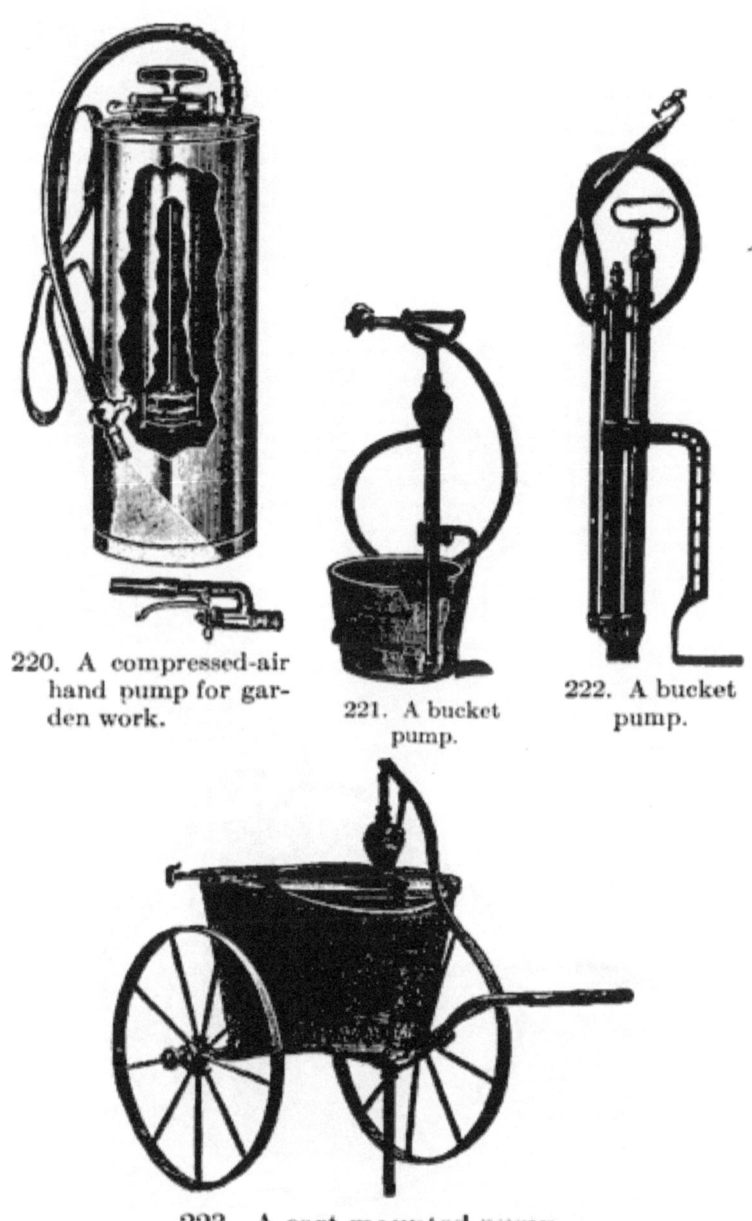

220. A compressed-air hand pump for garden work.

221. A bucket pump.

222. A bucket pump.

223. A cart-mounted pump.

Surveillez de près les plantes et soyez prêt à frapper rapidement. Un jardinier doit être fier d'avoir dans son atelier une réserve d'insecticides et de fongicides courants (vert de Paris ou arséniate de plomb, certaines préparations à base de tabac, hellébore blanc, savon à l'huile de baleine, bouillie bordelaise, fleurs de soufre, carbonate de cuivre pour solution dans l'ammoniaque), ainsi qu'une bonne seringue à main (Fig. 218), une pompe à dos (Fig. 219, 220), une pompe à seau (Fig. 221, 222), un soufflet à main ou de la poudre un pistolet, peut-être une brouette (Figs. 223, 224, 225), et si la plantation est suffisamment grande, une sorte de pompe à force (Figs. 226, 227, 228). Si l'on est toujours prêt, il y a peu de danger d'insecte ou de maladie contrôlable par pulvérisation.

224. A garden outfit.

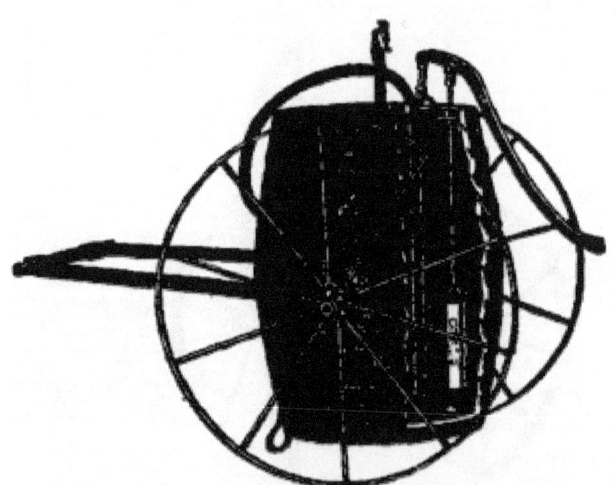

225. A cart-mounted barrel pump.

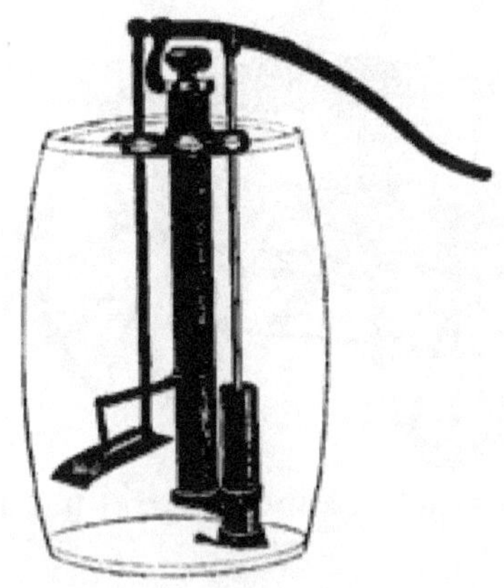

226. A barrel hand pump.

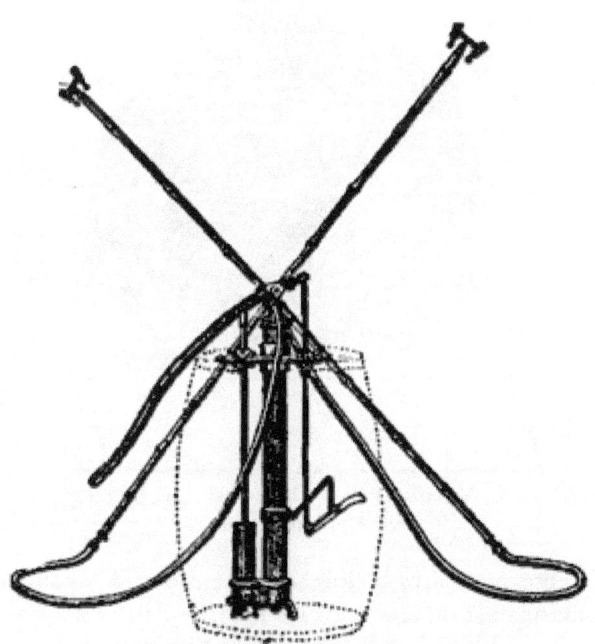

227. A barrel outfit, showing nozzles on
extension rods for trees.

228. A truck-mounted barrel hand spray
pump.

Écrans et couvertures .

229. Wire-covered box for protecting
plants from insects.

Il existe différentes manières d'éloigner les insectes des plantes. L'une des meilleures solutions est de recouvrir les plantes d'une fine moustiquaire ou de les cultiver dans des cadres à main, ou d'utiliser une boîte recouverte de fil comme celle illustrée à la Fig. 229. En cultivant des plantes sous de telles couvertures, il faut prendre soin que les plantes ne soient pas gardées trop proches ou confinées ; et dans le cas où les insectes hibernent dans le sol, ces boîtes, en gardant le sol chaud, peuvent faire éclore les insectes d'autant plus tôt. Dans la plupart des cas, cependant, ces couvertures sont très efficaces, notamment pour éloigner les punaises rayées des jeunes plants de melons et de concombres.

Les vers gris peuvent être tenus à l'écart des plantes en plaçant des feuilles d'étain ou de papier glacé épais autour de la tige de la plante, comme indiqué sur la Fig. 230. Les vers gris grimpants sont tenus à l'écart des jeunes arbres par les moyens indiqués sur la Fig. 231. Ou bien un rouleau de coton peut être placé autour du tronc de l'arbre, une ficelle étant nouée sur le bord inférieur du rouleau et le bord supérieur du coton rabattu comme le haut d'une botte ; les insectes ne peuvent pas ramper sur cette obstruction (p. 203).

Les vers qui attaquent les racines des choux et des choux-fleurs peuvent être éloignés de la plante au moyen de morceaux de papier goudronné placés près de la tige à la surface du sol. La figure 232 illustre un hexagone de papier et montre également un outil utilisé pour le couper. Ce moyen de prévenir les attaques de la mouche du chou est décrit en détail par feu le professeur Goff (pour une autre méthode de lutte contre la mouche du chou, voir p. 201) :

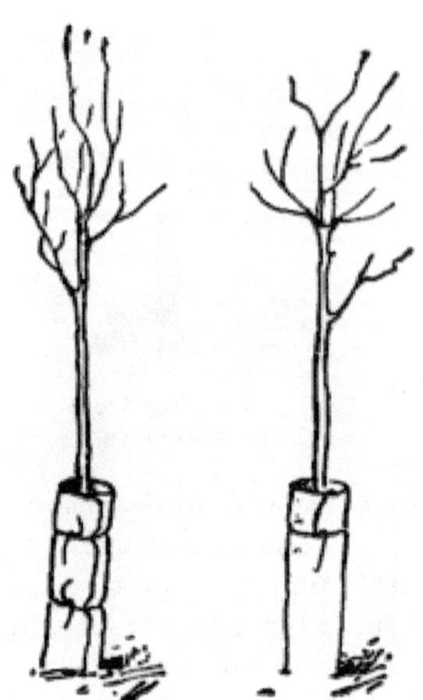

"Les cartes sont découpées en forme hexagonale, afin de mieux économiser le matériau, et un papier goudronné plus fin que le feutre de toiture ordinaire est utilisé, car il est non seulement moins cher, mais aussi plus flexible, les cartes fabriquées à partir de celui-ci. sont plus facilement placés autour de la plante sans être déchirés. La lame de l'outil, qui doit être fabriquée par un forgeron expert, est formée d'une bande d'acier pliée en forme de demi-hexagone, puis prenant un angle aigu, elle atteint presque le centre, comme le montre la Fig. 232. La partie effectuant la coupe en forme d'étoile est formée d'une pièce d'acier séparée, fixée au manche de manière à former un joint étroit avec la lame. Cette dernière est biseautée de l'extérieur sur tout son pourtour, de sorte qu'en enlevant la partie effectuant la coupe en étoile, on puisse meuler le bord sur une meule. Il est important que les angles de la lame soient parfaits et que son contour représente exactement un demi-hexagone. Pour utiliser l'outil, placez le papier goudronné à l'extrémité d'une section d'une bûche ou d'un morceau de bois et coupez d'abord le bord inférieur en encoches, comme indiqué en *a* , fig. 232, en utilisant un seul angle de l'outil. Commencez ensuite par le côté gauche et placez la lame comme indiqué par les lignes pointillées, et frappez au bout du manche avec un maillet léger, et une carte complète est réalisée. Continuez de cette manière sur le papier. La première coupe de chaque rangée alternative donnera une carte imparfaite, et la dernière coupe d'une rangée peut être imparfaite, mais les autres coupes donneront des cartes parfaites si l'outil est correctement fabriqué et correctement utilisé. Les cartes doivent être placées

autour des plantes au moment du repiquage. Pour placer la carte, pliez-la
légèrement pour ouvrir la fente, puis glissez-la au centre, la tige entrant dans
la fente, puis étalez la carte à plat, et appuyez bien sur les pointes formées
par la découpe en étoile autour de la tige. .»

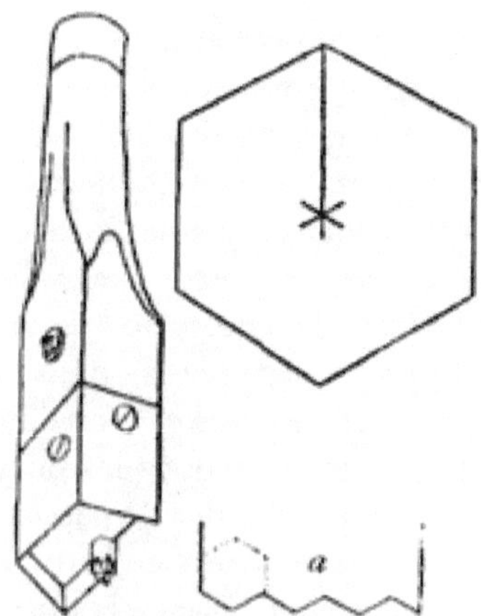

232. Showing how paper is
cut for protecting cab-
bages from maggots.
The Goff device.

Fumigation .

Un moyen efficace de détruire les insectes dans les serres consiste à fumiger
avec divers types de fumée ou de vapeurs. Le meilleur matériau à utiliser à
des fins générales est une forme de tabac ou de composés de tabac.
L'ancienne méthode de fumigation avec du tabac consiste à brûler lentement
des tiges de tabac légèrement humidifiées dans une bouilloire ou un seau,
permettant ainsi de remplir la maison de fumée âcre. Récemment, cependant,
des extraits fluides et d'autres préparations à base de tabac ont été mis en
service, et ils sont si efficaces que la méthode de la tige de tabac devient
obsolète. L'utilisation de gaz acide cyanhydrique dans les serres est désormais
courante, contre les poux des plantes, les mouches blanches et d'autres
insectes. Il est également utilisé pour fumiger le matériel de pépinière à
l'échelle de San José, ainsi que les moulins et les habitations pour les
ravageurs et la vermine qui s'y sont établis. Les instructions suivantes sont
tirées du Cornell Bulletin 252 (dont sont également tirées les formules des
pages suivantes et la plupart des conseils) : —

« Aucune formule générale ne peut être donnée pour fumiger les différents
types de plantes cultivées sous serre, car les espèces et les variétés diffèrent
considérablement dans leur capacité à résister aux effets du gaz. Les fougères
et les roses sont très sensibles aux blessures, et la fumigation, si elle est tentée,

doit être effectuée avec une grande prudence. La fumigation ne tuera pas les œufs d'insectes et doit donc être répétée lorsque le nouveau couvain apparaît. Fumiguer uniquement la nuit lorsqu'il n'y a pas de vent. Que la maison soit aussi sèche que possible et que la température soit aussi proche de 60° que possible.

« Le gaz acide cyanhydrique est un poison mortel et son utilisation nécessite la plus grande prudence. Utilisez toujours du cyanure de potassium pur à 98 à 100 pour cent et une bonne qualité d'acide sulfurique commercial. Les produits chimiques sont toujours combinés dans la proportion suivante : Cyanure de potassium, 1 oz ; acide sulfurique, 2 onces liquides ; eau, 4 onces liquides. Utilisez toujours un plat en terre, *versez d'abord l'eau* et ajoutez-y l'acide sulfurique. Mettez la quantité requise de cyanure dans un sac en papier fin et lorsque tout est prêt, déposez-la dans le liquide et quittez immédiatement la pièce. Pour les moulins et les habitations, utilisez 1 oz. de cyanure pour 100 cu. pieds d'espace. Rendez les portes et les fenêtres aussi étanches que possible en collant des bandes de papier sur les fissures. Retirez l'argenterie et la nourriture, et si les travaux en laiton et en nickel ne peuvent pas être retirés, recouvrez de vaseline. Placez la quantité appropriée d'acide et d'eau pour chaque pièce dans 2 gallons. bocaux. Utilisez-en deux ou plus dans les grandes pièces ou les couloirs. Pesez le cyanure de potassium dans des sacs en papier et placez-les près des bocaux. Quand tout est prêt, versez le cyanure dans les bocaux, en commençant par les étages supérieurs, car les fumées sont plus légères que l'air. Dans les grands bâtiments, il est fréquemment nécessaire de suspendre les sacs de cyanure au-dessus des bocaux par des cordes passant par des œillets de vis et aboutissant toutes à un endroit près de la porte. En coupant tous les cordons d'un coup, le cyanure descendra dans les bocaux et l'opérateur pourra s'en sortir sans se blesser. Laissez la fumigation se poursuivre toute la nuit, en verrouillant toutes les portes extérieures et en plaçant des panneaux de danger sur la maison.

Dans les serres, la mouche blanche des concombres et des tomates peut être tuée par fumigation nocturne avec 1 oz. de cyanure de potassium pour 1000 cu. pieds d'espace ; ou avec un spray d'émulsion de kérosène ou du savon à l'huile de baleine, sur les plantes non blessées par ces matériaux.

Le puceron vert est expédié dans les maisons par fumigation avec l'une des préparations à base de tabac ; sur violettes, par fumigation avec 1/2 à 3/4 oz. cyanure de potassium pour 1000 cu. pieds d'espace, laissant le gaz entrer de 1/2 à 1 heure.

Le puceron noir est plus difficile à tuer que le puceron vert, mais peut être contrôlé par les mêmes méthodes utilisées à fond.

Trempage des tubercules et des graines .

La tavelure de la pomme de terre peut être évitée, en ce qui concerne la plantation de « graines » infectées, en trempant les tubercules de semence pendant une demi-heure dans 30 gallons. d'eau contenant 1 pt. de formol commercial (environ 40 pour cent). L'avoine et le blé, lorsqu'ils sont attaqués par certaines espèces de charbon, peuvent être semés sans danger en les trempant pendant dix minutes dans une solution similaire. Il est probable que d'autres tubercules et graines puissent être traités de la même manière avec de bons résultats.

Les pommes de terre peuvent également être trempées (contre la gale) pendant une heure et demie dans une solution de sublimé corrosif, 1 oz. à 7 gallons. de l'eau.

Pulvérisation .

Cependant, le moyen le plus efficace de détruire les insectes et les champignons, de manière générale ou à grande échelle, consiste à utiliser divers sprays. Les deux types généraux d'insecticides ont déjà été mentionnés : ceux qui tuent par empoisonnement et ceux qui tuent en détruisant le corps de l'insecte. Parmi les premiers, trois matériaux sont d'usage courant : le vert de Paris, l'arséniate de plomb et l'hellébore. Parmi ces dernières, les plus courantes à l'heure actuelle sont l'émulsion de kérosène, les huiles miscibles et le lavage chaux-soufre.

L'efficacité des pulvérisations contre les champignons dépend généralement d'une certaine forme de cuivre ou de soufre, ou des deux. Pour les mildiou de surface, comme le mildiou de la vigne, saupoudrer des fleurs de soufre sur le feuillage constitue une protection. Cependant, dans la plupart des cas, il est nécessaire d'appliquer les matériaux sous forme liquide, car ils peuvent être répartis de manière plus approfondie et plus économique et ils adhèrent mieux au feuillage. Le meilleur fongicide général est la bouillie bordelaise. Il est cependant généralement déconseillé d'utiliser la bouillie bordelaise sur les plantes ornementales, car elle décolore le feuillage et donne aux plantes un aspect très désordonné. Dans de tels cas, il est préférable d'utiliser la solution ammoniacale de cuivre, qui ne laisse aucune tache.

Dans toutes les opérations de pulvérisation, il est particulièrement important que les applications soient faites au moment même où l'insecte ou la maladie est découvert, ou dans le cas de maladies fongiques, si l'on s'attend à une attaque, il est bon d'effectuer une application de bouillie bordelaise avant même la découverte de l'insecte ou de la maladie. la maladie apparaît. Lorsque le champignon pénètre une fois à l'intérieur du tissu végétal, il est très difficile de le détruire, car les fongicides agissent très largement sur ces champignons profondément enracinés en empêchant leur fructification et leur propagation ultérieure à la surface de la feuille. Dans des conditions ordinaires, deux à quatre pulvérisations sont nécessaires pour éliminer l'ennemi. Lors des pulvérisations contre les insectes dans les jardins familiaux, il est souvent conseillé d'effectuer une deuxième application le lendemain de la première afin de détruire les insectes restants avant qu'ils ne se remettent du premier traitement.

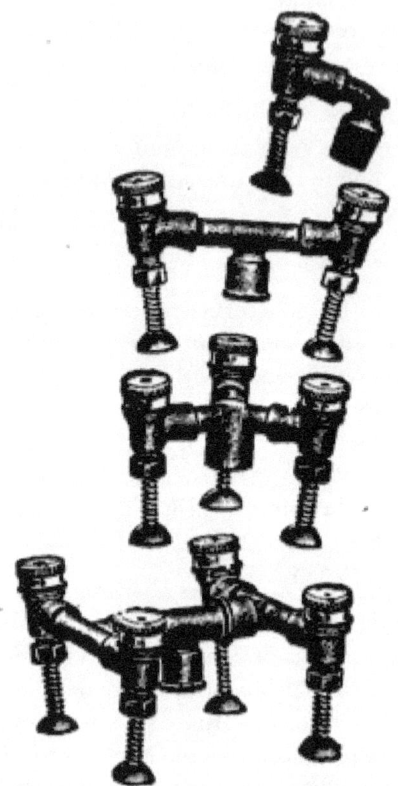

233. Cyclone or vermorel type of nozzle, single and multiple.

Il existe de nombreux types de machines et de dispositifs pour l'application de pulvérisations sur les plantes. Pour quelques spécimens individuels, le spray peut être appliqué avec un fouet ou avec une seringue de jardin courante. Toutefois, si l'on a quelques arbres à traiter, il est préférable d'avoir une sorte de pompe à godet comme celles illustrées aux Fig. 221, 222. Sur une pelouse ou dans un petit jardin, un réservoir sur roues (Figs. 223, 224, 225) est pratique et efficace. Dans de tels cas, ou même pour des zones plus vastes, certaines pompes à dos (Fig. 219, 220) sont très souhaitables. Ces machines sont toujours utilisables, parce que l'opérateur se tient très près de son travail ; mais comme ils transportent une quantité relativement faible de liquide et ne le jettent pas rapidement, ils coûtent cher lorsqu'il y a beaucoup de travail à faire. Pourtant, dans les terrains domestiques ordinaires, la pompe à dos ou pompe à air comprimé est l'un des appareils de pulvérisation les plus efficaces et les plus pratiques.

Pour les grandes surfaces, comme pour les petits vergers et champs, une pompe vide-fût montée sur un chariot est la meilleure solution. Les types courants de pompes vide-fût sont illustrés dans les figures. 226, 227, 228. Les plantations commerciales sont désormais pulvérisées par des machines électriques. Il existe de nombreux bons modèles de machines à pulvériser et l'acheteur potentiel doit envoyer des catalogues aux différents fabricants. Les adresses peuvent être trouvées dans les pages publicitaires des journaux ruraux.

En ce qui concerne les buses de pulvérisation, on peut dire qu'il n'existe pas de modèle unique qui soit le mieux adapté à toutes les fins. Pour la plupart des utilisations domestiques, le type cyclone ou vermorel (Fig. 233) donnera la meilleure satisfaction. Les fabricants de pompes fournissent des buses spéciales pour leurs machines.

Formules de pulvérisation d'insecticides .

Les deux classes d'insecticides sont décrites ici : les poisons (arsénites et hellébore blanc) pour les insectes broyeurs, comme les coléoptères et toutes sortes de vers ; les insecticides de contact, comme le kérosène, les huiles, le savon, le tabac, la chaux-soufre, contre les poux des plantes, les cochenilles et les insectes dans une position telle que le matériel ne peut pas leur être donné (comme les asticots dans les parties souterraines).

Vert de Paris. —Le poison insecticide standard. Celui-ci est utilisé à des concentrations variables, en fonction de l'insecte à contrôler et du type de plante traitée. Mélangez le vert de Paris en une pâte puis ajoutez-le à l'eau. Gardez le mélange bien agité pendant la pulvérisation. Si vous l'utilisez sur des arbres fruitiers, ajoutez 1 lb de chaux vive pour chaque livre de vert de Paris pour éviter de brûler le feuillage. Pour les pommes de terre, on l'utilise fréquemment seul, mais il est beaucoup plus sûr d'utiliser le citron vert. Le mélange de vert de Paris et de bordeaux peut être combiné sans diminuer la valeur de l'un ou de l'autre, et l'action caustique de l'arsenic est empêchée. La proportion de poison à utiliser est indiquée sous les différents insectes discutés dans les pages suivantes.

Arséniate de plomb . — On peut l'appliquer dans un mélange plus fort que les autres poisons arsenicaux, sans endommager le feuillage. Il est donc très utilisé contre les coléoptères et autres insectes difficiles à empoisonner, comme la chrysomèle de l'orme et l'aphte. Il se présente sous forme de pâte et doit être soigneusement mélangé avec une petite quantité d'eau avant de le placer dans le pulvérisateur, sinon les buses se boucheront. L'arséniate de plomb et la bouillie bordelaise peuvent être combinés sans diminuer la valeur de l'un ou l'autre. Il est utilisé à des concentrations variant de 4 à 10 lb par 100 gallons, selon le type d'insecte à tuer.

L'arsénite de soude et l'arsénite de chaux sont parfois utilisés avec la bouillie bordelaise.

Hellébore blanc. —Pour une application humide, utiliser de l'hellébore blanc frais, 4 oz.; eau, 2 ou 3 gallons. Pour une application sèche, utilisez l'hellébore, 1 lb ; farine ou chaux éteinte à l'air, 5 lb. Il s'agit d'une poudre blanche et jaunâtre fabriquée à partir des racines de l'hellébore blanc. Il perd de sa force après un certain temps et doit être utilisé frais. On l'utilise comme substitut aux poisons arsenicaux sur les plantes ou les fruits bientôt consommés, comme sur les groseilles et les groseilles à maquereau pour le ver de groseille.

Tabac. —C'est un insecticide précieux et il est utilisé sous plusieurs formes. Comme *poudre,* il est largement utilisé dans les serres contre les poux des plantes, ainsi que dans les pépinières et autour des pommiers contre le puceron lanigère. *La décoction* de tabac est obtenue en trempant ou en trempant les tiges dans l'eau. Il est souvent utilisé en spray contre les poux des plantes. Le tabac sous forme d' *extraits* , *de punks* et *de poudres* est vendu sous divers noms commerciaux pour être utilisé dans la fumigation des serres. (Voir page 188.)

Émulsion de kérosène. —Savon dur, mou ou à l'huile de baleine, 1/2 lb; eau, 1 gallon; kérosène, 2 gal. Dissoudre le savon dans l'eau chaude ; retirer du feu et, pendant qu'il est encore chaud, ajouter le kérosène. Pompez le liquide sur lui-même pendant cinq ou dix minutes ou jusqu'à ce qu'il devienne une masse crémeuse. Si elle est correctement préparée, l'huile ne se séparera pas lors du refroidissement.

Pour une utilisation sur les arbres dormants, diluer avec 5 à 7 parties d'eau. Pour tuer les poux des plantes sur le feuillage, diluer avec 10 à 15 parties d'eau. L'émulsion de pétrole brut est préparée de la même manière en remplaçant le kérosène par du pétrole brut. La force des émulsions d'huile est fréquemment indiquée par le pourcentage d'huile dans le liquide dilué : -

Pour une émulsion à 10 %, ajoutez 17 gal. d'eau pour 3 gal. émulsion de base. Pour une émulsion à 15 %, ajoutez 10 1/3 gal. d'eau pour 3 gal. émulsion de base. Pour une émulsion à 20 %, ajoutez 7 gal. d'eau pour 3 gal. émulsion de base. Pour une émulsion à 25 %, ajoutez 5 gallons. d'eau pour 3 gal. émulsion de base.

Émulsion d'acide phénique. —Savon, 1 lb; eau, 1 gallon; acide phénique brut, 1 pt. Dissoudre le savon dans l'eau chaude, ajouter l'acide carbolique et agiter pour obtenir une émulsion. Pour une utilisation contre les vers des racines, diluer avec 30 parties d'eau.

Savons .—Un insecticide efficace contre les poux des plantes est *le savon à l'huile de baleine* . Dissoudre dans l'eau chaude et diluer de manière à obtenir une livre de savon pour cinq ou sept gallons d'eau. Cette force est efficace contre les poux des plantes. Il doit cependant être appliqué dans des solutions plus fortes pour les cochenilles. Les savons faits maison et les bons savons à lessive, comme le savon Ivory, sont souvent aussi efficaces que le savon à l'huile de baleine.

Huiles miscibles . — Il existe actuellement sur le marché un certain nombre de préparations à base de pétrole et d'autres huiles destinées principalement à être utilisées contre le tartre de San José. Ils se mélangent facilement à l'eau froide et sont immédiatement prêts à l'emploi. Bien que rapidement préparés, faciles à appliquer et généralement efficaces, ils coûtent beaucoup plus cher que le lavage à la chaux et au soufre. Ils sont cependant moins corrosifs pour les pompes et plus agréables à utiliser. Ils sont particulièrement précieux pour l'homme qui ne possède que quelques arbres ou arbustes et qui ne voudrait pas se donner la peine et dépenser de l'argent pour compléter le lavage chaux-soufre. Ils doivent être dilués avec pas plus de 10 ou 12 parties d'eau. Utiliser uniquement sur les arbres dormants.

Lavage à la chaux et au soufre. —Chaux vive, 20 lb.; fleurs de soufre, 15 lb ; eau, 50 gallons. La chaux et le soufre doivent être bien bouillis. Une bouilloire en fer est souvent pratique pour le travail. Procédez comme suit : Mettez le citron vert dans la bouilloire. Ajouter progressivement de l'eau chaude en quantité suffisante pour produire l'extinction la plus rapide de la chaux. Lorsque la chaux commence à s'éteindre, ajoutez le soufre et mélangez. Si cela vous convient, gardez le mélange recouvert de toile de jute pour conserver la chaleur. Une fois l'extinction terminée, ajoutez de l'eau et faites bouillir le mélange pendant une heure. Au fur et à mesure que le soufre entre en solution, une riche couleur rouge orangé ou vert foncé apparaîtra. Après avoir suffisamment bouilli, ajoutez de l'eau jusqu'à la quantité requise et filtrez dans le réservoir du pulvérisateur. Le lavage est plus efficace lorsqu'il est appliqué à chaud, mais peut être appliqué à froid. Si l'on a accès à une chaudière à vapeur, faire bouillir à la vapeur est plus pratique et plus satisfaisant. Des barils peuvent être utilisés pour contenir le mélange et la vapeur appliquée en faisant passer un tuyau ou un tuyau en caoutchouc dans le mélange. Procédez de la même manière jusqu'à ce que la chaux soit éteinte, la vapeur pouvant alors être activée. Continuez à faire bouillir pendant 45 minutes. à une heure, ou jusqu'à ce que le soufre soit dissous.

Cette force ne peut être appliquée en toute sécurité que lorsque les arbres sont en dormance. C'est principalement un insecticide contre la cochenille de San José, bien qu'il ait une valeur considérable comme fongicide.

Les mélanges chaux-soufre et les solutions pour pulvérisations estivales remplacent désormais dans de nombreux cas le bordeaux. Le mélange chaux-soufre auto-bouilli de Scott, décrit dans USDA Bureau Plant Industry Circ. 27 est désormais un fongicide standard contre la pourriture brune et la tache noire ou la gale du pêcher. Les solutions concentrées de chaux et de soufre, bouillies maison ou commerciales, sont efficaces contre la tavelure du pommier et ont l'avantage de ne pas roussir le fruit. De tels concentrés, testant 32° Baume, doivent être dilués à environ 1 gallon. à 30 d'eau. Appliquer en même temps que pour le bordeaux. Ajoutez de l'arséniate de plomb comme pour le bordeaux.

Formules de pulvérisation de fongicides .

Le fongicide standard est la bouillie bordelaise, réalisée sous plusieurs formes. Le deuxième fongicide le plus important pour le jardinier amateur est le carbonate de cuivre ammoniacal. La poussière de soufre (fleurs de soufre) et le foie de soufre (sulfure de potassium) sont également utiles dans les pulvérisations sèches ou humides contre les moisissures de surface. Le lavage chaux-soufre, principalement un insecticide, possède également des propriétés fongicides.

Mélange bordelais. —Sulfate de cuivre, 5 lb.; chaux de pierre ou chaux vive (non éteinte), 5 lb ; eau, 50 gallons. Cette formule est la force habituellement recommandée. Des mélanges de base de sulfate de cuivre et de chaux sont souhaitables. Ils sont préparés de la manière suivante : -

(1) Dissoudre la quantité requise de sulfate de cuivre dans l'eau dans la proportion d'une livre pour un gallon plusieurs heures avant que la solution ne soit nécessaire, les cristaux de sulfate de cuivre étant en suspension dans un sac près de la surface de l'eau. Une solution de sulfate de cuivre est plus lourde que l'eau. Dès que les cristaux commencent à se dissoudre, la solution coulera, gardant l'eau en contact avec les cristaux. De cette façon, les cristaux se dissoudront beaucoup plus rapidement que s'ils étaient placés au fond du baril d'eau. Si de grandes quantités de solution mère sont nécessaires, deux livres de sulfate de cuivre peuvent être dissoutes dans un gallon d'eau.

(2) Éteignez la quantité requise de chaux dans une cuve ou une auge. Ajoutez d'abord l'eau lentement, afin que le citron vert s'émiette en une fine poudre. Si de petites quantités de chaux sont utilisées, l'eau chaude est préférable. Une fois complètement éteint ou entièrement réduit en poudre, ajoutez plus d'eau. Lorsque la chaux est suffisamment éteinte, ajoutez de l'eau pour l'amener à un lait épais, ou à un certain nombre de gallons. La quantité

nécessaire pour chaque réservoir de bouillie de pulvérisation peut être obtenue approximativement à partir de cette bouillie, qui ne doit pas sécher.

(3) Utilisez cinq gallons de solution mère de sulfate de cuivre pour chaque cinquante gallons de bordeaux requis. Versez cela dans le réservoir. Ajoutez de l'eau jusqu'à ce que le réservoir soit rempli aux deux tiers environ. Du mélange de chaux, prélevez la quantité requise. Connaissant le nombre de livres de chaux dans le mélange de base et le volume de ce mélange, on peut en retirer approximativement le nombre de livres requis. Diluez-le un peu en ajoutant de l'eau et filtrez dans le réservoir. Remuez le mélange et ajoutez de l'eau pour obtenir la quantité requise. Les stations expérimentales recommandent souvent de diluer la solution de sulfate de cuivre et le mélange de chaux à la moitié de la quantité requise avant de les verser ensemble. Cela n'est pas nécessaire et est souvent impraticable pour un travail commercial. Il est préférable de diluer la solution de sulfate de cuivre. Ne versez jamais ensemble les mélanges de bouillons forts et diluez-les ensuite. La bouillie bordelaise d'autres dosages, comme recommandé, est réalisée de la même manière, sauf que les quantités de sulfate de cuivre et de chaux sont variées.

(4) Il n'est pas nécessaire de peser la chaux pour préparer la bouillie bordelaise, car un simple test peut être utilisé pour déterminer quand une quantité suffisante de mélange de chaux a été ajoutée. Dissolvez une once de prussiate jaune de potasse dans une pinte d'eau et étiquetez-la « poison ». Découpez une fente en forme de V sur un côté du bouchon pour que le liquide puisse s'écouler en gouttes. Ajoutez le mélange de chaux à la solution diluée de sulfate de cuivre jusqu'à ce que la solution d'essai de ferrocyanure (ou de prussiate) *ne brunisse pas* lorsqu'elle tombe de la bouteille dans le mélange. Il est toujours préférable d'ajouter un excès considérable de chaux.

« Autocollant » ou adhésif pour mélange bordelais. —Résine, 2 lb.; soda de sel (cristaux), 1 lb; eau, 1 gallon. Faire bouillir jusqu'à obtenir une couleur brun clair – une à une heure et demie. Cuire dans une bouilloire en fer à l'air libre. Ajoutez cette quantité à chaque cinquante gallons de bordeaux pour les oignons et le chou. Pour les autres plantes difficiles à mouiller, ajoutez cette quantité tous les cent gallons du mélange. Ce mélange évitera au bordeaux d'être emporté par les pluies les plus fortes.

Carbonate de cuivre ammoniacal. —Carbonate de cuivre, 5 oz.; ammoniac, 3 pt.; eau, 50 gallons. Diluer l'ammoniaque dans sept ou huit parties d'eau. Faites une pâte de carbonate de cuivre avec un peu d'eau. Ajoutez la pâte à l'ammoniaque diluée et remuez jusqu'à dissolution. Ajoutez suffisamment d'eau pour faire cinquante gallons. Ce mélange perd de sa force au repos et doit donc être préparé selon les besoins. On l'utilise à la place du bordeaux lorsqu'on souhaite éviter la coloration des fruits en cours de maturation ou des plantes ornementales. Pas aussi efficace que le bordeaux.

Sulfure de potassium. —Sulfure de potassium (foie de soufre), 3 oz.; eau, 10 gallons. Comme ce mélange perd de sa force au repos, il convient de le préparer juste avant de l'utiliser. Il est particulièrement précieux contre l'oïdium de nombreuses plantes, notamment la groseille à maquereau, la rouille des œillets, l'oïdium du rosier, etc.

Soufre. —Le soufre s'est révélé posséder une valeur considérable comme fongicide. Les fleurs de soufre peuvent être répandues sur les plantes, surtout lorsqu'elles sont humides. Il est plus efficace par temps chaud et sec. Dans les rosiers, il est mélangé avec la moitié de sa masse de chaux et transformé en pâte avec de l'eau. Ceci est peint sur les conduites de vapeur. Les fumées détruisent la moisissure sur les roses. Mélangé à de la chaux, il s'est révélé efficace dans la lutte contre le charbon de l'oignon lorsqu'il est semé dans les rangs contenant les graines. Le soufre n'est pas efficace contre la pourriture noire du raisin.

Traitement contre certains insectes courants .

Les traitements préventifs et curatifs les plus approuvés contre les insectes nuisibles les plus susceptibles de menacer les terrains domestiques et les plantations sont brièvement discutés ici. En cas de difficulté inhabituelle qu'il ne peut contrôler, le propriétaire du foyer doit s'adresser à la station d'expérimentation agricole de l'État, en envoyant de bons spécimens de l'insecte pour identification. Il devrait également avoir les publications de la station.

Les déclarations faites ici sont destinées à servir de conseils plutôt que de directives. Ils sont choisis parmi de bonnes autorités (principalement de Slingerland et Crosby dans ce cas) ; mais le lecteur doit, bien entendu, assumer ses propres risques en les appliquant. L'efficacité de tout traitement recommandé dépend dans une large mesure du soin, de la minutie et de la rapidité avec lesquels le travail est effectué ; et de nouvelles méthodes et pratiques apparaissent constamment comme le résultat de nouvelles investigations. Les dates indiquées dans ces directions concernent New York.

Puceron ou puceron. — Les remèdes courants contre les pucerons ou les poux des plantes sont l'émulsion de kérosène et les préparations à base de tabac. Le savon à l'huile de baleine est également bon. Le tabac peut être appliqué sous forme de pulvérisation ou dans la maison sous forme de fumigation ; les formes commerciales de nicotine sont excellentes. (Voir page 194.) Assurez-vous d' appliquer le remède avant que les feuilles ne soient enroulées et offrent une protection aux poux ; assurez-vous également de frapper le dessous des feuilles, là où se trouvent habituellement les poux. La présence de poux sur les arbres est parfois découverte pour la première fois grâce au miellat qui tombe lors des promenades.

Habituellement, l'émulsion est diluée avec 10 à 15 parties d'eau contre les poux des plantes (voir formule, page 194) ; mais certaines espèces (comme le pou du cerisier brun foncé) nécessitent une émulsion plus forte, environ 6 parties d'eau.

234. Lady-bird beetle; larva above.

Les coccinelles (dont l'une est représentée sur la Fig. 234) détruisent un grand nombre de poux des plantes, et leur présence devrait donc être encouragée.

Mouche de la pomme ou « ver des chemins de fer ». —Les petits vers blancs creusent des terriers brunâtres et sinueux dans la chair du fruit, en particulier dans les variétés d'été et du début de l'automne. Cet insecte ne peut pas être atteint par un spray car la mouche parentale insère ses œufs sous la peau de la pomme. Une fois adulte, la mouche quitte le fruit, pénètre dans le sol et s'y transforme à l'intérieur d'un étui résistant et coriace. Le travail du sol s'est avéré sans valeur comme moyen de contrôle. Le seul traitement efficace consiste à ramasser toutes les aubaines tous les deux ou trois jours, et soit à les nourrir, soit à les enfouir profondément, tuant ainsi les asticots.

Coléoptère de l'asperge. —Des méthodes de culture propres suffisent généralement à empêcher le coléoptère de l'asperge d'endommager gravement les massifs bien établis. Les jeunes plants nécessitent plus ou moins de protection. Une bonne qualité d'arséniate de plomb, 1 lb à 25 gal.

d'eau, détruira rapidement les larves présentes sur le feuillage des jeunes ou des vieilles plantes. Appliquez-le avec un arroseur ordinaire, ou mieux, utilisez l'un des nombreux appareils de pulvérisation actuellement disponibles sur le marché. La nécessité d'un traitement doit être déterminée par l'abondance des ravageurs. Il ne faut pas les laisser devenir abondants au milieu de l'été, sinon les coléoptères qui hivernent pourraient endommager les pousses au printemps.

Acarien vésiculeux sur pommier et poirier. —La présence de ce minuscule acarien est indiquée par de petites vésicules brunâtres irrégulières sur les feuilles. Pulvériser à la fin de l'automne ou au début du printemps avec le lavage chaux-soufre, avec une émulsion de kérosène, diluée avec 5 parties d'eau, ou de l'huile miscible, 1 gallon. dans 10 gallons. de l'eau.

Foreurs. —Le seul remède certain contre les foreurs est de les déterrer ou de les percer avec un fil. Gardez l'espace autour de la base de l'arbre propre et surveillez attentivement tout signe de foreur. Le foreur à tête plate du pommier travaille sous l'écorce sur le tronc et les grosses branches, en particulier là où elles sont très exposées au soleil. L'aspect mort et enfoncé de l'écorce indique sa présence. Le foreur à tête ronde travaille dans le bois de pommiers, de coings et autres arbres ; il devrait être chassé chaque printemps et chaque automne. Sur un terrain dur, il est bon de creuser la terre depuis la base de l'arbre et de remplir l'espace de cendre de charbon ; cela facilitera grandement le travail d'examen.

Le foreur du pêcher et de l'abricot est la larve d'un papillon aux ailes claires. La larve creuse juste sous l'écorce, près ou sous la surface du sol ; sa présence est indiquée par une masse gommeuse à la base de l'arbre. Déterrez les foreurs en juin et montez les arbres. En même temps, appliquez du goudron de gaz ou du goudron de houille sur le tronc, depuis les racines jusqu'à un pied ou plus au-dessus de la surface du sol.

L'agrile du bouleau détruit de nombreux beaux bouleaux blancs dans certaines régions du pays. Sa présence est connue par la mort de la cime de l'arbre. Il n'existe pas encore de moyen connu pour empêcher ce foreur d'attaquer les bouleaux blancs, et la seule méthode pratique et efficace trouvée jusqu'à présent pour enrayer ses ravages est de couper et de brûler rapidement les arbres infestés en automne, en hiver ou avant le 1er mai. Il n'y a aucune probabilité de sauver un arbre lorsque les branches supérieures sont mortes, bien que couper les parties mortes puisse temporairement éviter les problèmes. Coupez et brûlez ces arbres immédiatement et empêchez ainsi la propagation de l'insecte.

Papillon sur le pommier. —Les petites chenilles brunes à tête noire dévorent les feuilles tendres et les fleurs des bourgeons du pommier qui s'ouvrent au début du printemps. Faites deux applications de 1 lb de vert de Paris ou de

4 lb d'arséniate de plomb dans 100 gal. de l'eau; le premier lorsque les extrémités des feuilles apparaissent et le second juste avant l'ouverture des fleurs. Si nécessaire, vaporisez à nouveau après la chute des fleurs.

Insectes du chou et du chou-fleur. —Les chenilles vertes qui mangent les feuilles et les têtes du chou éclosent des œufs pondus par le papillon blanc commun (Fig. 295). Il y a plusieurs couvées chaque saison. Si les plantes ne poussent pas, pulvériser avec une émulsion de kérosène ou du vert de Paris sur lequel l'autocollant a été apposé. En cas de cap, appliquez l'hellébore.

Les pucerons du chou, petits poux farineux, sont particulièrement gênants pendant les saisons fraîches et sèches, lorsque leurs ennemis naturels sont moins actifs. Avant que les plantes ne commencent à pousser, vaporisez une émulsion de kérosène diluée avec 6 parties d'eau ou du savon à l'huile de baleine, 1 lb dans 6 gallons. de l'eau.

Les vers blancs qui se nourrissent des racines éclosent à partir d'œufs pondus près de la plante, à la surface du sol, par une petite mouche ressemblant un peu à la mouche domestique commune. Creusez légèrement la terre autour de chaque plante et appliquez librement une émulsion d'acide carbolique diluée avec 30 parts d'eau. Commencez le traitement tôt, un jour ou deux après la levée des plantes ou le lendemain de leur plantation. Répétez l'application tous les 7 à 10 jours jusqu'à la fin du mois de mai. Il s'est également avéré possible de protéger les plantes en utilisant des cartes bien ajustées découpées dans du papier goudronné. (Voir page 187.)

Vers-chancres. —Ces chenilles sont de petits vers-mesures ou arpenteuses qui défolient les pommiers en mai et juin (Fig. 217). Les papillons femelles n'ont pas d'ailes et, à la fin de l'automne ou au début du printemps, rampent sur les troncs des arbres pour pondre leurs œufs sur les branches. Vaporisez soigneusement une ou deux fois, avant l'ouverture des fleurs, avec 1 lb de vert de Paris ou 4 lb d'arséniate de plomb dans 100 gal. de l'eau. Répétez l'application après la chute des fleurs. Empêchez la remontée des femelles sans ailes au moyen de bandes collantes ou de pièges grillagés.

Porteurs de caisses sur pomme. —Les petites chenilles vivent dans des caisses en forme de pistolet ou de cigare, d'environ 1/4 po de long. Ils apparaissent au printemps sur les bourgeons qui s'ouvrent en même temps que la tordeuse et peuvent être contrôlés par les mêmes moyens.

Papillon Codlin. —Le papillon du dard pond les œufs qui produisent la chenille rosâtre qui provoque une grande proportion de pommes et de poires véreuses. Les œufs sont pondus par un petit papillon sur les feuilles et sur la peau du fruit. La plupart des chenilles pénètrent dans le pommier au niveau de la floraison. Lorsque les pétales tombent, le calice est ouvert et c'est le moment de pulvériser. Le calice se ferme rapidement et garde le poison à l'intérieur, prêt pour le premier repas de la jeune chenille. Une fois le calice fermé, il est trop tard pour pulvériser efficacement. Les chenilles atteignent leur pleine croissance en juillet et août, quittent les fruits, rampent sur le tronc et là, la plupart d'entre elles tissent des cocons sous l'écorce lâche. Dans la plupart des régions du pays, il y a deux couvées par an. Immédiatement après la chute des fleurs, vaporisez avec 1 lb de vert de Paris ou 4 lb d'arséniate de plomb dans 100 gal. de l'eau. Répétez l'application 7 à 10 jours plus tard. Utilisez des bandes de toile de jute sur les troncs, en tuant toutes les chenilles situées en dessous tous les dix jours du 1er juillet au 1er août, et une fois plus tard avant l'hiver.

Insectes cucurbitacées (concombre, melon et courge) . — Des coléoptères jaunes à rayures noires apparaissent en grand nombre et attaquent les plantes dès qu'elles sont levées. Plantez des courges précoces comme culture piège autour du champ. Protégez les vignes avec des grillages (Fig. 229) jusqu'à ce qu'elles commencent à couler, ou gardez-les recouvertes de bouillie bordelaise, les rendant ainsi désagréables aux coléoptères.

Les vignes de courges sont fréquemment tuées par une chenille blanche qui s'enfouit dans la tige près de la base de la plante. Plantez quelques courges précoces entre les rangées de variétés tardives comme culture piège. Dès les premières récoltes, enlevez et brûlez les vignes. Lorsque les vignes sont suffisamment longues, recouvrez-les de terre au niveau des joints afin de développer des systèmes racinaires secondaires pour la plante au cas où la tige principale serait blessée.

Les poux des plantes vert foncé se nourrissent du dessous des feuilles de courge, les faisant s'enrouler et se flétrir. Pulvériser avec une émulsion de kérosène diluée avec 6 parties d'eau. Il est nécessaire de bien recouvrir le dessous des feuilles ; le pulvérisateur doit donc être équipé d'une buse retournée. Brûlez les vignes dès la récolte et éliminez toutes les mauvaises herbes.

La punaise puante est très gênante à écraser. L'adulte noir rouille sort de l'hibernation au printemps et pond ses œufs sur la face inférieure des feuilles. Les nymphes sucent la sève des feuilles et des tiges, provoquant de graves blessures. Piégez les adultes sous les planches au printemps. Examinez les feuilles à la recherche d'œufs brunâtres, lisses et brillants et détruisez-les. Les jeunes nymphes peuvent être tuées avec une émulsion de kérosène.

Curculio .—Le charançon adulte de la prune et de la pêche est un petit coléoptère qui insère ses œufs sous la peau du fruit et fait ensuite une coupe caractéristique en forme de croissant en dessous. Le ver se nourrit du fruit et le fait tomber. Une fois adulte, il pénètre dans le sol, se transforme à la fin de l'été en coléoptère, qui finit par hiberner dans des endroits abrités. Vaporisez les prunes juste après la chute des fleurs avec de l'arséniate de plomb, 6 à 8 lb dans 100 gal. d'eau et répétez l'application après environ une semaine. Une fois les fruits noués, mettez les arbres quotidiennement sur une feuille ou un attrape-curculio et détruisez les coléoptères ; c'est pratiquement le seul procédé pour les pêches, car elles ne peuvent pas être pulvérisées.

Le charançon du coing est un peu plus gros que celui qui infeste la prune et diffère par son cycle biologique. Les larves quittent les fruits à l'automne et pénètrent dans le sol, où elles hibernent et se transforment en adultes en mai, juin ou juillet suivants, selon la saison. Lorsque les adultes apparaissent, détachez-les de l'arbre sur des feuilles ou des attrape-charcuteries et détruisez-les. Pour déterminer quand ils apparaissent, mettez quelques arbres en pot quotidiennement, à partir de la fin du mois de mai à New York.

Ver de groseille. —Au printemps, les petites larves vertes tachetées de noir se nourrissent du feuillage des groseilles et des groseilles à maquereau, commençant leur travail sur les feuilles inférieures. Une deuxième couvée a lieu au début de l'été. Lorsque les vers apparaissent pour la première fois, vaporisez avec 1 lb de vert de Paris ou 4 lb d'arséniate de plomb dans 100 gal. de l'eau. D'ordinaire, le poison doit être combiné avec du bordeaux (contre la tache des feuilles).

Vers coupés. — Le remède contre les vers gris le plus souvent pratiqué dans les jardins, et qui ne peut manquer d'être efficace lorsqu'il est fidèlement appliqué, est probablement la cueillette manuelle avec des lanternes la nuit ou l'arrachage au pied des plantes infestées pendant le jour. Des boisseaux de vers gris ont été récoltés de cette manière et avec profit. Lorsque, pour une raison quelconque, l'utilisation des appâts empoisonnés (dont nous parlerons ensuite) ne réussit pas, la cueillette manuelle est la seule autre méthode encore recommandée sur laquelle on peut compter pour contrôler les déprédations causées par les vers gris.

Les meilleures méthodes jamais conçues pour tuer les vers gris dans toutes les situations sont les appâts empoisonnés, utilisant à cet effet du vert de Paris ou de l'arséniate de plomb. Des bottes de trèfle ou de mauvaises herbes empoisonnées ont été minutieusement testées, même par wagons entiers, sur de vastes superficies, et presque toutes les ont signalées comme étant très efficaces ; le chénopode blanc (amarante), le poivrier et la molène font partie des mauvaises herbes particulièrement attrayantes pour les vers-gris. Sur de petites superficies, la fabrication des appâts est effectuée à la main, mais ils ont été préparés à grande échelle en pulvérisant les plantes dans le champ, en les coupant avec une faux ou une machine et en les jetant depuis des chariots en petits paquets là où vous le souhaitez. Répartis à quelques pieds l'un de l'autre, entre les rangées de plantes du jardin à la tombée de la nuit, ils ont souvent attiré et tué suffisamment de vers gris pour sauver une grande partie de la récolte ; si les grappes peuvent être recouvertes d'un bardeau, elles resteront fraîches beaucoup plus longtemps. Plus les appâts sont frais et plus l'appâtage est minutieux, plus on peut détruire de vers gris. Cependant, il peut parfois arriver qu'une quantité suffisante de ces plantes succulentes vertes ne puisse pas être obtenue suffisamment tôt dans la saison dans certaines localités. Dans ce cas, et nous n'en sommes pas sûrs, mais dans tous les cas, la purée de son empoisonnée peut être utilisée de manière optimale. Il est facile à fabriquer et à appliquer à tout moment, ne coûte pas cher et jusqu'à présent, les résultats montrent qu'il s'agit d'un appât très attrayant et efficace. Une cuillerée à soupe peut être rapidement déposée autour de la base de chaque plant de chou ou de tomate ; de petites quantités peuvent être facilement dispersées le long des rangées d'oignons et de navets, ou un peu déposées sur une colline de maïs ou de concombres.

Le meilleur moment pour appliquer ces appâts empoisonnés est de deux ou trois jours avant que des plantes aient poussé ou soient installées dans le jardin. Si le terrain a été correctement préparé, les vers n'auront eu que peu à manger pendant plusieurs jours et ils saisiront ainsi la première occasion d'apaiser leur faim grâce aux appâts, et il en résultera une destruction totale. Les appâts doivent toujours être appliqués à ce moment-là partout où des vers gris sont attendus. Mais il n'est généralement pas trop tard pour sauver la majeure partie d'une récolte après que les ravageurs ont fait connaître leur présence en coupant certaines plantes. Agissez rapidement et utilisez les appâts librement.

Pour les moyens mécaniques de protection contre les vers gris, voir pp. 186-7.

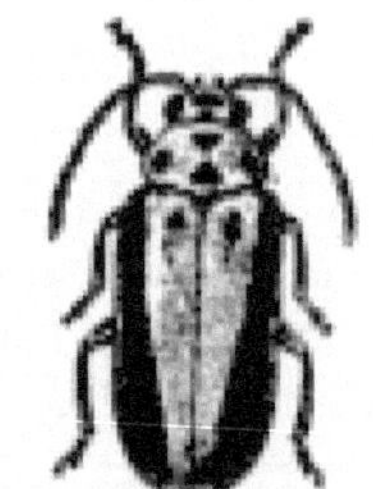

235. Elm-leaf beetle, adult, somewhat en-larged (after Howard).

Coléoptère de l'orme. —D'une manière générale, une pulvérisation minutieuse et opportune suffit pour lutter contre le chrysomèle de l'orme (Fig. 235).

Utilisez de l'arséniate de plomb, 1 lb à 25 gal., et effectuez l'application sur la face inférieure des feuilles à la fin du mois de mai ou au tout début de juin à New York. Parfois, lorsque le coléoptère est très abondant, probablement en raison de l'absence de pulvérisation les années précédentes, il peut être conseillé de faire une deuxième application, et la même chose peut être vraie lorsque les conditions nécessitent l'application plus tôt que le moment où elle sera la plus efficace. Cette dernière condition est susceptible de se produire partout où un grand nombre d'arbres doivent être traités avec un équipement inadéquat.

Écaille de coquille d'huître . — Il s'agit d'une écaille allongée ou d'un pou d'écorce, de 1/8 po de longueur, ressemblant à une coquille d'huître par sa forme et incrustant souvent l'écorce des rameaux de pommier. Il hiberne sous la forme de minuscules œufs blancs sous les vieilles écailles. Les œufs éclosent à la fin du mois de mai ou en juin, la date dépendant de la saison. Après leur éclosion, les jeunes peuvent être vus comme de minuscules poux blanchâtres rampant sur l'écorce. Lorsque ces jeunes apparaissent, vaporisez avec une émulsion de kérosène diluée avec 6 parties d'eau, ou de l'huile de baleine ou tout bon savon, 1 lb dans 4 ou 5 gallons. de l'eau.

Insectes du poirier. —Le psylle est l'un des insectes les plus dangereux affectant le poirier. Il s'agit d'un minuscule insecte suceur jaunâtre, au corps plat, que l'on trouve souvent à l'aisselle des feuilles et des fruits au début de la saison. Ils se transforment en minuscules poux sauteurs ressemblant à des cigales. Les jeunes psylles sécrètent une grande quantité de miellat dans lequel se développe un particulier champignon noir, donnant à l'écorce un aspect fuligineux caractéristique. Il peut y avoir quatre couvées par an et les arbres sont souvent gravement blessés. Après la chute des fleurs, vaporisez une émulsion de kérosène diluée avec 6 parties d'eau ou du savon à l'huile de baleine, 1 lb dans 4 ou 5 gallons. de l'eau. Répétez l'application à intervalles de 3 à 7 jours jusqu'à ce que les insectes soient sous contrôle.

La limace du poirier est une petite larve visqueuse de couleur vert foncé qui squelettise les feuilles en juin et une deuxième couvée apparaît en août. Vaporisez soigneusement avec 1 lb de vert de Paris ou 4 lb d'arséniate de plomb dans 100 gal. de l'eau.

Insectes de la pomme de terre. —Le doryphore de la pomme de terre, ou punaise de la pomme de terre, sort de son hibernation au printemps et pond des masses d'œufs orange sur la face inférieure des feuilles. Les larves sont appelées « limaces » et « coquilles molles » et causent la plupart des dégâts sur les vignes. Vaporiser du vert de Paris, 2 lb dans 100 gal. d'eau, ou d'arsénite de soude mélangée à de la bouillie bordelaise. Il peut parfois être nécessaire d'utiliser un poison plus puissant, en particulier sur les « limaces » plus âgées.

Les petites altises noires criblent les feuilles de trous et provoquent la mort du feuillage. La bouillie bordelaise appliquée contre le mildiou de la pomme de terre protège les plantes en les rendant répulsives contre les coléoptères.

Insectes du framboisier, de la mûre et de la mûre. —Les larves verdâtres et épineuses de la mouche à scie se nourrissent des feuilles tendres au printemps. Pulvériser du vert de Paris ou de l'arséniate de plomb, ou appliquer de l'hellébore.

L'agrile de la canne est un ver qui s'enfouit dans les cannes, les faisant mourir. En pondant ses œufs, le coléoptère adulte ceinture le bout de la canne avec un anneau de perforations, la faisant flétrir et s'affaisser. Au milieu de l'été, coupez et détruisez les pointes tombantes.

Araignée rouge. —Acariens rougeâtres minuscules sur la face inférieure des feuilles dans les serres et parfois à l'extérieur par temps sec. Arrosez les plantes avec de l'eau claire deux à trois fois par semaine, en prenant soin de ne pas mouiller les plates-bandes.

Insectes des roses. —Les poux verts des plantes travaillent généralement sur les bourgeons et les cicadelles jaunes se nourrissent des feuilles. Pulvériser, chaque fois que nécessaire, avec une émulsion de kérosène, diluée avec 6 parties d'eau, ou de l'huile de baleine ou tout bon savon, 1 lb dans 5 ou 6 gal. de l'eau.

Le hanneton des roses est souvent un ravageur des plus pernicieux sur les roses, les raisins et autres plantes. Ces coléoptères disgracieux, aux longues pattes et grisâtres, se rencontrent dans les régions sablonneuses et envahissent souvent les vignobles et détruisent les fleurs et le feuillage. Pulvériser soigneusement avec de l'arséniate de plomb, 10 lb dans 100 gal. de l'eau. Répétez l'application si nécessaire. (Voir sous Rose au chapitre VIII.)

Écaille de San José. —Cette écaille pernicieuse a un contour presque circulaire et à peu près la taille d'une petite tête d'épingle, avec un centre surélevé. Lorsqu'elle est abondante, elle forme une croûte sur les branches et provoque de petites taches rouges sur les fruits. Il se multiplie avec une rapidité merveilleuse, il y a trois ou quatre couvées par an à New York, et chaque écaille mère peut donner naissance à plusieurs centaines de petits. Les jeunes naissent vivants et la reproduction se poursuit jusqu'à la fin de l'automne, lorsque tous les stades sont tués par le froid, à l'exception des minuscules écailles noires à moitié développées, dont beaucoup hibernent en toute sécurité. Pulvériser abondamment à l'automne après la chute des feuilles, ou au début du printemps avant le début de la croissance, avec un lavage à la chaux et au soufre ou avec de l'huile miscible 1 gallon. dans 10 gallons. de l'eau. En cas d'infestation grave, faire deux applications, une à l'automne et une autre au printemps. Dans le cas de grands arbres âgés, une émulsion de pétrole brut à 25 pour cent doit être appliquée au moment où les bourgeons gonflent.

Dans les pépinières, une fois les arbres creusés, fumigez avec du gaz acide cyanhydrique, en utilisant 1 oz. de cyanure de potassium pour 100 cu. pieds d'espace. Continuez la fumigation pendant une demi-heure à trois quarts d'heure. Ne fumigez pas les arbres lorsqu'ils sont mouillés, car la présence d'humidité les rend susceptibles de se blesser.

Chenille des tentes. —L'insecte hiberne au stade de l'œuf. Les œufs sont collés en masses brunâtres en forme d'anneaux autour des plus petites brindilles, où ils peuvent être facilement trouvés et détruits. Les chenilles apparaissent au début du printemps, dévorent les feuilles tendres et construisent des nids disgracieux sur les petites branches. Ce ravageur est généralement contrôlé par le traitement recommandé pour le papillon du dard. Détruisez les nids en les brûlant ou en les éliminant lorsqu'ils sont petits. Souvent un mauvais ravageur sur les pommiers.

Mouche violette. — Les violettes cultivées sous serre sont souvent gravement blessées par un très petit asticot, qui fait que les bords des feuilles s'enroulent, jaunissent et meurent. L'adulte est une toute petite mouche ressemblant à un moustique. Retirez et détruisez les feuilles infestées dès leur découverte. La fumigation n'est pas conseillée pour cet insecte ni pour l'araignée rouge.

Mouche blanche. —Les minuscules mouches blanches sont communes sur les plantes de serre et souvent en été sur les plantes des jardins proches des serres. Les nymphes sont de petits insectes verdâtres ressemblant à des écailles que l'on trouve sur la face inférieure des feuilles ; les adultes sont de minuscules mouches blanches aux ailes farineuses. Vaporiser avec une émulsion de kérosène ou du savon à l'huile de baleine ; ou si vous infestez des concombres ou des tomates, fumigez pendant la nuit avec du gaz acide cyanhydrique, en utilisant 1 oz. de cyanure de potassium pour chaque 1000 cu. pieds d'espace. (Voir page 188.)

Vers blancs. —Les gros vers blancs courbés qui sont si gênants dans les pelouses et les champs de fraises sont les larves des coléoptères communs de juin. Ils vivent dans le sol et se nourrissent des racines des graminées et des mauvaises herbes. Retirez les larves sous les plantes infestées. Une culture minutieuse au début de l'automne des terres destinées à la culture des fraises détruira de nombreuses pupes. Dans les pelouses, enlevez le gazon, détruisez les larves et créez une nouvelle pelouse lorsque l'infestation est grave.

Traitement de certaines maladies courantes des plantes .

Les conseils suivants (adaptés pour la plupart de Whetzel et Stewart) couvrent les types de maladies fongiques les plus fréquentes apparaissant chez le jardinier amateur. Cependant, de nombreux autres types attireront certainement son attention dès la première saison s'il y regarde de près. Le remède standard est la bouillie bordelaise ; mais parce que cette matière décolore le feuillage, le carbonate de cuivre est parfois utilisé à la place. Les traitements recommandés ici sont pour New York ; mais il ne devrait pas être difficile d'appliquer les dates ailleurs. Le jardinier doit compléter tous les conseils de ce type par son propre jugement et son expérience et prendre ses propres risques.

Tavelure du pommier. —Généralement plus évidente sur le fruit, formant des taches et des croûtes. Pulvériser du bordeaux, 5-5-50 ou 3-3-50 ; d'abord, juste avant l'ouverture des fleurs ; deuxièmement, juste au moment où les fleurs tombent ; troisièmement, 10 à 14 jours après la chute des fleurs. La deuxième pulvérisation semble être la plus importante. Appliquez toujours *avant* les pluies, pas *après* .

Rouille de l'asperge . — Maladie de l'asperge la plus courante et la plus destructrice, produisant des pustules rougeâtres ou noires sur les tiges et les branches. À la fin de l'automne, brûlez toutes les plantes affectées. Fertilisez généreusement et cultivez soigneusement. Pendant la saison de coupe, ne laissez aucune plante mûrir et coupez toutes les plantes d'asperges sauvages à proximité une fois par semaine. La rouille peut être partiellement contrôlée par pulvérisation de bordeaux, 5-5-50, contenant une couche de savon résine-sal-soude, mais c'est une opération difficile et coûteuse et probablement non rentable sauf sur de grandes superficies. Commencez la pulvérisation après la coupe dès que les nouvelles pousses mesurent 8 à 10 pouces de haut et répétez une ou deux fois par semaine jusqu'au 15 septembre environ. L'épandage de soufre s'est avéré efficace en Californie.

Maladies du chou et du chou-fleur. —La pourriture noire est une maladie bactérienne ; les plantes perdent leurs feuilles et ne parviennent pas à se diriger. Pratiquer la rotation des cultures ; faire tremper les graines 15 min. dans une solution obtenue en dissolvant un comprimé de sublimé corrosif dans une pinte d'eau. Les comprimés peuvent être achetés dans les pharmacies.

La racine bote ou pied bot est une maladie bien connue. Le parasite vit dans le sol. Pratiquez la rotation des cultures. Ne plantez que des plantes saines. N'utilisez pas de fumier contenant des déchets de choux. S'il est nécessaire d'utiliser des terres infestées, appliquez une bonne chaux de pierre, 2 à 5 tonnes par acre. Appliquer au moins dès l'automne avant la plantation ; deux à quatre ans, c'est mieux. Limez le lit de semence de la même manière.

Rouille des œillets. —Cette maladie peut être reconnue par les pustules brunes et poudreuses sur la tige et les feuilles. Plantez uniquement les variétés les moins affectées. Prélevez des boutures uniquement sur des plantes saines. Pulvériser (au champ, une fois par semaine; dans la serre, une fois toutes les deux semaines) avec du sulfate de cuivre, 1 lb à 20 gal. de l'eau. Gardez l'air de la serre aussi sec et frais que cela est compatible avec une bonne croissance. Gardez le feuillage à l'abri de l'humidité. Former les plantes de manière à assurer une libre circulation de l'air entre elles.

Châtaignier. —La maladie de l'écorce du châtaignier est devenue très grave dans le sud-est de l'État de New York, provoquant l'affaissement et la mort de l'écorce et la mort de l'arbre. Couper les endroits malades et traiter aseptiquement peut être utile dans les cas légers, mais les arbres gravement infectés sont incurables, dans l'état actuel de nos connaissances. L'inspection du matériel de pépinière et le brûlage des arbres atteints sont la seule procédure désormais recommandée. La maladie est signalée en Nouvelle-Angleterre et dans l'ouest de l'État de New York.

Tache du chrysanthème. — Pulvériser du bordeaux, 5-5-50, tous les dix jours ou assez souvent pour protéger le nouveau feuillage. Le carbonate de cuivre ammoniacal peut être utilisé, mais il n'est pas aussi efficace.

Maladies du concombre. —Le « flétrissement » est une maladie causée par des bactéries distribuées principalement par les chrysomèles rayées du concombre. Détruisez les coléoptères ou chassez-les en pulvérisant soigneusement du bordeaux, 5-5-50. Rassemblez et détruisez toutes les feuilles et plantes fanées. Tout au plus peut-on s'attendre à ce que la perte soit légèrement réduite.

Le mildiou est une maladie fongique grave du concombre connue parmi les producteurs sous le nom de « fléau ». Les feuilles deviennent tachetées de jaune, présentent des taches mortes, puis se dessèchent. Pulvériser du bordeaux, 5-5-50. Commencez la pulvérisation lorsque les plantes commencent à courir et répétez tous les 10 à 14 jours tout au long de la saison.

Maladies du groseillier. —Les taches foliaires et l'anthracnose sont causées par deux ou trois champignons différents. Les feuilles deviennent tachetées, jaunissent et tombent prématurément. On peut les combattre par trois à cinq pulvérisations de bordeaux, 5-5-50, mais il est douteux que les maladies soient en moyenne suffisamment destructrices pour justifier de telles dépenses.

Oïdium de la groseille à maquereau. —Les fruits et les feuilles sont recouverts d'une croissance de champignon blanc sale. Lors de l'implantation d'une nouvelle plantation, choisissez un site où le terrain est bien sous-drainé et où il y a une bonne circulation de l'air. Coupez les branches tombantes. Gardez le sol en dessous exempt de mauvaises herbes. Vaporiser avec du sulfure de potassium, 1 oz. à 2 gallons; commencez dès le débourrement et répétez tous les 7 à 10 jours jusqu'à ce que les fruits soient récoltés. L'oïdium est très destructeur pour les variétés européennes.

Pourriture noire du raisin. —Supprimez toutes les « momies » qui s'accrochent aux bras au moment de la taille. Labourez tôt, en retournant sous toutes les vieilles momies et les feuilles malades. Ramassez tous les détritus sous la vigne dans le dernier sillon et recouvrez-les avec la binette. Cela ne peut pas être fait de manière trop approfondie. La maladie est favorisée par le temps humide et les mauvaises herbes ou l'herbe dans le vignoble. Utilisez le travail du sol en surface et réduisez toutes les mauvaises herbes et l'herbe. Gardez les vignes bien germées ; si nécessaire, germez deux fois. Pulvériser avec la bouillie bordelaise 5-5-50 jusqu'à la mi-juillet, puis avec du carbonate de cuivre ammoniacal. Le nombre de pulvérisations varie selon la saison. Effectuer la première application lorsque la troisième feuille apparaît. Les infections ont lieu à chaque pluie et se produisent tout au long de la saison de croissance. Le feuillage doit être protégé par une couche de spray avant chaque pluie. Les nouvelles pousses en particulier doivent être bien pulvérisées.

La rouille de la rose trémière .—Fig. 212. Éradiquer la mauve sauvage *(Malva rotundifolia)*. Retirez toutes les feuilles de rose trémière dès qu'elles montrent des signes de rouille. Pulvériser plusieurs fois la bouillie bordelaise en prenant soin de recouvrir les deux faces des feuilles.

Chute ou pourriture de la laitue . — C'est une maladie fongique souvent destructrice dans les serres, découverte par le flétrissement soudain des plantes. Il est entièrement contrôlé par la stérilisation à la vapeur du sol jusqu'à une profondeur de deux pouces ou plus. S'il n'est pas possible de stériliser le sol, utilisez de la terre fraîche pour chaque culture de laitue.

Maladies du melon musqué. —Le « fléau » est une maladie très gênante. Les feuilles présentent des taches angulaires brun mort, puis se dessèchent et meurent ; le fruit ne mûrit souvent pas et manque de saveur. Elle est causée par le même champignon que le mildiou du concombre. Si le bordeaux s'est révélé efficace pour lutter contre le mildiou des concombres, il semble avoir peu d'utilité pour atténuer la même maladie sur les melons.

Le « flétrissement » est le même que le flétrissement des concombres ; le même traitement est administré.

Maladies du pêcher. —La pourriture brune est difficile à contrôler. Variétés végétales résistantes. Taillez les arbres de manière à laisser entrer la lumière du soleil et l'air. Éclaircissez bien les fruits. Aussi souvent que possible, cueillez et détruisez tous les fruits pourris. À l'automne, détruisez tous les fruits restants. Pulvériser avec de la bouillie bordelaise avant le débourrement ou du citron vert-soufre bouilli.

L'enroulement des feuilles est une maladie dans laquelle les feuilles gonflent et se déforment au printemps et tombent en juin et juillet (Fig. 213). Elberta est une variété particulièrement sensible. Contrôle facile et complet en pulvérisant les arbres une fois, avant le gonflement des bourgeons, avec du bordeaux, 5-5-50, ou avec les mélanges chaux-soufre utilisés pour la cochenille de San José.

La tache noire ou gale s'avère souvent gênante en saison humide et particulièrement dans les situations humides ou abritées. Bien que cette maladie attaque les rameaux et les feuilles, elle est plus visible et plus nuisible sur les fruits, où elle apparaît sous forme de taches ou de taches sombres. Lors d'attaques sévères, le fruit se fissure. Dans le traitement de cette maladie, il est primordial d' *assurer une libre circulation de l'air* autour du fruit. Pour ce faire, évitez les sites bas, taillez et supprimez les brise-vent. Pulvérisez comme pour l'enroulement des feuilles et suivez avec deux applications de sulfure de potassium, 1 oz. à 3 gallons, le premier étant préparé peu de temps après la nouaison du fruit et le second lorsque le fruit est à moitié développé.

Le jaunissement est ce qu'on appelle une « maladie physiologique ». Cause inconnue. Contagieux et grave dans certaines localités. Connu par la maturation prématurée du fruit, par des stries et des taches rouges dans la chair, et par les grappes particulières de pousses jaunâtres et maladives qui apparaissent ici et là sur les membres (Fig. 215). Déterrez et brûlez les arbres malades dès leur découverte.

Maladies du poirier. — Le feu bactérien tue les rameaux et les branches, dont les feuilles noircissent soudainement et meurent mais ne tombent pas. Il produit également des chancres sur le tronc et les gros membres. Taillez les branches fanées dès leur découverte, en coupant 6 à 8 pouces en dessous des signes les plus bas de la maladie. Nettoyez les chancres des membres et du corps. Désinfectez toutes les grandes plaies avec une solution sublimée corrosive, 1 à 1000, et recouvrez d'une couche de peinture. Évitez de forcer une croissance rapide et succulente. Plantez les variétés les moins touchées.

La tavelure du poirier ressemble beaucoup à la tavelure du pommier. Il est très destructeur pour certaines variétés, comme par exemple la Flemish Beauty et le Seckel. Pulvériser trois fois de bordeaux, comme pour la tavelure du pommier.

Maladies des pruniers et des cerisiers . — Le nœud noir est un champignon dont les spores sont transportées d'arbre en arbre par le vent et propagent ainsi l'infection. Découpez et brûlez tous les nœuds dès leur découverte. Veiller à ce que les nœuds soient enlevés de tous les pruniers et cerisiers du quartier.

La tache foliaire est une maladie dans laquelle les feuilles se couvrent de taches rougeâtres ou brunes et tombent prématurément (Fig. 211) ; les arbres gravement touchés sont détruits par l'hiver. Souvent, les points morts disparaissent, laissant des trous bien nets. Pulvériser du bordeaux, 5-5-50. Pour les cerises, faire quatre applications : d'abord, juste avant l'ouverture des fleurs ; deuxièmement, lorsque le fruit est exempt de calice ; troisièmement, deux semaines plus tard ; quatrième, deux semaines après le troisième. Chez les prunes, il peut être contrôlé par deux ou trois applications de bordeaux, 5-5-50. Réalisez la première une dizaine de jours après la chute des fleurs et les autres à intervalles d'environ trois semaines. Ceci s'applique aux variétés européennes. Les prunes du Japon ne doivent pas être aspergées de bordeaux.

Maladies de la pomme de terre. —Il existe différents types de brûlure et de pourriture de la pomme de terre. Les plus importantes sont le mildiou et le mildiou, deux maladies fongiques. Le mildiou n'affecte que le feuillage. Le mildiou tue le feuillage et fait souvent pourrir les tubercules. Deux problèmes graves sont souvent confondus avec le mildiou : (1) la brûlure des pointes, le brunissement des pointes et des bords des feuilles dû au temps sec ; et (2) les blessures causées par les altises, dans lesquelles les feuilles présentent de nombreux petits trous puis sèchent. Les pertes dues au mildiou et aux altises sont énormes : elles représentent souvent un quart à la moitié de la récolte. Pour le mildiou et les altises, vaporisez du bordeaux, 5-5-50. Commencez lorsque les plantes mesurent 6 à 8 pouces de hauteur et répétez tous les 10 à 14 jours pendant la saison, en effectuant 5 à 7 applications en tout. Utilisez 40 à 100 gallons. par acre à chaque application. Dans des conditions exceptionnellement favorables à la brûlure, il sera avantageux de pulvériser aussi souvent qu'une fois par semaine.

La gale est causée par un champignon qui attaque la surface des tubercules. Il se propage sur les tubercules malades et dans le sol. En général, lorsque la terre est gravement infestée par la tavelure, il est préférable de la planter avec d'autres cultures pendant plusieurs années. (Voir page 190.)

Maladies du framboisier. —L'anthracnose est très destructrice pour les framboises noires, mais elle est rarement nuisible aux variétés rouges. Il est détecté par les taches grises circulaires ou elliptiques ressemblant à des croûtes sur les cannes. Évitez de prélever de jeunes plants provenant de plantations malades. Retirez toutes les vieilles cannes et les nouvelles gravement malades dès que les fruits sont récoltés. Bien que la pulvérisation de bordeaux, 5-5-50, contrôle la maladie, le traitement peut ne pas être rentable. Si la pulvérisation semble recommandée, effectuez la première application lorsque les nouvelles tiges mesurent 6 à 8 pouces de hauteur et suivez-en deux autres à intervalles de 10 à 14 jours.

La brûlure de la canne ou flétrissement est une maladie destructrice affectant à la fois les variétés rouges et noires. Les tiges fruitières se fanent et meurent soudainement. Elle est causée par un champignon qui attaque la canne à un moment donné et tue l'écorce et le bois, provoquant ainsi la mort des parties supérieures. Aucun traitement efficace n'est connu. Lors de la création de nouveaux décors, utilisez uniquement des plantes provenant de plantations saines. Retirez les cannes à fruits dès que les fruits sont récoltés.

La rouille rouge est souvent importante sur les variétés noires, mais n'affecte pas les variétés rouges. C'est la même chose que la rouille rouge de la mûre. Déterrez et détruisez les plantes affectées.

Maladies de la rose. —La tache noire est l'une des maladies les plus courantes de la rose. Cela provoque la chute prématurée des feuilles. Pulvériser du bordeaux, 5-5-50, en commençant dès l'apparition des premières taches sur les feuilles. Deux ou trois applications à intervalles de dix jours permettront de contrôler dans une large mesure la maladie. Le carbonate de cuivre ammoniacal peut être utilisé sur les roses cultivées sous serre. Appliquer une fois par semaine jusqu'à ce que la maladie soit maîtrisée.

Pour lutter contre la moisissure sur les rosiers de serre, gardez les tuyaux de vapeur peints avec une pâte composée à parts égales de chaux et de soufre mélangés à de l'eau. Le mildiou est un champignon qui se nourrit en surface et est tué par les vapeurs de soufre. Les roses d'extérieur infestées par le mildiou peuvent être saupoudrées de soufre ou pulvérisées avec une solution de sulfure de potassium, 1 oz. à 3 gallons. eau. Pulvériser ou saupoudrer de soufre deux ou trois fois à intervalles d'une semaine ou de dix jours.

Tache du fraisier. —La maladie fongique la plus courante et la plus grave du fraisier ; également appelée rouille et brûlure des feuilles. Les feuilles présentent des taches qui sont d'abord d'une couleur pourpre foncé, mais qui s'agrandissent ensuite et le centre devient gris ou presque blanc. Le champignon passe l'hiver dans les vieilles feuilles malades qui tombent au sol. Lors de la création de nouvelles plantations, retirez toutes les feuilles malades des plantes avant de les amener au champ. Peu de temps après le début de la croissance, vaporisez les plantes nouvellement plantées avec du bordeaux, 5-5-50. Effectuez trois ou quatre pulvérisations supplémentaires au cours de la saison. Le printemps suivant, pulvérisez juste avant la floraison et de nouveau 10 à 14 jours plus tard. Si le massif doit être fructifié une deuxième fois, tondez les plantes et brûlez les massifs dès que les fruits sont récoltés. Variétés végétales résistantes.

Tache des feuilles de la tomate. — Le caractère distinctif de cette maladie est qu'elle commence sur les feuilles inférieures et progresse vers le sommet, tuant le feuillage au fur et à mesure. Il est difficile de le contrôler car il est transporté pendant l'hiver dans les feuilles et les sommités malades qui tombent au sol. Lors de la plantation des plantes, pincez toutes les feuilles inférieures qui touchent le sol ; ainsi que toutes les feuilles qui présentent des points morts suspects. Les problèmes commencent souvent dans le lit de semence. Pulvériser très soigneusement les plantes avec du bordeaux, 5-5-50, en commençant dès que les plantes sont plantées. Piquetez et attachez pour une plus grande commodité lors de la pulvérisation. Pulvériser sous les feuilles. Pulvériser chaque semaine ou dix jours.

CHAPITRE VII
LA CULTURE DES PLANTES ORNEMENTALES
- LES CLASSES DE PLANTES ET LES LISTES

En choisissant les types de plantes pour le terrain principal, le jardinier doit soigneusement distinguer deux catégories : celles qui composent les masses structurelles et la conception du lieu, et celles qui doivent être utilisées pour un simple ornement. Les principaux mérites à rechercher chez les premiers sont un bon feuillage, une forme et un port agréables, des nuances de vert et la couleur des rameaux d'hiver. Les mérites de ces derniers résident principalement dans les fleurs ou le feuillage coloré.

Chacune de ces catégories devrait être à nouveau divisée. Parmi les plantes destinées à la conception principale, on pourrait parler d'arbres comme brise-vent, d'arbres comme ombrage ; d'arbustes pour écrans ou plantations lourdes, pour les plantations latérales plus légères et pour les masses accidentelles autour des bâtiments ou sur la pelouse ; et peut-être aussi de vignes pour porches et tonnelles, de conifères, de haies et de masses herbacées plus lourdes.

Les plantes utilisées pour un simple embellissement ou ornementation peuvent être classées à nouveau en catégories pour les bordures herbacées permanentes, pour les plates-bandes d'exposition, les bordures de ruban, les annuelles pour les effets temporaires, les plates-bandes de feuillage, les plantes pour ajouter de la couleur et l'accent aux masses d'arbustes, les plantes que l'on souhaite cultiver comme spécimens isolés ou comme curiosités, et plantes pour vérandas et jardins-fenêtres.

Après avoir brièvement suggéré les utilisations des plantes, nous allons procéder à leur discussion en référence à la création de terrains domestiques. Ce chapitre contient un bref examen de :

- *Plantation pour effet immédiat,*

- *L'utilisation d'arbres et d'arbustes « à feuillage »,*

- *Brise-vent et écrans,*

- *La confection de haies,*

- *Les frontières,*

- *Les parterres de fleurs,*

- *Plantes aquatiques et tourbières,*

- *Rocailles et plantes alpines ;*

puis il se divise en neuf sous-chapitres, comme suit : -

- 1. Plantes pour massifs tapis, p. 234 ;

- 2. Les plantes annuelles, p. 241 ;

- 3. Plantes herbacées vivaces rustiques, p. 260 ;

- 4. Bulbes et tubercules, p. 281 ;

- 5. Le bosquet, p. 290 ;

- 6. Plantes grimpantes, p. 307 ;

- 7. Arbres pour pelouses et rues, p. 319 ;

- 8. Arbres et arbustes conifères à feuilles persistantes, p. 331 ;

- 9. Jardins-fenêtres, p. 336.

Puis, au chapitre VIII, les cultures particulières de plantes nécessitant des soins particuliers sont brièvement discutées.

Plantation pour effet immédiat.

Il est toujours légitime, et en fait souhaitable, de planter pour un effet immédiat. On peut planter à cet effet une très épaisse couche d'arbres et d'arbustes à croissance rapide. Il est cependant un fait que les arbres à croissance très rapide manquent généralement de caractère fort ou artistique. D'autres arbres, de meilleure qualité, devraient en être plantés et les espèces sans particularités devraient être progressivement supprimées. (Page 41.)

L'effet d'un nouvel endroit peut être considérablement accru par une utilisation adroite des plantes annuelles et autres plantes herbacées dans les plantations d'arbustes. Jusqu'à ce que les arbustes recouvrent le sol, des plantes temporaires peuvent être cultivées parmi eux. Les lits subtropicaux peuvent donner une finition temporaire très désirable à des endroits suffisamment prétentieux pour leur donner l'impression d'être en harmonie.

Les berges très rugueuses, dures, stériles et pierreuses peuvent parfois être couvertes de tussilage (*Tussilago Farfara*), de sacaline, *de Rubus cratoegifotius*, de consoude et de diverses végétations sauvages qui persistent dans des endroits semblables dans le voisinage.

Même si le planteur prévoit des effets immédiats, la beauté des arbres et des arbustes vient avec la maturité et l'âge, et cette beauté est souvent retardée, voire oblitérée, par la tonte et le recul excessif. Au début, les buissons sont raides et dressés, mais lorsqu'ils atteignent leur plein caractère, ils s'affaissent ou se retournent généralement pour rencontrer la pelouse. Certains buissons forment des monticules de verdure beaucoup plus tôt que d'autres qui peuvent même être étroitement apparentés. Ainsi, la clochette jaune commune (*Forsythia virdissima*) reste raide et dure pendant quelques années, tandis que *F. suspensa* forme un tas roulant de verdure en deux ou trois ans. Des effets informels rapides peuvent également être obtenus en utilisant le chèvrefeuille japonais de Hall (*Lonicera Halliana* des pépiniéristes), une plante à feuilles persistantes dans le Sud, et en conservant ses feuilles jusqu'au milieu de l'hiver ou plus tard dans le Nord. Il peut être utilisé pour recouvrir un rocher, un tas de détritus, une souche (Fig. 236), pour combler un coin contre une fondation, ou encore il peut être dressé sur un porche ou une tonnelle. Il existe une forme aux feuilles veinées de jaune. *Rosa Wichuraiana* et certaines baies de rosée sont utiles pour couvrir les endroits accidentés.

De nombreuses vignes couramment utilisées pour les porches et les tonnelles peuvent également être employées pour les bordures des plantations d'arbustes et pour couvrir les berges et les rochers accidentés, donnant rapidement une finition aux parties les plus grossières de l'endroit. Ces vignes, entre autres, sont diverses sortes de clématites, vigne vierge, actinidia, akebia, vigne trompette, périploca, douce-amère (*Solanum Dulcamara*), cire (*Celastrus scandens*).

Bien sûr, de très bons effets immédiats peuvent être obtenus par des plantations très rapprochées (page 222), mais le fermier ne doit pas négliger d'éclaircir ces plantations le moment venu.

236. Stump covered with Japanese honeysuckle.

L'utilisation d'arbres et d'arbustes « à feuillage » .

Il est toujours tentant d'utiliser trop librement les arbres et arbustes caractérisés par un feuillage anormal ou frappant. Le sujet est abordé dans ses portées artistiques aux pages 40 et 41.

En règle générale, les plantes à feuilles jaunes, à feuilles tachetées, panachées et autres plantes à « feuillage » anormal sont moins rustiques et moins fiables que les formes à feuilles vertes ou « naturelles ». Ils nécessitent généralement plus de soins s'ils sont maintenus dans un état vigoureux et convenable. Quelques exceptions marquées à cette règle sont notées dans les listes d'arbres et d'arbustes.

Il existe cependant quelques plantes au feuillage frappant qui sont parfaitement fiables, mais elles n'appartiennent généralement pas à la classe des « variétés horticoles », leurs caractéristiques étant normales à l'espèce. Certains peupliers argentés ou à feuilles blanches, par exemple, produisent les contrastes de feuillage les plus frappants, en particulier s'ils sont placés à proximité d'arbres plus sombres, et pour cette raison, ils sont très recherchés par de nombreux planteurs. Le peuplier de Bolle (*Populus Bolleana* des pépinières) est l'un des meilleurs de ces arbres. Son port ressemble à celui de la Lombardie. La face supérieure des feuilles profondément lobées est vert foncé terne, tandis que la face inférieure est presque blanche comme neige. Des arbres aussi emphatiques que celui-ci devraient généralement être partiellement obscurcis en les plantant parmi d'autres arbres, de sorte qu'ils semblent se mélanger aux autres feuillages ; ou bien il faut les voir à une certaine distance. D'autres variétés de peuplier blanc commun ou d'abèle sont parfois utiles, bien que la plupart d'entre elles poussent mal et puissent devenir une nuisance. Mais la plantation de ces arbres impudiques est si susceptible d'être exagérée qu'on ose à peine les recommander, bien que, lorsqu'ils sont habilement utilisés, ils puissent produire des effets des plus excellents. Si un lecteur a un penchant particulier pour les arbres de cette classe (ou pour tout autre arbre au feuillage blanc laineux) et s'il n'a qu'un simple terrain urbain ou une cour de ferme à décorer, qu'il réduise ses désirs à un seul arbre, et alors si cet arbre est planté à l'intérieur d'un groupe d'autres arbres, aucun dommage ne peut en résulter.

Brise-vent et écrans .

Un brise-vent pour le terrain de la maison est souvent placé à l'extrémité de la cour de la maison, face au vent le plus fort ou dominant. Il peut s'agir d'une plantation dense de conifères. Si tel est le cas, l'épicéa de Norvège est l'un des meilleurs pour un usage général dans les États du nord-est. Pour une ceinture inférieure, l'arbor vitae est excellente. Certains pins, comme le pin sylvestre ou autrichien, et le pin blanc indigène, sont également à conseiller, particulièrement si la ceinture est éloignée de la résidence. En règle générale, plus l'arbre est grossier, plus il doit être éloigné de la maison.

Les arbres feuillus communs de la région (comme l'orme, l'érable, le sureau) peuvent être plantés en rangée ou en rangées pour former des brise-vent. De bons brise-vent temporaires sont assurés par des peupliers et de grands saules. Dans les prairies et dans l'extrême nord, le saule laurier *(Salix laurifolia* du commerce) est excellent. Là où la neige souffle très fort, on peut planter deux lignes de cassures, espacées de trois à six tiges, afin que la voie fermée puisse capter la dérive ; cette méthode est utilisée dans les régions des Prairies.

Certaines personnes peuvent souhaiter utiliser la pause comme écran pour cacher des objets indésirables. Si ces objets ont un caractère permanent, comme une grange ou une propriété mal entretenue, des arbres à feuilles persistantes doivent être utilisés. Pour les écrans temporaires, n'importe quelle plante herbacée à très grande croissance peut être utilisée. Les sujets très excellents sont les tournesols, les nicotianas à grande croissance, les graines de ricin, les grandes variétés de maïs indien et les plantes de croissance similaire. D'excellents paravents sont parfois réalisés avec des vignes sur un treillis.

Des écrans d'été très efficaces peuvent être fabriqués avec de l'ailanthus, du paulownia, du tilleul, du sumac et d'autres plantes qui ont tendance à émettre des pousses très vigoureuses à partir de la base. Après que ces plantes aient été plantées un an ou deux, elles sont coupées presque jusqu'au sol en hiver ou au printemps, et de fortes pousses apparaissent avec une grande luxuriance pendant l'été, donnant un écran dense et présentant un effet semi-tropical. À cette fin, les racines doivent être plantées à seulement deux ou trois pieds de distance. Si, après un certain temps, les racines deviennent si encombrées que les pousses sont faibles, certaines plantes peuvent être enlevées. L'épandage de fumier chaque automne aura tendance à rendre le sol suffisamment riche pour permettre une croissance estivale très importante. (Voir Fig. 50.)

La confection de haies .

Les haies sont beaucoup moins utilisées dans ce pays qu'en Europe, et pour plusieurs raisons. Notre climat est sec et la plupart des haies ne prospèrent pas aussi bien ici que là-bas ; la main-d'œuvre est coûteuse et le parage risque donc d'être négligé; nos fermes sont si grandes qu'il faut de nombreuses clôtures ; le bois et le fil sont moins chers que les haies vives.

Cependant, les haies sont utilisées avec succès sur le terrain de la maison. Afin d'obtenir une bonne haie ornementale, il est nécessaire de disposer d'un sol profond et bien préparé, de placer les plantes à proximité et de les tondre au moins deux fois par an. Pour les haies à feuilles persistantes, la plante la plus utile en général est l'arbor vitae. Les plantes peuvent être placées à des distances de 1 à 2-1/2 pieds l'une de l'autre. Pour les haies plus grossières, on utilise l'épicéa de Norvège ; et pour les plus grossiers encore, les pins sylvestres et autrichiens. En Californie, la haie de conifères de base est constituée de cyprès de Monterey. Pour des haies à feuilles persistantes de choix autour du terrain, en particulier en dehors des États du nord, certaines rétinosporas sont très utiles. L'une des plantes conifères les plus satisfaisantes pour les haies est la pruche commune, qui supporte bien la tonte et forme une masse très douce et agréable. Les plantes peuvent être espacées de 2 à 4 pieds.

D'autres plantes qui retiennent leurs feuilles et conviennent bien pour les haies sont le buis commun et les troènes. Les haies de buis sont idéales pour les bordures très basses des allées et des parterres de fleurs. La variété naine peut être maintenue jusqu'à une hauteur de 6 pouces à un pied pendant un certain nombre d'années. Les variétés à plus grande croissance constituent d'excellentes haies de 3, 4 et 5 pieds de hauteur. Le troène ordinaire ou prim conserve ses feuilles jusqu'à l'hiver dans le Nord. Le troène de Californie conserve ses feuilles plus longtemps et se porte mieux au bord de la mer. Le mahonia forme une haie ou une bordure basse et lâche dans les endroits où il prospérera. Le Pyracantha est également à recommander là où il est rustique. Dans les États du sud, rien de mieux que *le Citrus trifoliata* . Cette plante est rustique même plus au nord que Washington, dans des localités très favorisées. Au Sud, *le Prunus Caroliniana* est également utilisé en haie. Les haies de Saltbush sont fréquentes en Californie.

Pour les haies de plantes à feuilles caduques, les espèces les plus courantes sont le nerprun, le coing du Japon, l'aubépine européenne et autres épines, le tamarix, l'oranger osage, le criquet mellifère et diverses espèces de roses. L'orange Osage a été la plus utilisée pour les haies agricoles. Pour les terrains domestiques, *Berberis Thunbergii* constitue une excellente haie libre ; aussi *Spiræa Thunbergii* et d'autres spirées. La *Rosa rugosa* commune constitue une jolie haie libre.

Les haies doivent être taillées l'année suivant leur mise en place, même si elles ne doivent pas être tondues de très près jusqu'à ce qu'elles atteignent la hauteur souhaitée ou permanente. Par la suite, ils doivent être coupés selon la forme souhaitée au printemps ou à l'automne, ou les deux. Si les plantes poussent pendant un an ou deux sans les tailler, elles perdent leurs feuilles inférieures et deviennent ouvertes et éparses. L'oranger Osage et quelques autres plantes sont plantés; c'est-à-dire que les plantes sont placées selon un angle plutôt que perpendiculairement, et elles sont reliées ensemble obliquement de telle manière qu'elles constituent une barrière impénétrable juste au-dessus de la surface du sol.

Pour les haies bien taillées ou tondues, les meilleures plantes sont l'arbor vitae, la rétinospora, la pruche, l'épicéa de Norvège, le troène, le nerprun, le buis, l'oranger osage, le pyracantha, *le Citrus trifoliata* . Le pyracantha *(Pyracantha coccinea*) est un arbuste à feuilles persistantes allié au cratægus, dont il est parfois considéré comme une espèce. On l'appelle aussi parfois cotonéaster. Bien que rustique dans les endroits protégés du Nord, c'est essentiellement un buisson des latitudes moyennes et méridionales, ainsi que de Californie. Il présente un feuillage persistant et des baies rouges. Var. *Lalandi* a des baies rouge orangé.

Les frontières .

Le mot « bordure » est utilisé pour désigner les plantations lourdes ou continues autour des limites d'un lieu, ou le long des allées et allées, ou contre les bâtiments, par opposition aux plantations sur la pelouse ou dans les espaces intérieurs. Une bordure reçoit différentes désignations, selon les types de plantes qui y sont cultivées : il peut s'agir d'une bordure arbustive, d'une bordure fleurie, d'une bordure rustique pour les plantes indigènes et autres, d'une bordure de vigne, etc.

Il existe trois règles pour le choix des plantes pour une bordure rustique : choisissez (1) celles que vous préférez, (2) celles qui sont adaptées au climat et au sol, (3) celles qui sont en place ou en harmonie avec celui-ci. une partie du terrain.

La terre de la frontière doit être fertile. Tout le sol doit être labouré ou bêcheur et les plantes doivent être placées de manière irrégulière dans l'espace ; ou la rangée arrière peut être placée en ligne. Si la bordure est composée d'arbustes et qu'elle est grande, un cultivateur pour chevaux peut être utilisé entre les plantes pendant les deux ou trois premières années, car les arbustes seront espacés de 2 à 4 pieds. Toutefois, le travail du sol se fait habituellement à l'aide d'outils manuels. Une fois les plantes établies et la bordure remplie, il est préférable de déterrer le moins possible, car cela perturbe les racines et brise les couronnes. Il est généralement préférable d'arracher les mauvaises herbes et de donner à la bordure un pansement supérieur chaque automne avec du fumier bien décomposé. Si le sol n'est pas très riche, une application de cendres ou d'un engrais commercial peut être apportée de temps en temps.

La bordure doit être plantée de manière à permettre aux plantes de fonctionner ensemble, donnant ainsi un effet continu. La plupart des arbustes doivent être espacés de 3 pieds. Les choses aussi grandes que les lilas peuvent atteindre 4 pieds et parfois même plus. Les plantes herbacées vivaces communes, comme le cœur saignant, les delphiniums, les roses trémières, etc., devraient aller de 12 à 18 pouces. Sur le bord avant de la bordure se trouve un très bon endroit pour les plantes à fleurs annuelles et tendres. Ici, par exemple, on peut faire une frange d'asters, de géraniums, de coléus ou de tout ce qu'on veut. (Chapitre II.)

Dans les bordures épaisses entourant les limites du lieu, les feuilles d'automne dériveront et fourniront un excellent paillis. Si ces bordures sont plantées d'arbustes, les feuilles peuvent y être laissées pourrir et ne pas être ratissées au printemps.

Le contour général de la bordure face à la pelouse doit être plus ou moins ondulé ou irrégulier, surtout si elle se situe en limite de terrain. Parallèlement à une promenade ou à une promenade, les marges peuvent suivre les directions générales de la promenade ou de la route.

En créant des bordures de fleurs vivaces, les résultats les plus satisfaisants sont obtenus si l'on cultive une grande touffe de chaque espèce ou variété. La bordure herbacée est l'une des parties les plus flexibles du terrain, car elle ne présente aucun dessin régulier ou formel. Prévoyez suffisamment d'espace pour chaque racine vivace, souvent jusqu'à trois ou quatre pieds carrés, puis si l'espace n'est pas rempli la première ou les deux premières années, dispersez sur la zone des graines de coquelicots, pois de senteur, asters, gilias, alyssum. , ou d'autres annuelles. Les figures 237 à 239, tirées de Long (« Popular Gardening », i., 17, 18), suggèrent des méthodes pour réaliser de telles bordures. Ils sont sur une échelle de dix pieds par pouce. Toute la surface est labourée et les diagrammes irréguliers désignent les tailles des touffes. Les diagrammes ne contenant aucun nom doivent être remplis de bulbes, de plantes annuelles et de plantes tendres, si vous le souhaitez.

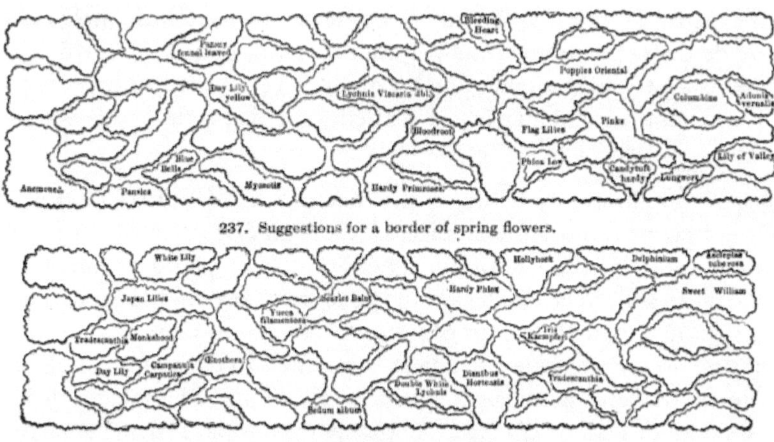

237. Suggestions for a border of spring flowers.

238. A border of summer-flowering herbs.

Il ne faut cependant pas supposer qu'on ne peut pas avoir de frontière sans disposer de larges espaces marginaux autour de son territoire. Il est surprenant de voir combien de choses on peut faire pousser dans une vieille clôture. Les plantes vivaces qui poussent dans les clôtures des champs devraient également pousser dans des limites similaires sur le terrain de la maison. Certaines plantes annuelles de jardin prospéreront le long d'une clôture, surtout si celle-ci ne bloque pas trop la lumière ; et de nombreuses vignes (vivaces et annuelles) le couvriront efficacement. Parmi les plantes annuelles, les variétés à grosses graines, à germination rapide et à croissance rapide donneront de meilleurs résultats. Tournesol, pois de senteur, gloire du matin, houblon japonais, zinnia, souci, amarante, quatre heures, sont quelques-unes des espèces qui tiendront leur place. Si l'on s'efforce de faire pousser des plantes dans de tels endroits, il est important de leur donner tous les avantages possibles dès le début de la saison, afin qu'elles aient une longueur d'avance sur l'herbe et les mauvaises herbes. Bêchez le sol autant que vous le pouvez. Ajoutez un peu d'engrais à action rapide. Il est préférable de démarrer les plantes dans des pots ou des petites boîtes, afin qu'elles soient en avance sur les mauvaises herbes lorsqu'elles seront plantées.

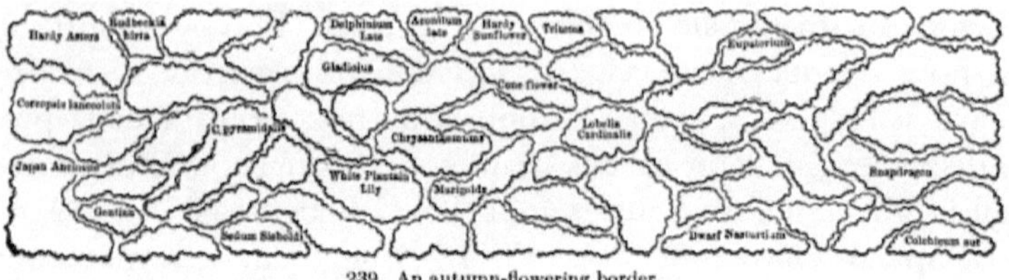

239. An autumn-flowering border.

Les parterres de fleurs.

Nous devons nous rappeler de distinguer deux utilisations des fleurs : leur rôle dans un aménagement paysager ou un tableau, et leur rôle dans un parterre ou un jardin séparé pour la floraison. Considérons maintenant le parterre de fleurs proprement dit ; et nous incluons dans le parterre de fleurs des plantes à « feuillage » telles que le coleus, la célosie, le croton et le canna, bien que le but principal du parterre de fleurs soit de produire une abondance de fleurs.

En faisant un parterre de fleurs, veillez à ce que le sol soit bien drainé ; que le sous-sol est profond ; que la terre est dans un état moelleux et friable, et qu'elle est fertile. Chaque automne, il peut y avoir un paillis de fumier pourri ou de moisissure des feuilles, qui peut être bêche profondément au printemps; ou encore, le terrain peut être bêché et laissé brut à l'automne, ce qui est une bonne pratique lorsque le sol contient beaucoup d'argile. Faites les parterres de fleurs aussi larges que possible, afin que les racines de l'herbe qui s'étendent de chaque côté ne se rejoignent pas sous les fleurs et ne privent pas les parterres de nourriture et d'humidité. Il est bon d'ajouter un peu d'engrais commercial chaque automne ou printemps.

Bien qu'il soit bon d'insister sur la fertilité du sol, il faut se rappeler (comme indiqué à la fin du chapitre IV) qu'il peut facilement devenir trop riche pour les plantes que nous désirons maintenir dans une certaine stature et pour celles dont nous souhaitons une floraison abondante dans une courte saison. Dans les sols trop riches, les capucines et quelques autres plantes non seulement « courent jusqu'à la vigne », mais leur floraison manque d'éclat. Quand c'est la feuille et la végétation qu'il faut, il y a peu de danger de rendre le sol trop riche, bien qu'il soit possible de rendre la plante si succulente et si séveuse qu'elle s'étale ou se décompose ; et d'autres plantes peuvent être paralysées et évincées.

Il existe différents styles de plantation de fleurs. La bordure mixte, plantée de diverses plantes rustiques et s'étendant de chaque côté de l'allée du jardin, était populaire il y a des années ; et, avec des modifications dans la position, la forme et l'étendue, est devenu un attachement populaire aux terres natales au cours des dernières années. Pour produire les meilleurs effets, les plantes doivent être placées suffisamment près pour couvrir le sol ; et la sélection doit être telle qu'elle permette une continuité de floraison.

Le parterre mixte peut contenir uniquement des plantes tendres à floraison estivale, auquel cas le parterre, composé majoritairement de plantes annuelles, ne prétend pas exprimer toute la saison.

À la différence des parterres de fleurs mixtes ou non homogènes se distinguent les diverses formes de « parterres », dans lesquelles les plantes sont regroupées dans le but de créer un affichage audacieux de formes ou de couleurs, connecté et homogène. La literie peut avoir pour but de produire un fort effet de blanc, de bleu ou de rouge ; ou de lignes et de bordures en forme de ruban ; ou d'expression luxueuse et tropicale; ou pour afficher avec audace les traits d'une plante particulière, comme la tulipe, la jacinthe, le chrysanthème.

Dans les massifs en ruban, les plantes à fleurs ou à feuillage sont disposées en lignes en forme de ruban de couleurs harmonieusement contrastées, accompagnant généralement les promenades ou les promenades, mais également adaptées au marquage des limites ou aux bordures latérales. Dans ces massifs, comme dans les autres, les plantes les plus hautes seront placées en arrière, si le massif ne doit être vu que d'un côté, et les plus basses en avant. S'il doit être vu des deux côtés, le plus haut se trouvera au centre.

Une modification de la ligne du ruban, rassemblant les couleurs contrastées en masses formant des cercles ou d'autres motifs, est connue sous le nom de « masse » ou « masse en couleur », et est parfois appelée « tapis-literie ».

La literie en tapis, cependant, appartient plus proprement à un style de literie dans lequel des plantes au port dense, bas et étalé - principalement des plantes à feuillage, avec des feuilles de formes et de couleurs différentes - sont plantées selon des motifs qui ne sont pas sans rappeler les tapis ou les moquettes. Il est souvent nécessaire de maintenir les plantes tondues dans des limites. Les tapis sont une forme tellement spécialisée de culture des plantes que nous en traiterons séparément.

Les plates-bandes contenant les grandes plantes à feuillage, destinées à produire des effets tropicaux, sont composées principalement de sujets qui peuvent se développer naturellement. Dans la masse inférieure et plus ordonnée, les plantes sont disposées non seulement en cercles et en motifs selon leur port et leur hauteur, mais la sélection est telle que certaines ou la totalité peuvent être maintenues dans des limites appropriées par pincement ou par taille. Les cercles ou masses composés de plantes à fleurs ne peuvent généralement pas être coupés au sommet, de sorte que le port des plantes doit être connu avant la plantation ; et les plantes doivent être placées dans des parties du lit où la taille ne sera pas nécessaire. Ils peuvent toutefois être coupés sur les côtés, dans le cas où les branches ou les feuilles d'une masse ou d'une ligne du motif poussent au-delà de leurs limites appropriées.

Le nombre de bonnes plantes annuelles et vivaces qui peuvent être utilisées dans les parterres de fleurs est maintenant très grand et on peut avoir un large choix. Diverses listes parmi lesquelles on peut choisir sont données à la fin de ce chapitre ; mais des commentaires particuliers peuvent être faits sur ceux qui conviennent le mieux à la literie, ainsi que sur leurs modifications en matière de rubanage et de masse subtropicale.

Effets de literie.

La litière est généralement une espèce de plantation temporaire ; c'est-à-dire que le lit est rempli à nouveau chaque année. Cependant, le terme peut être utilisé pour désigner une plantation permanente dans laquelle les plantes sont fortement regroupées de manière à donner un affichage continu ou emphatique de forme ou de couleur. Certaines des meilleures masses de litière permanentes sont constituées de diverses graminées ornementales rustiques, comme les eulalias, les arundo, etc. Les effets de couleur dans la literie peuvent être renforcés par des fleurs ou du feuillage.

La litière d'été est souvent constituée de plantes vivaces reportées de l'année précédente, ou mieux, propagées dans ce but particulier en février et mars. Des plantes telles que le géranium, le coleus, l'alyssum, la salvia écarlate, l'ageratum et l'héliotrope peuvent être utilisées pour ces plates-bandes. Il est courant d'utiliser des géraniums en fleurs pendant l'hiver pour faire des massifs pendant l'été, mais ces plantes sont hautes et disgracieuses et ont dépensé la plus grande partie de leur énergie. Il est préférable de multiplier les nouvelles plantes en prélevant des boutures ou des boutures à la fin de l'hiver et en plantant de jeunes sujets frais et vigoureux. (Page 30.)

Certaines literies ont un effet très temporaire. Cela est particulièrement vrai pour les parterres de printemps, dans lesquels les sujets sont des tulipes, des jacinthes, des crocus ou d'autres plantes bulbeuses à floraison précoce. Dans ce cas, le sol est généralement occupé plus tard dans la saison par d'autres plantes. Ces plantes plus tardives sont ordinairement des annuelles, dont les graines sont semées parmi les bulbes dès que la saison est assez avancée ; ou les annuelles peuvent être démarrées dans des boîtes et les plantes transplantées parmi les bulbes dès que le temps le permet.

La plupart des annuelles à croissance basse et compactes à floraison continue sont excellentes pour les effets de literie d'été. Vous trouverez une liste de documents utiles à cet effet à la page 249.

Plantes à effets subtropicaux (Planches IV et V).

Le nombre de plantes aptes à produire une masse semi-tropicale ou pour le centre ou l'arrière d'un groupe, qui peuvent être facilement cultivées à partir de graines, est limité. Certains des meilleurs types sont inclus ci-dessous.

Il sera souvent intéressant de les compléter par d'autres, disponibles chez les fleuristes, comme les caladiums, les pins à vis, les *Ficus elastica,* les araucarias, *les Musa Ensete* , les palmiers, les dracenas, les crotons et autres. Les dahlias et les bégonias tubéreux sont également utiles. Autour d'un étang, le papyrus et le lotus peuvent être utilisés.

Pratiquement toutes les plantes utilisées pour ce style de jardinage sont susceptibles d'être blessées par le vent, c'est pourquoi les plates-bandes doivent être placées dans un endroit protégé. Les palmiers et certains autres éléments de la serre se portent mieux s'ils sont partiellement ombragés.

L'utilisation de telles plantes offre la possibilité d'exercer le goût le plus agréable. Un gros nourrisseur, comme le ricinus, au milieu d'un lit de plantes annuelles délicates, n'est tout à fait pas à sa place ; et une plante majestueuse et royale parmi des espèces plus humbles fait souvent paraître ces dernières comme communes, alors que si elles étaient dirigées par un chef de leur propre rang, toutes sembleraient pour le plus grand avantage.

Certaines des plantes les plus utilisées pour les massifs subtropicaux, et souvent cultivées à cet effet dans une serre ou une chambre froide, sont : -

Acalyphe.
Amarantus.Aralia Sieboldii (correctement Fatsia
Japonica).Bambou.Caladium et colocasia.Canna.Coxcomb,
en particulier les nouvelles espèces de « feuillage
».Graminées, comme eulalias, herbe de la pampa,
pennisetums.
Gunnera.
Le maïs, la forme rayée.Ricinus ou ricin.Sauge
écarlate.Wigandia.

Plantes aquatiques et marécageuses .

Certaines des plantes les plus intéressantes et ornementales poussent dans l'eau et dans les endroits humides. Il est possible de réaliser un jardin fleuri aquatique, mais également d'utiliser des plantes aquatiques et des tourbières dans le cadre de l'aménagement paysager.

La considération essentielle dans la culture de plantes aquatiques est la réalisation de l'étang. Il est possible de cultiver des nénuphars en bacs et en demi-tonneau ; mais cela ne fournit pas suffisamment d'espace, et la nourriture végétale risque bientôt d'être épuisée et les plantes tomberont en panne. La petite quantité d'eau risque également de devenir sale.

Les meilleurs étangs sont ceux construits par un bon travail de maçon, car l'eau ne devient pas boueuse en travaillant parmi les plantes. Dans les étangs en ciment, il est préférable de planter les racines des nénuphars dans des boîtes de terre peu profondes (1 pied de profondeur et 3 ou 4 pieds carrés), ou de maintenir la terre dans des compartiments en maçonnerie.

X : Un étang de pelouse peu profond, contenant des nénuphars, des iris panachés et une litière subtropicale à l'arrière ; fontaine recouverte de plumes de perroquet _(Myriophyllum proserpinacoides_).

Habituellement, les étangs ou les réservoirs ne sont pas recouverts de ciment. Dans certains sols, une simple excavation retiendra l'eau, mais il est généralement nécessaire de doter le réservoir d'une sorte de revêtement. L'argile est souvent utilisée. Le fond et les parois du réservoir sont bien battus, puis recouverts de 3 à 6 pouces d'argile, qui a été pétrie à la main, ou pilée et travaillée dans une boîte. Des poignées ou des pelletées de matériaux sont jetées avec force sur le sol, l'opérateur prenant soin de ne pas marcher sur l'ouvrage. L'argile est lissée au moyen d'une bêche ou d'un maul, puis elle est poncée.

L'eau de l'étang aux nénuphars peut provenir d'un ruisseau, d'une source, d'un puits ou d'un approvisionnement en eau de ville. Les plantes prospéreront dans n'importe quelle eau utilisée à des fins domestiques. Il est important que l'eau ne devienne pas stagnante et ne constitue pas un lieu de reproduction pour les moustiques. Il devrait y avoir une sortie sous la forme d'une borne-fontaine, qui contrôlera la profondeur de l'eau. Il n'est pas nécessaire que l'eau s'écoule rapidement dans l'étang ou le réservoir, mais seulement qu'un changement lent se produise. Parfois, l'eau peut entrer par un vase-fontaine, dans lequel des plantes aquatiques (telles que des plumes de perroquet) peuvent être cultivées (Planche X).

Dans tous les étangs, un pied ou 15 pouces est une profondeur d'eau suffisante pour se situer au-dessus des couronnes des plantes ; et la plus grande profondeur d'eau ne doit pas dépasser 3 pieds pour toutes sortes de nénuphars. La moitié de cette profondeur est souvent suffisante. Le sol doit avoir une profondeur de 1 à 2 pieds et être très riche. Le fumier de vieille vache peut être mélangé à un terreau riche. Pour les nymphéas ou nénuphars, 9 à 12 pouces de terre suffisent. La plupart des nénuphars étrangers ne sont pas rustiques, mais certains d'entre eux peuvent être cultivés facilement si l'étang est couvert en hiver.

Les racines des nénuphars rustiques peuvent être plantées dès que l'étang est débarrassé du gel, mais les espèces tendres (qui doivent également être récoltées à l'automne) ne doivent pas être plantées avant le moment de planter les géraniums. Enfoncez les racines dans la boue pour qu'elles soient juste enfouies et alourdissez-les avec une pierre ou une motte. Le nelumbium, ou lotus égyptien, ne doit pas être transplanté avant que la croissance des racines ne commence à apparaître au printemps. Les racines sont nettoyées des parties pourries et recouvertes d'environ 3 pouces de terre. Un pied ou deux d'eau suffit pour les étangs de lotus. Les racines du lotus égyptien ne doivent pas geler. Les racines de toutes les plantes ressemblant à des nénuphars doivent être fréquemment divisées et renouvelées.

Avec les plantes aquatiques rustiques, l'eau et les racines peuvent rester naturellement pendant l'hiver. Dans les climats très froids, l'étang est protégé en y jetant des planches et en le recouvrant de foin, de paille ou de branches à feuilles persistantes. Il est bon de fournir une profondeur d'eau supplémentaire pour une protection supplémentaire.

En tant qu'élément paysager, l'étang doit avoir un fond, ou un décor, et ses bords doivent être soulagés, au moins sur les côtés et à l'arrière, par des plantations de plantes de tourbières. Dans les étangs permanents de grande taille, des plantations de saules, d'osiers et autres arbustes peuvent mettre en valeur la zone. De nombreuses plantes sauvages des marais et des étangs sont excellentes pour les plantations marginales, comme les carex, la quenouille, le pavillon doux (il existe une forme à feuilles rayées) et certaines graminées des marais. L'iris japonais fait un excellent effet dans de tels endroits. Pour les plantations estivales dans ou à proximité des étangs, le caladium, la plante-ombrelle et le papyrus conviennent.

S'il y a un ruisseau, une « branche » ou un « cours d'eau » qui traverse l'endroit, il peut souvent en faire l'une des parties les plus attrayantes des lieux en colonisant les plantes des tourbières le long de celui-ci.

Rocailles et plantes alpines .

Une rocaille est une partie du lieu dans laquelle les plantes poussent dans des poches entre les rochers. Il s'agit d'une conception de jardin fleuri plutôt que d'un élément paysager et doit donc être placé sur un côté ou à l'arrière des locaux. Le but principal de l'utilisation des roches est d'offrir de meilleures conditions dans lesquelles certaines plantes peuvent pousser ; parfois, les roches sont utilisées pour maintenir une berge élastique ou mue et les plantes sont utilisées pour recouvrir les roches ; de temps en temps, une personne veut un rocher ou un tas de pierres dans son jardin, comme une autre personne voudrait un morceau de statue ou un arbre à feuilles persistantes tondu. Parfois, les roches sont naturelles à l'endroit et ne peuvent pas être facilement enlevées ; dans ce cas, la planification et la plantation doivent être telles qu'elles fassent partie du tableau.

Mais la véritable rocaille est un lieu où l'on cultive des plantes. Les roches sont secondaires. Les roches ne doivent pas sembler être placées pour être exposées. Si l'on fait une collection de roches, on s'intéresse à la géologie plutôt qu'au jardinage.

Pourtant, bon nombre de ce qu'on appelle les jardins de rocaille ne sont que de simples tas de pierres, placés là où il semble plus pratique de les empiler plutôt que là où les pierres peuvent améliorer les conditions de croissance des plantes.

Les plantes qui poussent naturellement dans les poches rocheuses sont celles qui nécessitent un apport continu d'humidité pour les racines et une atmosphère fraîche. Placer une rocaille sur un banc de sable en plein soleil est donc tout à fait hors de propos.

Les plantes de rocaille sont celles des bois frais, des tourbières, et particulièrement des hautes montagnes et des régions alpines. Il est généralement admis qu'une rocaille est un jardin alpin, même si ce n'est pas nécessairement le cas.

Dans ce pays, le jardinage alpin est peu connu, en grande partie à cause de nos étés et automnes chauds et secs. Mais si l'on bénéficie d'une exposition plutôt fraîche et d'un approvisionnement en eau constant, on peut assez bien réussir dans de nombreuses régions alpines, ou du moins dans les régions semi-alpines.

La plupart des plantes alpines sont des plantes basses et souvent touffues, et fleurissent à une température printanière. Durant nos longues saisons chaudes, on peut s'attendre à ce que le jardin alpin soit en dormance pendant une grande partie de l'été, à moins que d'autres plantes aimant les roches n'y soient colonisées. Les plantes alpines sont de toutes sortes. On les retrouve notamment dans les genres Arenaria, Silene, Diapensia, Primula, Saxifraga, Arabis, Aubrietia, Veronica, Campanula, gentiana. Ils comprennent un bon nombre de fougères et de nombreuses petites bruyères.

Dans un bon jardin de rocaille, quel qu'il soit, les pierres ne sont pas simplement empilées en surface ; ils sont profondément enfoncés dans le sol et sont placés de telle sorte qu'il y ait des chambres ou des canaux profonds qui retiennent l'humidité et dans lesquels les racines peuvent pénétrer. Les poches sont remplies d'une bonne terre fibreuse qui retient l'humidité, et souvent un peu de sphaigne ou d'autre mousse est ajoutée. Il faut ensuite l'agencer pour que les poches ne se dessèchent jamais.

Les rocailles sont généralement des échecs, car elles violent ces principes élémentaires très simples ; mais même lorsque les conditions du sol et les conditions d'humidité sont bonnes, les habitudes des plantes rocheuses doivent être apprises, ce qui nécessite une expérience réfléchie. Les rocailles ne peuvent généralement pas être recommandées.

1. PLANTES POUR LITS DE TAPIS
(Par Ernest Walker)

La beauté du tapis-lit réside en grande partie dans son unité, son contraste net et son harmonie de couleurs, l'élégance - souvent la simplicité - de son dessin, la finesse de son exécution et la distinction continue de ses contours grâce à un soin scrupuleux. Une généreuse quantité de pelouse verte de tous les côtés contribue grandement à l'effet général ; elle est en fait indispensable.

Quel que soit l'endroit choisi pour le lit, il doit être exposé au soleil. Ce type de massif, ni aucun autre type de massif, ne doit être planté à proximité de grands arbres, car leurs racines gourmandes priveront le sol non seulement de sa nourriture, mais aussi de son humidité. L'ombre sera également une menace. Comme les plantes sont si épaisses, le sol doit être bien enrichi et bêcher au moins un pied de profondeur. Lors de la plantation, un espace d'au moins six pouces doit être laissé entre la rangée extérieure de plantes et le bord de l'herbe. Le style même du lit exige que les lignes soient droites, les courbes uniformes, et qu'elles le soient grâce à l'usage fréquent et prudent des cisailles. Pendant les périodes sèches, un arrosage sera nécessaire. Les plates-bandes ne doivent cependant pas être arrosées sous le soleil brûlant. Les plantes à feuillage sont les plus utilisées et sont celles qui s'avéreront les plus satisfaisantes entre les mains des inexpérimentés, car elles se soumettent à une coupe sévère et sont donc plus faciles à cultiver.

La liste suivante sera utile au débutant. Il englobe un certain nombre de plantes couramment utilisées pour la fabrication de moquettes, mais pas toutes. Les hauteurs habituelles sont données en pouces. Bien entendu, dans différents sols et sous différents traitements, cette quantité est plus ou moins variable. Les chiffres entre parenthèses suggèrent, en pouces, les distances appropriées pour planter en rang lorsque des effets immédiats sont attendus. Une verveine dans un sol riche couvrira avec le temps un cercle de trois pieds ou plus de diamètre ; d'autres plantes mentionnées se sont répandues considérablement ; mais lorsqu'ils sont utilisés dans le tapis, ils doivent être plantés à proximité. On ne peut pas attendre qu'ils grandissent. L'objectif est de couvrir le terrain d'un coup. Bien que planté en épaisseur dans le rang, il sera souhaitable de laisser plus d'espace entre les rangs en cas de plantes étalées comme la verveine. Cependant, la plupart d'entre eux n'ont besoin que de peu ou pas plus d'espace entre les rangées que ne l'indiquent les chiffres donnés. Dans la liste, les plantes qui tolèrent librement sont marquées d'un * :

Listes pour lits-tapis.

Le chiffre qui suit immédiatement le nom de la plante indique sa hauteur, les chiffres entre parenthèses la distance de plantation, en pouces .

1. PLANTES À FAIBLE CROISSANCE

A. PLANTES À FEUILLAGE.

Pourpre .—*Alternanthera amœna spectabilis, 6 (4-6). Alternanthera paronychioides major, 5 (3-6). Alternanthera versicolor, 5 (3-6).

Jaune .—Alternanthera aurea nana, 6 (4-6).

Gris ou blanchâtre. —Echeveria secunda, glauca, 1-1/2 (3-4). Echeveria métallique, 9 (6-8). Cineraria maritima, 15 (9-12). Sempervivum Californicum, 1-1/2 (3-4). Thymus argenteus, 6 (4-6).

Brun bronze .—Oxalis tropæoloides, 3 (3-4).

Panaché (blanc et vert).—Géranium Mme. Salleroï, 6 (6-8). *Alyssum doux, panaché, 6 (6-9).

B. PLANTES À FLEURS.

Scarlet .-Phlox Drummondii, nain, 6 (4-6).
Cuphea platycentra, Usine de cigares, 6 (4-6).

Blanc .—Alyssum doux, Little Gem, 4 (4-6).
Alyssum doux, commun, 6 (6-8). Phlox Drummondii, nain, 6 (4-6).

Bleu .—Lobelia, Crystal Palace, 6 (4-6).
Ageratum, bleu nain, 6 (6-8).

2. PLANTES DE CROISSANCE PLUS GRANDE

A. PLANTES À FEUILLAGE.

Pourpre .—*Coleus Verschaffeltii, 24 (9-12).
*Achyranthes Lindeni, 18 ans (8-12). *Achyranthes Gilsoni, 12 ans (8-12).
*Achyranthes Verschaffeltii, 12 (8-12). *Acalypha tricolore, 12-18 (12).

Jaune .—*Coleus, Golden Bedder, 24 (9-12).
*Achyranthes, aurea reticulata, 12 (8-12). Grande camomille dorée
(Pyrethrum parthenifolium aureum), (6-8). Géranium bronze, 12 (9).

Blanc argenté .—Dusty Miller (Centaurea gymnocarpa), 12 (8-12).
*Santolina Chamæcyparissus incana, 6-12 (6-8). Géranium, Montagne de
Neige, 12 (6-9).

Panaché
(blanc et vert).—*Stevia serrata var., 12-18 (8-12). Phalaris arundinaeca
var., (herbe), 24 (4-8). Cyperus alternifolius var., 24-30 (8-12).

Bronze .—*Acalypha marginata, 24 (12).

B. PLANTES À FLEURS.

Écarlate .—Salvia splendens, 36 (12-18).
Géraniums, 24 (12).
Cuphéa tricolore (C. Llavae), 18 (8-12).
Capucine naine (Tropaeolum), 12-18 (12-18). Bégonia, Vernon, 12 (6-8).
Verveines, 12 (6-12). Phlox Drummondii, nain, 6 (4-6).

Blanc .—Salvia splendens, à fleurs blanches, 36 (12-18).

Géraniums, 18-24 (12). Lantana, Innocence, 18-24 (8-12). Lantana, reine
Victoria, 24 ans (8-12). Verveine, Reine des Neiges, 12 (6-12). Ageratum,
Blanc, 9 (6-9).
Phlox Drummondii, nain, 6 (4-6).

Rose .—Pétunia, comtesse d'Ellesmere, 18 (8-12).
Lantana, 24 ans (8-12). Verveine, Beauté d'Oxford, 6 (8-12). Phlox
Drummondii, nain, 6 (4-6).

Jaune .—Capucine naine, 12 (12-18).
Anthemis coronaria fl. pl., 12 (6-8).

Bleu .—Ageratum Mexicanum, 12 (6-8).
Verveines, 6 (6-12). Héliotrope, Reine des Violettes, 18 (12-18).

La figure 240 montre quelques modèles adaptés aux lits avec moquette. Ils
sont simplement destinés à être suggestifs et non à être copiés avec précision.
Les formes simples et les éléments constitutifs des lits plus élaborés peuvent
être disposés selon d'autres conceptions. De même, la disposition des
plantes, qui seront mentionnées comme étant adaptées à la réalisation d'un
motif donné, n'est qu'une parmi tant d'autres combinaisons possibles. L'idée
est simplement de faire ressortir le design distinctement. Pour y parvenir, il
suffit d'utiliser des plantes de couleur ou de croissance contrastée. Pour
illustrer la diversité des agencements possibles et la facilité avec laquelle
différents effets peuvent être produits avec un seul motif, plusieurs
combinaisons de couleurs différentes pour le lit n°1 seront mentionnées :

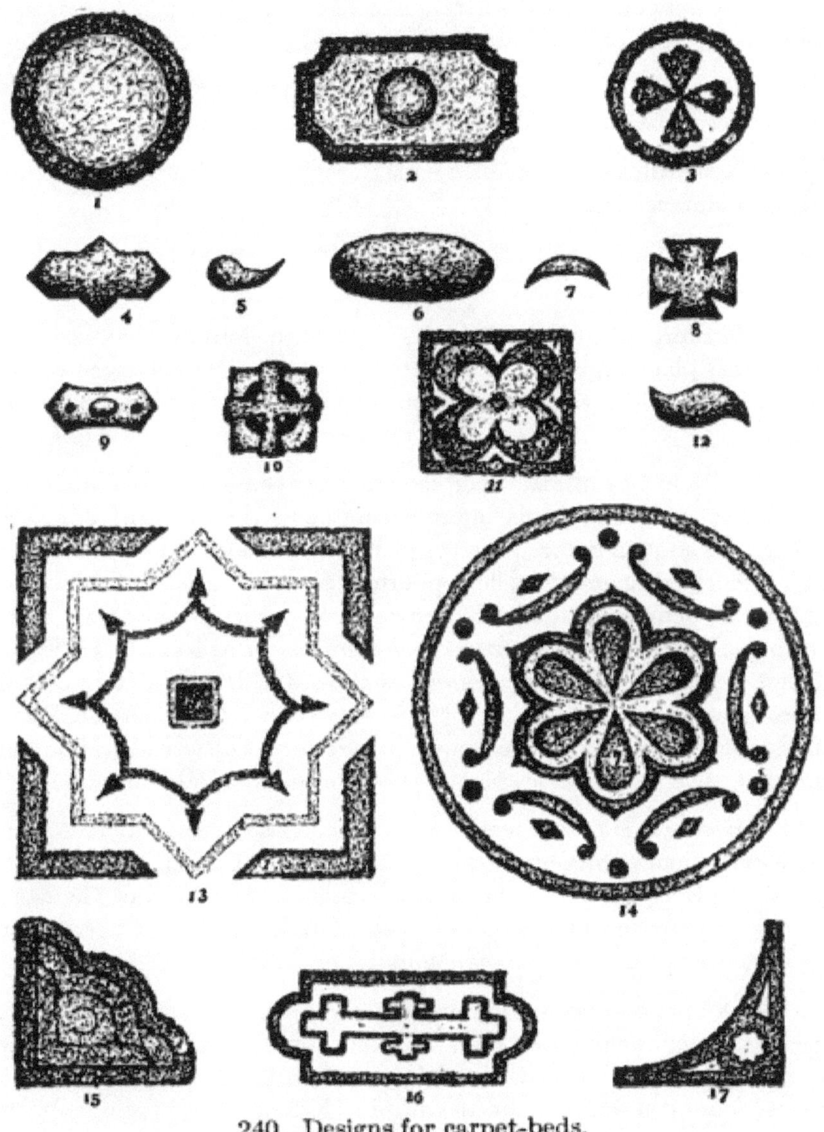

240. Designs for carpet-beds.

N° 1.—Arrangement A : À l'extérieur, Alternanthera amœna spectabilis ; à l'intérieur, Stevia serrata variegata. B : lobélie, Crystal Palace ; Mme. Géranium Salleroi. C : lobélie, Crystal Palace ; phlox nain écarlate. D : alyssum doux ; pétunia, comtesse d'Ellesmere. E : coleus, Golden Bedder ; Coleus Verschaffeltii. F : Achyranthes Lindeni ; capucine naine jaune.

N° 2.—à l'extérieur, alternanthera rouge ; milieu, meunier poussiéreux ; au centre, géranium rose.

N° 3.—à l'extérieur, Alternanthera aurea nana ; au milieu, Alternanthera amœna spectabilis ; centre, Anthemis coronaria.

Les numéros 4, 5, 6, 7, 8, 12 peuvent chacun être remplis d'une seule couleur, ou être dotés d'une bordure de plantes appropriées si le planteur le souhaite.

N° 9.—Masse, Alternanthera aurea nana ; centre, Acalypha tricolor ; points noirs, géranium écarlate.

N° 10.—Masse de Centaurea gymnocarpa ; cercle, Achyranthes Lindeni ; croix, Coleus doré.

N° 11.—Bordure, Oxalis tropæoloides ; centre, héliotrope bleu, ageratum bleu ou Acalypha marginata ; croix autour du centre, Thymus argenteus, ou centaurea ; pétoncle hors de la croix, lobélie bleue ; coins, bordure intérieure, santoline.

Les dessins 13 et 14 ont, dans leur caractère, un peu le style d'un parterre ; mais au lieu que les espaces intermédiaires dans le lit soient des allées ordinaires, ils sont en herbe. De telles plates-bandes sont d'un type utile, car elles peuvent être de grande taille et pourtant être exécutées avec un nombre relativement petit de plantes. Ils conviennent particulièrement au centre d'une parcelle de pelouse ouverte avec des limites formelles définies de tous les côtés, comme les promenades ou les allées. Qu'ils soient composés de plantes à croissance haute ou de plantes à croissance basse dépendra de la distance à laquelle ils doivent se trouver par rapport à l'observateur. Pour une parcelle de taille moyenne, les plantes suivantes peuvent être utilisées : -

N° 13.—Bordure, alternanthera rouge ; deuxième rangée, capucine naine orange ou jaune ; troisième rangée, Achyranthes Gilsoni, ou Acalypha tricolor ; place centrale, géraniums écarlates, bordés de Centaurea gymnocarpa ; espaces intermédiaires, gazon. Au lieu du carré de géraniums, on pourrait remplacer un vase ou une touffe de Salvia splendens.

N° 14.—Des lits composites comme celui-ci et les premiers sont toujours suggestifs. Ils contiennent diverses caractéristiques qui peuvent facilement être recombinées en d'autres modèles. Parfois, il peut être pratique de n'utiliser que des parties du dessin. Le lecteur doit sentir qu'aucun arrangement n'est arbitraire, mais simplement une suggestion qu'il peut utiliser avec la plus grande liberté, en gardant uniquement en vue l'harmonie. Pour le numéro 14, ce qui suit peut constituer un arrangement de plantation acceptable : Bordure, Mme. géranium Salleroi; petits points, tropeolum écarlate nain ; diamants, lobélie bleue ; croissants, Stevia serrata variegata ; bordure intérieure, achyranthes ou coleus pourpres ; boucles, Centaurea gymnocarpa ; portions en forme de coin, géranium écarlate.

N° 15.—Convient pour un coin. Bordure, alternanthera rouge ; deuxième
rangée, Alternanthera aurea nana ; troisième rangée, alternanthera rouge ;
centre, Echeveria Californica.

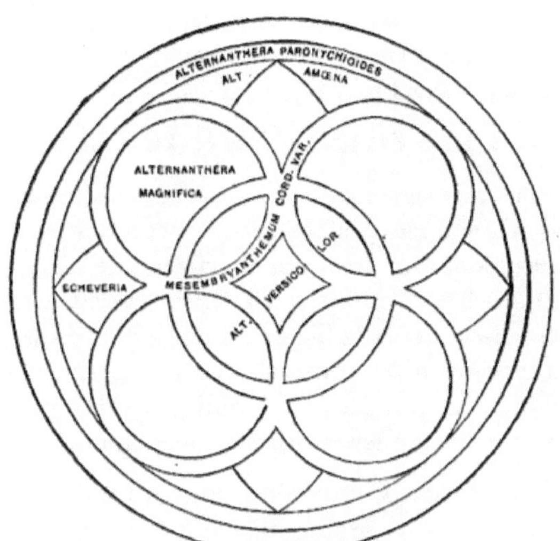

241. Carpet-bed for a bay or recession in the border
planting.

N° 16—Bordure, alternanthera cramoisi (une autre bordure d'alternanthera
jaune pourrait être placée à l'intérieur de celle-ci) ; au sol, Echeveria secunda
glauca ; bordure intérieure, Oxalis tropæoloides ; centre, Alternanthera aurea
nana. Ou, bordure intérieure, Echeveria Californica ; centre, alternanthera
pourpre.

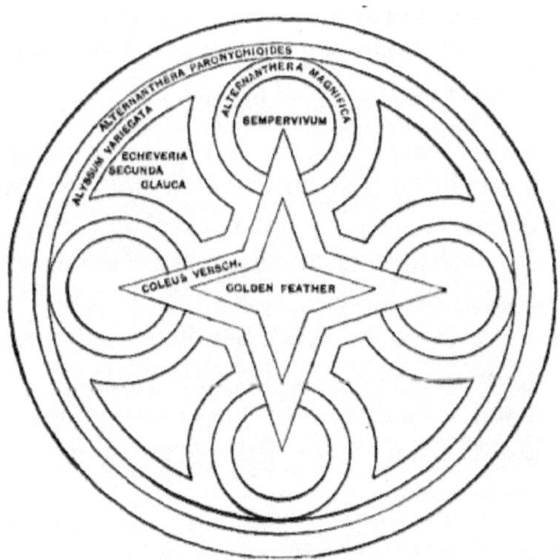

242. Another circular carpet-bed.

N° 17.—Un autre lit destiné à combler un angle. Son côté incurvé lui permettra également d'être utilisé avec un design circulaire. Bordure, ageratum bleu nain ; cercle, lobélie bleue ; sol (3 parties), alternanthera pourpre.

D'autres parterres de tapis ou de mosaïques (après Long), avec les plantes indiquées, sont illustrés aux Fig. 241, 242.

2. LES PLANTES ANNUELLES

Les fleurs annuelles des semenciers sont celles qui donnent leur meilleure floraison l'année même où les graines sont semées. Les vraies annuelles sont les plantes qui terminent tout leur cycle de vie en une seule saison. Certaines des fleurs dites annuelles continueront à fleurir la deuxième et la troisième année, mais la floraison est si faible et clairsemée après la première saison qu'il ne vaut pas la peine de les conserver. Certaines plantes vivaces peuvent être traitées comme des annuelles en commençant les graines tôt ; Le rose de Chine, la pensée et le muflier en sont des exemples.

Les bisannuelles régulières peuvent être traitées pratiquement comme des annuelles ; c'est-à-dire que les graines peuvent être semées chaque année, et après la première année, une succession saisonnière de floraison peut donc avoir lieu. Parmi ceux-ci figurent l'adlumia, la cloche de Canterbury, la lunaria, l'ipomopsis, l'Œnothera Lamarckiana ; et la digitale, la valériane et quelques autres plantes vivaces seraient mieux traitées comme des bisannuelles.

La plupart des plantes annuelles fleuriront dans le centre de l'État de New York si les graines sont semées en pleine terre lorsque le temps s'installe complètement. Mais il existe certaines espèces, comme les cosmos tardives et les fleurs de lune, pour lesquelles la saison septentrionale est généralement trop courte pour donner une bonne floraison à moins qu'elles ne soient commencées très tôt à l'intérieur.

Si les fleurs d'une annuelle sont souhaitées très tôt, les graines doivent être démarrées sous abri. Une serre n'est pas nécessaire à cet effet, même si l'on peut s'attendre à de meilleurs résultats avec un tel bâtiment. Les graines peuvent être semées dans des caisses, et ces caisses sont ensuite placées dans un endroit abrité du côté chaud d'un bâtiment. La nuit, ils peuvent être recouverts de planches ou de nattes. Lors de périodes de grand froid, les cartons doivent être rentrés à l'intérieur. De cette manière simple, les graines peuvent souvent être démarrées une à trois semaines avant le moment où elles peuvent être semées dans le jardin ouvert. De plus, les plantes sont susceptibles de recevoir de meilleurs soins dans ces bacs, et donc de croître plus rapidement. Bien entendu, si des résultats encore plus précoces sont souhaités, les graines doivent être semées dans la cuisine, dans une serre, dans une chambre froide ou dans une serre. En commençant les plants avant la saison, veillez à ne pas utiliser de bacs trop profonds. L'« appartement » du jardinier peut être pris comme une suggestion. Trois pouces de terre suffisent, et dans certains cas (comme lorsque les plantes démarrent tardivement), la moitié de cette profondeur suffit.

La difficulté avec les semis semés tôt est « l'étirement » et la faiblesse due à l'entassement et au manque de lumière. Cela est plus susceptible de se produire avec les plantes cultivées en fenêtre. Les plantes vigoureuses semées en juin sont meilleures que ces faibles. Il ne faut pas oublier qu'une floraison très précoce signifie généralement un raccourcissement de la saison à l'autre extrémité ; on peut, dans une certaine mesure, remédier à ce problème en effectuant des semis à des moments différents.

Les annuelles « rustiques » sont celles qui se développent facilement sans l'aide de chaleur artificielle. Ils sont généralement semés en mai ou avant, directement en pleine terre où ils doivent pousser. Les fleuristes sèment souvent certaines espèces à l'automne et hivernent les jeunes plants dans des châssis froids. Ils peuvent également être hivernés sous une couverture de feuilles ou de branches persistantes. Certaines plantes annuelles rustiques (comme le pois de senteur) résistent à des gelées considérables. Les annuelles « semi-rustiques » et « tendres » se ressemblent dans le sens où elles nécessitent plus de chaleur pour leur germination et leur croissance. Les espèces tendres sont très vite sensibles au gel. Ces deux espèces, comme les espèces rustiques, peuvent être semées en pleine terre, mais pas avant que le temps ne soit devenu stable et chaud, ce qui pour les espèces tendres ne se produira généralement pas avant le premier juin ; mais les espèces tendres, au moins, sont de préférence cultivées dans la maison et transplantées dans leurs plates-bandes extérieures. Bien entendu, ces termes sont tout à fait relatifs. Ce qui peut être une annuelle tendre dans le Massachusetts peut être une annuelle rustique ou même une plante vivace en Louisiane.

Ces termes, tels qu'habituellement utilisés dans ce pays, font référence aux États du nord, ou pas plus au sud que les États du centre de l'Atlantique.

Quelques exemples familiers d'annuelles rustiques sont l'alyssum doux, l'ageratum, le calendula, le calliopsis, le candytuft, le Centaurea Cyanus, le clarkia, le pied d'alouette, le gilia, le pavot de Californie, la gloire du matin, le souci, la réséda, la némophila, la pensée, le phlox, les roses, les coquelicots, le portulaca, zinnia, pois de senteur, scabieuse.

Des exemples de plantes annuelles semi-rustiques sont : l'aster de Chine, l'alonsoa, le baume, le pétunia, le ricinus, les ceps, la vigne en ballon, la martynia, le salpiglossis, la thunbergia, la capucine, la verveine.

Exemples de plantes annuelles tendres : Amarante, célosie ou coxcomb, cosmos, coton, Lobelia Erinus, cobea, courges, plante de glace, plante sensible, solanums, torenia et des choses telles que les dahlias, les caladiums et les acalyphes utilisés pour la literie et les effets subtropicaux .

Certaines annuelles supportent mal le repiquage ; comme le coquelicot, le bartonia, le miroir de Vénus, le convolvulus nain, le lupinus et le malope. Il est donc préférable de les semer là où ils doivent pousser.

Certaines espèces (comme le coquelicot) ne fleurissent pas tout l'été, surtout si on les laisse produire des graines. De telles sortes, un deuxième ou un troisième semis à intervalles réguliers assurera une succession. Empêcher la formation des graines prolonge leur vie et leur période de floraison.

Quelques plantes annuelles prospèrent à l'ombre partielle ou là où elles reçoivent le soleil pendant la moitié de la journée ; mais la plupart préfèrent une situation ensoleillée.

Toute bonne terre de jardin convient aux plantes annuelles. S'il n'est pas naturellement fertile et friable, il doit l'être par l'application de fumier d'étable bien décomposé ou d'humus. Le bêcher doit avoir au moins un pied de profondeur. Les six pouces supérieurs doivent ensuite être retournés une seconde fois pour être pulvérisés et mélangés. Après avoir rendu la surface fine et lisse, le sol doit être pressé avec une planche. Les graines peuvent maintenant être répandues sur le sol en lignes ou en cercles concentriques, selon la méthode souhaitée. Après avoir recouvert la graine, la terre doit être à nouveau pressée avec une planche. Cela favorise la capillarité, grâce à laquelle la surface du sol est mieux alimentée en humidité par le bas. Marquez toujours avec une étiquette le type et la position de toutes les graines semées.

Si les fleurs doivent pousser sur les bords de la pelouse, assurez-vous que les racines de l'herbe ne coulent pas en dessous et ne les privent pas de nourriture et d'humidité. Il est bon d'enfoncer une pelle bien aiguisée profondément dans le sol sur les bords du lit toutes les deux ou trois semaines dans le but de couper les racines de l'herbe qui auraient pu pénétrer dans le lit. Si des plates-bandes sont faites dans le gazon, veillez à ce qu'elles mesurent 3 pieds ou plus de largeur, afin que les racines de l'herbe ne les endommagent pas. En bordure d'arbustes, cette précaution n'est peut-être pas nécessaire. En fait, il est souhaitable que les fleurs remplissent tout l'espace entre les branches en surplomb et le gazon.

Il est surprenant de constater combien peu de plantes annuelles rares ou peu connues ont réellement un grand mérite pour des usages généraux. Il n'y a encore rien pour remplacer les groupes d'antan, comme les amarantes, les zinnias, les calendulas, les daturas, les baumes, les roses annuelles, les bonbons, les boutons de célibataire, les giroflées, les pieds d'alouette, les pétunias, les gaillardias, les mufliers, les coxcombs, les lobélies, les coréopsis. ou calliopsis, coquelicots de Californie, four-o'clocks, sultans doux, phlox, mignonettes, scabiosas, capucines, soucis, asters de Chine, salpiglossis, nicotianas, pensées, portulacas, graines de ricin, coquelicots, tournesols, verveines, souches, alyssums et de bonnes vieilles plantes courantes comme les coureurs écarlates, les pois de senteur, les convolvules, les ipomées, les hautes capucines, les vignes ballons, les cobéas. Parmi les vignes annuelles d'introduction récente, le houblon japonais a immédiatement pris une place importante pour couvrir les clôtures et les tonnelles, bien qu'il n'ait aucune beauté florale qui le recommande.

Pour des affichages de couleurs audacieux dans les parties arrière du terrain ou le long des bordures, certaines des espèces les plus grossières sont souhaitables. Les bonnes plantes pour une telle utilisation sont : le tournesol et le ricin pour les rangées arrière ; des zinnias pour des effets lumineux dans les écarlates et les lilas ; Soucis africains pour des jaunes brillants ; nicotianas pour les blancs. Malheureusement, nous n'avons pas de plantes annuelles à croissance robuste et avec un bon bleu. Certains pieds d'alouette et browallias en sont peut-être les plus proches.

Pour les expositions de masse à croissance plus basse et moins grossières, les éléments suivants sont bons : les coquelicots de Californie pour les oranges et les jaunes ; de doux sultans pour les violets, les blancs et les jaunes pâles ; pétunias pour les violets, les violettes et les blancs ; pieds d'alouette pour le bleu et le violet ; boutons de célibataire (ou bleuets) pour le blues ; calliopsis, coréopsis et calendulas pour les jaunes ; des gaillardes pour les rouges-jaunes et les rouges-oranges ; Asters de Chine pour de nombreuses couleurs.

Pour encore moins de robustesse, de bonnes expositions de masse peuvent être réalisées avec les éléments suivants : alyssums et candytufts pour les blancs ; phlox pour les blancs et divers roses et rouges ; lobélies et browallias pour le blues ; des roses pour les blancs et diverses nuances de rose ; stocks de blancs et de rouges ; giroflées pour les jaunes bruns; des verveines pour de nombreuses couleurs.

Un jardin d'agréables fleurs annuelles n'est pas complet s'il ne contient pas quelques «immortelles» ou immortelles. Ces « fleurs en papier » intéressent toujours les enfants. Ils ne sont pas tant recherchés pour la confection de « bouquets secs » que pour leur valeur en tant que partie d'un jardin. Les couleurs sont vives, les fleurs tiennent longtemps sur la plante et la plupart des espèces sont très faciles à cultiver. Mes groupes préférés sont les différents types de xéranthèmes et d'hélichryses. Les amarantes globe, avec des têtes en forme de trèfle (parfois appelées boutons de célibataire), sont de bons vieux favoris. Les Rhodanthes et les acrocliniums sont également bons et fiables.

Les graminées ornementales ne doivent pas être négligées. Elles ajoutent une note distincte au jardin fleuri et aux bouquets et ne peut être assurée par aucune autre plante. Ils se cultivent facilement. Certaines des bonnes graminées annuelles sont *Agrostis nebulosa* , les brizas, *Bromus brizæformis* , les espèces d'eragrostis et de pennisetums, et *Coix Lachryma* comme curiosité. Les bonnes graminées à gazon comme l'arundo, l'herbe de la pampa, les eulalias et l'érianthus sont des plantes vivaces et ne sont donc pas incluses dans cette discussion.

Certaines des plantes annuelles les plus fiables et les plus faciles à cultiver sont répertoriées dans les listes suivantes (sous les noms commerciaux courants).

Liste des annuelles par couleur de fleurs.

Fleurs blanches

Album d'Ageratum Mexicanum.
Alyssum, bonbon commun ; compacta.Centranthus macrosiphon albus.Asters de Chine.Convolvulus major.Dianthus, Double White Margaret.Iberis amara; coronaria, White Rocket.Ipomœa hederacea.Lavatera alba.Malope grandiflora alba.Matthiola (Stocks), Cut and Come Again ; Dresde perpétuelle ; Perfection géante ; Perle blanche. Mirabilis longiflora alba.
Nigelle.
Phlox, boule de neige naine ; Leopoldii.Coquelicots, drapeau de trêve ; Shirley ; Le Mikado.Zinnia.

Fleurs jaunes et oranges

Cacalia jaune.
Calendula officinalis, commun ; Météore; la sulfure; suffruticosa.Calliopsis bicolor marmorata; cardaminefolia; elegans picta.Cosmidium Burridgeanum.Erysimum Perofskianum.Eschscholtzia Californica.Hibiscus Africanus; Golden Bowl.Ipomœa coccinea lutea.Loasa tricolor.Tagetes, diverses sortes.Thunbergia alata Fryeri; aurantiaca.Tropaeolum, nain, Lady Bird ; Grand, Schulzi.Zinnia.

Fleurs bleues et violettes

Ageratum mexicain; Mexicanum, nain.
Asperula setosa azurea.Brachycome iberidifolia.Browallia Czerniakowski; elata.Centaurea Cyanus, Victoria Dwarf Compact; Cyanus minor.Asters de Chine de plusieurs variétés.Convolvulus minor; unicaulis mineur.Gilia achilleaefolia; capitata.Iberis umbellata; umbellata lilacina.Kaulfussia amelloides; atroviolacea.Lobelia Erinus; Erinus, Elegant.Nigella.Phlox

variabilis atropurpurea.Salvia farinacea.Specularia.Verveine, Noir-bleu; caerulea; Feuilles dorées.Whitlavia gloxinioides.

Fleurs rouges et rose-rouge

Abromie umbellata.
Alonsoa grandiflora.Cacalia, écarlate.
Clarkia elegans rosea.
Convolvulus tricolor roseus.Dianthus, demi-naine Early Margaret ; Nain perpétuel ; Chinensis.Gaillardia picta.Ipomœa coccinea; volubilis.Matthiola annuus; Dix semaines rouge sang ; grandiflora, nain.Papaver (Poppy) cardinale ; Mephisto.Phaseolus multiflorus.Phlox, nain à grandes fleurs ; Boule de feu naine ; Black Warrior.Salvia coccinea.Saponaria.Tropaeolum, Dwarf, Tom Thumb.Verbena hybrida, Scarlet Defiance.Zinnia.

Plantes annuelles utiles pour les bordures des massifs et des allées, ainsi que pour les massifs en ruban.

Ageraturn, bleu et blanc.
Alyssum, sweet.Brachycome.Calandrinia.Clarkia.Collinsias.Dianthus ou roses.Gilia.Gypsophila muralis.Iberis ou candytufts.Leptosiphons.Lobelia Erinus.Nemophilas.Nigellas.Portulaca ou mousse de rose (Fig. 243).Saponaria Calabrica.Specularia.Torenia .Whitlavie.

Annuelles qui continuent de fleurir après le gel .

Cette liste est compilée à partir du Bulletin 161, Cornell Experiment Station. Plusieurs centaines de sortes de plantes annuelles ont été cultivées dans cette station (Ithaca, New York) en 1897 et 1898. Les notes sont indiquées dans les noms commerciaux originaux sous lesquels les semenciers fournissaient le stock.

243. Portulaca, or rose moss.

Abronia umbellata.

Adonis estivalis; Autumnale.Argemone grandiflora.Calendulas.Callirrhoë.Carduus benedictus.Centaurea Cyanus.Centauridium.Centranthus macro-Cerinthe retorta. {siphon.Cheiranthus Cheiri.Chrysanthemums.Convolvulus minor ; tricolore.Dianthus de diverses sortes.Elsholtzia cristata.

Erysimum perofskianum ; Arkansanum.

Eschscholtzias, en plusieurs variétés (Fig. 249).Gaillardia picta.Gilia achilleaefolia ; habitant; laciniata; tricolore.Iberis affinis.Lavatera alba.Matthiolas ou stocks.Œnothera rosea; Lamarckiana;Phlox Drummondii. {Drummondii.Podolepis affinis ; chrysantha.Salvia coccinea; farinée; Horminum.Verveines.Vicia Gerardi.

Actions de Virginie.

Viscaria elegans; oculata; Cœli-rosa.

Liste des annuelles adaptées à la literie (c'est-à-dire aux « effets de masse » de couleur).

Une liste de ce genre est nécessairement à la fois incomplète et imparfaite, parce que de bonnes nouvelles variétés apparaissent fréquemment et qu'il faut consulter le goût du jardinier. Toutes les plantes peuvent être utilisées, d'une manière générale, pour la literie ; mais la liste suivante (donnée en termes de noms commerciaux) suggère certains des meilleurs sujets à utiliser lorsque l'on souhaite des lits de couleur unie et forte.

244. Pansies.

Adonis estivalis; automnal.

Ageratum mexicain; Mexicanum, Dwarf.Bartonia aurea.Cacalia.Calendula officinalis, sous plusieurs formes ; pluvialis; Pongéi ; sulfurée, fl. PL.; suffruticosa.Calliopsis bicolor marmorata; cardaminefolia; elegans picta.Callirrhoë involucrata; pédata; pedata nana.Centaurea Americana; Cyanus, Compact nain Victoria ; Cyanus mineur; suaveolens.Asters de Chine.Chrysanthemum Burridgeanum; carinatum; coronarium; tricolore. Convolvulus mineur ; tricolore.

Cosmidium Burridgeanum.

Delphinium, seul ; double.

Dianthus, Margaret demi-naine blanche double; Nain perpétuel ; Caryophyllus semperflorens; Chinensis, double ; dentosus hybridus; Heddewigii; impérialis; laciniatus, Reine du Saumon ; plumaire; superbus, nain fl. PL.; picotee.Elsholtzia cristata.Eschscholtzia Californica; crocée; Mandarin; tenuifolia (Fig. 249).Gaillardia picta ; picta Lorenziana.Gilia achilleaefolia; habitant; laciniata; linifolia; nivalis; tricolore.Godetia Whitneyi; grandiflora maculata; rubicunda splendens.Hibiscus Africanus; Bol doré.Iberis affinis; amara; coronarienne; umbellata.Impatiens ou baume.Lavatera alba; trimestris.Linum grandiflorum.Madia elegans.Malope grandiflora.Matricaria eximia plena.Matthiola ou stock, sous de nombreuses formes; à feuilles de giroflée; bicornis.Nigella, ou Love-in-a-mist.Œnothera Drummondii; Lamarckiana; rosea tetraptera.Papaver ou pavot, de toutes sortes ; cardinale; glaucum; umbrosum.Petunia, types de literie.Phlox Drummondii, dans de nombreuses variétés.Portulaca (Fig. 243).Salvia farinacea; Horminum ; splendens.Schizanthus papilionaceus; pinnatus.Silene Armeria; pendula.Tagetes, ou souci, sous de nombreuses formes ; erecta; patule; signata.Tropaeolum, nain.Verbena auriculaeflora; Italique striée ; hybride; caerulea; Feuilles dorées.Viscaria Cœli-rosa; élégans picta; oculata.Zinnia, nain ; elegans alba; Le petit Poucet; Haageana ; coccinea plena (Fig. 247).

XI. La cour arrière, avec la maison d'été et les jardins au-delà.

Liste des annuelles par hauteur .

Il est évidemment impossible de dresser une liste précise ou définitive des plantes en termes de hauteur, mais le débutant peut être aidé par des mesures approximatives. Les listes suivantes sont tirées du Bulletin 161 de la Cornell Experiment Station, qui donne des données tabulaires sur de nombreuses plantes annuelles cultivées à Ithaca, New York. Les graines de la plupart des espèces ont été semées en plein air, plutôt tard. « Le sol variait quelque peu, mais il était léger et bien labouré, et moyennement riche. » De bons soins ordinaires ont été apportés aux plantes. La hauteur moyenne des plantes de chaque espèce à pleine croissance, telles qu'elles se trouvent au sol, est indiquée dans ces listes. Bien sûr, ces hauteurs peuvent être inférieures ou supérieures selon les sols, les traitements et les climats ; mais les chiffres sont assez comparables entre eux.

Les mesures sont basées sur le stock fourni par les principaux semenciers sous les noms commerciaux indiqués ici. Il n'est pas improbable que certaines des divergences soient dues à un mélange de graines ou à un stock non conforme au type ; une partie peut être due aux conditions du sol. Dans certains cas, le même nom peut être trouvé dans deux divisions, les plantes ayant été cultivées à partir de lots de graines différents. Les listes indiqueront au producteur à quelles variations il peut s'attendre dans un grand lot de graines.

Les catalogues des semenciers doivent être consultés pour connaître ce que le commerce considère comme les hauteurs appropriées et normales pour les différentes plantes.

Plantes de 6 à 8 po de hauteur

Abronia umbellata grandiflora.
Alyssum compactum.Callirrhoë involucrata.Godetia, Bijou, Lady Albemarle et Lady Satin Rose.Gypsophila muralis.Kaulfussia amelloides.Leptosiphon hybridus.
Linaria Marocaine.
Lobelia Erinus et Erinus Elegant.Nemophila atomaria, discoidalis, insignis et maculata.Nolana lanceolata, paradoxa, prostrata et atriplicifolia.Podolepis chrysantha et affinis.Portulaca.Rhodanthe Manglesii.Sedum caeruleum.Silene pendula ruberrima.Verveine.

Plantes de 9 à 12 po de hauteur

Alyssum.
Asperula setosa azurea.Brachycome iberidifolia.Calandrinia umbellata elegans.Callirrhoë pedata nana.Centaurea Cyanus Victoria Dwarf Compact.Centranthus macrosiphon nanus.
Collinsia bicolor, candidissima et marmorata multicolore.
Convolvulus minor et tricolor.Eschscholtzia crocea.Gamolepis Tagetes.Gilia laciniata et linifolia.Godetia Duchesse d'Albany, Prince de Galles, Reine des Fées, Brillant, grandiflora maculata, Whitneyi, duc de Fife, rubicunda splendens.Helipterum corymbiflorum.Iberis affinis.Kaulfussia amelloides atroviolacea, et a. kermesina.Leptosiphon androsaceus et densiflorus.Linaria bipartita splendida.Matthiola nain Forcing Snowflake, Wallflower-leaved.Mesembryanthemum

crystallinum.Mimulus cupreus.Nemophila atomaria oculata et marginata.Nigella.Nolana atriplicifolia.Omphalodes linifolia. Œnothera rosea et tetraptera.

Phlox, Nain à grandes fleurs et Boule de neige naine.Rhodanthe maculata.Saponaria Calabrica.Schizanthus pinnatus.Silene Armeria et pendula.Specularia.Viscaria oculata cserulea.

Plantes de 13 à 17 po de hauteur

Abronia umbellata.

Acroclinium album et roseum.Brachycome iberidifolia alba.Browallia Czerniakowski et elata.Cacalia.Calandrinia grandiflora.Calendula sulphurea flore pleno.Chrysanthemum carinatum.Collomia coccinea.Convolvulus minor et minor unicaulis.Dianthus, les variétés Margaret, Dwarf Perpetual, Caryophyllus semperflorens, Chinensis, dentosus hybridus, Heddewigii, Imperialis, laciniatus, plumarius, nain superbe, picotee, Comtesse de Paris.Elsholtzia cristata.

Eschscholtzia Californica, Mandarin, maritima et tenuifolia.

Gaillardia picta.Gilia achillesefolia alba et nivalis.Helipterum Sanfordii.Hieracium, Bearded.Iberis amara, coronaria Empress, coronaria White Rocket, Sweet-scented, umbellata, umbellata carnea et umbellata lilacina.Leptosiphon carmineus.Lupinus nanus, sulphureus.Malope grandiflora. Matthiola, bouillon à feuilles de giroflée et de Virginie.Mirabilis alba.Nigelle.

Œnothera Lamarckiana.

Palafoxia Hookeriana.Papaver, Shirley et glaucum.Petunia.Phlox de toutes sortes.Salvia Horminum.Schizanthus papilionaceus.Statice Thouini et superbe.Tagetes, Pride of the Garden et Dwarf.Tropaeolum, de nombreuses sortes de nain.Venidium calendulaceum.Verveine de plusieurs sortes .Viscaria Cœli-rosa, elegans picta, oculata et oculata alba.Whitlavia gloxinioides.

Plantes de 18 à 23 po de hauteur

Adonis aestivalis et automnalis.

Amarantus atropurpureus.Calendula officinalis, Meteor, suffruticosa et pluvialis.Calliopsis bicolor marmorata.Callirrhoë pedata.Centaurea Cyanus minor Bleu et suaveolens.

Macrosiphon Centranthus.

245. Gaillardia, one of the showy garden
annuals.

Chrysanthème Burridgeanum, carinatum, Dunnettii tricolore.
Cosmidium Burridgeanum.Delphinium (annuel).Eutoca
Wrangeliana.Gaillardia picta (Fig. 245), Lorenziana.Gilia achilleaefolia, a.
rosea et tricolor.Helichrysum atrosanguineum.Ipomœa coccinea.Linum
grandiflorum.
Loasa tricolore.
Lupinus albus, hirsutus et pubescens.Malope grandiflora alba.Matricaria
eximia plena.Matthiola, plusieurs sortes.
Œnothera Drummondii.

Papaver Méphisto, cardinal, v. hybride, c. Danebrog, umbrosum.Tagetes patula et signata.Vicia Gerardii.Whitlavia grandiflora et g. alba.Xeranthemum album et multiflorum album.Zinnias de toutes sortes (tous non mentionnés dans d'autres listes).

Plantes de 24 à 30 pouces de haut

Bartonie aurea.
Calendula officinalis fl. pl., Prince d'Orange et Pongei.Calliopsis elegans picta.Cardiospermum Halicacabum.Carduus benedictus.Centaurea Cyanus minor Empereur William.Cheiranthus Cheiri.Chrysanthemum tricolor, t. hybridum et coronarium sulfureum fl. pl.Clarkia elegans rosea.Datura cornucopia.Erysimum Arkansanum et Perofskianum.Eutoca viscida.Gilia capitata alba.Helichrysum bracteatum et macranthum.Hibiscus Africanus.Impatiens, toutes variétés.Lupinus hirsutus pilosus.Matthiola Rouge sang dix semaines, coupé et revenu, grandiflora, annuus et autres.Mirabilis Jalapa folio variegata et longiflora alba.Papaver, American Flag, Mikado et Double.Perilla laciniata et Nankinensis.Salvia farinacea.Tagetes Eldorado, Nugget of Gold, erecta fl. pl.Xeranthemum annuum et superbissimum fl. pl.Zinnia elegans alba fl. PL.

246. Wild phlox (*P. maculata*), one of the parents of the perennial garden phloxes.

Plantes de 31 à 40 po de hauteur

Acroclinium, double rose et blanc.

Adonis aestivalis.Ageratum Mexicanum album et bleu.Amarantus bicolor ruber.Argemone grandiflora.Centaurea Americana.Centauridium Drummondii.Cerinthe retorta. [c. double jaune.Chrysanthemum coronarium album et Clarkia elegans alba fl. pl.Cleome spinosa.Cyclanthera pedata.Datura fastuosa et New GoldenEuphorbia marginata. [Reine.Gilia capitata alba.Helianthus Dwarf double et cucu-Hibiscus Golden Bowl. [merifolius.Lavatera trimestris.Madia elegans.

Martynia craniolaria.

Salvia coccinea.

Plantes de 41 po et plus.

Adonis automnal.

Helianthus de plusieurs espèces de jardin (non mentionnées ailleurs).

Ricinus, toutes variétés. Et de nombreuses vignes grimpantes.

Distances pour planter des annuelles (ou des plantes traitées comme annuelles).

On ne peut donner qu'une idée approximative des distances entre lesquelles les plantes annuelles doivent être plantées, car la distance dépend non seulement de la fertilité du terrain (plus le sol est résistant, plus la distance est grande), mais aussi de l'objet que possède la personne. dans la culture des plantes, que ce soit pour produire un effet de masse solide ou pour obtenir des spécimens robustes avec une grande floraison individuelle. Si des plantes spécimens doivent être cultivées, les distances doivent être libérales.

Les distances indiquées ici pour certaines des plantes annuelles les plus communes peuvent être considérées comme représentant les espaces moyens ou habituels que des plantes individuelles peuvent occuper dans des conditions ordinaires dans des parterres de fleurs, bien qu'il serait probablement impossible de trouver deux jardiniers ou semenciers qui seraient d'accord sur les détails. Ce sont des suggestions plutôt que des recommandations. Il est toujours bon de planter ou de semer plus de plantes que nécessaire, car il existe un danger de perte à cause des vers gris et d'autres causes. La tendance générale est de laisser les plants trop rapprochés à maturité. En cas de doute, placez les plantes décrites dans les livres et les catalogues comme étant très naines à six pouces, celles de taille moyenne à douze pouces, de très grande taille à deux pieds, et éclaircissez-les si elles semblent l'exiger au fur et à mesure de leur croissance.

Les plantes de ces listes sont classées en quatre groupes (plutôt que toutes placées ensemble avec les numéros qui les suivent) afin de classer le sujet dans l'esprit du débutant.

6 à 9 pouces de distance

Ageratum, espèce très naine.
Alyssum.Asperula setosa.Cacalia.Candytuft.Clarkia, nain.Collinsia.Gysophila muralis.Kaulfussia.Larkspur, espèces naines.Linaria.Linum grandiflorumLobelia Erinus. Mignonette, espèces naines.
Pensée.
Phlox, espèces très naines.Roses, espèces très naines.Rhodanthe.Schizopetalon.Silene Armeria.Muflier, nain.Pois de senteur.Torenia.

10 à 15 pouces de distance

Ceux marqués (pi) sont des exemples de plantes qui peuvent généralement mesurer douze pouces.

Abronia (ft.).
Acroclinium.Adlumia.Adonis Autumnalis.Ageratum, espèces de grande taille.Alonsoa.Aster, Chine, espèces plus petites (ft.).Balsam.Bartonia.Browallia.Calendula.Pavot de Californie (Eschscholtzia).Calliopsis.Cardiospermum.Carnation, espèces de jardins de fleurs (ft.).Celosia, petites sortes.Centaurea Cyanus.
Centauridium (pi).
Centranthus (ft.).Clarkia, grand (ft.).Convolvulus tricolor (ft.).Gaillardia, sauf sur terre forte.Gilias.Glaucium.Godetia (ft.).
Gomphrène.
Gypsophila elegans.Helichrysum (ft.).Hunnemannia.Jacobaea. {genres.Larkspur, grand annualMalope. {variétés.Marigold, middleMignonette, grands types.Mesembryanthemum (plante à glace) (ft.).Morning-glory.Nasturtium, nain.Nemophila.Nigella.Petunia.Phlox Drummondii.Pinks.Poppies (6 à 18 in., selon variété).Portulaca (ft.).Salpiglossis (ft.).Scabiosa (ft.).Schizanthus.Muflier, espèces

hautes.Statice (ft.).Stock (ft.).Tagetes, nain français.Thunbergia (ft.)
.Verveine.Whitlavia (ft.), {(ft.).Zinnia, espèces très naines

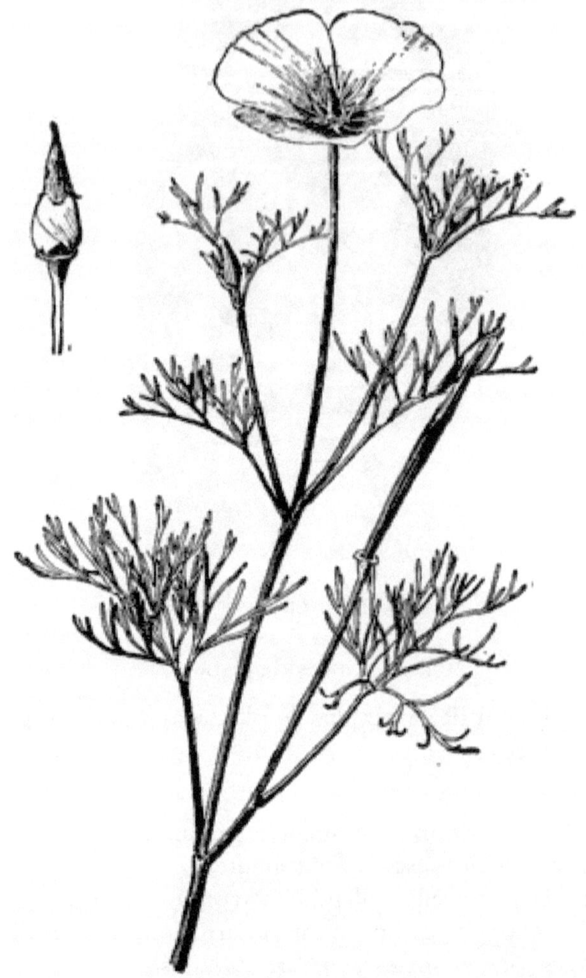

249. Eschscholtzia, or California poppy. One-half
size.

18 à 24 pouces

Amarante.
Ammobium.Argemone.Aster, Chine, les grandes espèces (ou rangées
espacées de 2 pieds et plantes 1 pied en rangée).Callirrhoë.
Cloche de Canterbury (jusqu'à 3 pieds).
Célosie, grandes espèces (jusqu'à 30 po). Chrysanthème, annuel. Cosmos,
espèces plus petites.
Euphorbe marginée.

Quatre heures (jusqu'à 30 pouces) Hop, japonais. (jusqu'à 30 po) Kochia, ou cyprès d'été Souci, espèces hautes. Capucine, haute, si on la laisse se propager sur le sol. Nicotiana (jusqu'à 30 po). Œnothera, espèces hautes. Salvia coccinea (*splendens*
grandiflora), environ 2 ft.
Zinnia, espèces grandes (jusqu'à 3 pieds).

250. A modern peony.

Environ 3 pieds ou plus

Caladium.
Cosmos, espèces grandes (2 à 3 pieds).
Dahlia.
Datura.Martynia.Ricinus ou ricin.Solanums.Tournesol, grandes sortes.Wigandia.

3. HERBACÉES VIVACES SOLIDES

Les herbes vivaces sont de plus en plus appréciées, non seulement comme sujets de jardins de fleurs et de pelouses, mais aussi comme éléments de paysages indigènes. Chaque localité produit ses asters sauvages, ses verges d'or, ses ancolies, ses iris, ses trilles, ses lys, ses anémones, ses pentstémons, ses menthes, ses tournesols ou autres plantes ; et beaucoup d'entre eux constituent également de bons sujets pour le terrain domestique.

Il est important de se rappeler que certaines herbes vivaces commencent à décliner après une à trois saisons de pleine floraison. C'est un bon plan que de nouvelles plantes viennent les remplacer ; ou bien les vieilles racines peuvent être ramassées à l'automne et divisées, seules les parties fraîches et fortes étant replantées.

Les herbes vivaces se multiplient de diverses manières, par graines et par boutures de tiges et de racines, mais surtout par la méthode facile de division. À propos de la culture de ces plantes à partir de graines, William Falconer écrit ce qui suit dans le « Garden Book » de Dreer de 1909 :

« Les plantes vivaces rustiques se cultivent facilement à partir de graines. Dans de nombreux cas, elles sont un peu plus lentes que les annuelles, mais avec des soins intelligents, elles sont cultivées avec succès, et à partir de graines, c'est un excellent moyen d'obtenir un gros stock de plantes vivaces. De nombreuses sortes, si elles sont semées au printemps, fleurissent la première année à partir de graines dès les annuelles ; par exemple : la gaillarde, le coquelicot d'Islande, le pied d'alouette de Chine, le platycodon, etc. D'autres ne fleurissent qu'à partir de la deuxième année.

« L'amateur peut avoir plus de succès et moins de peine à cultiver des plantes vivaces à partir de graines semées en pleine terre qu'avec toute autre méthode. Préparez un massif dans un endroit agréable, chaud et abrité du jardin, de préférence peu ensoleillé. Que la surface du lit soit élevée de quatre ou cinq pouces au-dessus du niveau général, et que le sol soit une terre fine et moelleuse en surface. Dessinez des rangées peu profondes sur la surface du lit, espacées de trois ou quatre pouces, et semez ici les graines, en gardant les variétés d'une sorte ou d'une nature autant ensemble que possible, en recouvrant finement les graines ; presser doucement toute la surface, arroser modérément, puis saupoudrer un peu de terre fine et meuble sur le tout. Si le temps est ensoleillé ou venteux, ombragez avec des papiers ou quelques branches, mais retirez-les le soir. Lorsque les plants poussent, éclaircissez-les pour rigidifier ceux qui restent, et lorsqu'ils atteignent deux ou trois pouces de haut, ils sont aptes à être repiqués dans des locaux permanents. Tout cela devrait être fait au début du printemps, disons en mars, avril ou mai. Encore une fois, en juillet ou en août, les plantes vivaces sont très facilement cultivées à l'extérieur, et à peu près de la même manière que ci-dessus. Ou bien ils peuvent être semés au début du printemps à l'intérieur, dans la fenêtre, le foyer, le châssis froid ou la serre, de préférence en caisses ou en godets, comme pour les plantes annuelles en croissance. Certains jardiniers sèment les graines directement dans le châssis froid. J'ai essayé les deux méthodes, et je trouve que les boîtes sont les meilleures, car les différentes variétés de graines ne poussent pas en même temps, et vous pouvez les retirer du cadre rapproché vers des endroits plus aérés dès que la graine apparaît, alors que, s'ils étaient semés sous cadre, il faudrait leur donner tous le même traitement. Lorsque les plants sont suffisamment grands, je les transplante dans d'autres boîtes et je les place dans une partie ombragée du jardin, mais pas à l'ombre des arbres, car ils y "dessineraient" trop. Vers le 15 septembre, plantez-les dans le jardin où elles doivent fleurir, ou si le jardin est plein de plantes à fleurs d'été, mettez-les dans des plates-bandes dans le potager, pour les planter au début du printemps, et donnez-leur un une légère couverture de paille ou de fumier pour les protéger des changements brusques de temps.

Les herbes vivaces rustiques peuvent être plantées en septembre et octobre avec d'excellents résultats ; aussi au printemps. Assurez-vous qu'ils sont protégés par du paillis en hiver.

Herbes vivaces adaptées aux effets de pelouse et de « plantation ».

Certaines des plantes remarquables qui sont précieuses pour la plantation de pelouses dans le Nord, choisies principalement en raison de leur taille, de leur feuillage et de leur port, sont mentionnées dans la brève liste suivante. Ils peuvent ou non convenir aux jardins de fleurs. Il est impossible de donner à cette liste un quelconque degré d'exhaustivité ; mais les noms imprimés ici suggéreront le genre de choses qui peuvent être utilisées. Le * désigne les plantes indigènes.

Yucca, *Yucca filamentosa.* *

Funkia, *Funkia* , de plusieurs espèces.

Saxifrage peltée, *Saxifraga peltata.* *

Rose mauve, *Hibiscus Moscheutos.* *

Aunée, *Inula Helenium* (Fig. 251).

Tournesols sauvages, *Helianthus* * de différentes espèces, notamment *H. orygalis, H. giganteus, H. grosse-serratus, H. strumosus* .

251. Elecampane.   Naturalized in old fields and along roadsides.

Plantes-boussole, *Silphium* * de plusieurs espèces, notamment *S. terebinthinaceum, S. laciniatum, S. perfoliatum* .

Sacaline, *Polygonum Sachalinense* .

Renouée du Japon, *Polygonum cuspidatum* .

Bocconia, *Bocconia cordata* .

Absinthe sauvage, *Artemisia Stelleriana* * et autres.

Mauvaise herbe-papillon, *Asclepias tuberosa* .*

Asters sauvages, *Aster* * de nombreuses espèces, notamment *A. Novæ-Angliæ* (meilleur), *A. laevis, A. multiflorus, A. spectabilis* .

Verge d'or, *Solidago* * de diverses espèces, notamment *S. speciosa, S. nemoralis, S. juncea, S. gigantea* .

Lutte libre, *Lythrum Salicaria* .

Drapeaux, *Iris* de nombreuses espèces, certaines indigènes.

Fleur de vent japonaise, *Anemone Japonica* .

Barbe de chèvre, *Aruncus sylvester (Spiræa Aruncus)*.*

Baptisia, *Baptisia tinctoria* .*

Thermopsis, *Thermopsis mollis* .*

Séné sauvage, *Cassia Marilandica* .*

Lotier sauvage, *Desmodium Canadense* * et autres.

Herbe à ruban, *Phalaris arundinacea* * var. *picta* .

Herbe zébrée, espèces *d'Eulalia* (ou *Miscanthus*) et variétés.

Panique sauvage, *Panicum virgatum* .*

Bambusas (et choses connexes) de plusieurs sortes.

Herbe de Ravenne, *Erianthus Ravennæ* .

Arundo, *Arundo Donax* et var. *variégata* .

Roseau, *Phragmites communis* .*

Cette plante et les autres plantes de la liste doivent être plantées au bord de l'eau ou dans des tourbières (la liste pourrait être considérablement allongée).

Riz sauvage, *Zizania aquatique* .*

Quenouille, *Typha angustifolia* * et *T. latifolia* .*

Queue de lézard, *Saururus cernuus* .*

Peltandra, *Peltandra undulata* .*

Orontium, *Orontium aquatique* .*

Calla indigène, *Calla palustris* .*

Une brève liste saisonnière de jardins de fleurs ou de bordures de plantes herbacées vivaces.

Pour faciliter la sélection des herbes vivaces à fleurir, les plantes de la liste suivante sont classées en fonction de leur saison de floraison, en commençant par la plus précoce. Le nom du mois indique quand ils commencent habituellement à fleurir. Il faut comprendre que la saison de floraison des plantes n'est pas une période fixe, mais varie plus ou moins selon les localités et les saisons. Ces dates sont applicables à la plupart des États du centre et du nord. Les autochtones d'Amérique du Nord sont marqués d'un astérisque *. Cette liste est d'Ernest Walker.

MARS

Fleur de vent bleue, *Anémone blanda* . 6 po. Mars-mai. Fleurs bleu ciel en forme d'étoile. Feuillage profondément découpé. Pour bordures et rocailles.

Bloodroot, *Sanguinaria Canadensis* .* 6 po. Mars-avril. Blanc pur. Feuillage glauque. Mi-ombre. Bordure ou rocaille.

AVRIL

Cresson de montagne, *Arabis albida* . 6 po. Avril-juin. Fleurs blanc pur ; fermer les têtes à profusion. Parfumé. Pour endroits secs et travaux de roche.

Cresson violet, *Aubrietia deltoidea* . 6 po. Avril-juin. Petites fleurs violettes à grande profusion.

Marguerite, *Bellis perennis* , 4-6 po. Avril-juillet. Fleurs blanches, roses ou rouges ; simple ou double. Les variétés doubles sont les plus recherchées. Couvrez les plantes en hiver avec des feuilles. Peut être cultivé à partir de graines, comme les pensées.

Beauté du printemps, *Claytonia Virginia* .* 6 po. Avril-mai. Grappes de fleurs rose clair. Mi-ombre. De six à une douzaine devraient être réunis.

Étoile filante, *Dodecatheon Meadia* .* 1 pi. Avril-mai. Fleurs pourpres rougeâtres, œil jaune orangé, en grappes. Endroit frais et ombragé. Plantez-en plusieurs par endroit.

Fléau des chiens, *Doronicum plantagineum* var *excelsum* . 20 po. Avril-juin. Grandes fleurs voyantes ; Orange jaune. Plantes touffues.

Feuille de foie, *Hepatica acutiloba* * et *triloba* .* 6 po. Avril-mai. Fleurs petites mais nombreuses, variant du blanc et du rose. Mi-ombre.

Candytuft rustique, *Iberis sempervirens* . 10 po. Avril-mai. Petites fleurs blanches en grappes ; abondant. Grandes touffes persistantes et étalées.

Lampe-fleur alpine, *Lychnis alpina* .* 6 po. Avril-mai. Fleurs en forme d'étoile, en têtes voyantes ; rose. Pour bordure et rocaille.

Myosotis précoce, *Myosotis dissitiflora* . 6 po. Avril-juin. Petites grappes de fleurs d'un bleu ciel profond. Habitude touffue.

252. The wild Trillium grandiflorum.

Everblooming F., *M. palustris* var. *semperflorens* . 10 po. Bleu clair ; habitude de propagation.

Cloches bleues, *Mertensia Virginiaca* .* 1 pi. Avril-mai. Fleurs bleues, virant au rose ; pendant; tubulaire; pas voyant, mais beau. Sol riche. Mi-ombre.

Pivoine arbustive, *Pæonia Moutan* . (Voir *Mai* , Pæonia.)

Moss Pink, *Phlox subulata* .* 6 po. Avril-juin. Nombreuses petites fleurs rose foncé; port rampant; à feuilles persistantes. Convient aux endroits secs comme plante de couverture.

Trilles .* De plusieurs espèces ; toujours attrayant et utile en bordure (Fig. 252). Ils sont communs dans les bois riches et les bosquets. Creusez les tubercules à la fin de l'été et plantez-les directement en bordure. Les plus grandes fleuriront au printemps suivant. On peut en dire autant de l'érythronium, ou violette à dents de chien ou langue de vipère, et de beaucoup d'autres fleurs sauvages précoces.

PEUT

Ajuga reptans . 6 po. Mai-juin. Épis de fleurs violettes. Pousse bien dans les endroits ombragés ; diffusion. Une bonne plante de couverture.

Madwort, *Alyssum saxatile* var. *compactum* . 1 pied. Mai-juin. Fleurs parfumées, en grappes, jaune doré clair. Feuillage argenté. Sol bien drainé. Une des plus belles fleurs jaunes.

Ancolie, *Aquilegia glandulosa* et autres (Fig. 253). 1 pied. Mai-juin. Sépales bleu foncé ; pétales blancs. Les Aquilegias sont de vieux favoris. (Voir *juin* .) L' *A. Canadensis* * sauvage est souhaitable.

Muguet, *Convallaria majalis* .* 8 po. Mai-juin. Racèmes de petites clochettes blanches ; parfumé. Bien connu. Mi-ombre. (Voir Chap. VIII.)

Fumeterre, *Corydalis nobilis* . 1 pied. Mai-juin. Grandes grappes de fines fleurs jaunes. Port buissonnant et dressé. Se porte bien à l'ombre partielle.

Coeur saignant, *Dicentra spectabilis* . 2-1/2 pieds. Mai-juin. Bien connu. Racèmes de fleurs en forme de cœur, rose foncé et blanches. Supportera la mi-ombre.

Iris à crête, *Iris cristata* .* 6 po. Mai-juin. Fleurs bleues, bordées de jaune. Feuilles en forme d'épée.

Iris allemand, *I. Germanica* . 12-15 po. Mai-juin. De nombreuses variétés et couleurs. Grandes fleurs, 3-4 sur une tige. Feuilles larges, glauques, en forme d'épée.

Pivoine, *Pæonia officinalis*. 2 pieds. Mai-juin. C'est la pivoine herbacée bien connue. Il existe de nombreuses variétés et hybrides.

253. One of the columbines.

Grandes fleurs, 4-6 pouces de diamètre. Pourpre, blanc, rose, jaunâtre, etc. Convient pour la pelouse ou la bordure. Figure 250.

Pivoine arbustive, *P. Moutan* . 4 pieds. Avril Mai. De nombreuses variétés nommées. Fleurs comme ci-dessus, sauf jaune. Port ramifié, dense et arbustif.

Sauge des prés, *Salvia pratensis* . 2-1/2 pieds. Mai-juin, août. Épis de fleurs d'un bleu profond. Ramification depuis le sol.

JUIN

Achillea Ptarmica, fl. Pl. , var. "La perle." 1/2 pied juin-août. Petites fleurs doubles blanches, en grappes peu fleuries. Sol riche.

Fleur du vent, *Anemone Pennsylvanica* .* 18 po. Juin-septembre. Fleurs blanches sur de longues tiges. Port dressé. Se porte bien à l'ombre.

Lys de Saint-Bruno, *Paradisea Liliastrum* . 18 po. Juin-juillet. Fleurs blanches en forme de clochette en jolis épis.

Ancolie à impulsion dorée, *Aquilegia chrysantha* .* 3 pieds juin-août. Fleurs dorées avec de minces éperons ; parfumé.

Ancolie des montagnes Rocheuses, *A. cœrulea* .* 1 pi juin-août. Fleurs aux pétales blancs et aux sépales bleu foncé, de 2 à 3 po de diamètre. (Voir *mai* .)

Aspérule des bois, *Asperula odorata* . 6 po. Juin-juillet. Petites fleurs blanches. Herbe parfumée une fois fanée. Se porte bien à l'ombre ; habitude de propagation. Utilisé pour aromatiser les boissons, parfumer et protéger les vêtements.

Astilbe Japonica (appelée à tort Spiræa). 2 pieds juin-juillet. Petites fleurs blanches dans une inflorescence plumeuse. Port compact.

Coquelicot Mauve, *Callirrhoë involucrata* .* 10 po. Juin-octobre. Grandes fleurs pourpres, au centre blanc. Habitude de fuite. Pour bordure et rocaille.

Campanule des Carpates, *Campanula Carpatica* (Fig. 254). 8 po. Juin-septembre. Fleurs d'un bleu profond. Habitude touffue. Pour bordure ou rocaille. Bon pour couper.

C. glomerata var. *Dahurica* . 2 pieds juin-août. Fleurs violet foncé en grappes terminales. Ramification depuis le sol. Port dressé.

Cloche de Cantorbéry, *C. Moyen* . Un vieux favori. Il est bisannuel, mais fleurit dès la première saison s'il est semé tôt.

Corydale jaune. 1 pied de juin à septembre. Fleurs jaunes, en grappes terminales. Port ramifié lâche. Feuillage glauque.

Rose écossais, *Dianthus plumarius* . 10 po. Juin-juillet. Fleurs aux anneaux blancs et roses sur de fines tiges. Port densément touffu.

254. Campanula Carpatica.

Rose frangé, *D. superbus* . 18 po. Juillet-août. Fleurs frangées. Teinte lilas.

Usine à gaz, *Dictamnus Fraxinella* . 3 pieds juin. Fleurs violettes, voyantes, parfumées ; en longues pointes. Habitude régulière. Var. *alba* . Blanc.

Gaillardia aristata .* 2 pieds juin-octobre. Fleurs voyantes orange et marron sur de longues tiges. Bon pour couper. Les gaillardes hybrides offrent une grande variété de couleurs brillantes.

Heuchera sanguinea .* 18 po. Juin-septembre. Fleurs en panicules ouvertes, écarlates, sur des tiges groupées issues d'une masse touffue de joli feuillage.

Iris du Japon, *Iris laevigata (I. Kaempferi)*. 2-3 pieds juin-juillet. Grandes fleurs de différentes couleurs, en variété. Feuilles vertes en forme d'épée. Port touffu dense. Préfère une situation humide.

Blazing Star, *Liatris spicata* .* 2 pieds juin-août. Épis de fines petites fleurs violettes. Feuillage élancé. Tiges dressées et non ramifiées. Poussera dans les sols les plus pauvres.

Pavot d'Islande, *Papaver nudicaule* .* 1 pi. Juin-octobre. Fleurs jaune vif. Un port serré et dense. Tiges dressées et nues. Les variétés Album, blanche, et Miniatum, orange foncé, sont également recherchées.

Pavot d'Orient, *P. orientale* . 2-4 pieds juin. Fleurs de 6 à 8 po de diamètre ; écarlate foncé, avec une tache violette à la base de chaque pétale. Il existe d'autres variétés de nuances roses, orange et pourpres.

Pentstemon barbatus var. *Torreyi* .* 3-4 pieds juin-septembre. Fleurs pourpres en longs épis. Ramification à partir de la base. Port dressé.

XII. La cour arrière, avec de nombreuses plantations de fleurs.

Phlox vivace, *Phlox paniculata* * et hybrides avec *P. maculata* .* 2-3 pieds juin. Une grande variété de couleurs en formes simples et panachées. Fleurs portées en grandes panicules plates. (Fig. 246, 248.)

Rudbeckia maxima * 5-6 pieds août. Grandes fleurs ; centre en forme de cône et longs pétales jaunes tombants.

Dropwort, *Ulmaria Filipendula* . 3 pieds juin-juillet. Fleurs blanches en grappes compactes. Feuillage touffeté, vert foncé et joliment découpé. Tiges dressées. (Souvent fait référence à Spiræa.)

Adam's Needle, *Yucca filamentosa* .* 4-5 pieds juin-juillet. Fleurs lilacées blanc cire pendantes dans un grand thyrse. Feuilles longues, étroites, vert foncé, avec des filaments marginaux. Pour la pelouse et pour le regroupement dans de grands terrains.

JUILLET

Rose trémière, *Althæa rosea* . 5-8 pieds. Été et automne. Fleurs blanches, pourpres et jaunes, lavande et violettes. Plantes majestueuses au port en forme de flèche ; utile pour l'arrière de la frontière, ou les lits et les groupes. Les variétés doubles les plus récentes ont des fleurs aussi fines qu'un camélia. La plante est presque bisannuelle, mais dans un sol riche et bien drainé et avec une protection hivernale, elle devient vivace. Facilement cultivé à partir de graines, fleurissant la deuxième année. Les graines peuvent être semées en août dans des cadres et conservées tout l'hiver au même endroit. La floraison de la première année est généralement la meilleure.

Camomille jaune, *Anthemis tinctoria* . 12-38 po. Juillet-novembre. Fleurs jaune vif, de 1 à 2 po de diamètre. Utile pour couper. Port dense et buissonnant.

Delphinium chinois . 3 pieds juillet-septembre. Couleurs variables ; du bleu profond à la lavande et au blanc. Très bien pour la frontière.

D. formosum . 4 pieds juillet-septembre. Beaux épis de fleurs bleues riches. Une des plus belles fleurs bleues cultivées.

Funkia lancifolia . (Voir sous *août* .)

Helianthus multiflorus *var. *fl. PL* . 4 pieds juillet-septembre. Grandes fleurs doubles, d'une fine couleur dorée. Port dressé. Une excellente fleur.

Lychnis Viscaria var. *flore pléno* . 12-15 po. Juillet-août. Fleurs doubles, rose rouge foncé, en épis. Pour groupes et messes.

Monarda didyma .* 2 pieds juillet-octobre. Fleurs écarlates voyantes dans les têtes terminales.

*Pentstemon grandiflorus.** 2 pieds juillet-août. Épis feuillus de fleurs violettes voyantes.

P. lœvigalus var. *Digitale* .* 3 pieds juillet-août. Fleurs blanc pur en épis, à gorge violette.

Platycodon grandiflorum (Campanula grandiflora) . 3 pieds juillet-septembre. Fleurs bleu foncé en forme de cloche. Port dense, fin et dressé.

P. Mariesi . 1 pied juillet-septembre. Fleurs plus grandes ; bleu violet profond. Feuillage plus lourd.

AOÛT

Hémérocalle, *Funkia subcordata* . 18 po. Août-octobre. Fleurs en trompette, ressemblant à un lys, d'un blanc pur en grappes, portées sur une tige au milieu d'un groupe de feuilles vertes en forme de cœur.

F. lancifolia var. *albo-marginata* . Juillet août. Fleurs de lavande. Feuilles lancéolées bordées de blanc.

Fleur de flamme, *Kniphofia aloides (Tritoma Uvaria*). 3 pieds août-septembre. Fleurs orange-écarlate vif, en épis serrés et denses, au sommet de plusieurs tiges en forme de hampe. Feuilles fines, formant une grosse touffe. Pour pelouse et bordures. Rustique uniquement lorsqu'il est recouvert de litière ou de paille en hiver.

Fleur cardinale, *Lobelia cardinalis* .* 2-1/4-4 pi. Août-septembre. Fleurs rouge cardinal intense, d'un éclat inégalé. De grandes pointes. Tiges groupées ; ériger.

Marguerite géante, *chrysanthème* (ou *pyrèthre*) *uliginosum* . 3-5 pieds juillet-octobre. Fleurs blanches, au centre doré. Environ 2 pouces de diamètre. Plante robuste, dressée et buissonnante. Utile pour couper.

Golden Glow, *Rudbeckia laciniata* .* 6-7 pieds août-septembre. Grandes fleurs doubles jaune d'or en grande profusion. Port buissonnant. Couper une fois la floraison terminée. Les feuilles apparaissent à la base et une nouvelle récolte de fleurs, sur des tiges d'environ 1 pied de haut, apparaît en octobre.

Verge d'or, *Solidago rigida* .* 3-5 pieds août-octobre. Fleurs grandes pour ce genre, en grappes courtes et serrées dans une grappe corymbe-paniculée. Jaune fin et profond. Port dressé. L'une des meilleures verges d'or.

SEPTEMBRE

Fleur de vent japonaise, *Anemone Japonica* . 2 pieds août-octobre. Fleurs grandes, rouge vif. Une des plus belles fleurs d'automne.

A. Japonica var. *alba* . Fleurs blanc pur, à centre jaune. Très bien pour couper.

OCTOBRE

Chrysanthèmes rustiques . Les chrysanthèmes chinois et japonais, si bien connus, sont rustiques dans les sols légers et bien drainés, s'ils sont bien protégés par de la litière ou des feuilles pendant l'hiver, et dans de telles situations, ils resteront sans protection au sud d'Indianapolis. Les chrysanthèmes sont de gros mangeurs et doivent avoir un sol riche.

Mais il existe une race de chrysanthèmes plus rustiques ou de bordure qui revient en faveur, et elle donnera certainement beaucoup de satisfaction à ceux qui désirent des fleurs au dernier automne. Ces chrysanthèmes ressemblent beaucoup aux « artemisias » des jardins de notre mère, bien qu'ils soient améliorés en taille, en forme et en gamme de couleurs.

Une centaine de fines herbes vivaces extra-rustiques .

La liste suivante des 100 « meilleures plantes vivaces rustiques » est adaptée d'un rapport de la Ferme expérimentale centrale, Ottawa, Ontario. Ces plantes sont choisies parmi plus de 1000 espèces et variétés testées sur place. Ceux considérés comme les vingt-cinq meilleurs du Canada sont marqués par un poignard † ; et ceux originaires d'Amérique du Nord par un astérisque *.

Achillea Ptarmica flore pleno .—hauteur, 1 pied ; en fleurs la quatrième semaine de juin ; fleurs, petites, blanc pur, doubles et portées en grappes ; fleurissant librement tout l'été. †

Aconit automnal .-hauteur, 3 à 4 pieds ; Septembre; fleurs, violet bleuâtre, portées en panicules lâches.

Aconitum Napellus .—Hauteur, 3 à 4 pieds ; Juillet; fleurs, bleu foncé, portées par un grand épi terminal ; souhaitable pour l'arrière de la frontière.

Adonis vernalis .—Hauteur, 6 à 9 pouces ; première semaine de mai ; fleurs, grandes, jaune citron, portées seules à l'extrémité des tiges.

Agrostemma (Lychnis) Coronaria var. *atropurpurea* .—hauteur, 1 à 2 pieds ; quatrième semaine de juin ; fleurs, de taille moyenne, pourpre vif, portées individuellement sur les côtés et aux extrémités des tiges ; une plante très voyante au feuillage argenté et qui continue de fleurir tout l'été.

Patènes d'anémone .*—Hauteur 6 à 9 pouces ; quatrième semaine d'avril; fleurs, grandes et violet foncé.

Anthemis tinctoria var. *Kelwayi* .—hauteur, 1 à 2 pieds ; quatrième semaine de juin ; fleurs, grandes, jaune foncé, portées seules sur de longues tiges ; il continue à fleurir abondamment tout au long de l'été ; est très voyant et précieux pour la coupe. †

Aquilegia Canadensis .*—hauteur, 1 à 1-1/2 pieds ; troisième semaine de mai ; fleurs, de taille moyenne, rouges et jaunes.

Aquilegia chrysantha .*—hauteur, 3 à 4 pieds ; quatrième semaine de juin ; fleurs, grandes, jaune citron vif, avec de longs éperons minces ; bien plus tard que les autres ancolies. †

Aquilegia cœrulea .*—hauteur, 1 à 1-1/2 pieds ; quatrième semaine de mai ; fleurs, grandes, bleu foncé avec centre blanc et longs éperons. †

Aquilegia glandulosa .—hauteur, 1 pied ; troisième semaine de mai ; fleurs, grandes, bleu foncé avec centre blanc et éperons courts.

Aquilegia oxysepala .—hauteur, 1 pied ; deuxième semaine de mai ; fleurs, grandes, bleu violacé profond avec des centres bleus et jaunes ; une espèce précoce très recherchée.

Aquilegia Stuarti .—Hauteur 9 à 12 pouces; troisième semaine de mai ; fleurs, grandes, bleu profond avec centre blanc ; un des meilleurs.

Arabis alpina .—Hauteur, 6 pouces ; première semaine de mai ; fleurs, petites, blanc pur, en grappes.

Arnebia echioides .—hauteur, 9 pouces ; troisième semaine de mai ; fleurs, jaunes, portées en grappes aux pétales tachetés de violet. L'une des plantes à floraison précoce les plus charmantes.

Asclepias tuberosa .*—hauteur, 1-1/2 à 2 pieds ; troisième semaine de juillet. Fleurs, orange vif, portées en grappes. Très voyant.

Aster alpinus .*—Hauteur, 9 pouces ; première semaine de juin ; fleurs, grandes, violet vif, portées sur de longues tiges partant de la base de la plante ; la floraison la plus précoce de tous les asters.

Aster Amellus var. *Bessarabicus* .—Hauteur, 1 à 1-1/2 pieds ; juillet à septembre ; fleurs, grandes, violet foncé, isolées sur de longues tiges ; très bien. †

Aster Novæ-Anglæ var. *roseus* .*—hauteur, 5 à 7 pieds ; quatrième semaine d'août; fleurs, rose vif, portées abondamment en grandes grappes terminales ; très voyant.

Boltonia asteroides *—Hauteur, 4 à 5 pieds ; Septembre; fleurs, plus petites que les suivantes, rose pâle, portées très abondamment en grandes panicules ; beaucoup plus tard que l'espèce suivante.

Boltonia latisquama *—hauteur, 4 pieds ; première semaine d'août; fleurs, grandes, blanches, ressemblant un peu à des asters, et portées très abondamment en grandes panicules.

Campanula Carpatica .—Hauteur, 6 à 9 pouces ; première semaine de juillet ; fleurs, de taille moyenne, d'un bleu profond, portées abondamment en panicules lâches ; continue à fleurir tout l'été. Une variété blanche est également bonne.

Campanula Grossekii .—hauteur, 3 pieds ; première semaine de juillet ; fleurs, grandes, d'un bleu profond, portées par un long épi.

Campanula persicifolia .—hauteur, 3 pieds ; fleurs, grandes, bleues, portées en grappe avec de longues tiges florales. Il existe également des variétés blanches et doubles qui sont bonnes.

Clematis recta .—hauteur, 4 pieds ; quatrième semaine de juin ; fleurs, petites, blanc pur, portées abondamment en grappes denses. C'est une espèce buissonnante très compacte et recherchée pour l'arrière de la bordure. *Clematis Jackmani* avec de grandes fleurs violet foncé et *Clematis Vitalba* avec de petites fleurs blanches sont d'excellentes variétés grimpantes.

Convallaria majalis * (muguet).—Hauteur, 6 à 9 pouces; fin mai.

Coreopsis delphiniflora .*—hauteur, 2 à 3 pieds ; première semaine de juillet ; fleurs, grandes, jaunes, avec des centres sombres et portées seules avec de longues tiges.

Coreopsis grandiflora .*—hauteur, 2 à 3 pieds ; quatrième semaine de juin ; fleurs, grandes, jaune foncé, portées seules sur de longues tiges, fleurissant abondamment tout au long de l'été.

Coreopsis lanceolata .*—hauteur, 2 pieds ; quatrième semaine de juin ; fleurs grandes quoique légèrement plus petites que les précédentes, et portées sur de longues tiges, fleurissant tout au long de la saison.†

Delphinium Cashmerianum .—hauteur, 1-1/2 pieds ; première semaine de juillet ; fleurs, bleu pâle à bleu vif, en grandes têtes ouvertes.†

Dianthus plumarius flore pleno .—hauteur, 9 pouces; deuxième semaine de juin ; fleurs, grandes, blanches ou roses, très parfumées ; et deux ou trois portés sur une tige. Une variété appelée Mme Simkins est particulièrement recherchée, étant très double, blanche et délicieusement parfumée, équivalente presque à un œillet. Il fleurit la quatrième semaine de juin.

Dicentra spectabilis (Bleeding Heart).—Hauteur, 3 pieds ; deuxième semaine de mai ; fleurs en forme de cœur, rouges et blanches en grappes pendantes.

Dictamnus albus .—Hauteur, 1-1/2 à 2 pieds ; deuxième semaine de juin ; fleurs, blanches au parfum aromatique, et portées en grandes grappes terminales. Une variété bien connue a des fleurs violettes avec des marques plus foncées.

Doronicum Caucasicum .—hauteur, 1 pied ; deuxième semaine de mai ; fleurs, grandes, jaunes et portées individuellement.

Doronicum plantagineum var. *excelsum* .—hauteur, 2 pieds; troisième semaine de mai ; fleurs grandes et jaune foncé.†

Epimedium rubrum .—hauteur, 1 pied ; deuxième semaine de mai ; fleurs, petites, pourpre vif et blanches, portées en panicule lâche. Une petite plante très délicate et belle.

Erigeron speciosus .*—hauteur, 1-1/2 pieds ; deuxième semaine de juillet ; fleurs, grandes, bleu-violet, avec un centre jaune, et portées en grandes grappes sur de longues tiges.

Funkia subcordata (grandiflora). —Hauteur, 1-1/2 pieds ; Août; fleurs, grandes et blanches, portées en grappes. Le meilleur funkia cultivé à Ottawa ; les feuilles et les fleurs sont belles.

Gaillardia aristata var. *grandiflora* .*—hauteur, 1 1/2 pieds; troisième semaine de juin ; fleurs, grandes, jaunes, avec un centre orange foncé, et portées seules sur de longues tiges. Les variétés nommées Superba et Perfection sont plus colorées et présentent un grand mérite. Tous ces éléments continuent à fleurir abondamment jusqu'à la fin de l'automne.†

Gypsophila paniculata (souffle du nourrisson).—hauteur, 2 pieds ; deuxième semaine de juillet ; fleurs, petites, blanches, portées abondamment en grandes panicules ouvertes.

Helenium Autumnale *-hauteur, 6 à 7 pieds ; deuxième semaine de juillet ; fleurs, grandes, jaune foncé, portées par de grosses têtes ; très ornemental en fin d'été.

Helianthus doronicoides .*—hauteur, 6 à 7 pieds ; deuxième semaine d'août ; fleurs, grandes, jaune vif, et portées individuellement ; continue de fleurir pendant plusieurs semaines.

Helianthus multiflorus .*—hauteur, 4 pieds ; fleurs, grandes, doubles, jaune vif et portées individuellement ; une plante vivace à floraison tardive très frappante.

Heuchera sanguinea *—Hauteur, 1 à 1-1/2 pieds ; première semaine de juin ; fleurs, petites, brillantes, écarlates, portées en panicules ouvertes ; continue de fleurir tout l'été.

Hemerocallis Dumortierii .—hauteur, 1-1/2 pieds ; deuxième semaine de juin ; fleurs, grandes, jaune orangé, avec une teinte brunâtre à l'extérieur, et trois ou quatre sur une tige.†

Hemerocallis flava .—hauteur, 2 à 3 pieds ; fin juin ; fleurs jaune orangé vif et parfumées.†

Hemerocallis minor .—hauteur, 1 à 1-1/2 pieds ; deuxième semaine de juillet ; fleurs, de taille moyenne et jaunes ; fleurit plus tard que les deux espèces précédentes et a une fleur plus petite et un feuillage plus étroit.

Hibiscus Moscheutos .*—hauteur, 5 pieds ; troisième semaine d'août ; fleurs, très grandes, de couleur variant du blanc au rose foncé. Une variété appelée « Crimson Eye » est très bonne. Cette plante fait un beau spectacle à la fin de l'été.

Hypericum Ascyron (ou *pyramidatum*).*—hauteur, 3 pieds ; quatrième semaine de juillet ; fleurs, grandes, jaunes et portées individuellement.

Iberis sempervirens .—Hauteur, 6 à 12 pouces ; troisième semaine de mai ; fleurs, blanc pur, parfumées et portées en grappes plates et denses.†

Iris Chamœiris .-hauteur, 6 pouces ; quatrième semaine de mai ; fleurs jaune vif avec des marques brunes.

Iris flavescens .—Hauteur, 1-1/2 à 2 pieds ; première semaine de juin ; fleurs jaune citron avec des marques brunes.

Iris Florentina .—hauteur, 2 pieds ; première semaine de juin ; fleurs, très grandes, bleu pâle ou lavande, au doux parfum.†

Iris Germanica .—hauteur, 2 à 3 pieds ; première semaine de juin ; fleurs, très grandes, de forme élégante ; couleur, lilas foncé et violet vif, doux parfum. Il existe un grand nombre de variétés de choix de cet iris.†

Iris lœvigata (Kœmpferi). —Hauteur, 1-1/2 à 2 pieds ; première semaine de juillet ; fleurs, violettes et de couleurs modifiées, très grandes et distinctes en couleur et en forme.†

Iris pumila .—Hauteur, 4 à 6 pouces ; troisième semaine de mai ; fleurs, violet foncé. Il existe plusieurs variétés.

Iris Sibirica .—hauteur, 3 à 4 pieds ; quatrième semaine de mai ; fleurs, bleu foncé, portées sur de longues tiges en grappes de deux ou trois. Cette espèce possède de nombreuses variétés.

Iris variegata .—Hauteur, 1 à 1 1/2 pieds ; première semaine de juin ; fleurs jaunes et brunes veinées de diverses nuances de brun.

Lilium auratum .—Hauteur, 3 à 5 pieds ; Juillet; fleurs, très grandes, blanches, avec une bande centrale jaune sur chaque pétale et densément tachetées de violet et de rouge. Le plus voyant de tous les lys et une splendide fleur. Cette plante s'est révélée résistante à la Ferme expérimentale centrale, même si elle a été signalée comme étant tendre dans certaines localités.†

Lilium Canadense .*—hauteur, 2 à 3 pieds ; fin mai ; fleurs jaunes à rouge pâle avec des taches rougeâtres, pendantes.

Lilium elegans .-hauteur, 6 pouces ; première semaine de juillet ; fleurs, rouge pâle ; plusieurs variétés sont meilleures que le type.

Lilium speciosum .—hauteur, 2 à 3 pieds ; Juillet; fleurs, grandes, blanches, teintées et tachetées de rose foncé et de rouge. Plus résistant que *Lilium auratum* et presque aussi bien. Il existe plusieurs belles variétés.†

Lilium superbe .*—hauteur, 4 à 6 pieds ; première semaine de juillet ; fleurs très nombreuses, rouge orangé, abondamment tachetées de brun foncé. Un lys admirable pour l'arrière de la frontière. †

Lilium tenuifolium .—Hauteur, 1 1/2 à 2 pieds ; troisième semaine de juin ; fleurs pendantes et écarlates brillantes. L'un des lys les plus gracieux.

Lilium tigrinum .—Hauteur, 2 à 4 pieds ; fleurs, grandes, orange foncé, tachetées de noir violacé.

Linum perenne .—hauteur, 1 1/2 pieds ; première semaine de juin ; fleurs, grandes, bleu foncé, portées en panicules lâches, se poursuivant tout l'été.

Lobelia cardinalis .*—hauteur, 2 à 3 pieds ; Août; fleurs, écarlate vif, portées en grappes terminales ; très voyant.

Lychnis Chalcedonica flore pleno .—hauteur, 2 à 3 pieds ; première semaine de juillet ; fleurs, pourpre vif, doubles et portées en grappes terminales.

Lysimachia clethroides .—hauteur, 3 pieds ; quatrième semaine de juillet ; fleurs, blanches, portées en longs épis. Une plante vivace à floraison tardive très frappante.

Myosotis alpestris .-hauteur, 6 pouces ; troisième semaine de mai ; fleurs, petites, bleu vif avec un œil jaunâtre. Une floraison très abondante.

Œnothera Missouriensis. *—hauteur, 1 pied ; quatrième semaine de juin ; fleurs, très grandes, d'un jaune riche, portées seules tout au long de l'été.

Pæonia officinalis .—Hauteur, 2 à 4 pieds ; début juillet. Les variétés à fleurs doubles sont les meilleures et peuvent être obtenues en plusieurs couleurs et nuances, †

Papaver nudicaule *—hauteur, 1 pied ; deuxième semaine de mai ; fleurs, de taille moyenne, orange, blanches ou jaunes, presque continuellement jusqu'à la fin de l'automne. †

Papaver orientale .—hauteur, 2 à 3 pieds ; première semaine de juin ; fleurs très grandes, écarlates et diversement marquées, selon la variété, il existe de nombreuses formes.

Pentstemon barbatus var. *Torreyi* .*—hauteur, 2 à 3 pieds ; première semaine de juillet ; fleurs, rouge foncé, portées en longs épis, très ornementales.

Phlox amœna .*—Hauteur, 6 pouces ; deuxième semaine de mai ; fleurs de taille moyenne, rose vif, en grappes compactes.

Phlox decussata * (les hybrides vivaces du jardin).—Hauteur, 1 à 3 pieds ; troisième semaine de juillet ; des fleurs, de nombreuses belles nuances et couleurs, se trouvent dans le grand nombre de variétés nommées de ce phlox, qui continue à fleurir jusqu'à la fin de l'automne. †

Phlox reptans .*—hauteur, 4 pouces ; quatrième semaine de mai ; fleurs, de taille moyenne, violettes et portées en petites grappes.

Phlox subulata * (setacea) .—hauteur, 6 pouces ; troisième semaine de mai ; fleurs, de taille moyenne, rose foncé et portées en petites grappes.

Platycodon grandiflorum .—hauteur, 1-1/2 à 2 pieds ; deuxième semaine de juillet ; fleurs, très grandes, d'un bleu profond, portées seules ou par deux.†

Platycodon grandiflorum var. *album* .—Une variété à fleurs blanches de ce qui précède et qui fait un beau contraste lorsqu'elles sont cultivées ensemble. Il fleurit quelques jours plus tôt que l'espèce.

Platycodon Mariesii .—hauteur, 1 pied ; deuxième semaine de juillet ; fleurs, grandes et d'un bleu profond.

Polemonium cœruleum .*—hauteur, 2 pieds ; deuxième semaine de juin ; fleurs, bleu foncé, portées en épis terminaux.

Polemonium reptans .*—hauteur, 6 pouces ; troisième semaine de mai ; fleurs, de taille moyenne, bleues et portées abondamment en grappes lâches.

Polemonium Richardsoni .*—hauteur, 6 pouces ; troisième semaine de mai ; fleurs, de taille moyenne, bleues, portées abondamment en panicules pendantes.

Potentille hybrida var. *versicolor* .—hauteur, 1 pied; quatrième semaine de juin ; fleurs, grandes, orange foncé et jaune, semi-doubles.

Primula cortusoides .—hauteur, 9 pouces ; troisième semaine de mai ; fleurs, petites, rose foncé, en têtes compactes.

Pyrèthre (ou *chrysanthème*) *uliginosum* .—hauteur, 4 pieds ; Septembre; fleurs, grandes, blanches avec un centre jaune, et portées seules sur de longues tiges.

Rudbeckia laciniata * (Golden Glow).—Hauteur, 5 à 6 pieds ; Août; fleurs, grandes, jaune citron, doubles et portées sur de longues tiges. L'une des meilleures plantes vivaces récemment introduites. †

Rudbeckia maxima .*—hauteur, 5 à 6 pieds ; Juillet et Août; fleurs, grandes, avec un long centre en forme de cône et des rayons jaune vif, et portées individuellement. La plante entière est très frappante.

Scabiosa Caucascia .—hauteur, 1-1/2 pieds ; première semaine de juillet ; fleurs, grandes, bleu clair et portées seules sur de longues tiges, très librement pendant le reste de l'été.

Solidago Canadensis * (Golden-rod).—Hauteur, 3 à 5 pieds ; première semaine d'août; fleurs, petites, jaune d'or, et portées en panicules denses.

Spiræa (correctement *Aruncus*) *astilboides* .—Hauteur, 2 pieds ; quatrième semaine de juin ; fleurs petites, blanches, très nombreuses et portées en nombreuses panicules ramifiées. Le feuillage et les fleurs sont ornementaux.

Spiræa (ou *Ulmaria*) *Filipendula.* —Hauteur, 2 à 3 pieds ; troisième semaine de juin ; fleurs, blanc pur, portées abondamment en panicules lâches. Le feuillage de cette espèce est également très beau. Il existe une variété à fleurs doubles très efficace. †

Spirée (Ulmaria) purpurea var. *elegans* .—hauteur, 2 à 3 pieds; première semaine de juillet ; fleurs blanchâtres à anthères pourpres, portées très abondamment en panicules.

Spiræa Ulmaria (Ulmaria pentapetala).—Hauteur, 3 à 4 pieds ; deuxième semaine de juillet ; fleurs, très nombreuses, d'un blanc terne, portées en grosses têtes composées, ayant un aspect doux et plumeux.

Spiræa venusta (Ulmaria rubra var. *venusta*).—Hauteur, 4 pieds ; deuxième semaine de juillet ; fleurs, petites, rose vif, portées abondamment en grandes panicules. †

Statice latifolia .—hauteur, 1-1/2 pieds ; première semaine de juillet ; fleurs, petites, bleues, portées très abondamment en panicules lâches. Très efficace en frontière.

Thalictrum aquilegifolium .—Hauteur, 4 à 5 pieds ; quatrième semaine de juin ; fleurs, petites, blanches à violacées, très nombreuses et portées en grandes panicules.

Trollius Europaes .—hauteur, 1-1/2 à 2 pieds ; quatrième semaine de mai ; fleurs, grandes, jaune vif, persistant longtemps.

4. BULBES ET TUBERCULES

*(Voir la culture particulière des différents types au chapitre VIII ; et les instructions pour forcer sur *p. 345.)*

Il est d'usage de parler ensemble de bulbes et de tubercules, car les sommités et les fleurs de toutes les plantes bulbeuses et tubéreuses jaillissent de grands réservoirs de nourriture stockée, donnant lieu à des méthodes de culture et de stockage similaires.

Structurellement, le bulbe est cependant très différent du tubercule. Un bulbe est pratiquement un gros bourgeon dormant, les écailles représentant les feuilles et la tige embryonnaire située au centre. Les bulbes sont des plantes condensées en stockage. Le tubercule, en revanche, est un corps solide, d'où naissent des bourgeons. Certains tubercules représentent des tiges épaissies, comme la pomme de terre irlandaise, et des racines épaissies, comme probablement la patate douce, et d'autres à la fois tige et racine, comme le navet, le panais et la betterave. Certains tubercules ressemblent beaucoup à des bulbes, comme les cormes du crocus et du glaïeul.

En utilisant le mot « bulbe » dans le sens du jardinier pour inclure toutes ces plantes en tant que groupe culturel, nous pouvons les classer en deux classes : les espèces rustiques, à planter à l'automne ; et les espèces tendres, à planter au printemps.

Bulbes plantés à l'automne .

Les bulbes plantés en automne sont de deux groupes : les « bulbes de Hollande » ou qui fleurissent au début du printemps, comme le crocus, la tulipe (Fig. 255), la jacinthe (Fig. 262), le narcisse (Fig. 260), la scille (Fig. 256). , perce-neige; les fleurs d'été, comme les lys (Fig. 258, 259). Les traitements des deux groupes sont si similaires qu'ils peuvent être discutés ensemble.

255. Tulips, the warmest of spring flowers.

Tous ces bulbes peuvent être plantés dès leur maturité ; mais en pratique, on les conserve jusqu'à la fin septembre ou octobre avant d'être mis en terre, car on ne gagne rien à les planter plus tôt, et de plus, le sol n'est généralement pas prêt à les recevoir jusqu'à ce qu'une autre culture soit enlevée.

256. One of the squills.—*Scilla bifolia.*

Ces bulbes se plantent à l'automne (1) car ils se conservent mieux en terre que stockés ; (2) parce qu'ils prendront racine en automne et en hiver et seront prêts pour les premières chaleurs du printemps ; (3) et parce qu'il est généralement impossible de se mettre en terre suffisamment tôt au printemps pour les planter avec beaucoup d'espoir de succès pour cette saison.

Les bulbes restent dormants jusqu'au printemps, en ce qui concerne l'apparence extérieure ; ils sont paillés pour garantir qu'ils ne démarreront pas par temps chaud d'automne ou d'hiver et pour protéger le sol du soulèvement.

Pour obtenir de bons bulbes et des variétés souhaitées, la commande doit être passée au printemps ou au début de l'été. Pour des effets de jardin fleuri, les gros bulbes matures doivent être sécurisés ; pour coloniser les buissons ou la pelouse, les plus petites tailles peuvent suffire. Insistez pour que vos ampoules soient de première classe, car il existe une grande différence de qualité ; même avec le meilleur traitement, de bons résultats ne peuvent être obtenus avec des ampoules de mauvaise qualité.

257. A purple-flowered Amaryllis. — *Lycoris squamigera*, but known as
Amaryllis Hallii.

On ne sait généralement pas qu'il existe des bulbes à floraison automnale. Plusieurs espèces de crocus fleurissent à l'automne, *C. sativus* (le crocus safran) et *C. speciosus* étant celles généralement recommandées. Les colchiques sont d'excellents bulbes à floraison automnale et devraient être plantés de manière plus générale. *C. Autumnale* , rose pourpre, est l'espèce habituelle. Ces bulbes à floraison automnale sont plantés en août ou début septembre et traités en général de la même manière que les autres bulbes similaires. Les colchiques restent généralement plusieurs années dans le sol en bon état.

258. The Japanese gold-banded lily. — *Lilium auratum.*

Toutes sortes de bulbes préfèrent un sol profond, riche et sans eau. Ce n'est pas une petite partie de leur culture de réussite. L'endroit doit être bien drainé, naturellement ou artificiellement. Dans les terres plates et plutôt humides, les lits peuvent être aménagés au-dessus de la surface, à environ 18 pouces de hauteur et bordés d'herbe. Une couche de pierres brutes d'un pied de profondeur est parfois utilisée au fond des lits ordinaires pour le drainage, et avec de bons résultats, lorsque d'autres méthodes ne conviennent pas et lorsqu'on craint que le lit ne devienne trop humide. Si l'endroit risque d'être plutôt humide, placez une grosse poignée de sable à l'endroit où doit aller l'ampoule et posez l'ampoule dessus. Cela empêchera l'eau de stagner autour de l'ampoule. De très bons résultats peuvent être obtenus avec cette méthode dans des sols lourds.

259. One of the common wild lilies.—
Lilium Philadelphicum.

Le sol pour les bulbes doit être bien enrichi avec du vieux fumier. Le fumier frais ne doit jamais être laissé à proximité du bulbe. L'ajout de moisissures foliaires et d'un peu de sable améliore également la texture des sols lourds. Pour les lis, la moisissure des feuilles peut être omise. Laissez le bêchement avoir au moins un pied de profondeur. Dix-huit pouces ne seront pas trop profonds pour les lys. Pour faire un lit de bulbes, jetez la terre supérieure à une profondeur de 6 pouces. Mettez au fond du lit environ 2 pouces de fumier bien décomposé et enfoncez-le dans le sol. Jetez la moitié de la terre végétale, nivelez-la bien, posez fermement les bulbes sur ce lit, puis recouvrez-les avec le reste de la terre ; de cette façon, on aura les bulbes de 3 à 4 pouces au-dessous de la surface, et ils auront tous une profondeur uniforme et donneront des résultats uniformes si les bulbes eux-mêmes sont bien classés. Le lit « design » peut être facilement réalisé de cette manière, car toutes les ampoules sont entièrement exposées une fois placées et elles sont toutes couvertes en même temps.

260. Common species of narcissus. — a a. *Narcissus Pseudo-Narcissus* or daffodil; b. Jonquil; c. *N. Poeticus.*

Bien sûr, il n'est pas nécessaire que le jardinier amateur se donne la peine d'enlever la terre et de la remettre en place s'il veut simplement de bonnes fleurs ; mais s'il veut un bon lit dans son ensemble, ou un effet de masse, il doit s'en donner la peine. Dans les massifs et sur la pelouse, il peut les « coller » ici et là, en voyant que le sommet du bulbe est à 3 à 6 pouces sous la surface, la profondeur dépendant de la taille du bulbe (plus le bulbe est gros et fort). , plus cela peut aller en profondeur) et de la nature du sol (ils peuvent aller plus en profondeur dans le sable que dans l'argile dure).

À l'approche des fortes gelées hivernales, le lit doit recevoir un paillis de feuilles, de fumier ou de litière, jusqu'à une profondeur de 4 pouces ou plus, selon la latitude et le type de matériau. Si des feuilles sont utilisées, 3 pouces suffiront, car les feuilles sont rapprochées et peuvent étouffer le gel qui se trouve dans le sol et laisser les bulbes démarrer. Il serait bon de laisser le paillis s'étendre de 1 pied ou plus au-delà des marges du lit. Une fois le froid passé, la moitié du paillis doit être retirée. Le reste peut être laissé en place jusqu'à ce qu'il n'y ait plus de risque de gel. Après avoir retiré le reste du paillis, travaillez légèrement la surface entre les bulbes avec une binette.

Si le temps est très lumineux pendant la saison de floraison, la durée des fleurs peut être prolongée par de légers ombrages, comme avec de la mousseline, ou des lattes placées au-dessus des massifs. S'ils sont plantés là où ils bénéficient d'une ombre partielle des arbres ou arbustes environnants, les plates-bandes n'auront pas besoin d'une telle attention.

Les lis peuvent rester tranquilles pendant des années. Les crocus et les tulipes peuvent tenir deux ans, mais les jacinthes doivent être arrachées chaque année et replantées ; les tulipes seront également meilleures pour le même traitement. Les narcisses peuvent rester quelques années ou jusqu'à ce qu'ils montrent des signes d'épuisement.

261. The Belladonna lily. —
Amaryllis Belladonna.

Les bulbes à cueillir doivent être laissés dans le sol jusqu'à ce que le feuillage jaunisse ou disparaisse naturellement. Cela donne aux bulbes une chance de mûrir. Couper le feuillage et creuser trop tôt est une erreur grave et courante.

Les bulbes qui ont été plantés dans des endroits recherchés pour les plantes à massif d'été peuvent être creusés avec le feuillage et enfoncés sous un arbre, ou le long d'une clôture, pour rester jusqu'à maturité. La plante doit être blessée le moins possible, car le feuillage de cette année fait les fleurs de l'année suivante. Lorsque le feuillage a jauni ou est mort, les bulbes, après les avoir nettoyés et séchés pendant quelques heures au soleil, peuvent être stockés dans la cave ou dans un autre endroit frais et sec, en attendant la plantation d'automne. Les bulbes ainsi arrachés prématurément doivent être plantés de façon permanente dans les bordures, car ils ne feront pas de bons sujets de jardin de fleurs l'année suivante. En fait, il est généralement préférable d'acheter chaque année des bulbes frais et forts de tulipes, de jacinthes et de crocus si l'on souhaite obtenir les meilleurs résultats, en utilisant les vieux bulbes pour les arbustes et les bordures mixtes.

Des crocus et des scilles sont souvent plantés dans la pelouse. Il ne faut cependant pas s'attendre à ce qu'ils durent plus de deux à trois ans, même si l'on prend garde à ne pas couper les cimes de près lors de la tonte de la pelouse. Les narcisses (y compris les jonquilles et les jonquilles) resteront en bon état pendant des années dans les parties herbeuses du lieu, si on laisse les cimes mûrir.

262. The common Dutch
hyacinth.

Liste des bulbes extérieurs plantés à l'automne pour le Nord .

Crocus.
Jacinthe.
Tulipe.
Narcisse (y compris la jonquille et la jonquille). Scilla, ou scille. Perce-neige
(Galanthus).
Flocon de neige *(Leucoium).*
Chionodoxa.Alliums rustiques.Bulbocodium.Camassia.Lily-of-the-
valley.Aconit d'hiver (*Eranthis hycmalis*).
Violettes à dents de chien (*Erythronium*).
Couronne impériale (*Fritillaria Imperialis*).
Fritillaire (*Fritillaria Mekagris*).
Trilles.lys.

Les pivoines, les anémones tubéreuses, les renoncules tubéreuses, les iris, les
cœurs saignants, etc. peuvent être plantées en automne et sont souvent
classées parmi les bulbes plantés à l'automne.

Bulbes d'hiver (p. 345).

Certains de ces bulbes peuvent fleurir dans la serre, dans le jardin de la fenêtre ou dans le salon en hiver. Les jacinthes sont particulièrement utiles à cet effet, car leur floraison est moins affectée par le temps nuageux que celle des tulipes et des crocus. Certaines espèces de narcisses « forcent » également bien, notamment la jonquille ; et le blanc de papier et le « lys sacré chinois » sont pratiquement les seuls bulbes communs dont le jardinier amateur peut s'attendre à une bonne floraison avant Noël. La méthode de manipulation des bulbes pour la floraison hivernale est décrite dans la section Jardinage des fenêtres (*p. 345).

Bulbes d'été .

Il n'y a rien de spécial à dire sur la culture des bulbes dits à floraison estivale et plantés au printemps, en tant que classe. Ils sont tendres et sont donc plantés une fois le froid passé. Pour une floraison précoce, ils peuvent être démarrés à l'intérieur. Bien entendu, toute liste de bulbes plantés au printemps dépend du climat, car ce qui peut être planté au printemps à New York peut peut-être être planté à l'automne en Géorgie.

Les « bulbes d'été » courants sont : —

Glaïeul
TubéreuseDahliaCanna
Arum
CallaCalochortusAlstremeriaAmaryllisColocasia

5. LES ARBUSTIERS

(À l'exclusion des conifères à feuilles persistantes et des plantes grimpantes.)

Les arbustes ou buissons rustiques communs peuvent être plantés à l'automne ou au printemps. Dans les régions les plus septentrionales du pays et au Canada, la plantation de printemps est généralement plus sûre, bien que sur un sol bien drainé et bien paillé, les plantes puissent même bien se développer si elles sont plantées dès que les feuilles tombent à l'automne. Si les arbustes sont achetés au printemps, ils proviennent probablement de « stocks de cave » ; c'est-à-dire que les pépiniéristes extraient une grande partie de leur cheptel à l'automne et le stockent dans des caves construites à cet effet. Tandis que le matériel correctement stocké en cave est parfaitement fiable, celui qui a été trop sec ou qui a été mal manipulé autrement repousse très lentement au printemps, fait une mauvaise croissance la première année et une grande partie peut mourir.

Lors de la plantation de tout type d'arbres ou d'arbustes, il est bon de se rappeler que les spécimens cultivés en pépinière se transplantent généralement plus facilement et prospèrent mieux que les arbres prélevés dans la nature ; et cela est particulièrement vrai si le stock a été transplanté en pépinière. Les arbres qui se transplantent difficilement, comme le papayer ou l'asimina, et certains arbres à noix, peuvent être préparés pour l'enlèvement en coupant certaines de leurs racines, et surtout la racine pivotante, s'ils en ont, un an ou deux à l'avance.

XIII. Le spectacle de l'été. Jardins de CW Dowdeswell, Angleterre, d'après un tableau de Miss Parsons. Pour l'autorisation de reproduire l'image ci-dessus, nous sommes redevables à la gentillesse de MM. Sutton & Sons, Seed Merchants, Reading, Angleterre, propriétaires des droits d'auteur, qui l'ont publiée dans leur Guide de l'amateur en horticulture pour 1909.

Il est généralement préférable de labourer ou de bêcher toute la zone dans laquelle les arbustes doivent être plantés. Pendant un an ou deux, le sol doit être labouré entre les arbustes, soit avec des outils à cheval, soit avec des houes et des râteaux. Si l'endroit semble nu, des graines de fleurs à croissance rapide peuvent être dispersées sur les bords de la masse, ou des plantes herbacées vivaces peuvent être utilisées.

Les plus grands arbustes, comme les lilas et les seringas, peuvent être espacés d'environ 4 pieds ; mais les plus petits doivent être espacés d'environ 2 pieds si l'on souhaite obtenir un effet immédiat. Si après quelques années la masse devient trop peuplée, certains spécimens pourront être retirés (*p. 76).

Jetez les arbustes dans une plantation irrégulière, non en rangées, et rendez le bord intérieur du massif plus ou moins ondulé et brisé.

C'est une bonne pratique de pailler la plantation chaque automne avec du fumier léger, de la moisissure des feuilles ou tout autre matériau. Même si les arbustes sont parfaitement rustiques, ce paillis améliore grandement le terrain et favorise la croissance. Une fois que les bordures d'arbustes ont atteint l'âge de deux ou trois ans, les feuilles d'automne qui dérivent y seront capturées et seront conservées comme paillis (p. 82).

Lorsque les arbustes sont plantés pour la première fois, ils sont reculés d'au moins la moitié (Fig. 45); mais une fois établis, ils ne doivent pas être tondus, mais autorisés à suivre leur propre chemin, et après quelques années, les plus extérieurs s'affaisseront et rencontreront la pelouse verte* (*pp. 25, 26).

De nombreux arbres à croissance rapide peuvent être utilisés comme arbustes en les coupant près du sol chaque année ou tous les deux ans et en permettant aux jeunes pousses de pousser. Le tilleul, le frêne noir, certains érables, le tulipier, le mûrier, l'ailante, le paulownia, le magnolia, *l'Acer campestre* et d'autres peuvent être traités de cette manière (fig. 50).

Presque tous les arbustes fleurissent au printemps ou au début de l'été. Si des espèces fleurissant tard en été ou en automne sont souhaitées, elles peuvent être recherchées dans baccharis, caryopteris, cephalanthus, clethra, hamamélis, hibiscus, hortensia, hypericum, lespedeza, rhus *(R. Cotinus)*, *Sambucus Canadensis* au milieu de l'été, tamaris.

Les plantes qui fleurissent au tout début du printemps (sans parler des bouleaux, des aulnes et des noisetiers) peuvent être trouvées dans l'amelanchier, le cydonia, le daphné, le dirca, le forsythia, le cercis (dans la liste des arbres), le benjoin, le lonicera *(L. fragrantissima)*, le salix. (*S. discolor* et autres saules chattes), shepherdia.

Les arbustes portant des baies, des gousses et autres éléments semblables qui persistent en automne ou en hiver peuvent être trouvés dans les genres berberis (en particulier B. *Thunbergii)*, colutea, corylus, cratægus, euonymus, ilex, physocarpus, ostrya, ptelea, pyracantha (planche XIX) pyrus, rhodotypos, rosa (R. *rugosa*), staphylea, symphoricarpus, viburnum, xanthoceras.

Liste des plantes arbustives du Nord .

La liste d'arbustes suivante (bien sûr non exhaustive) comprend une sélection faisant particulièrement référence au sud du Michigan et au centre de New York, où le mercure descend parfois jusqu'à quinze degrés en dessous de zéro. Une demande est également faite au Canada en désignant des espèces qui se sont révélées rustiques à Ottawa.

La liste est classée par ordre alphabétique des noms de genres.

Le * indique que la plante est originaire d'Amérique du Nord.

Le ‡ indique les espèces recommandées par les Fermes expérimentales centrales, Ottawa, Ontario.

Il est souvent difficile de déterminer si un groupe doit être classé parmi les arbustes ou les arbres. Parfois, la plante n'est pas tout à fait un arbre et est pourtant quelque chose de plus qu'un arbuste ou un buisson ; parfois, la plante peut être distinctement un arbre dans sa gamme sud et un arbuste dans sa gamme nord ; parfois, le même genre ou groupe contient à la fois des arbustes et des arbres. Dans les genres suivants, il existe des cas douteux : æsculus, alnus, amelanchier, betula, caragana, castanea, cornus (*C. florida*), cratægus, elæagnus, prunus, robinia.

Buckeye nain, *Æsculus parviflora (Pavia macrostachya*).* Attrayant par son port, son feuillage et sa fleur ; produit une grande masse de feuillage.

Aulne. Plusieurs espèces d'aulnes buissonnants sont de bons sujets pour les pelouses ou les bordures, en particulier dans les endroits humides ou le long des ruisseaux, comme *A. viridis*, *A. rugosa*, *A. incana* * et autres.

Baie de juin, *Amelanchier Canadensis* * et autres. Fleurs abondamment au printemps avant l'apparition des feuilles ; certains d'entre eux deviennent de petits arbres.

Azalée, *Azalea viscosa* * et *A. nudiflora* .* Nécessitent une ombre partielle, et un sol boisé.

Azalée japonaise, *A. mollis* (ou *A. Sinensis*). Fleurs voyantes rouges et jaunes ou oranges ; nord rustique.

Séneçon, « myrte blanc », *Baccharis halimifolia* .* Originaire du littoral atlantique, mais pousse bien lorsqu'il est planté à l'intérieur des terres ; précieux pour sa « fleur » blanche et duveteuse (pappus) au dernier automne ; 4 à 10 pieds.

Buisson à épices, *Benjoin odoriferum (Lindera Benjoin* *). Buisson à floraison très précoce des endroits humides, les petites fleurs jaunes, groupées, précédant les feuilles ; 6 à 10 pieds

Épine-vinette, *Berberis vulgaris* . L'épine-vinette commune ; 4 à 6 pieds. La forme à feuilles violettes (var. *purpurea* ‡) est populaire.

Épine-vinette de Thunberg, *B. Thunbergii* .‡ L'un des meilleurs arbustes de pelouse et de bordure, avec un port compact et attrayant, un feuillage d'automne rouge foncé et des baies écarlates brillantes à profusion en automne et en hiver ; excellent pour les haies basses ; 2-4 pieds.

Mahonia, *Berberis Aquifolium* .*‡ À feuilles persistantes ; a besoin d'une certaine protection dans les endroits exposés; 1-3 pieds.

Bouleau nain, *Betula pumila* .* Souhaitable pour les endroits bas ; 3-10 pieds.

Boîte, *Buxus sempervirens* . Arbuste persistant, utile pour les haies et bordures en ville ; plusieurs variétés, certaines très naines. Voir page 220.

Piment de Caroline, arbuste au parfum sucré, *Calycanthus floridus* .* Fleurs pourpres ternes, très parfumées ; 3-8 pieds.

Pois de Sibérie, *Caragana arborescens* .‡ Fleurs en forme de pois, jaunes, en mai ; très rustique; 10-15 pieds.

Petit poisier, *C. pygmœa* . Très petit, 1 à 3 pieds, mais parfois greffé sur *C. arborescens* .

Pois arbustif, *C. frutescens* .‡ Fleurs plus grandes que celles de *C. arborescens* ; 3 à 10 pieds

Pois à grandes fleurs, *C. grandiflora* .‡ À fleurs plus grandes que le précédent, auquel il ressemble ; 4 pieds.

Spirée bleue, *Caryopteris Mastacanthus* . Fleurs bleu vif, à la fin de l'été et à l'automne ; 2 à 4 pieds, mais est susceptible de mourir au sol en hiver.

Chinquapin ou châtaignier nain, *Castanea pumila* .* Devient un petit arbre, mais généralement buissonnant.

Ceanothus, *Ceanothus Americanus* .* Un très petit arbuste indigène, souhaitable pour les endroits secs sous les arbres ; 2-3 pieds. Il existe de nombreuses bonnes formes de ceanothus dans les jardins européens, mais pas rustiques dans les États du nord.

Bouton-buisson, *Cephalanthus occidentalis* .* Fleurit en juillet et août ; souhaitable pour les cours d'eau et autres endroits bas; 4 à 10 pieds.

Arbre à franges, *Chionanthus Virginica* .* Arbuste aussi grand que le lilas, ou devenant arborescent, avec des fleurs blanches frangées au printemps.

Aulne blanc, *Clethra alnifolia* .* Arbuste très fin et rustique, produisant des fleurs très parfumées en juillet et août ; devrait être mieux connu; 4 à 10 pieds.

Séné vésical, *Colutea arborescens* . Fleurs jaunâtres ressemblant à des pois en juin et grosses gousses gonflées ; 8-12 pieds.

Osier européen, *Cornus alba* (également connu sous le nom de *C. Sibirica* et *C. Tatarica*). Branches rouge foncé ; 4 à 8 pieds ; la forme panachée ‡ a des feuilles bordées de blanc.

L'osier de Bailey, *Cornus Baileyi* .* probablement le plus beau des osiers indigènes pour la couleur des brindilles et du feuillage ; 5-8 pieds.

Osier à rameaux rouges, *Cornus stolonifera* .* Les rameaux rouges sont très voyants en hiver ; 5 à 8 pieds ; certains buissons sont de couleur plus vive que d'autres.

Cornouiller fleuri, *C. florida* .* Arbre ou grand arbuste très voyant, souhaitable pour les bordures de groupes et les ceintures. Une variété à fleurs rouges est présente sur le marché.

Cerise cornélienne, *Cornus Mas* . Devenant un petit arbre de 15 à 20 pieds ; fleurs nombreuses en grappes, jaunes, avant les feuilles ; fruit, semblable à une cerise, comestible, rouge.

Noisetier ou noisetier, *Corylus maxima* var. *purpurée* . Un arbuste à feuilles violettes bien connu, généralement catalogué sous le nom de *C. Avellana purpurea* . Les espèces d'Amérique de l'Est (*C. Americana* * et *C. rostrata* *) sont également intéressantes.

Cotonéaster. Plusieurs espèces de cotonéaster conviennent à la culture aux latitudes moyennes et méridionales. Ils sont alliés au Cratægus. Certains sont persistants. Certaines espèces portent de beaux fruits persistants.

Épines sauvages, *Cratægus punctata* ,* *C. coccinea* ,*‡ *C. Crus-galli* ,*‡ et autres. Les pommes épineuses ou aubépines indigènes, de nombreuses espèces, comptent parmi nos meilleurs grands arbustes à planter et devraient être beaucoup plus connues ; 6-20 pieds.

Coing japonais, *Cydonia* (ou *Pyrus*) *Japonica* . Un vieux favori qui fleurit au début du printemps, avant les feuilles ; pas rustique à Lansing, Michigan ; 4-5 pieds.

Coing japonais de Maule, *C. Maulei* .‡ Rouge vif ; beau fruit; plus rustique que *C. Japonica* ; 1-3 pieds.

Daphné, *Daphné Mezereum* . Produit des fleurs rose-violet ou blanches en abondance au début du printemps avant l'apparition des feuilles. Doit être planté en bordure des groupes ; feuilles caduques ; 1 à 4 pieds.

Guirlande de fleurs, *D. Cneorum* .‡ Fleurs roses au tout début du printemps et de nouveau en automne ; feuilles persistantes; 1-1/2 pi.

Deutzia, *Deutzia scabra* (ou *crenata*) et variétés. Arbustes standards ; la variété « Pride of Rochester », aux fleurs rosées, est peut-être la meilleure forme pour le Nord ; 4-6 pieds. De ceci et du suivant, il y a des formes avec un feuillage ornemental.

Petit deutzia, *D. gracilis* . Petit buisson très serré, à fleurs blanc pur ; 2-3 pieds.

Deutzia de Lemoine, *D. Lemoinei* . Un hybride, très désirable ; 1-3 pieds.

Weigela, *Diervilla Japonica* et autres espèces. Bloomers gratuits, très fins, dans de nombreuses couleurs, 4 à 6 pieds ; les formes connues sous le nom de *Candida,‡ rosea ,‡ Sieboldii variegata ,‡* sont rustiques et bonnes.

Bois de cuir, *Dirca palustris* .* S'il est bien cultivé, le bois de cuir constitue une plante très soignée ; les fleurs apparaissent avant les feuilles, mais ne sont pas voyantes ; 4-6 pieds.

Olivier de Russie, oléastre, *Elæagnus angustifolia* .‡ Feuillage blanc argenté ; très rustique; devenant un petit arbre de 15 à 20 pieds.

Saule-loup, *E. argentea* .*‡ Feuilles grandes et argentées ; drageons mal; 8-12 pieds.

Goumi, *E. longipes* (parfois appelé *E. edulis*). Joli buisson étalé, avec de belles baies comestibles ressemblant à des canneberges ; 5-6 pieds.

Buisson ardent, *Euonymus atropurpureus* .* Très attrayant en fruits ; 8 à 12 pieds, ou même devenant semblable à un arbre.

Plusieurs autres espèces sont cultivées, certaines à feuilles persistantes. Au Nord, on peut s'attendre à du succès avec *E. Europæus* (parfois un petit arbre), *E. alatus, E. Bungeanus, E. latifolius* , et peut-être d'autres.

Exochorda, *Exochorda grandiflora* . Un grand arbuste très voyant, produisant une profusion de fleurs blanches ressemblant à des pommes au début du printemps ; 6 à 12 pieds ; allié aux spirées.

Forsythia, *Forsythia viridissima* . Fleurs jaunes, apparaissant avant les feuilles ; nécessite une protection dans de nombreux endroits du Nord ; 6-10 pieds.

Forsythia tombant, *F. suspensa* . Fait une masse attractive sur une berge ou une bordure ; 6-12 pieds.

Mauvaise herbe des teinturiers, *Genista tinctoria* .‡

Fleurs jaunes ressemblant à des pois en juin ; 1-3 pieds.

Arbre à cloches argentées, *Halesia tetraptera* .*

Fleurs blanches en forme de cloche en mai ; 8-10 pieds.

Hamamélis, *Hamamelis Virginiana* .*

Fleurit en octobre et novembre ; unique et désirable s'il est bien cultivé ; 8-12 pieds.

Althéa, Rose de Sharon, *Hibiscus Syriecus* (*Althœa frutex*).

Sous de nombreuses formes, violettes, rouges et blanches, et peut-être le meilleur des arbustes à floraison de fin d'été ; 8-12 pieds.

Hortensia, *Hydrangea paniculata* , var. *grandiflore* .‡

L'un des meilleurs et des plus petits arbustes à fleurs ; 4 à 10 pieds.

Hortensia duveteux, *H. radiata* .*

Attrayant tant par son feuillage que par sa fleur.

Hortensia à feuilles de chêne, *H. quercifolia* .*

Ceci est particulièrement précieux pour son feuillage luxuriant ; Même s'il est tué au sol en hiver, il vaut toujours la peine d'être cultivé pour ses pousses fortes.

L'hortensia de serre (*H. hortensis* sous de nombreuses formes) peut être utilisé comme sujet d'extérieur dans le Sud.

Millepertuis, *Hypericum Kalmianum*‡ H. prolificum,* et H. Moserianum.*

Petits sous-arbustes, produisant des fleurs jaune vif à profusion en juillet et août ; 2-4 pieds.

Baie d'hiver, *Ilex verticillata* .*‡

Produit des baies rouges voyantes, qui persistent tout l'hiver ; devrait être massé dans un terrain plutôt bas ; fleurs imparfaites ; 6-8 pieds.

Les houx à feuilles persistantes ne conviennent pas à la culture dans le Nord ; mais sous les latitudes plus chaudes, le houx américain (*Ilex opaca*), le houx anglais (*I. Aquifolium*) et le houx japonais (*I. crenata*) peuvent être cultivés. Il existe plusieurs espèces indigènes.

Laurier des montagnes, *Kalmia latifolia* .*

L'un des meilleurs arbustes en culture, à feuilles persistantes, de 5 à 10 pieds, ou devenant même un petit arbre au sud ; profite généralement de l'ombre partielle; prospère dans un sol tourbeux ou limoneux plutôt meuble, et serait opposé au calcaire et à l'argile ; largement transféré de la nature pour des effets paysagers dans de grands lieux privés ; devrait prospérer aussi loin au nord qu'il pousse à l'état sauvage.

Kerria, corchorus, *Kerria Japonica* . Un arbuste ressemblant à une ronce, produisant de jolies fleurs jaunes simples ou doubles de juillet à septembre ; rameaux très verts en hiver. Il existe une forme à feuilles panachées. Bon pour les banques et les frontières ; 2-3 pieds.

Myrte des sables, *Leiophyllum buxifolium* .* Persistant, plus ou moins couché ; 2-3 pieds.

Lespedeza, *Lespedeza bicolor* .‡ Petites fleurs rougeâtres ou violettes à la fin de l'été et à l'automne ; 4-8 pieds.

Lespedeza, *L. Sieboldii* (*Desmodium penduliflorum*).‡ Grandes fleurs rose-violet en automne ; tué au sol en hiver, mais il fleurit l'année suivante; 4-5 pieds.

Lespedeza, *L. Japonica* (*Desmodium Japonicum*). Fleurs blanches, plus tardives que celles de *L. Sieboldii* ; jaillit de la racine.

Troène, *Ligustrum vulgare, L. ovalifolium* (*L. Californicum*) et *L. Amurense.* ‡ Très utilisé pour les haies basses et les bordures ; 4 à 12 pieds ; plusieurs autres espèces.

Chèvrefeuille tartare, *Lonicera Tatarica* .‡ L'un des arbustes les plus chastes et les plus agréables ; 6 à 10 pieds ; à fleurs roses; plusieurs variétés.

Chèvrefeuille de Regel, *L. spinosa* (*L. Alberti*).‡ Fleurit un peu plus tard que ci-dessus, rose ; 2-4 pieds.

Chèvrefeuille parfumé, *L. fragrantissima* . Fleurs extrêmement parfumées, précédant les feuilles ; 2 à 6 pieds ; l'une des premières choses à fleurir au printemps. Il existe d'autres chèvrefeuilles dressés, tous intéressants.

Simili-orange (Syringa incorrectement), *Philadelphus coronarius* .‡ Sous de nombreuses formes et très prisé ; 6-12 pieds. D'autres espèces sont en culture, mais la nomenclature des jardins est confuse. Les formes connues sous le nom de *P. speciosus, P. grandiflorus* et var. *speciosissimus* ‡ sont bons ; aussi les espèces *P. pubescens* *, *P. Gordonianus* * et *P. microphyllus* *, cette dernière étant naine, à petites fleurs blanches très parfumées.

Physocarpus opulifolius à neuf écorces (*Spiræa opulifolia*).* Un bon buisson rustique et vigoureux, avec des grappes de gousses intéressantes suivant les fleurs ; la var. *aurea* ‡ est l'un des meilleurs arbustes à feuilles jaunes ; 6-10 pieds.

Andromède, *Pieris floribunda* .*

Une petite éricacée à feuilles persistantes ; devrait avoir une certaine protection contre le soleil d'hiver; à cet effet, il peut être planté du côté nord d'un bosquet d'arbres ; 2-6 pieds.

Potentille arbustive, *Potentilla fruticosa* .*‡

Feuillage cendré ; fleurs jaunes, en juin ; 2-4 pieds.

Cerisier des sables, *Prunus pumila* * et *P. Besseyi* .*

Le cerisier des sables des rivages sablonneux atteint 5 à 8 pieds ; le cerisier des sables de l'Ouest (*P. Besseyi*) est plus étalé et est cultivé pour ses fruits. Le cerisier nain européen (*P. fruticosa*) mesure 2 à 4 pieds, avec des fleurs blanches en ombelles.

Amandier en fleurs, *Prunus Japonica* .

Sous sa forme à fleurs doubles, familière pour sa floraison précoce ; 3 à 5 pieds ; souvent greffés sur d'autres souches, susceptibles de germer et de devenir gênantes.

Houblon, *Ptelea trifoliata* .*

Très intéressant pour ses fruits arrondis et ailés ; 8 à 10 pieds, mais devenant plus grand et ressemblant à un arbre.

Le nerprun, *Rhamnus cathartica* .

Très utilisé pour les haies ; 8-12 pieds.

Nerprun alpin, *R. alpina* .

Feuillage attrayant ; 5-6 pieds.

Rhododendron, *Rhododendron Catawbiense* * et variétés de jardin.

Rustique dans des endroits bien adaptés, de 3 à 8 pieds et plus dans ses régions d'origine.

Grand laurier, *R. maximum* *

Une belle espèce pour la plantation en masse, originaire du nord jusqu'au sud du Canada. Largement transplanté à partir de la nature.

Kerria blanche, *Rhodotypos kerrioides* .

Fleurs blanches en mai et fruits noirâtres ; 3-5 pieds.

Arbre à fumée (arbre à franges par erreur), *Rhus Cotinus* .

L'un des meilleurs arbustes pour le regroupement ; deux couleurs sont cultivées ; la « fleur » gonflée, qui apparaît tard dans la saison, est composée de tiges florales plutôt que de fleurs ; taille des grands buissons de lilas.

Sumac nain, *R. copallina* .*

Attrayant par son feuillage, et particulièrement visible en automne par le rouge brillant de ses feuilles ; 3 à 5 pieds, parfois beaucoup plus grand.

Sumac, lisse et poilu, *R. glabra* * et *R. typhina* .*

Utile pour les bordures de grands groupes et de ceintures. Ils peuvent être coupés chaque année et laissés germer (comme sur la figure 50). Les jeunes hauts sont les plus beaux. *R. glabra* est l'espèce la plus fine à cet effet. Ils atteignent généralement 10 à 15 pieds de hauteur.

Sumac d'Osbeck, *R. semialata* var. *Osbeckii* .

Buisson robuste, de 10 à 20 pieds, avec un rachis à feuilles fortement ailé, le feuillage penné est composé.

Groseille à fleurs ou parfumée, *Ribes aureum* .*‡

Bien connu et apprécié pour ses fleurs jaunes au doux parfum en mai ; 5-8 pieds.

Groseille à fleurs rouges, *R. sanguineum* .*

Fleurs rouges et attrayantes ; 5-6 pieds *R. Gordonianum* , recommandable, est un hybride entre *R. sanguineum* et *R. aureum* .

Acacia rose, *Robinia hispida* .*‡

Très voyante en fleur ; 8-10 pieds.

Roses, *Rosa* , diverses espèces.

263. Rosa rugosa.

Les roses rustiques ne sont pas toujours souhaitables pour la pelouse. Pour l'usage général des pelouses, il faut préférer les variétés plus anciennes, simples ou semi-doubles, qui ne nécessitent pas une culture élevée. Il n'est pas prévu d'inclure ici les roses de jardin communes ; voir le chapitre VIII pour cela. Il serait fort à souhaiter que les roses sauvages reçoivent davantage d'attention de la part des planteurs. L'attention a été trop exclusivement portée aux roses de jardin hautement améliorées.

Rose japonaise, *Rosa rugosa* .‡

Excellent pour la plantation de pelouses, car le feuillage est épais et n'est pas attaqué par les insectes (Fig. 263) ; formes fleuries blanches et roses; 4-6 pieds.

Rose des marais sauvages, R. *Carolina* .* 5-8 pi.

Rosier nain sauvage, R. *humilis* * (R. *lucida* du Michigan). Ceci et d'autres roses naines sauvages, de 3 à 6 pieds, peuvent être utiles dans les travaux paysagers.

Say's Rose, R. *aciculaire* var. *Sayi* .* Excellent pour les pelouses ; 4-5 pieds.

Rosier à feuilles rouges, R. *ferruginea (R. rubrifolia*).‡ Excellent feuillage ; fleurs simples, roses ; 5-6 pieds.

Ronce japonaise, *Rubus cratægifolius* . Précieux pour les banques détentrices ; se propage rapidement; très rouge en hiver ; 3-4 pieds.

Framboise en fleurs, mûrier (à tort), R. *odoratus* * Attrayant lorsqu'il est bien cultivé et divisé fréquemment pour le garder frais ; il y a une forme blanchâtre ; 3-4 pieds.

Vinaigrette japonaise, R. *phaenicolasius* . Feuillage attrayant et tiges velues rouges ; fruits comestibles; 3-5 pieds.

Saule de Kilmarnock, *Salix Capraea* , var. *pendule* . Une petite plante pleureuse greffée sur un tronc haut ; généralement plus curieux qu'ornemental.

Saule romarin, S. *rosmarinifolia* ‡ des pépiniéristes *(R. incana* proprement dit). 6-10 pieds.

Saule brillant, S. *lucida* .* Très recherché pour les bords de l'eau ; 6-12 pieds.

Saule à feuilles longues, S. *intérieur* .* Notre saule indigène à feuilles les plus étroites ; utile pour les banques ; susceptible de se propager trop rapidement; 8-12 pieds.

Saule fontaine, S. *purpurea* . Feuillage et apparence attrayants, particulièrement s'il est coupé de temps en temps pour obtenir du nouveau bois ; excellent pour tenir des banques élastiques ; 10-20 pieds.

Saule Discolor, S. *discolor* * Attrayant lorsqu'il est groupé à une certaine distance de la résidence; 10-15 pieds.

Saule à feuilles de laurier, *S. pentandra (S. laurifolia* des cultivateurs)‡ Voir sous Arbres, p. 329. De nombreux saules indigènes pourraient très bien être cultivés.

Sureaux, *Sambucus pubens* * et *S. Canadensis* .* Le premier, le « sureau rouge » commun, est ornemental à la fois en fleurs et en fruits. *S. Canadensis* est recherchée pour sa profusion de fleurs parfumées apparaissant en juillet ; le premier mesure 6 à 7 pieds de haut et le second 8 à 10 pieds. Sureau à feuilles dorées, *S. nigra* var. *foliis aureis* ‡ ainsi que le sureau à feuilles coupées, sont des formes recherchées de l'espèce européenne ; 5-15 pieds.

Baie de buffle, *Shepherdia argentea* * Feuillage argenté ; baies attrayantes et comestibles; 10 à 15 pieds, souvent en forme d'arbre.

Shepherdia, *S. Canadensis* .* Buisson étalé, 3–8 pieds, avec un feuillage et des fruits attrayants.

Spirée précoce, *Spiræa arguta* .‡ L'une des premières floraisons parmi les spirées ; 2-4 pieds.

Spirée à trois lobes, couronne de mariée, *S. Van Houttei* .‡ L'un des arbustes à floraison précoce les plus voyants ; excellent pour le regroupement ; fleurit un peu plus tard que ci-dessus; 3-6 pieds.

Spirée à feuilles de sorbier, *S. sorbifolia (Sorbaria sorbifolid*).‡ Souhaitable pour sa floraison tardive, fin juin et début juillet ; 4-5 pieds.

Spirée à feuilles de prunier, *S. prunifolia* .

Spirée de Fortune, *S. Japonica (S. callosa*),‡ 2 à 4 pieds.

Spirée de Thunberg, *S. Thunbergii* . Habitude soignée et attrayante ; utile pour les haies de bordure ; 3-5 pieds.

Couronne de Saint-Pierre, *S. hypericifolia* ; 4-5 pieds.

Spirée à feuilles rondes, *S. bracteata* .‡ Suit Van Houttei ; 3-6 pieds.

Spirée de Douglas, *S. Douglasii* .* fleurit tard, en juillet ; 4-8 pieds.

Hard-hack, *S. tomentosa* .* Tout comme le dernier, mais moins voyant ; 3-4 pieds.

Spirée à feuilles de saule, *S. salicifolia* .*‡ Floraison tardive; 4-5 pieds.

Noix à vessie, *Staphylea trifolia* * Arbuste indigène plutôt grossier bien connu; 6-12 pieds.

Écrou de vessie colchicane, *S. Colchica* . Bon arbuste à floraison précoce ; 6-12 pieds.

264. A spirea, one of the most serviceable flowering shrubs.

Styrax, *Styrax Japonica* . L'un des arbustes à fleurs les plus gracieux, produisant des fleurs parfumées au début de l'été ; 8 à 10 pieds ou plus.

Baie des neiges, *Symphoricarpos racemosus* .*‡ Cultivée pour ses baies blanches comme neige, qui pendent en automne et au début de l'hiver ; 3-5 pieds.

Groseille indienne, *S. vulgaris* .‡ Feuillage délicat ; baies rouges; précieux pour les endroits ombragés et contre les murs ; 4-5 pieds.

Lilas commun, *Syringa vulgaris* .‡ (Le nom syringa est généralement mal appliqué à l'espèce de *Philadelphus* .) L'arbuste à floraison printanière standard du Nord ; 8 à 15 pieds ; de nombreuses formes.

Lilas Josika, *S. Josikaeca* .‡ Floraison environ une semaine plus tard que S. *vulgaris* ; 8-10 pieds.

Lilas persan, *S. Persica* . Buisson plus étalé et plus ouvert que *S. vulgaris* ; 6-10 pieds.

Lilas japonais, *S. Japonica* .‡ Fleurit environ un mois plus tard que le lilas commun ; 15-20 pieds.

Lilas de Rouen, *S. Chinensis* (ou *Rothomagensis*)‡ Fleurit avec le lilas commun ; fleurs plus colorées que celles de *S. Persica* ; 5-12 pieds.

Lilas chinois, *S. oblata* ‡ et *villosa* .‡ Les premiers mesurent 10 à 15 pieds et fleurissent avec du lilas commun ; ce dernier mesure 4 à 6 pieds et fleurit quelques jours plus tard.

Tamaris, *Tamarix* de plusieurs espèces, notamment (pour le Nord) *T. Chinensis, T. Africana* (probablement les formes de jardin sous ce nom sont toutes *T. parviflora*), et *T. hispida (T. Kashgarica*).

Tous des arbustes ou petits arbres étranges au feuillage très fin et aux minuscules fleurs roses à profusion.

Boule de neige commune, *Viburnum Opulus* .*‡ La boule de neige cultivée ‡ est originaire de l'Ancien Monde ; mais l'espèce pousse à l'état sauvage dans ce pays (connue sous le nom de canneberge en corymbe)‡ et mérite d'être cultivée ; 6-10 pieds.

Boule de neige japonaise, *V. tomentosum* (cataloguée sous le nom de *V. plicatum*). 6-10 pieds.

Arbre voyageur, *V. Lantana* .‡ Fruit ornemental ; 8 à 12 pieds ou plus.

Aubépine à feuilles de prunier, *V. prunifolium* .*‡ Feuilles lisses et brillantes; 8-15 pieds.

Viorne douce ou baie de mouton, *Viburnum Lentago* .* Grand buisson grossier, ou devenant un petit arbre.

Bois de flèche, *V. dentatum* .* Habituellement 5 à 8 pieds, mais devenant plus grand.

Dockmackie, *V. acerifolium* .* Feuillage semblable à celui de l'érable ; 4-5 pieds.

Withe-rod, viorne lilas, *V. cassinoides.* *2-5* pieds. D'autres viornes indigènes et exotiques sont souhaitables.

Xanthoceras, *Xanthoceras sorbifolia* . Allié aux Buckeyes ; rustique dans certaines parties de la Nouvelle-Angleterre; 8 à 10 pieds ; beau.

Frêne épineux, *Zanthoxylum Americanum* .*

Arbustes pour le Sud .

De nombreux arbustes du catalogue précédent sont également bien adaptés aux États du sud-est. La brève liste suivante comprend certaines des espèces les plus recommandables pour la région au sud de Washington, bien que certaines d'entre elles soient plus rustiques plus au nord. L'astérisque * indique que la plante est originaire de ce pays.

Le myrte crêpe *(Lagerstrœmia Indica*) est au Sud ce que le lilas est au Nord, un arbuste de jardin standard ; produit de belles fleurs rouges (ou blush ou blanches) tout l'été ; 8-12 pieds.

Les arbustes à feuilles caduques fiables pour le Sud sont : l'althea, *Hibiscus Syriecus,* sous de nombreuses formes ; *Hibiscus Rosa-Sinensis; Azalea calendulacea* mollis* et l'azalée gantoise *(A. Pontica)* ; spirée bleue, *Caryopteris Mastacanihus* ; Formes européennes de ceanothus ; Mûrier français, *Callicarpa Americana* * ; calycanthus*; saule fleuri, *Chilopsis Linearis* * ; frange, *Chionanthus Virginica* * ; aulne blanc, *Clethra alnifolia* * ; corchorus, *Kerria Japonica;* deutzias, de plusieurs sortes ; goumi, *Eloeagnus longipes* ; buisson perlé, *Exochorda grandiflora* ; Coing du Japon, *Cydonia Japonica ;* cloche dorée, *Forsythia viridissima* ; balai, *Spartium junceum;* les hortensias, dont *H. Otaksa* , cultivés sous abri dans le Nord ; *Jasminum nudiflorum* ; le miel de brousse tète; faux oranger, *Philadelphus coronarius* et *grandiflorus* * ; Grenade; kerria blanche, *Rhodotypos kerrioides* ; arbre à fumée, *Rhus Cotinus ;* criquet rose, *Robinia hispida* * ; des spirées de plusieurs sortes ; *Stuartia pentagyne* *; symphorine, *Symphoricarpos racemosus* * ; lilas de toutes sortes; des viornes de plusieurs espèces, dont les boules de neige européennes et japonaises ; weigelas de toutes sortes; gattilier, *Vitex Agnus-Castus ;* l'épine-vinette de Thunberg ; poivron rouge, *Capsicum frutescens ; Plumbago capensis* ; poinsettia.

Un grand nombre d'arbustes à feuilles larges sempervirentes prospèrent dans le Sud, tels que : le buisson à chaînes, *Andromeda floribunda* * ; quelques-uns des palmiers, comme les palmettos* et les chamærops ; cycas et zamia* à l'extrême sud ; *Abélia grandiflora* ; arbousier, *Arbutus Unedo ;* les ardisias et les aucubas, tous deux cultivés sous serre dans le Nord ; azalées et rhododendrons (non seulement *R. Catawbiense* * mais *R. maximum* * R, Ponticum et les formes de jardin) ; *Kalmia latifolia* *; *Berberis Japonica* et mahonia* ; boîte; *Cleyera Japonica* ; les cotonéasters et les pyracanthas ; eleagnus des types cultivés sous serre dans le Nord ; gardénias; euonymus*; houx*; anis, *Illicium anisatum* ; des lauriers cerises, *Prunus* ou *Laurocerasus* de plusieurs espèces ; faux oranger (du Sud), *Prunus Caroliniana* * utile pour les haies ; vrai laurier ou laurier, *Laurus nobilis* ; troènes de plusieurs espèces ; *Citrus trifoliata* , particulièrement apprécié pour les haies ; les lauriers roses; magnolias*; myrte, *Myrtus communis; Osmanthus (Olea) fragrans* , un arbuste de serre du Nord ; *Osmanthus Aquifolium* * ; balai de boucher, *Ruscus aculeatus* ; phillyrée*; *Pittosporum Tobira* ; yuccas arbustifs*; *Viburnum Tinus* et autres ; et le camélia sous de nombreuses formes.

XIV : Paravent de vigne vierge, sur une ancienne clôture, avec giroflées et roses trémières devant.

6. PLANTES GRIMPANTES

Les vignes ne diffèrent pas particulièrement dans leur culture des autres herbes et arbustes, sauf en ce qu'elles nécessitent la fourniture de supports ; et, comme elles dominent les autres plantes, elles nécessitent peu d'espace au sol et peuvent donc être cultivées dans des espaces étroits ou inutilisés le long des clôtures et des murs.

En ce qui concerne les modes de grimpe, les vignes peuvent être classées en trois groupes : celles qui s'enroulent autour du support ; ceux qui grimpent au moyen d'organes spéciaux, comme des vrilles, des racines, des tiges de feuilles ; celles qui ne s'enroulent pas et n'ont pas d'organes spéciaux mais qui grimpent sur le support, comme les rosiers grimpants et les ronces. Il faut connaître le mode de grimpe avant d'entreprendre la culture d'une vigne quelconque.

Les vignes peuvent également être regroupées en annuelles, à la fois tendres (comme la gloire du matin) et rustiques (comme le pois de senteur) ; les bisannuelles, comme l'adlumia, qui sont traitées pratiquement comme des annuelles, étant semées chaque année pour fleurir l'année suivante ; des plantes herbacées vivaces, dont les sommités mourantes tombent chacune en une racine persistante, comme la vigne de cannelle et la vigne de Madère ; plantes ligneuses vivaces (arbustes), dont les cimes restent vivantes, comme la vigne vierge, le raisin et la glycine.

Il n'y a guère de jardin dans lequel les plantes grimpantes ne puissent être utilisées à leur avantage. Parfois, il s'agit de dissimuler des objets gênants, encore une fois pour atténuer la monotonie des lignes rigides. Ils peuvent également être utilisés pour parcourir le sol et dissimuler sa nudité là où d'autres plantes ne pourraient pas réussir. Les espèces arbustives sont souvent utiles en bordure des massifs d'arbres et d'arbustes, pour incliner le feuillage jusqu'à l'herbe et pour adoucir ou effacer les lignes du paysage.

Dans le Sud et en Californie, la vigne est largement utilisée, non seulement pour les clôtures mais aussi pour les maisons et les tonnelles. Dans les pays chauds, les vignes donnent du caractère aux bungalows, pergolas et autres formes architecturales individuelles.

Si l'on veut que les vignes grimpent haut, il faut que le sol soit fertile ; mais une escalade en hauteur chez les plantes annuelles (comme chez les pois de senteur) peut se faire au détriment de la floraison.

L'utilisation de vignes pour les paravents et les décorations de piliers a augmenté ces dernières années et on peut désormais les voir sur presque tous les terrains. La tendance est à l'utilisation de vignes rustiques, parmi lesquelles l'ampelopsis, ou vigne vierge, est l'une des plus communes. C'est une culture très rapide et se prête plus facilement à la formation que beaucoup d'autres. L'ampelopsis du Japon (*A. tricuspidata* ou *Veitchii*) est une bonne vigne accrocheuse, poussant très rapidement une fois établie et brillamment colorée après les premières gelées d'automne. Il s'accroche plus étroitement que l'autre, mais n'est pas si rustique. L'un ou l'autre peut être cultivé à partir de boutures ou de division des plantes.

Deux volubiles ligneuses recommandables de distribution récente sont les actinidies et les akebia, toutes deux originaires du Japon. Ils sont parfaitement rustiques et poussent rapidement. Le premier a de grandes feuilles épaisses et brillantes, insensibles aux insectes ou aux maladies, poussant de manière épaisse le long de la tige et des branches, formant un chaume parfait. Il fleurit en juin. Les fleurs, blanches avec un centre violet, sont portées en grappes, suivies de fruits comestibles ronds ou assez longs. L'akebia a un feuillage très bien coupé, des fleurs violettes pittoresques et porte souvent des fruits ornementaux.

Parmi les vignes tendres, les capucines, les ipomées et les gloires du matin sont les plus communes dans le Nord, tandis que l'adlumia, la vigne ballon, la vigne passion, les courges et autres sont fréquemment utilisées. L'un des meilleurs produits récemment introduits est le houblon annuel, en particulier la variété panachée. C'est une vigne à croissance très rapide, se semant elle-même chaque année et nécessitant peu de soins. Les géraniums grimpants (*Pelargonium peltatum* et ses dérivés) sont très utilisés en Californie. Toutes les vignes tendres doivent être plantées une fois le risque de gel écarté.

Il y a tellement de bonnes vignes sur le marché qu'il est possible d'en cultiver une grande variété pour de nombreux usages. Le jardinier amateur doit garder les yeux ouverts sur les vignes sauvages de son quartier et ajouter les meilleures d'entre elles à sa collection. La plupart de ces indigènes méritent d'être cultivés. Même l'herbe à puce constitue une couverture très satisfaisante pour les endroits sauvages et inaccessibles, et sa couleur automnale est très attrayante ; mais bien entendu sa culture ne peut être recommandée.

Les vignes qui s'accrochent étroitement aux murs des bâtiments sont la vigne vierge (une forme ne s'accroche pas bien), le lierre de Boston ou du Japon (*Ampelopsis tricuspidata* ; également *A. Lowii* , avec un feuillage plus petit), le lierre anglais, l'euonymus (*E. radicans* et la var. *variegata*), et *Ficus repens* à l'extrême sud ; d'autres qui s'accrochent moins étroitement sont la plante grimpante trompette et l'hortensia grimpant (*Schizophragma hortensias).*

Les vignes pour traîner ou couvrir le sol sont la pervenche *(Vinca),* la herniaire, l'argentine (*Lysimachia nummularia*), le lierre terrestre (*Nepeta Glechoma), la Rosa Wichuraiana* , les espèces de greenbrier indigène ou smilax (pas le soi-disant smilax des fleuristes). , *Rubus laciniatus* , les mûres, et aussi d'autres qui ne sont généralement pas classées comme vignes. Dans le Sud, le chèvrefeuille du Japon et la rose Cherokee remplissent largement cette fonction. En Californie, les espèces de mesembryanthemum (herbacées) sont largement utilisées comme couvre-sol sur les berges. Page 86.

Pour couvrir rapidement les broussailles et les endroits rugueux, les nombreuses sortes de courges peuvent être utilisées ; également des citrouilles et des courges, des pastèques, *Cucumis fœtidissima* , des concombres sauvages *(Echinocystis lobata* et *Sicyos angulata*), des capucines et d'autres plantes annuelles vigoureuses. De nombreuses plantes ligneuses vivaces peuvent être utilisées à de telles fins, mais ces endroits ne sont généralement que temporaires.

Pour les tonnelles, des vignes ligneuses fortes sont souhaitées. Les raisins sont excellents ; dans le Sud, les raisins muscadine et scuppernong sont adaptables à cet usage (planche XV). Les actinidies et les glycines sont également utilisées. L'akébie, la pipe hollandaise, la vigne trompette, la clématite, le chèvrefeuille, peuvent être suggérées. Les roses sont très utilisées dans les climats chauds.

Pour couvrir les porches, la vigne standard dans le Nord est la vigne vierge. Les raisins sont admirables, notamment certains sauvages. Le chèvrefeuille du Japon est très utilisé ; et il a l'avantage de conserver son feuillage jusqu'à l'hiver, voire tout l'hiver vers le sud. Les actinidies, les akébia, les glycines, les roses, la pipe hollandaise et les clématites sont à recommander ; les clématites à grandes fleurs, cependant, sont plus précieuses pour leur floraison que pour leur feuillage (*C. paniculata* , et les espèces indigènes sont meilleures pour couvrir les porches).

Les vignes annuelles sont principalement utilisées comme sujets de jardins fleuris, comme le pois de senteur, les gloires du matin, le mina, les fleurs de lune, la vigne de cyprès, les capucines, le cobea, le coureur écarlate. Plusieurs espèces de convolvulus, étroitement apparentées à la gloire du matin commune, ont désormais enrichi nos listes. Pour les paniers et les vases, la maurandia et les différentes espèces de thunbergias sont excellentes.

Les moonflowers sont très appréciées dans le Sud, où les saisons sont suffisamment longues pour leur permettre de se développer à la perfection. Dans le Nord, il faut les démarrer tôt (c'est un bon plan de faire tremper ou entailler les graines) et bénéficier d'une exposition chaude et d'un bon sol (voir Chap. VIII).

Dans les listes suivantes, les plantes originaires des États-Unis ou du Canada sont signalées par un astérisque *.

Plantes grimpantes herbacées annuelles .
(Cultivé chaque année à partir de graines.)

un. *Grimpeurs de vrilles*

Adlumia (biennale).*

Vigne ballon *(Cardiospermum)* .*

Cobéa.

Gourdes.

Capucines *(Tropaeolum)*.

Fleur d'oiseau canari *(Tropaeolum peregrinum*).

Pois de senteur (Fig. 265).

Concombre sauvage.*

Maurandie.

Gourdes ou plantes ressemblant à des courges, comme *Coccinia Indica* ; Cucumis de plusieurs espèces intéressantes, comme *C. erinaceus, grossulariæformis, odoratissimus* ; louche ou gourde *(Lagenaria)* ;

éponge végétale, courge en torchon, courge en chiffon *(Luffa);* pomme baumière, poire baumière *(Momordica)* ; courge serpent *(Trichosanthes)* ; bryonopsis;

Abobra viridiflora .

Tous les fruits ci-dessus, à l'exception des pois de senteur, sont rapidement détruits par le gel.

b. Twiners

Haricots, floraison.

Vigne de cyprès.

Dolichos Lablab et autres.

Hop, japonais.

Ipomcea Quamoclit (vigne de cyprès) et autres.

Moonflower, plusieurs espèces.

Gloire du matin.

Mina lobata.

Thunbergie.

Mikania scandens.*

Pois papillon, *Centrosema Virginiana* .*

Coureur écarlate, *Phaseolus multiflorus* (vivace du Sud).

Fève velours ou banane, *Mucuna pruriens* var. *utilis* (pour le Sud).

265. Sweet pea.

Plantes grimpantes herbacées vivaces .

(Les sommets meurent à l'automne, mais la racine vit pendant l'hiver et envoie un nouveau sommet.)

un. Grimpeurs de vrilles ou grimpeurs de racines

Pois éternel, *Lathyrus latifolius* . Les clématites de diverses espèces, comme *C. spicea, Davidiana, heracleaefolia (C. tubulosa)*, sont plus ou moins grimpantes. La plupart des clématites sont des arbustes.

May-pop, *Passiflora incarnata* .* Non fiable au nord de la Virginie.

Gourde sauvage, *Cucurbita fœtidissima (Cucumis perennius)*.* Excellente vigne robuste et robuste pour couvrir les tas au sol.

Rose mexicaine, rose de montagne, *Antigonon leptopus* .

Racine tubéreuse ; un producteur rampant, à floraison rose ; en extérieur au Sud, et une véranda végétale au Nord.

Lierre de Kenilworth, *Linaria Cymbalaria* .

Une petite vigne vivace très gracieuse, se ressemant même là où elle n'est pas rustique ; favori pour les paniers.

b. Volcanes herbacées

Houblon, *Humulus Lupulus* .*

Produit le houblon du commerce, mais devrait être couramment utilisé comme plante ornementale.

Igname de Chine, vigne cannelle, *Dioscorea divaricata (D. Batatas*).

Grimpe haut, mais ne produit pas autant de feuillage que certaines autres vignes.

Igname sauvage, *D. villosa* .*

Plus petit que le précédent ; sinon tout aussi bon.

266. Clematis Henryi.   One-third natural size.

Arachide, *Apios tuberosa* .*

Plante grimpante ressemblant à un haricot, produisant de nombreuses fleurs brun chocolat en août et septembre.

Haricots écarlates et blancs hollandais, *Phaseolus multiflorus* .

Vivace dans les pays chauds ; annuelle dans le Nord.

Moonflowers, *Ipomcea* , diverses espèces.

Certaines sont des plantes vivaces dans l'extrême sud, mais annuelles dans le nord.

Fleur de lune rustique, *Ipomœa pandurata* .*

Une mauvaise herbe là où elle pousse à l'état sauvage, mais une excellente vigne pour certains usages.

Gloire du matin sauvage, beauté du Rutland, *Convolvulus Sepium* * et rose de Californie, *C. Japonicus* .

Le premier, blanc et rose, est commun dans les baissières. Cette dernière, sous forme double ou semi-double, est souvent sauvage.

Vigne de Madère, vigne mignonette, *Boussingaultia baselloides* .

Racine un gros tubercule dur et irrégulier.

Mikania, chanvre grimpant, *Mikania scandens* .*

Un bon enroulement composite, habitant les terres humides.

Plantes grimpantes ligneuses vivaces .

(Arbustes grimpants dont les cimes ne meurent pas à l'automne, sauf dans les climats où ils ne sont pas rustiques.)

un. **Grimpeurs de vrilles, grimpeurs de racines, brouilleurs et remorques**

Vigne vierge, *Ampelopsis quinquefolia* ,*

La meilleure vigne pour couvrir les bâtiments dans les climats les plus froids. Les plantes doivent être sélectionnées parmi des vignes dont le port est connu, car certains individus s'accrochent beaucoup mieux que d'autres. Var. *hirsuta* *, fortement adhérent, est recommandé par la station expérimentale d'Ottawa, Canada. Var. *Engelmanni* * a un feuillage petit et soigné.

Lierre japonais, lierre de Boston, *A. tricuspidata (A. Veitchii*).

Plus belle que la vigne vierge, et s'accroche plus près, mais est souvent blessée par l'hiver dans les endroits exposés, surtout lorsqu'elle est jeune ; dans les régions du nord, les sommets doivent être protégés pendant la première ou les deux premières années.

Lierre panaché, *Ampelopsis hétérophylla* var. *elegans* (*Cissus variegata*).

Belles vignes rustiques et délicates ressemblant à des raisins avec des feuilles tachetées principalement trilobées et des baies bleuâtres.

Clématites de jardin, *Clématites* de diverses espèces et variétés.

Plantes au port robuste et attrayant, et aux fleurs magnifiques ; de nombreuses formes de jardin. *C. Jackmani* et ses variétés sont l'une des meilleures. *C. Henryi* (Fig. 266) est excellent pour les fleurs blanches. Les clématites fleurissent en juillet et août.

Clématite sauvage, *C. Virginiana* *

Très attrayant pour les tonnelles et pour couvrir des objets grossiers. Les plantes femelles portent de curieuses boules de fruits laineuses.

Clématite sauvage, *C. verticillaris* .*

Producteur moins vigoureux que le précédent, mais excellent.

Clématite japonaise, *C. paniculata* .

La meilleure vigne ligneuse à floraison tardive, produisant d'énormes masses de fleurs blanches à la fin de l'été et au début de l'automne.

Plante grimpante trompette, *Tecoma radicans* .*

L'un des meilleurs de tous les arbustes à fleurs libres ; grimpe au moyen de racines; fleurs très grandes, orange-écarlate.

Plante grimpante trompette chinoise, *T. grandiflora (Bignonia grandiflora*). Fleurs rouge orangé ; parfois à peine grimper.

Bignonia, *Bignonia capreolata* .*

Une bonne vigne vigoureuse à feuilles persistantes, mais souvent nuisible dans les champs du Sud.

Raisin de givre, *Vitis cordifolia* .*

L'une des plus belles de toutes les vignes. C'est un très grand producteur, produisant des feuilles épaisses, lourdes et sombres. Son feuillage rappelle souvent celui de la graine de lune. Ne pousse pas facilement à partir de boutures.

Raisins d'été et de berges, *V. bicolor* * et *V. vulpina (riparia)* .*

Les raisins sauvages communs des États du Nord.

Muscadine, scuppernong, *Vitis rotundifolia* .*

Très utilisé pour les tonnelles dans les États du Sud (planche XV).

Lierre, *Hedera Helix* .

Le lierre européen ne supporte pas le soleil éclatant de notre hiver ; du côté nord d'un bâtiment, cela se porte souvent bien ; la meilleure des vignes pour couvrir les édifices, là où elle réussit ; rustique dans les localités favorables aussi loin au nord que dans le sud de l'Ontario; de nombreuses formes.

Greenbrier, *Smilax rotundifolia* * et *S. hispida* .*

Unique pour la couverture de petites tonnelles et pavillons d'été.

Euonymus, *E. radicans* .

Plante grimpante à racines très serrées, excellente pour les murets ; à feuilles persistantes; la variété panachée est bonne.

Figue grimpante, *Ficus repens* .

Utilisé dans les serres du Nord, mais rustique dans le Sud.

Vigne de mariage, buis, *Lycium Chinense* .

Floraison tout l'été ; fleurs rose et chamois, axillaires, étoilées, succédées par des baies écarlates à l'automne ; tiges prostrées ou brouillonnes; une vigne à l'ancienne sur les porches.

Doux-amer, *Solanum Dulcamara* .

Une vigne commune grimpante ou semi-enrouleuse le long des routes, avec des baies vénéneuses rouge vif ; le sommet s'éteint ou presque.

Bigorneaux, *Vinca mineur* et *V. majeur* .

Le premier est le myrte à feuilles persistantes familier, avec des fleurs bleues au début du printemps ; sous sa forme panachée, cette dernière est très utilisée pour suspendre des paniers et des vases.

Hortensia grimpant, *Schizophragma hortensioides* .

S'accroche aux murs par ses radicelles, produisant des fleurs blanches au milieu de l'été.

Passiflore, espèces de *Passiflora* et *Tacsonia* .

Utilisé dans le Sud et en Californie.

b. Les volubiles ligneuses

Actinidia, *A. arguta* .

Très forte croissance, avec un beau feuillage épais qui n'est pas attaqué par les insectes ou les champignons ; l'une des meilleures vignes pour les tonnelles.

Akebia, *A. quinata* . Très belle et étrange vigne japonaise ; un producteur fort et une plantation générale digne.

Chèvrefeuilles, woodbine, *Lonicera* de toutes sortes.

Chèvrefeuille japonais, *L. Halliana* (une forme de *L. Japonica*).

10 à 20 pieds ; fleurs blanches et chamois, parfumées principalement au printemps et à l'automne; feuilles petites, persistantes ; tiges prostrées et s'enracinant, ou s'enroulant et grimpant. Treillis, ou pour couvrir les rochers et les endroits dénudés ; largement sauvage dans le Sud. Var. *aurea reticidata* est similaire au type, mais avec un bel aspect doré.

Chèvrefeuille belge, L. *Periclymenum* var. *Belgique* .

6 à 10 pieds ; mensuel; fleurs en grappes, rouge rosé, chamoisées à l'intérieur ; forme un grand buisson arrondi.

Chèvrefeuille corail ou trompette, *L. sempervirens* .*

6 à 15 pieds ; Juin; disperser des fleurs écarlates tout au long de l'été; sans support, il forme un grand buisson arrondi ; pour des treillis, des clôtures ou une haie ; il fait partie de la liste des arbres et arbustes rustiques recommandés pour le Canada par la Station expérimentale d'Ottawa.

Chèvrefeuille, *L. Caprifolium* , avec des feuilles connées en forme de coupe.

Les bons chèvrefeuilles grimpants indigènes sont *L. flava* ,* *Sullivanti* ,* *hirsuta* ,* *dioica* ,* et *Douglasi* .*

Wistaria, *Wistaria Sinensis* et *W. speciosa* .*

L'espèce chinoise, *Sinensis* , est une plante superbe ; fleurs bleu-violet ; il existe une variété à fleurs blanches.

Glycine japonaise, *W. multijuga* .

Fleurs plus petites et plus tardives que celles des Chinois, en grappes plus lâches.

Pipe de Hollande, *Aristolochia macrophytta (A. Sipho*).* Un producteur robuste, possédant d'énormes feuilles. Utile pour couvrir les vérandas et les tonnelles.

Cire ou faux-doux-amer, *Celastrus scandens* .* Fruit très ornemental ; fleurs imparfaites.

Celastrus japonais, *C. orbiculatus (C. articulatus* du commerce). *C. articulatus* et *C. scandens* figurent dans la liste des 100 arbres et arbustes recommandés par la Station expérimentale d'Ottawa pour le Canada.

Moonseed, *Menispermum Canadense* .* Un petit enroulement très attrayant, utile pour les fourrés et les petites tonnelles.

Polygonum d'escalade de Boukhara, *Polygonum Baldschuanicum* . Hardy North, bien que les jeunes pousses puissent être tuées ; fleurs nombreuses, minuscules, blanchâtres ; intéressant, mais ne constitue pas une couverture lourde.

Vigne Kudzu, *Pueraria Thunbergiana (Dolichos Japonicus)*. Fait de très longues pousses à partir d'une racine tubéreuse ; arbustif au sud, mais meurt jusqu'au sol au nord.

Vigne en soie, *Periploca Græca* . Fleurs violacées en grappes axillaires ; feuilles longues, étroites et brillantes; croissance rapide.

Vigne de pomme de terre, *Solanum jasminoides* . Une bonne vigne persistante du Sud, particulièrement du var. *grandiflorum* .

Jasmin jaune, *Gelsemium sempervirens* .* Une bonne vigne persistante indigène du Sud, aux fleurs jaunes parfumées.

Jasmin de Malaisie, *Trachelospermum* (ou *Rhynchospermum) jasminoides* . Une bonne vigne à feuilles persistantes pour le Sud et en Californie.

Asperges grimpantes, *Asparagus plumosus* . Populaire comme vigne d'extérieur dans l'extrême sud et en Californie.

Jasmins, *Jasminum* de plusieurs espèces. Les plus connus dans les jardins sont *J. nudiflorum* , jaune au début du printemps, *J. officinale* , la jasmin de la poésie, aux fleurs blanches, et *J. Sambac* , le jasmin d'Arabie (et espèces apparentées) aux fleurs blanches et aux feuilles non ramifiées ; ceux-ci ne sont pas rustiques sans beaucoup de protection au nord de Washington ou de Philadelphie, et *J. Sambac* seulement à l'extrême sud.

Bougainvilliers, *Bougainvillaea glabra* et *B. spectabilis* .

La variété à fleurs magenta, parfois vue dans les vérandas du Nord, est une vigne d'extérieur populaire dans le Sud et est abondamment utilisée dans le sud de la Californie. La forme à fleurs rouges est moins visible, mais sa couleur est préférable.

Fil-vigne (polygone des fleuristes), *Muehlenbeckia complexa* .

Abondamment utilisé sur les bâtiments et les cheminées du sud de la Californie.

XV : Le Scuppernong, la vigne arborescente du Sud. Cette planche montre les scupernongs remarquables de l'île Roanoke, dont l'origine est inconnue, mais qui étaient de grande taille il y a plus de cent ans.

Rosiers grimpants .

267. Climbing rose, Jules Margottin.

Les roses ne grimpent pas et ne possèdent pas d'organes grimpants spéciaux ; ils doivent donc être équipés d'un treillis ou d'une clôture en fil métallique tissé. Certaines des roses classées comme grimpantes sont celles qui n'ont besoin que d'un bon support, fig. 267. Pour la culture des roses, voir chapitre VIII.

Le rosier grimpant ou pilier le plus populaire à l'heure actuelle est le Crimson Rambler, mais bien qu'il fasse un grand étalage de fleurs, ce n'est pas le meilleur rosier grimpant. Les meilleurs rosiers grimpants de ce pays, floraison, feuillage et port tous considérés, sont probablement les dérivés de la rose des prairies indigène, *Rosa setigera* (originaire aussi loin au nord que l'Ontario et le Wisconsin). Baltimore Belle et Queen of the Prairie appartiennent à cette classe.

Les rosiers grimpants polyantha (hybrides de *Rosa multiflora* et d'autres espèces) comprennent la classe des rosiers « lianes » qui est maintenant devenue de grande taille, comprenant non seulement le Crimson Rambler, mais aussi des formes d'autres couleurs, simples et semi- doubles, et diverses formes. habitudes d'escalade; une classe de roses très précieuse et rustique, en particulier pour les treillis.

La rose du Souvenir (R. *Wichuraiana*) est une espèce rampante, semi-persistante, à fleurs blanches, très utile pour couvrir les berges et les rochers. Des dérivés de cette espèce de toutes sortes sont maintenant disponibles et sont précieux.

Les roses Ayrshire (R. *arvensis* var. *capreolata*) sont des producteurs abondants mais plutôt élancés, rustiques du Nord, portant des fleurs doubles blanches ou roses.

La rose Cherokee (R. *Icevigata* ou R. *Sinica*) est largement naturalisée dans le Sud et très appréciée pour sa grande fleur blanche et son feuillage brillant ; pas rustique dans le Nord.

La rose Banksia (R. *Banksice*) est une forte rose grimpante du Sud et de la Californie avec des fleurs jaunes ou blanches en grappes. Une forme à fleurs plus grandes (R. *Fortuneana*) est un hybride de celle-ci et de la rose Cherokee.

Les rosiers grimpants de thé et noisette, formes de R. *Chinensis* et R. *Noisettiana* , sont utiles en pleine nature dans le Sud.

7. ARBRES POUR PELOUSES ET RUES

Un seul arbre peut donner du caractère à une propriété entière ; et un endroit de toute taille qui ne possède pas au moins un bon arbre est généralement dépourvu de toute note paysagère dominante.

De même, une rue dépourvue de bons arbres ne peut pas être le meilleur quartier résidentiel ; et un parc dépourvu d'arbres bien développés est soit immature, soit stérile.

Bien que la liste des arbres de pelouse et de rue bons et robustes soit assez longue, le nombre d'espèces généralement plantées et reconnues est petit. Puisque la plupart des foyers ne peuvent avoir que peu d'arbres et qu'ils nécessitent tant d'années pour mûrir, il est naturel que le maître d'intérieur hésite à expérimenter ou à essayer des essences qu'il ne connaît pas lui-même. Ainsi, le ménagère du Nord plante des érables, des ormes et un bouleau blanc, et dans le Sud un magnolia et des baies de Chine. Il existe pourtant de nombreux arbres aussi utiles que ceux-ci, dont la plantation pourrait donner à nos locaux et à nos rues une expression beaucoup plus riche.

Il serait fort souhaitable que certains des arbres au caractère « fort » et robuste soient introduits dans les terrains plus vastes ; comme, par exemple, les caryers et les chênes. Ceux-ci peuvent souvent être transplantés avec difficulté, mais l'effort pour les sécuriser en vaut la peine. De bons arbres de chênes et d'autres censés être difficiles à transplanter peuvent désormais être obtenus auprès des principaux pépiniéristes. Le chêne des pins *(Quercus palustris*) est l'un des meilleurs arbres de rue et est désormais largement planté.

Il est au moins possible d'introduire une variété d'arbres dans une ville ou un village, en consacrant une rue ou une série de pâtés de maisons à une seule espèce d'arbre, une rue étant connue par ses tilleuls, une par ses platanes, une par ses chênes, un par ses caryers, un par ses bouleaux indigènes, hêtres, caféiers, sassafras, gommes ou liquidambars, tulipiers, etc. Il y a toutes les raisons pour lesquelles une ville, en particulier une petite ville ou un village, devrait devenir dans une certaine mesure une expression artistique de sa région naturelle.

Le propriétaire du foyer a de la chance si sa région possède déjà de grands arbres bien développés. Il peut même être souhaitable de situer la résidence en référence à de tels arbres (Planche VI) ; et l'aménagement des terrains devrait les accepter comme des points fixes vers lesquels travailler. L'exploitant prendra tout soin à préserver et sauvegarder une quantité suffisante d'arbres sur pied pour donner au lieu singularité et caractère.

Le soin de l'arbre doit inclure non seulement sa protection contre les ennemis et les accidents, mais également le maintien de ses caractéristiques. Par exemple, l'écorce naturelle et rugueuse doit être maintenue contre les attaques des grattoirs ; et le nivellement ne devrait pas masquer le renflement naturel de l'arbre à la base, car un arbre couvert à un pied ou deux au-dessus de la ligne naturelle risque non seulement d'être tué, mais il ressemble à un poteau.

Les meilleurs arbres d'ombrage sont généralement ceux originaires d'une région particulière, car ils sont robustes et adaptés au sol et aux autres conditions. Les ormes, les érables, les tilleuls et autres sont presque toujours fiables. Dans les régions où existent de sérieux insectes ennemis ou des maladies fongiques, les arbres les plus susceptibles d'être attaqués peuvent être omis. Par exemple, dans certaines régions de l'Est, la maladie de l'écorce du châtaignier constitue une très grande menace ; et c'est un bon plan dans de tels endroits de planter d'autres arbres que des châtaigniers.

Un bon arbre d'ombrage est celui qui a un feuillage épais et une tête dense, et qui n'est généralement pas attaqué par les insectes répulsifs et les maladies. Les arbres d'ombre doivent généralement disposer de suffisamment d'espace pour pouvoir se développer en têtes pleine grandeur et symétriques. Les arbres peuvent être plantés à une distance aussi rapprochée que 10 ou 15 pieds pour un effet temporaire ; mais dès qu'ils commencent à se rassembler, ils doivent être éclaircis, afin qu'ils développent toutes leurs caractéristiques d'arbres.

Les arbres peuvent être plantés à l'automne ou au printemps. L'automne est souhaitable, sauf dans l'extrême Nord, si le terrain est bien drainé et préparé et si les arbres peuvent être plantés tôt ; mais dans des conditions habituelles, la plantation de printemps est plus sûre, si le stock a été bien hiverné (voir discussion sous Arbustes, p. 290). La plantation et la taille sont abordées aux pages 124 et 139.

Si l'on veut des arbres à floraison remarquable, il faut les trouver parmi les magnolias, les tulipiers, les kœlreuteria, les catalpas, les châtaigniers, les marronniers d'Inde, les cladrastis, les robiniers noirs ou jaunes, les cerisiers noirs sauvages, et moins visiblement dans les tilleuls ; et aussi dans des demi-arbres ou de grands arbustes, comme les cercis, les cytisus, les cornouillers fleuris, les pommes à fleurs doubles et autres, les pommetiers, les cerises, les prunes, les pêchers, l'aubépine ou le cratægus, l'amélanchier, le sorbier.

Parmi les arbres retombants ou pleureurs, les meilleurs sont les saules *(Salix Babylonica* et autres), les érables (Wier's), le bouleau, le mûrier, le hêtre, le frêne, l'orme, le cerisier, le peuplier et le sorbier.

Les variétés à feuilles violettes sont présentes chez le hêtre, l'érable, l'orme, le chêne, le bouleau et autres.

Les feuilles jaunes et tricolores sont présentes chez l'érable, le chêne, le peuplier, l'orme, le hêtre et d'autres espèces.

Les formes à feuilles coupées se trouvent dans le bouleau, le hêtre, l'érable, l'aulne, le chêne, le tilleul et autres.

Liste des feuillus rustiques du Nord.

(Les genres sont classés par ordre alphabétique. Les espèces indigènes sont marquées par *; les bonnes espèces pour les arbres d'ombrage par †; celles recommandées par la station expérimentale d'Ottawa, Ontario, par DD)

Dans un certain nombre de genres, les plantes peuvent être arbustives plutôt qu'arborées dans certaines régions (voir la liste des arbustes), comme chez acer *(A. Ginnala, A. spicatum)*, æsculus, betula *(B. pumila)*, carpinus, castanea. (*C. pumila*), catalpa *(C. ovata)*, cercis, magnolia (*M. glauca* notamment), ostrya, prunus, pyrus, salix, sorbus.

Érable de Norvège, *Acer platanoides* . (D, DD) L'un des plus beaux arbres de taille moyenne pour les spécimens de pelouse unique ; il existe plusieurs variétés horticoles. Var. *Schwedleri* ‡ est l'un des meilleurs arbres à feuilles violettes. L'érable de Norvège s'affaisse trop et sa tête est trop basse pour être plantée en bordure de route.

Érable à sucre noir, *A. nigrum* . (A, DD) D'aspect plus foncé et plus doux que l'érable à sucre ordinaire.

Érable à sucre, *A. saccharum* .(A, DD) Celui-ci et le dernier comptent parmi les meilleurs arbres en bord de route.

Érable argenté, *A. saccharinum (A. dasycarpum*).(A, DD) Souhaitable pour les cours d'eau et pour le regroupement; réussit sur les terres humides et sèches.

L'érable argenté à feuilles coupées de Wier, *A. saccharinum* var. *Wieri* .(D, DD)

Léger et gracieux ; particulièrement souhaitable pour les terrains de plaisance.

Érable rouge, tendre ou des marais, *A. rubrum* .* Précieux pour ses couleurs printanières et automnales et pour la variété des regroupements.

Érable sycomore, *A. Pseudo-platanus.* Croissance lente, à utiliser principalement comme spécimens uniques. Plusieurs variétés horticoles.

Érable anglais, *A. campestre* . Bon arbre de taille moyenne, à croissance lente, peu rustique sur nos frontières septentrionales ; voir sous Arbustes (p. 291).

Érable du Japon, *A. palmatum (A. polymorphum)* . Sous de nombreuses formes, utile pour les petits spécimens de pelouse ; ne pousse pas au-dessus de 10 à 20 pieds.

Érable de Sibérie, *A. Ginnala* .‡ Attrayant comme spécimen de pelouse lorsqu'il est cultivé comme buisson ; la couleur d'automne est très brillante ; petit arbre ou grand arbuste.

Érable de montagne, *A. spicatum* .* Très lumineux en automne.

Sureau buis, *Acer Negundo (Negundo aceroides* ou *fraxinifolium*).*† Très rustique et à croissance rapide ; très utilisé en Occident comme brise-vent, mais peu ornemental.

Marronnier d'Inde, *Æsculus Hippocastanum* .†‡ Utile pour les spécimens isolés et le bord des routes ; de nombreuses formes.

Buckeye, *Æ. octandre (Æ. flava)* *‡

Buckeye de l'Ohio, *Æ. glabre* *

Buckeye rouge, *Æ. cornée (Æ. rubicunda)* .

Ailanthus, *Ailanthus glandulosa* . Une croissance rapide, avec de grandes feuilles pennées ; la plante staminée possède une odeur désagréable lors de sa floraison ; drageons mal; le plus utile comme arbuste; voir la même chose sous Arbustes (également Fig. 50).

Aulne, *Alnus glutinosa* . La var. *Imperialis* ‡ est l'un des meilleurs petits arbres à feuilles coupées.

Bouleau européen, *Betula alba* .

Bouleau pleureur à feuilles coupées, *B. alba* var. *laciniata pendula* .‡

Bouleau blanc d'Amérique, *B. populifolia* .*

Bouleau à papier ou bouleau à canoë, *B. papyrifera* .*

Bouleau cerisier, *B. lenta* . *

Les spécimens bien cultivés ressemblent à la cerise douce ; celui-ci et le bouleau jaune (*B. lutea* *) constituent de jolis arbres à feuilles claires; ils ne sont pas appréciés.

Charme ou hêtre bleu, *Carpinus Americana* .* Châtaignier, *Castanea saliva* † et *C. Americana* .*†

Catalpa voyant, *Catalpa speciosa* .†‡ Arbre très foncé, au feuillage doux, de taille petite à moyenne ; voyante en fleur; pour les régions du nord, elles devraient être cultivées à partir de graines cultivées dans le nord.

Catalpa plus petit, *C. bignonioides* .† Moins voyant que le précédent, fleurissant une semaine ou deux plus tard ; moins rustique.

Catalpa japonais, *C. ovata* (*C. Kœmpferi*).‡ Dans les régions du nord, il reste souvent pratiquement un buisson.

Ortie, *Celtis occidentalis* .*

Arbre Katsura, *Cercidiphyllum Japonicum* .‡ Un arbre de petite ou moyenne taille au feuillage et au port très attrayants.

Bouton rouge, ou arbre de Judée, *Cercis Canadensis* .* produit une profusion de fleurs ressemblant à des pois rose-violet avant l'apparition des feuilles ; feuillage également attrayant.

Bois jaune, ou virgilia, *Cladrastis tinctoria* .* l'un des plus beaux arbres à fleurs rustiques.

Hêtre, *Fagus ferruginea* .*† Les spécimens développés symétriquement sont parmi nos meilleurs arbres de pelouse ; pittoresque en hiver.

Hêtre européen, *F. sylvatica* .† De nombreuses formes culturelles, la feuille pourpre étant connue partout. Il existe d'excellentes variétés tricolores et des formes pleureuses.

Frêne noir, *Fraxinus nigra* (*F. sambucifolia*).*† L'un des meilleurs arbres à feuilles claires ; se porte bien sur les sols secs, bien que originaire des marécages ; pas apprécié.

Frêne blanc, *F. Americana* .*†

Frêne européen, *F. excelsior* .† Il en existe une bonne forme pleureuse.

Arbre aux cheveux vierges, *Ginkgo biloba* (*Salisburia adiantifolia*).‡ Très étrange et frappant ; à utiliser pour des spécimens uniques ou des avenues.

Criquet mellifère, *Gleditschia triacanthos* .*† Arbre au port frappant, avec de grosses épines ramifiées et de très grosses gousses ; il existe aussi une forme sans épines.

Caféier du Kentucky, *Gymnocladus canadensis* .* léger et gracieux ; unique en hiver.

Bitternut, *Hicoria minima* (ou *Carya amara*).* D'aspect semblable au frêne noir; pas apprécié.

Hickory, *Hicoria ovata* (ou *Carya*) *†‡ et autres.

Pecan, *H. Pecan* .*† Hardy dans des endroits aussi loin au nord que le New Jersey, et signalé encore plus loin.

Noyer cendré, *Juglans cinerea* .*

Noyer, *J. nigra* .*

Arbre-vernis, *Kœlreuteria paniculata* . Arbre de taille moyenne, de bon caractère, produisant une profusion de fleurs jaune doré en juillet ; devrait être mieux connu.

Mélèze d'Europe, *Larix decidua (L. Europœa*).‡

Mélèze d'Amérique ou mélèze laricin, *L. Americana* .*

Gommier, gomme douce, *Liquidambar styraciflua* .*† Un bon arbre, atteignant aussi loin au nord que le Connecticut, et rustique dans certaines parties de l'ouest de l'État de New York, bien qu'il ne grandisse pas ; feuillage semblable à celui d'un érable; un arbre caractéristique du Sud.

Tulipier de Virginie ou bois blanc, *Liriodendron Tulipifera* .*† Unique par son feuillage et sa fleur et méritant d'être plus planté.

Concombre, *Magnolia acuminata* .*† Originaire des États du Nord ; excellent.

Laurier blanc, *M. glauca* .*† Petit arbre très attrayant, originaire de la côte jusqu'au Massachusetts ; là où ils ne sont pas rustiques, les jeunes pousses sont bonnes chaque année.

Parmi les magnolias étrangers rustiques du Nord, deux espèces et un groupe d'hybrides prédominent : *M. stellata* (ou *M. Halleana*) et *M. Yulan* ou *(M. conspicua)*, tous deux à fleurs blanches, le premier très précoce et ayant 9 à 18 pétales et ce dernier (qui est un arbre plus grand) ayant 6 à 9 pétales ; *M. Soulangeana,* un groupe hybride comprenant les formes connues sous le nom de *Lennei, nigra, Norbertiana, speciosa, grandis* . Tous ces magnolias sont caduques et fleurissent avant l'apparition des feuilles.

Mûrier, *Morus rubra* .*

Mûrier blanc, *M. alba* .

Mûrier russe, *M. alba* var. *Tatarica* . Le mûrier pleureur des thés est une forme du mûrier russe.

Pepperidge ou gommier, *Nyssa sylvatica* * L'un des arbres indigènes les plus étranges et les plus pittoresques ; particulièrement attrayant en hiver ; feuillage rouge brillant en automne ; le plus approprié pour les terres basses.

Bois de fer, charme du houblon, *Ostrya Virginica* .* Un bon petit arbre, aux fruits ressemblant au houblon.

Sourwood, oseille, *Oxydendrum arboreum* .* Intéressant petit arbre originaire de Pennsylvanie dans les hautes terres du sud, et devrait être fiable là où il pousse à l'état sauvage.

Platane ou boutonnier, *Platanus occidentalis* *†‡ Les arbres jeunes ou d'âge moyen sont d'aspect doux et agréable, mais ils deviennent rapidement minces et déchiquetés en dessous; unique en hiver.

Platane européen, *P. orientalis* .† Très utilisé pour la plantation dans les rues, mais moins pittoresque que l'américain ; plusieurs formes.

Tremble, *Populus tremuloides* ,* très précieux lorsqu'il est bien cultivé ; trop négligé (Fig. 33). La plupart des peupliers conviennent aux terrains d'agrément et comme nourrices pour des arbres à croissance plus lente et plus emphatiques.

Peuplier à grandes dents, *P. grandidentata* .* Unique en couleur estivale; aspect plus lourd que celui ci-dessus ; les vieux arbres deviennent déchiquetés.

Peuplier pleureur, *P. grandidentata* , var. *pendule* . Un petit arbre étrange, adapté aux petits endroits, mais, comme tous les arbres pleureurs, susceptible d'être planté trop librement.

Peuplier, *P. deltoides* (*P. monilifera*).* Les spécimens staminés seulement doivent être plantés si possible, car le coton des gousses est désagréable lorsqu'il est transporté par les vents ; var. *aurea* ‡ est l'un des bons arbres à feuilles dorées.

Baume de Galaad, *P. balsamifera* * et var. *candicans* .* Souhaitable pour les groupes ou ceintures distants. Feuillage de couleur peu agréable.

Peuplier de Lombardie, *P. nigra* , var. *Italique* .

Souhaitable à certaines fins, mais utilisé de manière trop indistincte, il est susceptible d'être de courte durée dans les climats nordiques.

Peuplier blanc, abele, *P. alba* .

Germe mal ; plusieurs formes.

Le peuplier de Bolle, *P. alba* , var. *Bolléane* .

Habitude semblable à celle de la Lombardie ; feuilles curieusement lobées, très blanches dessous, formant un agréable contraste.

Peuplier Certinensis, *P. laurifolia* (*P. Certinensis*).

Espèce sibérienne très rustique, tout comme *P. deltoides* , utile pour les climats rigoureux.

Cerisier noir sauvage, *Prunus serotina* .*

Cerisier des oiseaux européen, *Prunus Padus* .

Un petit arbre qui ressemble beaucoup au cerisier de Virginie, mais qui pousse plus librement, avec des fleurs plus grandes et des grappes qui apparaissent environ une semaine plus tard.

Cerise de Virginie, *P. Virginiana* .*

Très voyant en fleur.

Prune violette, *Prunus cerasifera* , var. *atropurpurea* (var. *Pissardi*).

L'un de nos arbres à feuilles violettes les plus fiables.

Cerisier à boutons de rose, *P. pendula* (*P. subhirtella*).

Un arbre au port retombant et aux belles fleurs rose précédant les feuilles.

Cerisier à fleurs japonais, *P. Pseudo-Cerasus.*

Sous de nombreuses formes, les célèbres cerises à fleurs du Japon, mais pas fiables du Nord.

Il existe des pêchers et des cerises à fleurs ornementales, plus curieuses et intéressantes qu'utiles.

Crabe sauvage, *Pyrus coronaria* * et *P. Iœnsis* .*

Très voyant en fleur, fleurissant après la chute des fleurs de pommier ; les vieux spécimens prennent une forme pittoresque. *P. Iœnsis flore pleno* ‡ (Crabe de Bechtel) est une belle forme double.

Crabe de Sibérie, *P. baccata* .‡ Excellent petit arbre, à la fois en fleurs et en fruits.

Crabe en fleurs, *Pyrus floribunda*. Jolie à la fois en fleurs et en fruits ; un grand arbuste ou un petit arbre ; Formes variées.

Crabe de Hall, *P. Halliana* (*P. Parkmani*). L'un des meilleurs crabes à fleurs, en particulier la forme double. Différentes formes de pommes à fleurs doubles sont disponibles sur le marché.

Chêne blanc des marais, *Quercus bicolor*.*† Un arbre recherché, généralement négligé ; très pittoresque en hiver.

Chêne à gros fruits, *Q. macrocarpa*.*†

Chêne châtaignier, *Q. Prinus*,*† et surtout le très apparenté *Q. Muhlenbergii* (ou *Q. acuminata*).*†

Chêne blanc, *Q. alba* *†

Chêne bardeau, *Q. imbricaria*.*†

Chêne écarlate, *Q. coccinea*.*† Celui-ci et les deux suivants ont des feuilles brillantes et sont souhaitables pour une plantation lumineuse.

Chêne noir, *Q. velutina* (*Q. tinctoria*).*†

Chêne rouge, *Q. rubra*.*†‡

Chêne des pins, *Q. palustris*.*† Excellent pour les avenues ; se transplante bien.

Chêne saule, *Q. Phellos* *

Chêne anglais, *Q. Robur*. De nombreuses formes sont représentées par deux types, probablement de bonnes espèces, *Q. pedunculata* (avec des glands pédonculés) et *Q. sessiliflora* (avec des glands sans tige). Certains formulaires sont fiables dans les États du Nord.

Les chênes poussent lentement et sont généralement difficiles à transplanter. Les spécimens naturels sont les plus précieux. Un grand chêne bien développé est l'un des plus grands arbres.

Criquet, *Robinia Pseudacacia*.*† Attrayant en fleur ; beau comme spécimens simples lorsqu'il est jeune ; de nombreuses formes ; utilisé également pour les haies.

Saule à feuilles de pêcher, *Salix amygdaloides*.* Très beau petit arbre, méritant plus d'attention. Ceci et le suivant sont précieux dans les endroits bas ou le long des cours d'eau.

Saule noir, *S. nigra*.*

Saule pleureur, *S. Babylonica*.

A planter avec parcimonie, de préférence près de l'eau ; le type connu sous le nom de saule pleureur du Wisconsin semble être beaucoup plus résistant que le type commun ; de nombreuses formes.

Saule blanc, *S. alba* , et diverses variétés, dont le saule doré.

En règle générale, les saules arboricoles sont plus précieux lorsqu'ils sont utilisés pour des plantations temporaires ou comme nourrices pour de meilleurs arbres.

Saule à feuilles de laurier, *S. laurifolia* ‡

Un petit arbre utilisé dans les régions froides pour les brise-vent ; aussi un bon arbre ornemental. Voir aussi sous Arbustes.

Sassafras, *Sassafras officinalis* .*†

Convient aux bordures de groupes ou pour des spécimens uniques ; particulier en hiver; trop négligé.

Rowan ou sorbier européen, *Sorbus Aucuparia* (*Pyrus Aucuparia*).‡

Service-arbre, *S. domestica* .

Fruit plus beau que celui du sorbier et plus persistant ; petit arbre.

Sorbier à feuilles de chêne, *S. hybrida* (*S. quercifolia*).

Petit arbre, méritant d'être plus connu.

Cyprès chauve, *Taxodium distichum* .*

Pas entièrement rustique à Lansing, Michigan ; devient souvent débraillé après quinze ou vingt ans, mais c'est un bon arbre ; de nombreuses formes culturelles.

Tilleul ou tilleul d'Amérique, *Tilia Americana* .*†

Très précieux pour les arbres isolés sur les grandes pelouses ou en bordure de route.

Tilleul européen, *T. vulgaris* et *T. platyphyllos* (le *T. Europaea* des pépiniéristes est probablement généralement ce dernier).†

A le caractère général du tilleul d'Amérique.

Tilleul argenté européen, *T. tomentosa* et variétés.†

Très beau; feuilles blanc argenté dessous ; entre autres, il y a une variété pleureuse.

Orme d'Amérique, *Ulmus Americana* .*†

L'un des arbres les plus gracieux et les plus variables ; utile à de nombreuses fins et un arbre de rue standard.

Orme-liège, *U. racemosa* .* D'aspect plus doux que le précédent, et plus pittoresque en hiver, ayant des crêtes d'écorce proéminentes sur ses branches ; croissance lente.

Orme rouge ou rouge, *U. fulva* .* Parfois utile en groupe ou en brise-vent ; un producteur rigide.

Orme anglais, *U. campestris* , et orme écossais ou wych, *U. scabra* (*U. mantana*). Souvent planté, mais inférieur à *U. Americana* pour la plantation dans les rues, bien qu'utile dans les collections. Ceux-ci ont de nombreuses formes horticoles.

Arbres non conifères pour le Sud .

Parmi les feuillus de la région de Washington et du sud, on peut citer : Acer, les espèces américaines et européennes comme pour le Nord ; *Catalpa bignonioides* et surtout *C. speciosa* ; celtis; cercis, américains et japonais; cornouiller fleuri, abondamment indigène; cendre blanche; ginkgo; kœlreuteria; gomme sucrée (liquidambar); Tilleul américain; tulipier; les magnolias autant que pour le Nord ; Baie de Chine (*Melia Azedarach*); Arbre-parapluie du Texas (var. *umbraculiformis* du précédent) ; mûres; oxydendrum; paulownia; platane oriental; chênes indigènes des régions; *Robinier Pseudacacia* ; saule pleureur; *Sophora Japonica; Sterculia platanifolia* ; Orme d'Amérique.

Parmi les lauriers-cerisiers, les magnolias et les chênes, on trouve des conifères à feuilles larges, de la taille d'un arbre réel, utiles pour le Sud. Parmi les lauriers cerises figurent : le laurier du Portugal (*Prunus Lusitanica*), le laurier cerise anglais sous plusieurs formes (*P. Laurocerasus*) et le « faux-orange » ou « orange sauvage » (*P. Caroliniana*). Dans le magnolia, le splendide *M. grandiflora* est utilisé partout. Dans les chênes, le chêne vert (*Quercus Virginiana* , connu aussi sous les noms de *Q. virens* et *Q. sempervirens*) est l'espèce universelle. Le chêne-liège (*Q. Suber*) est également recommandé.

XVI : Le jardin fleuri des asters de Chine avec bordure, un des meuniers poussiéreux (*Centaurea*).

8. ARBUSTES ET ARBRES CONIFÈRES À VERTS CONIFÈRES

Dans ce pays, le mot « à feuilles persistantes » désigne les conifères à feuilles persistantes, comme les pins, les épicéas, les sapins, les cèdres, les genévriers, les arborvitæ, les rétinosporas, etc. Ces arbres ont toujours été les favoris des amateurs de plantes, car ils ont des formes et d'autres caractéristiques très distinctives. Beaucoup d'entre eux appartiennent à la culture la plus facile.

C'est une idée courante que, puisque les épicéas et autres conifères poussent de manière si symétrique, ils ne supporteront pas la taille ; mais c'est une erreur. Ils peuvent être taillés avec autant de succès que les autres arbres, et s'ils ont tendance à devenir trop hauts, le leader peut être arrêté sans crainte. Une nouvelle tête apparaîtra, mais entre-temps, la croissance ascendante de l'arbre sera quelque peu freinée, ce qui aura pour effet de rendre l'arbre plus dense. Les pointes des branches peuvent également être dirigées avec le même effet. La beauté d'un feuillage persistant réside dans sa forme naturelle ; par conséquent, il ne doit pas être tondu selon des formes inhabituelles, mais une taille douce, comme je l'ai suggéré, aura tendance à empêcher l'épicéa de Norvège et d'autres de s'ouvrir et de se déchiqueter. Une fois que l'arbre atteint un certain âge, 4 ou 5 pouces peuvent être retirés des extrémités des branches principales tous les ans ou deux (au printemps avant le début de la croissance) avec de bons résultats. Cette légère taille est généralement effectuée avec le sécateur à long manche de Waters.

Il existe de nombreuses divergences d'opinion quant au moment approprié pour le repiquage des conifères, ce qui signifie qu'il y a plus d'une saison pendant laquelle ils peuvent être déplacés. Il est généralement dangereux de les transplanter à l'automne dans les climats nordiques ou dans des situations sombres, car l'évaporation du feuillage pendant l'hiver risque de blesser la plante. Les meilleurs résultats sont généralement obtenus lors des plantations de printemps ou d'été. Au printemps, ils peuvent être déplacés assez tard, juste au moment où une nouvelle croissance commence. Certains les plantent également en août ou début septembre, car les racines s'accrochent au sol avant l'hiver. Dans les États du Sud, le repiquage peut être effectué la plupart des périodes de l'année, mais la fin de l'automne et le début du printemps sont généralement conseillés.

Lors du repiquage de conifères, il est très important que les racines ne soient pas exposées au soleil. Ils doivent être humidifiés et recouverts de toile de jute ou d'un autre matériau. Les trous doivent être prêts à les recevoir. Si les arbres sont de grande taille ou s'il a été nécessaire de tailler les racines, la cime doit être coupée lorsque l'arbre est planté.

Il est généralement préférable de transplanter les grands conifères (ceux de 10 pieds et plus de haut) à la fin de l'hiver, à un moment où une grosse boule de terre peut être déplacée avec eux. Une tranchée est creusée autour de l'arbre, elle s'approfondit un peu de jour en jour pour que le gel puisse pénétrer la terre et la maintenir en forme. Lorsque la balle est complètement gelée, elle est hissée sur un bateau ou un camion en pierre (Fig. 148) et déplacée vers sa nouvelle position.

Le plus beau de tous les conifères indigènes du nord-est des États-Unis est peut-être la pruche ordinaire, ou l'épinette de la pruche (celle si utilisée pour le bois d'œuvre) ; mais il est généralement difficile de se déplacer. Les arbres transplantés provenant de pépinières sont généralement les plus sûrs. Si les arbres proviennent de la nature, ils doivent être sélectionnés dans des endroits ouverts et ensoleillés.

Pour des effets nets et compacts près des porches et le long des promenades, les rétinosporas naines sont très utiles.

La plupart des pins et des épicéas sont trop grossiers pour être plantés à proximité de la résidence. Ils sont meilleurs à une certaine distance, où ils servent de fond à d'autres plantations. Si on les recherche pour des spécimens individuels, il faut leur donner suffisamment d'espace, afin que les branches ne soient pas encombrées et que l'arbre ne se déforme pas. Quoi qu'on fasse avec les épicéas et les sapins, les membres inférieurs ne doivent pas être coupés, du moins pas avant que l'arbre ne soit devenu si vieux que les branches les plus basses meurent. Certaines espèces conservent leurs branches beaucoup plus longtemps que d'autres. L'épicéa oriental (*Picea orientalis*) est l'un des meilleurs à cet égard. Le léger afflux occasionnel, dont on a parlé , tendra à conserver les membres inférieurs, et il ne sera pas assez marqué pour altérer la forme de l'arbre.

Le nombre d'excellents conifères à feuilles persistantes actuellement offerts sur le marché américain est important. Ils ont une croissance lente et nécessitent beaucoup d'espace pour obtenir de bons spécimens ; mais si l'on peut disposer de l'espace et garantir une exposition appropriée, aucun arbre n'ajoute plus de dignité et de distinction à un domaine. Des commentaires fiables sur les conifères les plus rares peuvent être trouvés dans les catalogues des meilleurs pépiniéristes.

Liste des conifères arbustifs .

La liste suivante contient les conifères à feuilles persistantes ressemblant à des arbustes les plus courants, avec * pour marquer ceux originaires de ce pays. Le ‡ dans cette liste et dans la suivante indique les espèces qui se révèlent rustiques à Ottawa, en Ontario, et qui sont recommandées par la Ferme expérimentale centrale du Canada.

Arborvitæ nain, *Thuja occidentalis* .*

Il existe de nombreuses variétés naines et compactes d'arborvitæ, dont la plupart sont excellentes pour les petits endroits. Le plus recherché pour des usages généraux, et aussi le plus grand, est ce qu'on appelle le Sibérien. D'autres formes très recherchées sont celles vendues sous les noms de *globosa, ericoides, compacta,*‡ *Hovey,*‡ *Ellwangeriana,*‡ *pyramidalis,*‡ *Wareana* (ou *Sibirica*),‡ et *aurea Douglasii* .‡

Arborvitæ japonaises ou rétinospora, *Chamæcyparis* de diverses espèces.

Retinosporas‡ sous les noms suivants : *Cupressus ericoides* , 2 pieds, avec un feuillage vert fin, doux et délicat qui prend une teinte violacée en hiver ; *C. pisifera,* l'un des meilleurs, au port pendant et au feuillage vert vif ; *C. pisifera* var. *filifera* , avec des branches tombantes et des branches pendantes filiformes ; *C. pisifera* var. *plumosa* , plus compacte que *P. pisifera* et plumeuse ; var. *aurea* du dernier, « l'un des plus beaux arbustes à feuilles persistantes dorées en culture ».

Genévrier, *Juniperus communis* * et variétés de jardin.

Le genévrier est une plante partiellement rampante, au port lâche, adaptée aux berges et aux endroits rocheux. Il en existe des variétés dressées et très formelles, les meilleures étant celles vendues sous le nom de var. *Hibernica (fastigiata)* ,‡ « genévrier irlandais » et var. *Suecica* , « genévrier suédois ».

Genévrier du Nord, *J. Sabina* , var. *prostrata* * Un des meilleurs conifères bas et diffus ; var. *tamariscifolia* ,‡ 1-2 pieds.

Genévriers chinois et japonais sous de nombreuses formes, *J. Chinensis* .

Épicéa nain de Norvège, *Picea excelsa* , formes naines. Plusieurs espèces très naines d'épicéa de Norvège sont cultivées, dont certaines sont à recommander.

Pin nain, *Pinus montana* , var. *pumilio* .

Pin Mugho, *Pinus montana* , var. *Mughus* .‡ Il existe d'autres pins nains recherchés.

If sauvage, *Taxus Canadensis* .* Commun dans les bois ; une plante largement répandue connue sous le nom de « pruche terrestre » ; 3-4 pieds.

Conifères arborescents .

Les conifères à feuilles persistantes que l'on est susceptible de planter peuvent être grossièrement classés comme des pins ; épicéas et sapins; cèdres et genévriers; arborvitæ; les ifs.

Pin blanc, *Pinus Strobus* .*‡ La meilleure espèce indigène pour la plantation générale ; conserve sa couleur vert vif en hiver.

Pin autrichien, *P. Austriaca* .‡ Rustique, grossier et robuste ; convient uniquement aux grandes surfaces; feuillage très foncé.

Pin sylvestre, *P. sylvestris* .‡ Pas aussi grossier que le pin d'Autriche, avec un feuillage plus clair et plus bleu.

Pin rouge, P. *resinosa* *‡ Précieux en groupes et en ceintures; généralement appelé « pin de Norvège » ; une expression plutôt lourde.

Pin à taureaux, P. *ponderosa* .*‡ Arbre robuste et majestueux, méritant d'être mieux connu dans les grands terrains ; originaire de l'ouest.

Pin cembrien, *Pinus Cembra* . Un très bel arbre à croissance lente ; l'un des rares pins standards adaptés aux petits espaces.

Pin broussailleux, *P. divaricata* (*P. Banksiana*).*

Un petit arbre, plus étrange et pittoresque que beau, mais désirable à certains endroits.

Pin Mugho, *P. montana* var. *Mughus* .†

Habituellement plus un buisson qu'un arbre (2 à 12 pieds), bien qu'il puisse atteindre une hauteur de 20 à 30 pieds ; mentionné sous Arbustes.

Épinette de Norvège, *Picea excelsa* .‡

L'épicéa le plus couramment planté ; perd une grande partie de sa beauté particulière entre trente et cinquante ans; plusieurs formes naines et pleureuses.

Épinette blanche, *P. alba* .*‡

L'un des plus beaux des épicéas ; un producteur plus compact que le précédent, et moins grossier ; grandit lentement.

Epicéa oriental, *P. orientalis* .

Particulièrement précieux en raison de son habitude de tenir ses membres les plus bas ; grandit lentement; a besoin d'un abri.

Épinette bleue du Colorado, *P. pungens* .*‡

En couleur, le plus beau des conifères ; grandit lentement; les semis varient beaucoup en bleu.

Épinette d'Alcock, *P. Alcockiana* .‡

Excellent; le feuillage a le dessous argenté.

Épinette de pruche, *Tsuga Canadensis* .*

La pruche commune, mais excellente pour les haies et comme arbre à pelouse ; les jeunes arbres peuvent avoir besoin d'une protection partielle du soleil.

Sapin blanc, *Abies concolor* .*‡

Probablement le meilleur des sapins indigènes de la région nord-est ; feuilles larges, glauques.

Sapin de Nordmann, *A. Nordmanniana* .

Excellent à tous points de vue ; feuilles brillantes dessus et plus claires dessous.

Sapin baumier, *A. balsamea* .*

Perd l'essentiel de sa beauté en quinze ou vingt ans.

Sapin de Douglas, *Pseudotsuga Douglasii* .*‡

Arbre majestueux du versant nord du Pacifique, rustique à l'est lorsqu'il est cultivé à partir de graines venues de l'extrême nord ou des hautes montagnes.

Cèdre rouge, *Juniperus Virginiana* *

Un arbre commun, au Nord et au Sud ; plusieurs variétés horticoles.

Arborvitae (cèdre blanc, par erreur), *Thuja occidentalis* .*

Devient peu attrayant après dix ou quinze ans sur des sols pauvres ; les variétés horticoles sont excellentes ; voir p. 333, et Haies, p. 220.

If du Japon, *Taxus cuspidata* .

Petit arbre rustique.

Des conifères pour le Sud .

Conifères, arbres et buissons à feuilles persistantes, pour les régions au sud de l'État de Washington : *Abies Fraseri* et *A. Picea* (*A. pectinata*) ; Spruce de Norvège; vrais cèdres, *Cedrus Atlantica* et *Deodara* ; cyprès, *Cupressus Goveniana, majestueux, sempervirens* ; *Chamoecyparis Lawsoniana;* pratiquement tous les genévriers, y compris le cèdre indigène (*Juniperus Virginiana*) ; pratiquement tous les arborvitæ, y compris le groupe oriental ou biote ; les rétinosporas (formes de chamæcyparis et de thuya de plusieurs sortes) ; Pruche de Caroline, *Tsuga Caroliniana* ; If anglais, *Taxus baccata; Libocedrus decurrens* ; céphalotaxus et podocarpus; cryptomérie; Pin de Bhotan, *Pinus excelsa* ; et les pins indigènes des régions.

9. FENÊTRES-JARDINS

Bien que la création de jardins-fenêtres ne fasse pas véritablement partie de la plantation et de l'ornementation du terrain de la maison, l'apparence de la résidence a néanmoins un effet marqué sur l'attrait ou le manque d'attrait des lieux ; et il n'y a pas de meilleur endroit que celui-ci pour discuter du sujet. Par ailleurs, le jardinage des fenêtres est étroitement associé à diverses formes de protection végétale temporaire autour de la résidence (Fig. 268).

Les jardins avec fenêtre sont de deux types : le type jardinière et jardinière, dans lesquels les plantes sont cultivées à l'extérieur de la fenêtre et qui constituent un effort d'été ou par temps chaud ; l' intérieur ou véritable jardin-fenêtre, fait pour la jouissance de la famille dans ses relations intérieures, et qui est surtout un effort d'hiver ou de froid.

La jardinière pour effet extérieur .

268. A protection for chrysanthemums. Very good plants can be grown under a temporary shed cover. The roof may be of glass, oiled paper, or even of wood. Such a shed cover will afford a very effective and handy protection for many plants (p. 366).

Des boîtes joliment finies, des carrelages ornementaux et des supports en bois et en fer, adaptés à l'aménagement des fenêtres pour la culture des plantes, sont sur le marché ; mais ces mesures, bien que souhaitables, ne sont en aucun cas nécessaires. Une forte boîte en pin d'une longueur correspondant à la largeur de la fenêtre, environ 10 pouces de largeur et 6 pouces de profondeur, répond tout aussi bien qu'une boîte plus belle, puisqu'elle sera probablement à une certaine distance au-dessus de la rue, et que ses côtés, de plus, sont bientôt recouvert par les vignes. Un plateau en zinc de dimensions adaptées à la caisse en bois peut être commandé auprès du ferblantier. Cela aura tendance à empêcher le sol de se dessécher si rapidement, mais ce n'est pas une nécessité. Quelques petits trous au fond assureront le drainage ; mais avec un arrosage soigneux, ceux-ci ne sont pas nécessaires, car la boîte, de par sa position exposée, sèchera facilement en été, à moins que la position ne soit ombragée. Dans ce dernier cas, il est toujours conseillé de prévoir un bon drainage.

Comme les racines sont plus ou moins à l'étroit, il sera nécessaire de rendre le sol plus riche que ce qui serait nécessaire si les plantes poussaient dans le jardin. Le sol le plus souhaitable est celui qui ne se tasse pas comme l'argile et qui ne se contracte pas beaucoup lorsqu'il est sec, mais qui reste poreux et élastique. Une telle terre se trouve dans le terreau utilisé par les fleuristes et peut être obtenue chez eux à 50 cents à 1 $ le baril. Souvent, la nature du sol sera telle qu'il sera souhaitable d'avoir à portée de main un baril de sable tranchant pour le mélanger, afin de le rendre plus poreux et d'éviter la cuisson. Un bon remplissage pour une boîte profonde est une couche de clinkers ou autre drainage au fond, une couche de gazon de pâturage, une couche de vieux fumier de vache et un remplissage de terre de jardin fertile.

Certains jardiniers de fenêtres empotent les plantes puis les placent dans la jardinière, remplissant les espaces entre les pots de mousse humide. D'autres les plantent directement dans la terre. La première méthode, en règle générale, est à préférer dans le jardin-fenêtre d'hiver ; ce dernier en été.

Les plantes les plus précieuses pour les boîtes extérieures sont celles à port tombant, telles que les lobélies, les tropeolums, l'othonna, le lierre de Kenilworth, la verveine (Fig. 269), l'alyssum doux et le pétunia. Ces plantes peuvent occuper la première rangée, tandis qu'à l'arrière se trouvent les plantes à croissance dressée, comme les géraniums, les héliotropes, les bégonias (Planche XX).

Pour les situations ombragées, la principale dépendance se porte sur des plantes aux formes gracieuses ou au beau feuillage ; tandis que pour la fenêtre ensoleillée, la sélection peut porter sur des plantes en fleurs. Parmi les plantes mentionnées ci-dessous pour ces deux positions, celles marquées d'un astérisque * sont grimpantes et peuvent être dressées sur les côtés de la fenêtre.

269. Bouquet of verbenas.

Les plantes les plus adaptées dépendent de l'exposition. Pour le côté ombragé de la rue, les espèces de plantes les plus délicates peuvent être utilisées. Pour une exposition complète au soleil, il faudra choisir les espèces à croissance plus vigoureuse. Dans cette dernière position, les plantes retombantes appropriées seraient : les tropéolums,* les passiflores*, les pétunias simples, l'alyssum doux, les lobélies, les verveines, les mésembryanthèmes. Pour plantes dressées : géraniums, héliotropes, phlox. Si la position est ombragée, les plantes tombantes peuvent être des suivantes : tradescantia, lierre de Kenilworth, senecio* ou lierre de salon, sedums, moneywort,* vinca, smilax,* lygodium* ou fougère grimpante. Les plantes à croissance dressée seraient les dracenas, les palmiers, les fougères, les coleus, les centaurées, les callas tachetés et autres.

Après que les plantes auront rempli la terre de racines, il sera souhaitable de donner à la surface entre elles une très légère pincée de poussière d'os ou une couche plus épaisse de fumier pourri de temps en temps pendant l'été ; ou au lieu de cela, un arrosage avec du fumier faible environ une fois par semaine. Cela n'est cependant pas nécessaire jusqu'à ce que la croissance montre que les racines ont presque épuisé le sol.

À l'automne, la boîte peut être placée à l'intérieur de la fenêtre. Dans ce cas, il sera souhaitable d'éclaircir quelque peu le feuillage, de raccourcir certaines vignes et peut-être d'enlever certaines plantes. Il sera également souhaitable de donner une nouvelle couche de terre riche. Il faudra également faire plus attention à l'arrosage, car les plantes auront moins de lumière qu'auparavant et, de plus, il se peut qu'il n'y ait pas de drainage prévu.

Les porche-box peuvent être réalisés selon le même plan général. Puisque les plantes sont susceptibles d'être blessées dans les jardinières et que ces boîtes doivent avoir un certain effet architectural, il est bon d'utiliser abondamment de la verdure assez lourde, comme la fougère épée (la forme commune de *Nephrolepis exaltata*) ou la fougère de Boston, *Asparagus Sprengeri* , juif errant, la grande vinca tombante (peut-être la forme panachée), aspidistra. Avec ces éléments ou des éléments similaires constituant le corps de la plantation en buis, les plantes à fleurs peuvent être ajoutées pour renforcer l'effet.

Le jardin-fenêtre intérieur, ou « plantes d'intérieur ».

Le jardin de fenêtre d'hiver peut consister simplement en une jardinière, ou en quelques plantes en pot de choix sur un support près de la fenêtre, ou en une collection considérable avec des aménagements plus ou moins élaborés pour les accueillir sous forme de buis, de consoles, d'étagères, et se tient. Des arrangements coûteux ne sont en aucun cas nécessaires, ni une grande collection. Les plantes et les fleurs elles-mêmes sont la principale considération, et une petite collection bien entretenue vaut mieux qu'une grande à moins qu'elle puisse être facilement hébergée et maintenue en bon état.

La boîte sera vue à proximité et elle pourra donc avoir un caractère plus ou moins ornemental. Les côtés peuvent être recouverts de tuiles ornementales maintenues par moulure ; ou un léger treillis de bois entourant la boîte est joli. Mais une boîte solide et bien faite, d'à peu près les dimensions mentionnées à la page 337, avec une bande de moulure en haut et en bas, répond tout aussi bien ; et si elles sont peintes en vert ou dans une teinte neutre, seules les plantes seront vues ou pensées. Les supports, jardinières et supports peuvent être achetés auprès de n'importe lequel des plus grands fleuristes.

La boîte peut consister simplement en un réceptacle en bois ; mais un arrangement préférable est de le faire environ huit pouces de profondeur au lieu de six, puis de demander au ferblantier de fabriquer un plateau en zinc pour s'adapter à la boîte. Celui-ci est muni d'un faux fond en bois, avec des fissures pour le drainage, à deux pouces au-dessus du fond réel du plateau. Les plantes disposeront alors d'un espace libre en dessous d'elles dans lequel l'eau de drainage pourra s'écouler. Une telle boîte peut être abondamment arrosée selon les besoins des plantes sans risquer que l'eau ne coule sur le tapis. Bien entendu, un robinet doit être prévu à un endroit approprié au niveau du fond du bac, pour permettre de le vider tous les jours environ si l'eau a tendance à s'accumuler. Il ne faudrait pas laisser l'eau rester longtemps ; surtout s'il ne monte jamais jusqu'au faux-fond, car alors le sol resterait trop humide.

La fenêtre pour les plantes doit avoir une exposition sud, sud-est ou est. Les plantes ont besoin de toute la lumière possible en hiver, en particulier celles qui sont censées fleurir. La fenêtre doit être bien ajustée. Des volets et un rideau seront un avantage par temps froid.

Les plantes aiment une certaine uniformité des conditions. Il est très éprouvant pour eux, et souvent fatal à leur succès, de les avoir bien au chaud une nuit et coincés dans une température à seulement quelques degrés au-dessus de zéro la nuit suivante. Certaines plantes survivront malgré cela, mais on ne peut pas s'attendre à ce qu'elles prospèrent. Ceux dont les pièces sont chauffées à la vapeur, à l'eau chaude ou à l'air chaud devront se garder autant de garder les pièces trop chaudes que de les garder trop fraîches. Les pièces des habitations en brique qui ont été chaudes toute la journée, si elles sont fermées et bien ajustées le soir, resteront souvent au chaud pendant la nuit sans chauffage, sauf par temps le plus froid. Les pièces des habitations à ossature exposées de tous côtés se refroidissent rapidement.

Il est difficile de faire pousser des plantes dans des pièces éclairées au gaz. La plupart des salons ont un air trop sec pour les plantes. Dans ce cas, le bow-window peut être séparé de la pièce par des portes vitrées ; on a alors une véranda miniature. Une casserole d'eau sur la cuisinière ou sur la grille et de la mousse humide dans les pots aideront à donner aux plantes l'humidité nécessaire.

Le feuillage devra être nettoyé de temps en temps pour le débarrasser de la poussière. Une baignoire dotée d'une sortie d'eau prête à l'emploi est un excellent endroit à cet effet. Les plantes peuvent être retournées sur le côté et soutenues sur une petite boîte au-dessus du fond de la baignoire. On peut alors les injecter librement sans risquer de rendre le sol trop humide. Il est toutefois généralement conseillé de ne pas mouiller les fleurs, en particulier celles à cire blanche, comme les jacinthes. Le feuillage des bégonias rex doit être nettoyé avec un morceau de coton sec ou légèrement humide. Mais si les feuilles peuvent être rapidement séchées en les plaçant à l'air libre les jours doux, ou modérément à proximité du poêle, le feuillage peut être injecté à la seringue.

Certaines personnes attachent la boîte à la fenêtre ou la soutiennent sur des supports fixés sous le rebord de la fenêtre ; mais une disposition préférable consiste à soutenir la boîte sur un support bas et léger, d'une hauteur appropriée, muni de roulettes. Il peut ensuite être retiré de la fenêtre, retourné de temps en temps pour donner aux plantes de la lumière de tous les côtés, ou retourné avec le côté attrayant vers l'intérieur, selon vos besoins.

Souvent, les plantes sont plantées directement dans le sol ; mais s'ils sont conservés dans des pots, ils peuvent être réarrangés et modifiés pour donner plus de lumière à ceux qui en ont besoin. Les plantes plus grandes qui doivent être posées sur des étagères ou des supports peuvent être placées dans des pots en terre cuite poreuse ; mais les plus petits qui doivent remplir la jardinière peuvent être placés dans de gros pots en papier. Les côtés de ceux-ci sont flexibles et les plantes qui s'y trouvent peuvent donc être serrées les unes contre les autres avec une grande économie d'espace. Lorsque les pots sont espacés, des sphaignes ou autres mousses humides parmi eux les maintiendront en place, empêcheront le sol de se dessécher trop rapidement et en même temps dégageront de l'humidité, si reconnaissante au feuillage.

En plus du support, ou de la boîte, un support pour un ou plusieurs pots de chaque côté de la fenêtre, environ au tiers ou à mi-hauteur, sera souhaitable. Le support doit tourner sur une charnière ou un pivot basal, pour permettre de le faire pivoter vers l'avant ou vers l'arrière. Ces plantes à support souffrent généralement d'humidité et sont plutôt difficiles à gérer.

Les fleuristes cultivent désormais généralement des plantes adaptées aux jardins de fenêtres et à la floraison hivernale, et tout fleuriste intelligent, si on le lui demande, se fera un plaisir de constituer une collection appropriée. Les plantes doivent être commandées au début de l'automne ; le fleuriste ne sera alors plus trop occupé et pourra y accorder une plus grande attention.

La plupart des plantes adaptées au jardin-fenêtre d'hiver appartiennent aux groupes que les fleuristes cultivent dans leurs maisons moyennes et fraîches. Les premiers bénéficient d'une température nocturne d'environ 60°, les seconds d'environ 50°. Dans chaque cas, la température est de 10 à 15° plus élevée pendant la journée. Cinq degrés de variation en dessous de ces températures seront autorisés sans aucun effet préjudiciable ; il est possible d'en supporter encore plus, mais non sans plus ou moins de contrôle pour les plantes. Par temps clair et ensoleillé, la température diurne peut être plus élevée que par temps nuageux et sombre.

Plantes pour une température nocturne moyenne de 60° (noms commerciaux).

Plantes à fleurs dressées , — Abutilons, browallias, calceolaria « Lincoln Park », bégonias, bouvardias, euphorbes, sauge écarlate, richardia ou calla, héliotropes, fuchsias, hibiscus chinois, jasmins, pétunias simples, swainsona, billbergia, freesias, géraniums, euphéas.

Plantes à feuillage dressé. —Muehlenbeckia, *Cycas revoluta, Dracœna fragans* et autres, palmiers, cannas, *Farfugium grande* , achyranthes, fougères, araucarias, épiphyllums, pandanus ou « pin à vis », *Pilea arborea, Ficus elastica, Grevillea Robusta* .

Plantes grimpantes .— *Asparagus tenuissimus, A. plumosus, Cobœa scandens*, smilax, houblon japonais, vigne de Madère (Boussingaultia), *Senecio mikanioides* et *S. macroglossus* (lierre de salon). Voir également la liste ci-dessous.

Plantes à croissance basse, rampantes ou tombantes. —Celles-ci peuvent être utilisées pour les paniers et les bordures. Les types de fleurs sont : Sweet alyssum, lobelia, *Fuchsia procumbens* , mesembryanthemum, *Oxalis pendula, 0. floribunda* et autres, *Russelia juncea, Mahernia odorata* ou honey-bell.

Plantes à feuillage tombant. —Vincas, *Saxifraga sarmentosa* , lierre de Kenilworth, tradescantia ou juif errant, *Festuca glauca* * othonna, *Isolepsis gracilis* ,* lierre anglais, *Selaginella denticulata* et autres. Certaines de ces plantes fleurissent assez librement, mais les fleurs sont petites et secondaires. Ceux avec un astérisque * s'affaissent mais légèrement.

Plantes pour une température nocturne moyenne de 50°.

Plantes à fleurs dressées. —Azalées, cyclamens, œillets, chrysanthèmes, géraniums, primevères chinoises, stevias, marguerite ou marguerite de Paris, pétunias simples, *Anthemis coronaria* , camélias, ardisia (baies), cinéraires, violettes, jacinthes, narcisses, tulipes, Pâques lis en fleur, et autres.

Plantes à feuillage dressé. —Pittosporums, palmiers, aucuba, euonymus (panaché d'or et d'argent), araucarias, pandanus, meuniers poussiéreux.

Plantes grimpantes .—lierre anglais, maurandia, senecio ou lierre de salon, lygodium (fougère grimpante).

Plantes tombantes ou traînantes. —Les types de fleurs sont : Sweet alyssum, *Mahernia odorata* , Russelia et géranium lierre.

Ampoules dans la fenêtre-jardin.

Les bulbes qui fleurissent tout l'hiver ajoutent à la liste des plantes d'intérieur une charmante variété. Le travail, le temps et les compétences requis sont bien moindres que pour la culture de nombreuses plantes plus grandes, plus couramment utilisées pour les décorations hivernales (pour les instructions sur la culture des bulbes à l'extérieur, voir p. 281 ; ainsi que les entrées du chapitre VIII).

Les jacinthes, narcisses, tulipes, crocus et autres peuvent fleurir en hiver sans difficulté. Sécurisez les bulbes de manière à pouvoir les mettre en pot vers la mi-octobre ou la fin octobre, ou si c'est plus tôt, c'est encore mieux. Le sol doit être un loam sableux riche, si possible ; sinon, le meilleur qu'on puisse obtenir, auquel on ajoute environ un quart de la masse de sable et on le mélange soigneusement.

Si des pots de fleurs ordinaires doivent être utilisés, placez au fond quelques morceaux de pots cassés, du charbon de bois ou de petites pierres pour le drainage, puis remplissez le pot de terre de manière à ce que lorsque les bulbes sont posés sur la terre, le haut de l'ampoule est à égalité avec le bord du pot. Remplissez tout autour de terre, en laissant juste la pointe du bulbe apparaître au-dessus de la terre. Si le sol est lourd, un bon plan est de saupoudrer une petite poignée de sable sous le bulbe pour évacuer l'eau, comme on le fait dans les massifs extérieurs. Si l'on n'a pas de pots, on peut utiliser des boîtes. Les boîtes d'amidon sont de bonne taille à utiliser, car elles ne sont pas lourdes à manipuler ; et d'excellentes fleurs sont parfois obtenues à partir de bulbes plantés dans de vieilles boîtes de tomates. Si des boîtes ou des canettes sont utilisées, il faut veiller à ce que le fond soit troué pour permettre à l'eau de s'écouler. Un gros bulbe de jacinthe fera bien l'affaire dans un pot de 5 pouces. Le pot de même taille fera l'affaire pour trois ou quatre narcisses ou huit à douze crocus.

Une fois les bulbes plantés dans les pots ou autres récipients, ils doivent être placés dans un endroit frais, soit dans une fosse ou une cave froide, soit du côté ombragé d'un bâtiment, ou, mieux encore, immergés ou enterrés jusqu'au bord. du pot dans une bordure ombragée. Ceci est fait pour forcer les racines à pousser tandis que la cime reste immobile, car seuls les bulbes avec de bonnes racines donneront de bonnes fleurs. Lorsque le temps devient si froid qu'une croûte est gelée sur le sol, les pots doivent être recouverts d'un peu de paille et, à mesure que le temps se refroidit, il faut utiliser davantage de paille. Six à huit semaines après la plantation des bulbes, ils devraient avoir suffisamment de racines pour faire pousser la plante, et ils peuvent être récupérés et placés dans une pièce fraîche pendant environ une semaine, après quoi, s'ils ont commencé à pousser, ils peuvent être emmenés dans une pièce plus chaude où ils peuvent avoir beaucoup de lumière. Ils pousseront très rapidement maintenant et auront besoin de beaucoup d'eau, et une fois que les fleurs commenceront à apparaître, les pots pourront rester tout le temps dans une soucoupe d'eau. Au début de la floraison, les plantes peuvent bénéficier du plein soleil une partie du temps pour faire ressortir la couleur des fleurs.

Les jacinthes, les tulipes et les narcisses nécessitent tous un traitement similaire. Lorsqu'elles sont bien enracinées, c'est-à-dire dans six ou huit semaines, elles sont retirées et placées à une température d'environ 55° à 60° jusqu'à l'apparition des fleurs, alors qu'elles doivent être conservées à une température plus fraîche, disons 50°. La jacinthe romaine unique est une excellente plante d'intérieur. Les fleurs sont petites, mais gracieuses et bien adaptées à la coupe. Il est tôt.

Le lys de Pâques se gère de la même manière, sauf que pour hâter sa floraison il doit être conservé à une température au moins 60° la nuit. Plus chaud sera mieux. Les bulbes de lys peuvent être recouverts d'un pouce ou plus de profondeur dans les pots.

Les freesias peuvent être mis en pot six ou plus dans un pot de sol moelleux, puis commencer à pousser immédiatement. Dans un premier temps, on peut leur donner une température nocturne de 50° ; et 55° à 60° lorsqu'ils ont commencé à pousser.

Les petits bulbes, comme les perce-neige et les crocus, sont plantés plusieurs ou une douzaine dans un pot et enterrés, ou traités comme des jacinthes ; mais ils sont très sensibles à la chaleur et n'ont besoin de lumière que lorsqu'ils ont commencé à croître, sans aucun effort. Quarante à 45° seront aussi chauds qu'ils auront jamais besoin d'être conservés.

Arroser les plantes d'intérieur .

Il est impossible de donner des règles pour l'arrosage des plantes. Les conditions qui prévalent chez un producteur sont différentes de celles d'un autre. Les conseils doivent être généraux. Arrosez bien au moment du rempotage, après quoi il ne faut plus donner d'eau jusqu'à ce que les plantes en aient vraiment besoin. Si, en tapotant le pot, un anneau clair apparaît, c'est une indication qu'il faut de l'eau. Dans le cas d'une plante à bois tendre, juste avant que les feuilles ne commencent à montrer des signes de flétrissement, il est temps d'arroser. Lorsque les plantes sont retirées du sol ou que leurs racines sont coupées lors du rempotage, les jardiniers comptent, après le premier arrosage abondant, sur les sommets avec une seringue deux ou trois fois par jour, jusqu'à ce qu'une nouvelle croissance de racines ait commencé, en arrosant au moment de la plantation. racines uniquement lorsque cela est absolument nécessaire. Les plantes qui ont été mises en pot dans des pots plus grands pousseront sans l'attention supplémentaire d'une seringue, mais celles des bordures dont les racines ont été mutilées ou raccourcies doivent être placées dans un endroit frais et ombragé et être injectées souvent. On se familiarise bientôt avec les besoins des plantes individuelles et on peut juger de près leurs besoins en eau. Toutes les plantes à bois tendre avec une grande surface foliaire ont besoin de plus d'eau que les plantes à bois dur, et une plante à croissance luxuriante, quelle qu'elle soit, plus qu'une plante coupée ou défoliée. Lorsque les plantes sont cultivées dans des pièces à vivre, l'humidité doit provenir d'une source quelconque, et si aucune disposition n'a été prise pour garantir l'air humide, les plantes doivent être souvent injectées à la seringue.

Tous les producteurs de plantes devraient apprendre à retenir l'eau lorsque les plantes sont « au repos » ou ne sont pas en croissance active. Ainsi, les camélias, les azalées, les bégonias rex, les palmiers et bien d'autres choses ne sont généralement pas dans leur période de croissance en automne et au milieu de l'hiver, et ils ne devraient alors avoir que suffisamment d'eau pour les maintenir en état. Lorsque la croissance commence, appliquez de l'eau ; et augmentez l'eau à mesure que la croissance devient plus rapide.

Paniers suspendus .

Pour avoir un bon panier suspendu, il est nécessaire de prendre des précautions pour éviter un dessèchement trop rapide de la terre. Il est donc d'usage de tapisser le pot ou le panier de mousse. Les paniers métalliques ouverts, comme une muselière de cheval, sont souvent tapissés de mousse et utilisés pour la culture de plantes. Préparez la terre en mélangeant de la moisissure des feuilles bien décomposées avec un riche terreau de jardin, créant ainsi une terre qui retiendra l'humidité. Suspendez le panier dans un endroit lumineux, mais toujours pas en plein soleil ; et, si possible, évitez de le placer là où il sera exposé au vent desséchant. Pour arroser le panier, il est souvent conseillé de le plonger dans un seau ou une cuve d'eau.

Diverses plantes sont bien adaptées aux paniers suspendus. Parmi les espèces tombantes ou ressemblant à des vignes figurent le géranium fraise, le lierre de Kenilworth, le maurandia, le lierre allemand, la fleur d'oiseau canari, *l'asparagus Sprengeri* , le géranium lierre, le fuchsia traînant, le juif errant et l'othonna. Parmi les plantes dressées qui produisent des fleurs, il faut recommander *la Lobelia Erinus* , l'alyssum doux, les pétunias, les oxalis et divers géraniums. Parmi les plantes à feuillage telles que le coleus, le meunier poussiéreux, le bégonia et certains géraniums sont adaptables.

Aquarium .

Un complément agréable à une fenêtre-jardin, un salon ou une véranda est un grand globe en verre ou une boîte en verre contenant de l'eau, dans lequel les plantes et les animaux vivent et grandissent. Un réservoir ou un globe en verre solide est préférable à une boîte avec des côtés en verre, car il ne fuit pas, mais il faut utiliser la boîte si l'on veut un grand aquarium. Pour la plupart des gens, il est préférable d'acheter la boîte d'aquarium plutôt que d'essayer de la fabriquer. Cinq points sont importants pour fabriquer et entretenir un aquarium :

(1) L'équilibre entre la vie végétale et animale doit être assuré et maintenu ;

(2) l'aquarium doit être ouvert sur le dessus à l'air ou bien ventilé ;

(3) la température doit être maintenue entre 40° et 50° pour les animaux et plantes ordinaires (ne pas placer en plein soleil dans une fenêtre chaude) ;

(4) il est bon de choisir pour l'aquarium des animaux adaptés à la vie en eau calme ;

(5) l'eau doit être maintenue fraîche, soit par le bon équilibre de la vie végétale et animale, soit par un changement fréquent de l'eau, soit par les deux.

Les plantes aquatiques du voisinage peuvent être conservées dans l'aquarium, telles que des myriophyllums, des charas, des zostères, des viandes de canard ou des lemnas, du cabomba ou de l'herbe à poisson, des feuilles de flèche ou des sagittaires, etc. aussi la plume du perroquet, à acheter chez les fleuristes (une espèce de myriophyllum). Parmi les animaux, il y a les poissons (en particulier les vairons), les insectes aquatiques, les têtards, les palourdes, les escargots. Si le bon équilibre est maintenu entre la vie végétale et animale, il ne sera pas nécessaire de changer l'eau aussi fréquemment.

CHAPITRE VIII
LA CULTURE DES PLANTES ORNEMENTALES — INSTRUCTIONS SUR DES TYPES PARTICULIERS

Dans le chapitre précédent, des conseils sont donnés concernant des groupes ou des classes de plantes, et de nombreuses listes sont insérées pour guider le producteur dans son choix ou au moins pour lui suggérer le genre de choses qui peuvent être cultivées pour certains usages ou conditions. Il reste maintenant à donner des instructions sur la culture de certaines espèces ou espèces de plantes.

Il est impossible d'inclure des instructions sur un grand nombre de plantes dans un livre comme celui-ci. On suppose que l'utilisateur de ce livre sait déjà comment cultiver les plantes familières ou faciles à manipuler ; s'il ne le fait pas, un livre ne l'aidera probablement pas beaucoup. Dans ce chapitre, toutes les choses telles que les plantes annuelles et vivaces communes, les arbustes et les arbres sont omis. Si le lecteur a des doutes sur l'un d'eux, ou désire des renseignements à leur sujet, il devra consulter les catalogues des semenciers et pépiniéristes responsables ou des ouvrages cyclopédiques, ou s'adresser à une personne compétente pour obtenir conseil.

Dans ce chapitre sont rassemblées des instructions sur la culture de telles plantes que l'on trouve couramment sur les terrains domestiques et dans les jardins de fenêtres et qui semblent exiger un traitement quelque peu spécial ou particulier ou sur lesquelles le novice est susceptible de poser des questions ; et bien sûr, ces instructions doivent être brèves.

XVII. La pivoine. Une des fleurs de jardin les plus résistantes.

On peut répéter ici qu'une personne ne peut espérer cultiver une plante de manière satisfaisante tant qu'elle n'a pas appris le moment naturel de sa croissance et de sa floraison. De nombreuses personnes manipulent leurs bégonias, cactus et azalées comme s'ils devaient être actifs toute l'année. La clé de la situation est l'eau : à quelle période de l'année retenir et à quelle période appliquer est l'une des toutes premières choses à apprendre.

Les abutilons , ou érables à fleurs comme on les appelle souvent, font de bonnes plantes d'intérieur et de massifs. Presque tous les jardiniers amateurs possèdent au moins une plante.

Les abutilons communs peuvent être cultivés à partir de graines ou de boutures de jeune bois. Dans le premier cas, les graines doivent être semées en février ou mars à une température d'au moins 60°. Les plants doivent être mis en pot lorsqu'environ quatre à six feuilles ont poussé, dans un sol riche et sableux. Des rempotages fréquents doivent être effectués pour assurer une croissance rapide, rendant les plantes suffisamment grandes pour fleurir à l'automne. Ou encore, les semis peuvent être plantés en bordure lorsque le danger de gel est passé, et repris à l'automne avant le gel ; ces plantes fleuriront tout l'hiver. Environ la moitié des nouvelles pousses devraient être coupées lorsqu'elles sont récoltées, car elles sont très susceptibles de se déformer lorsqu'elles sont cultivées dans la maison. Lorsqu'ils sont issus de boutures, il faut utiliser du bois jeune qui, une fois bien enraciné, peut être traité de la même manière que les plants.

Les variétés à feuilles panachées ont été améliorées jusqu'à ce que les effets de feuillage soient égaux aux fleurs de certaines variétés ; et ce sont un excellent ajout à la véranda ou au jardin avec fenêtre. Le type de base à feuilles tachetées est *A. Thompsoni* . Une forme compacte, maintenant très utilisée pour la literie et d'autres travaux extérieurs, est *Savitzii* , qui est une variété horticole et non une espèce distincte. L' *A.* *striatum* à feuilles vertes à l'ancienne , dont est probablement issu *A. Thompsoni* , est l'un des meilleurs. *A. megapotamicum* ou *vexillarium* est une espèce à fleurs rouges et jaunes traînantes ou tombantes qui est excellente pour les paniers, bien que peu vue maintenant. Il se propage facilement à partir de graines. Il existe une forme à feuilles tachetées.

Les abutilons sont plus satisfaisants pour les plantes d'intérieur lorsqu'ils n'ont pas plus d'un an. Ils n'ont besoin d'aucun traitement spécial.

Agapanthus , ou lys africain *(Agapanthus umbellatus* et plusieurs variétés).— Une plante de véranda ou de fenêtre bien connue à racines tubéreuses, qui fleurit en été. Excellent pour la décoration du porche et de la cour.

Il se prête à de nombreuses conditions et s'avère satisfaisant une grande partie de l'année, les feuilles formant un arc vert au-dessus du pot, le recouvrant entièrement chez un spécimen bien développé. Les fleurs sont portées en une grande grappe sur des tiges atteignant 2 à 3 pieds de haut, jusqu'à deux ou trois cents fleurs bleu vif se formant souvent sur une seule plante. Une grande plante bien développée jette un certain nombre de tiges florales au début de la saison.

L'élément essentiel à une croissance libre est une abondance d'eau et un épandage occasionnel d'eau de fumier. La propagation s'effectue par division des rejets, qui peuvent être séparés de la plante principale au début du printemps. Après la floraison, diminuez progressivement la quantité d'eau jusqu'à ce qu'ils soient placés en quartier d'hiver, qui doit être un endroit hors gel et moyennement sec. L'agapanthe, étant une plante très gourmande, doit être cultivée dans un terreau solide auquel on ajoute du fumier bien décomposé et un peu de sable. En dormance, les racines résisteront à un peu de gel.

Alstremeria.—Les alstremerias (de plusieurs espèces) appartiennent à la famille des amaryllis, étant des plantes à racines tubéreuses, ayant des tiges feuillues se terminant par une grappe de dix à cinquante petites fleurs en forme de lys de riches couleurs en été.

La plupart des alstremerias devraient être cultivées en pot, car elles sont faciles à cultiver et ne sont pas rustiques en plein air dans le Nord. La culture est presque celle de l'amaryllis, un bon terreau fibreux avec un peu de sable, les tubercules étant mis en pot au début du printemps ou à la fin de l'automne. Démarrez les plantes lentement, en donnant juste assez d'eau pour favoriser la croissance des racines ; mais une fois la croissance établie, une certaine quantité d'eau peut être donnée. Après la floraison, ils peuvent être traités comme le sont les amaryllis ou les agapanthes. Les racines peuvent être divisées et les parties anciennes et faibles peuvent être secouées. Les plantes poussent de 1 à 3 pieds de haut. Les fleurs ont souvent des couleurs étranges.

Amaryllis.—Le nom populaire d'une variété de bulbes tendres de maison ou de véranda, mais correctement appliqué uniquement au lis Belladonna. La plupart d'entre eux sont des hippeastrums, mais la culture de tous est similaire. Ce sont des plantes d'intérieur satisfaisantes pour la floraison printanière et estivale. Une difficulté avec leur culture est que la tige florale commence à pousser avant que les feuilles ne poussent. Cela est dû dans la plupart des cas à la stimulation de la croissance des racines avant que le bulbe ne soit suffisamment reposé.

Les bulbes doivent être en dormance quatre à cinq mois dans un endroit sec et à une température d'environ 50°. Lorsqu'on veut les faire fleurir, les bulbes, s'ils doivent être rempotés, doivent être secoués de toute la terre et mis en pot dans un sol composé de limon fibreux et de moisissures foliaires, auquel il faut ajouter un peu de sable. Si le terreau est lourd, placez le pot dans un endroit chaud ; un foyer épuisé est un bon endroit. Arrosez au besoin et, au fur et à mesure que les fleurs se développent, du fumier liquide peut être administré. Si de grosses touffes sont bien établies dans des pots de 8 ou 10 pouces, elles peuvent être recouvertes d'une nouvelle terre contenant du fumier pourri et, à mesure que la croissance augmente, du fumier liquide peut être administré deux fois par semaine jusqu'à ce que les fleurs s'ouvrent. Après la floraison, retenez progressivement l'eau jusqu'à ce que les feuilles meurent, ou plongez les pots à l'air libre, dans un endroit ensoleillé. L'espèce la plus populaire pour les jardins-fenêtres est *A. Johnsoni* (à proprement parler un hippeastrum), à fleurs rouges. Figues. 257, 261.

Les bulbes reçus des revendeurs doivent être placés dans des pots pas beaucoup plus larges que le bulbe et le col du bulbe ne doit pas être couvert. Gardez plutôt au sec jusqu'au début de la croissance active. Les bulbes mûris, à l'automne, peuvent être stockés sous forme de pommes de terre, puis ressortis au printemps aussi rapidement que l'un d'entre eux montre des signes de croissance.

Anémone.—Les fleurs du vent sont des plantes vivaces rustiques, de culture facile, un groupe (les formes *Anémone coronaria, fulgens* et *hortensis*) étant traité comme des bulbes. Ces plantes à racines tubéreuses doivent être plantées fin septembre ou début octobre, dans une bordure abritée bien enrichie, en plaçant les tubercules à 3 pouces de profondeur et 4 à 6 pouces l'un de l'autre. La surface de la bordure doit être paillée avec des feuilles ou du fumier pailleux pendant les rigueurs de l'hiver, découvrant le sol en mars. Les fleurs apparaîtront en avril ou mai, et en juin ou juillet les tubercules devront être ramassés et placés dans du sable sec jusqu'à l'automne suivant. Ces plantes ne sont pas aussi connues qu'elles devraient l'être. La gamme de couleurs est très large. Les fleurs mesurent souvent 2 pouces de diamètre et durent. Les tubercules peuvent être plantés dans des pots, en les amenant dans la véranda ou dans la maison à intervalles réguliers tout au long de l'hiver, où ils font une excellente apparition lorsqu'ils sont en fleurs.

L'anémone du Japon est une plante totalement différente de la précédente. Il existe des variétés à fleurs blanches et à fleurs rouges. Le plus connu est *A. Japonica* var. *alba* , ou Honorine Jobert. Cette espèce fleurit d'août à novembre et constitue à cette saison la plus belle des plantes de bordure. Les fleurs d'un blanc pur, avec des étamines de couleur citron, sont bien dressées sur des tiges de 2 à 3 pieds de haut. Les tiges florales sont longues et excellentes pour être coupées. Cette espèce peut se multiplier par division des plantes ou par graines. La première méthode doit être employée au printemps ; ce dernier, dès que les graines sont mûres à l'automne. Semez les graines en caissettes dans un endroit chaud et abrité en bordure ou sous serre. Les graines doivent être légèrement recouvertes de terre contenant une certaine quantité de sable et ne doivent pas sécher. Une position bien enrichie et abritée dans une frontière devrait être donnée.

Les petites fleurs sauvages des vents se colonisent facilement dans une bordure rustique.

Aralia , *A. Sieboldii* (correctement *Fatsia Japonica* et *F. papyrifera),* comme on l'appelle parfois, et la variété *variegata* , aux grandes feuilles ressemblant à des palmiers, sont cultivées pour leur aspect tropical.

Semer en février, en plaques peu profondes et en sol léger, à une température de 65°. Continuez la température. Lorsque deux ou trois feuilles se sont formées, transplantez-les dans d'autres plateaux espacés de 1 po. Saupoudrez-les d'une fine rose ou d'un spray ; et ne les laissez pas souffrir pour l'eau. Transférez-les ensuite dans de petits pots et rempotez-les au fur et à mesure de leur croissance. Plantez dans des plates-bandes une fois que le temps est devenu chaud et réglé. Plantes vivaces à moitié rustiques dans le Nord, atteignant 3 pieds ou plus de hauteur ; un arbuste du Sud et en Californie. Souvent utilisé dans les travaux subtropicaux.

L'Araucaria , ou pin de l'île Norfolk, est désormais vendu en pot par les fleuristes comme plante de fenêtre. Il existe plusieurs espèces. Les spécimens de serre sont l'état juvénile de plantes qui deviennent de grands arbres dans leurs régions d'origine ; par conséquent, il ne faut pas s'attendre à ce qu'ils conservent indéfiniment leur forme et leurs limites.

L'espèce commune *(A. excelsa)* constitue un sujet symétrique à feuilles persistantes. Il se conserve bien dans une fenêtre fraîche ou sur la véranda en été. Protégez-le des rayons directs du soleil et laissez suffisamment d'espace. Si la plante commence à tomber en panne, rapportez-la au fleuriste pour récupération ou procurez-vous une nouvelle plante.

Auricula .—Une plante vivace à moitié rustique de la tribu des primevères *(Primula Auricula),* très populaire en Europe, mais peu cultivée en Amérique en raison des étés chauds et secs.

Dans ce pays, les auricules se multiplient généralement par graines, comme pour les cinéraires ; mais des variétés spéciales se perpétuent par compensation. Les graines semées en février ou mars devraient donner des plantes fleuries pour février ou mars prochain. Gardez les plantes fraîches et humides et à l'abri du soleil direct pendant l'été. Les jardiniers les cultivent généralement dans des cadres. À l'automne, ils sont mis en pot dans des pots de 3 pouces. ou 4 pouces. pots, et fait pour fleurir soit dans des cadres comme pour les violettes, soit dans une véranda ou une serre fraîche. En avril, après l'arrêt de la floraison, rempotez les plantes et traitez comme l'année précédente. Comme pour la plupart des plantes vivaces à floraison annuelle , les meilleurs résultats sont à attendre avec des plantes âgées d'un ou de deux ans. Les auricules atteignent 6 à 8 pouces de haut. Couleurs blanc et nombreuses nuances de rouge et de bleu.

Les azalées sont d'excellents arbustes d'extérieur et de serre, et sont parfois vues dans les fenêtres. Ils sont moins cultivés dans ce pays qu'en Europe, en grande partie à cause de nos étés chauds et secs et de nos hivers rigoureux.

Il existe deux types ou classes courants d'azalées : les azalées rustiques ou gantoises et les azalées indiennes. Ces dernières sont les azalées à grandes fleurs familières des vérandas et des jardins de fenêtres.

Les azalées gantoises prospèrent à l'air libre le long du littoral, aussi loin au nord que dans le sud de la Nouvelle-Angleterre. Ils nécessitent un sol sablonneux et tourbeux, mais sont traités comme les autres arbustes. Les gros boutons floraux sont susceptibles d'être blessés par les chauds soleils de la fin de l'hiver et du début du printemps, et pour éviter ces dommages, les plantes sont souvent protégées par des couvertures ou des broussailles. Dans les régions intérieures, peu d'efforts sont faits pour faire fleurir les azalées de façon permanente à l'air libre, bien qu'elles puissent être cultivées si elles sont soigneusement entretenues et bien protégées.

Les azalées gantoises et indiennes sont d'excellentes plantes en pot pour fleurir à la fin de l'hiver et au printemps. Les plantes sont importées en grand nombre d'Europe à l'automne, et il vaut mieux acheter ces plantes que tenter de les multiplier. Mettez-les en pot dans des pots de grande taille, conservez-les au frais et à l'arrière pendant un certain temps jusqu'à ce qu'ils soient établis, puis placez-les dans une véranda à température ambiante dans laquelle les œillets et les roses prospèrent. Ils doivent être mis en pot dans un sol composé à moitié de tourbe ou de moisissure bien décomposée et à moitié de terreau riche; ajoutez un peu de sable. Pot fermement et assurez-vous de fournir un drainage suffisant. Éloignez-vous de l'araignée rouge en utilisant une seringue.

Après la floraison, les plantes peuvent être éclaircies en taillant les pousses éparses et rempotées. Placez-les dans un cadre ou dans un endroit mi-ombragé pendant l'été et veillez à leur bonne croissance. Le bois doit être bien mûri à l'automne. Une fois le froid installé, gardez les espèces indiennes ou à feuilles persistantes à moitié dormantes en les plaçant dans une cave ou une fosse fraîche et mal éclairée, et en les rentrant quand vous le souhaitez pour la floraison. Les espèces gantoises ou à feuilles caduques peuvent être touchées par le gel sans dommage ; et ils peuvent être conservés dans une cave jusqu'à ce qu'ils soient recherchés.

Les bégonias sont des plantes de litière et d'intérieur tendres et familières. Après le géranium, les bégonias sont probablement les plus populaires de toute la liste des plantes pour la culture en intérieur. La facilité de culture, la grande variété des espèces, la profusion de fleurs ou la richesse du feuillage, ainsi que leur adaptabilité à l'ombre, les rendent très recherchés.

Les bégonias peuvent être divisés en trois sections : la classe à racines fibreuses, qui contient les espèces ramifiées à floraison hivernale ; les formes rex, ou géraniums bifteck, ayant de grandes feuilles ornementales ; les racines tubéreuses, celles qui fleurissent tout l'été, le tubercule se reposant en hiver.

Les espèces à racines fibreuses peuvent être multipliées par graines ou par boutures, cette dernière étant la méthode habituelle. Les boutures de bois à moitié mûres s'enracinent facilement, effectuant une croissance rapide, les plantes fleurissent en quelques mois.

Le type rex , n'ayant pas de branches, se propage à partir des feuilles. Les grandes feuilles matures sont utilisées. La feuille peut être coupée en tronçons, ayant à la base une union de deux nervures. Ces morceaux de feuilles peuvent être insérés dans le sable comme n'importe quelle autre bouture. Ou bien, une feuille entière peut être utilisée, en coupant les nervures à intervalles réguliers et en posant la feuille à plat sur le banc de multiplication ou dans un autre endroit chaud et humide. En peu de temps, de jeunes plantes dotées de leurs propres racines se formeront. Ceux-ci peuvent être mis en pot lorsqu'ils sont suffisamment grands pour être manipulés et constitueront bientôt de bonnes plantes (Fig. 125).

Les bégonias Rex poussent généralement peu en hiver et doivent donc être maintenus assez secs et aucun effort n'est fait pour les pousser. Assurez-vous que les pots sont bien drainés afin que le sol ne devienne pas acide. Les nouvelles plantes, celles âgées d'environ un an, sont généralement les plus satisfaisantes. Gardez-les à l'abri de la lumière directe du soleil. Une maladie insidieuse des feuilles de rex begonia a récemment fait son apparition. Le meilleur traitement connu à ce jour consiste à propager des plantes fraîches, en jetant les vieux plants et la terre dans laquelle ils ont poussé.

Les bégonias à racines tubéreuses constituent d'excellentes plantes à massifs pour ceux qui connaissent leurs exigences simples mais impératives. Ce sont également de bons sujets en pot pour l'été.

L'amateur ferait mieux de ne pas tenter de cultiver des bégonias tubéreux à partir de graines. Il devrait acheter de bons tubercules de deux ans. Ceux-ci devraient pouvoir fonctionner pendant deux ou trois ans avant d'être si vieux ou si dépensés qu'ils donnent des résultats insatisfaisants.

Dans le Nord, les tubercules sont plantés en intérieur, pour massif, en février ou début mars dans une température plutôt chaude. Ils rempliront un pot de cinq pouces avant d'être prêts à être mis en terre. Ils ne doivent pas être plantés avant que le temps ne soit complètement réglé, car ils ne supporteront pas le gel ni les conditions climatiques défavorables.

Les plantes doivent recevoir un sol qui retient l'humidité, mais qui soit néanmoins bien drainé. Ils ne réussiront pas bien dans un sol gorgé d'eau. Ils devraient avoir une ombre partielle ; près du côté nord d'un bâtiment est un bon endroit pour eux. Trop d'arrosage les rend mous et ont tendance à se décomposer. Gardez le feuillage sec, surtout par temps ensoleillé ; l'arrosage doit se faire par le dessous.

Après la floraison, soulevez les bulbes, séchez-les et conservez-les tout l'hiver dans un endroit frais. Ils peuvent être emballés dans des caisses peu profondes placées dans de la terre sèche ou du sable.

Les fleuristes divisent parfois les tubercules juste après le début de la croissance au printemps, afin d'avoir un bon œil sur chaque plante ; mais l'amateur ferait mieux d'utiliser le tubercule entier, à moins qu'il ne désire augmenter ou multiplier telle plante particulière.

Si le jardinier désire cultiver des bégonias tubéreux à partir de graines, il doit être prêt à faire preuve de beaucoup de patience. Les graines, comme celles de tous les bégonias, sont très petites et doivent être semées avec beaucoup de soin. Commencez les graines à la fin de l'hiver. Il suffit de les saupoudrer à la surface du sol, qui doit être un mélange de terreau et de sable, additionné d'une petite quantité de loam fibreux. L'arrosage doit être effectué en plaçant le pot ou la boîte dans lequel les graines sont semées dans l'eau, permettant à l'humidité de remonter à travers le sol. Lorsque le sol est complètement saturé, placez la boîte dans un endroit ombragé, en la recouvrant de verre ou de tout autre objet jusqu'à l'apparition des minuscules plants. Ne laissez jamais le sol sécher. Les plants doivent être transplantés, dès qu'ils peuvent être manipulés, dans des boîtes ou des pots contenant le même mélange de terre, en plaçant chaque plante jusqu'à la feuille semencière. Ils auront besoin de trois ou quatre repiquages avant d'atteindre le stade de floraison, et à chacun après le premier, la proportion de loam fibreux peut être augmentée jusqu'à ce que le sol soit composé d'un tiers chacun de limon, de sable et de moisissure foliaire. L'ajout d'un peu de fumier bien décomposé peut être effectué lors du dernier repiquage.

Cactus. — Diverses sortes de cactus sont souvent observées dans de petites collections de plantes d'intérieur, auxquelles elles ajoutent de l'intérêt et de la bizarrerie, étant différentes des autres plantes.

La plupart des cactus sont faciles à cultiver, nécessitent peu de soins et supportent bien mieux la chaleur et la sécheresse d'un salon que la plupart des autres plantes. Leurs exigences sont un drainage suffisant et un sol ouvert. Les producteurs de cactus créent généralement un sol en mélangeant du plâtre pulvérisé ou des déchets de chaux avec du terreau de jardin, en utilisant environ les deux tiers du terreau. Les parties très fines, ou poussières, du plâtre sont soufflées, sinon le sol risque de se cimenter. On peut les reposer en toute saison en les plaçant simplement dans un endroit sec pendant deux ou trois mois, et en les mettant au chaud et à la lumière quand on en a besoin. Au fur et à mesure que la nouvelle croissance progresse, ils doivent être arrosés de temps en temps et, lorsqu'ils sont en floraison, ils doivent être arrosés librement. Retenir l'eau progressivement après la floraison jusqu'à ce qu'ils soient reposés.

Certaines des espèces les plus courantes en culture sont les espèces phyllocactus, souvent appelées cereus à floraison nocturne. Ce ne sont pas les véritables céreuses à floraison nocturne, qui ont des tiges anguleuses ou cylindriques, couvertes de soies, tandis que celles-ci ont des branches plates en forme de feuilles ; cependant, leurs fleurs ressemblent beaucoup à celles de cereus, s'ouvrant le soir et se fermant avant le matin, et comme les phyllocacti peuvent être cultivés plus facilement, fleurissant sur des plantes plus petites et plus jeunes, elles doivent être recommandées.

Les véritables céreuses à floraison nocturne sont des espèces du genre Cereus. Le plus commun est *C. nycticalus* , mais *C. grandiflorus, C. triangularis* et d'autres sont parfois observés. Ces plantes ont toutes de longues tiges en forme de tiges, cylindriques ou anguleuses. Ces tiges atteignent souvent une hauteur de 10 à 30 pieds et ont besoin de soutien. Ils doivent être dressés le long d'un pilier ou attachés à un pieu. Ce sont des choses sans feuilles et sans intérêt pendant une grande partie de l'année ; mais au milieu de l'été, après l'âge de trois ans ou plus, ils jettent leurs grandes fleurs tubulaires, qui s'ouvrent à la tombée de la nuit, se fanent et meurent lorsque la lumière les frappe le lendemain matin. Ils se cultivent très facilement, soit en pot, soit plantés dans le sol naturel de la véranda. Le seul soin particulier dont ils ont besoin est un bon drainage au niveau des racines, afin que le sol ne devienne pas détrempé.

L'épiphyllum, ou cactus homard, ou cactus crabe, est l'un des meilleurs de la famille, facile de culture. Il porte des fleurs de couleurs vives au bout de chaque jointure. Lorsqu'il fleurit, c'est-à-dire pendant les mois d'hiver, il nécessite un sol plus riche que les autres cactus. Un sol approprié est composé pour deux tiers de loam fibreux et d'un tiers de moisissure foliaire ; il est généralement préférable d'ajouter du sable ou de la brique pulvérisée. En automne et au début de l'hiver, gardez-le plutôt au sec, en donnant plus d'eau au fur et à mesure que la plante fleurit.

Les Opuntias, ou figues de Barbarie, sont souvent cultivées comme plantes de bordure pendant l'été. En fait, toute la famille peut être plantée, et si plusieurs espèces sont placées ensemble dans un lit, elles constituent un ajout frappant au jardin. Faites très attention à ne pas abîmer les plantes. Il vaut mieux les plonger dans les pots que les sortir des pots.

Caladium .—Plantes vivaces tendres à racines tubéreuses utilisées pour la décoration de la véranda, ainsi que pour des effets subtropicaux et audacieux dans la pelouse (planche IV). Les plantes communément connues sous ce nom sont en réalité des colocasias.

Les racines doivent être dormantes en hiver, conservées dans une cave chaude ou sous un banc de serre, où elles ne sont pas sujettes au gel ou à l'humidité. Les racines sont généralement recouvertes de terre, mais elles sont maintenues au sec. Au début du printemps, les racines sont placées dans des boîtes ou des pots et commencent à pousser, de sorte qu'au moment où le temps s'installe, elles atteignent 1 ou 2 pieds de haut et sont prêtes à s'implanter directement dans le sol.

Lorsqu'ils sont placés à l'extérieur, ils doivent être protégés des vents violents et de l'éblouissement direct du soleil. Le sol doit être riche et profond et les plantes doivent avoir beaucoup d'eau. Ils se débrouillent bien avec les étangs (voir planche X).

Les caladiums sont d'excellentes plantes pour des effets saisissants, en particulier contre une maison, de hauts arbustes ou tout autre arrière-plan. S'ils sont plantés seuls, ils doivent être en touffes plutôt que dispersés en spécimens uniques, car l'effet est meilleur. Assurez-vous qu'ils prennent un bon départ avant de les planter en pleine terre. Dès qu'ils sont tués par le gel, déterrez-les, séchez les racines de l'humidité superflue et conservez-les jusqu'à la fin de l'hiver ou au printemps.

Calceolaria .—Les calceolarias sont de petites herbes de serre parfois utilisées dans le jardin-fenêtre. Ce ne sont cependant pas des plantes très satisfaisantes pour le traitement des fenêtres, car elles souffrent d'une atmosphère sèche et de changements brusques de température.

Les calceolarias sont cultivées à partir de graines. Si les graines sont semées au début de l'été et que les jeunes plants sont repiqués selon leurs besoins, des spécimens fleuris peuvent être obtenus à la fin de l'automne et au début de l'hiver. Lors de la culture des jeunes plantes, évitez toujours de les exposer à la lumière directe du soleil ; mais il faut leur donner un endroit qui offre une abondance de lumière tamisée ou tempérée. Une nouvelle récolte de plantes devrait être cultivée chaque année.

Il existe une race de calceolarias arbustives, mais elle est peu connue dans ce pays. Une ou deux espèces sont des annuelles adaptables à la culture en plein jardin, et leurs petites fleurs ressemblant à des coccinelles sont attrayantes. Cependant, elles ont une importance secondaire en tant que fleurs annuelles du jardin.

Calla (correctement *Richardia*), lys égyptien.—Le calla est l'une des plantes d'hiver les plus satisfaisantes, se prêtant à diverses conditions.

Les exigences du calla sont un sol riche et une abondance d'eau, avec des racines confinées dans un espace aussi petit que possible. Si l'on utilise un pot trop grand, la croissance du feuillage sera très grossière, aux dépens des fleurs ; mais en utilisant un pot de plus petite taille et en appliquant du fumier liquide, les fleurs produiront librement. Un pot de 6 pouces sera assez grand pour tout sauf un bulbe ou un tubercule exceptionnellement gros. Si vous le souhaitez, plusieurs tubercules peuvent être cultivés ensemble dans un pot plus grand. Le sol doit être très riche mais fibreux – au moins un tiers de fumier bien décomposé ne sera pas de trop, mélangé à des parts égales de limon fibreux et de sable pointu. Les tubercules doivent être plantés fermement et les pots placés dans un endroit frais pour faire des racines. Une fois que les racines ont partiellement rempli le pot, la plante peut être mise en chaleur et placée dans un endroit ensoleillé et avec beaucoup d'eau. Un épongage ou un lavage occasionnel des feuilles les débarrassera de la poussière. Aucun autre traitement ne sera requis jusqu'à l'apparition des fleurs, moment où du fumier liquide pourra être appliqué. La plante se développera d'autant mieux à ce moment-là si le pot est placé dans une soucoupe remplie d'eau. En fait, le calla poussera bien dans un aquarium.

Le calla peut être cultivé toute l'année, mais il s'avérera plus satisfaisant, tant au niveau des feuilles que des fleurs, s'il est reposé pendant une partie de l'été. Cela peut être fait en posant les pots sur le côté dans un endroit sec et ombragé sous des arbustes, ou s'ils sont à l'air libre, légèrement recouverts de paille ou d'une autre litière pour empêcher les racines de devenir extrêmement sèches. En septembre ou octobre, ils peuvent être secoués, nettoyant toute la vieille terre, et rempotés, comme déjà mentionné. Les rejets peuvent être retirés et placés dans de petits pots et donnés une année de croissance, les laissant au repos la deuxième année et les faisant fleurir cet hiver-là.

Le calla tacheté a un feuillage panaché et constitue une bonne plante pour les collections mixtes. Cela fleurit au printemps, ce qui prolongera la saison de floraison des calla. Le traitement de ceci est similaire à celui du calla commun.

Les camélias sont des plantes ligneuses semi-rustiques, qui fleurissent à la fin de l'hiver et au printemps. Il y a des années, les camélias étaient très populaires, mais ils ont été supplantés par les fleurs informelles de ces derniers temps. Leur heure reviendra.

Pendant la saison de floraison, gardez-les au frais – disons pas plus de 50° la nuit et un peu plus haut le jour. Une fois la floraison terminée, ils commencent à pousser ; puis donnez-leur plus de chaleur et beaucoup d'eau. Assurez-vous qu'ils sont bien mûrs en hiver avec de gros boutons floraux dodus. S'ils sont négligés ou trop secs pendant leur saison de croissance (en été), ils perdront leurs bourgeons à l'automne. Le sol des camélias doit être fibreux et fertile, composé de gazon pourri, de moisissure des feuilles, de vieux fumier de vache et de suffisamment de sable pour un bon drainage. Protégez-les toujours de la lumière directe du soleil. N'essayez pas de les forcer au début de l'hiver, une fois la croissance arrêtée. Leurs quartiers d'été peuvent se trouver dans un endroit protégé en plein air.

Les camélias se multiplient par bouturage en hiver, ce qui devrait donner des plantes fleuries au bout de deux ans.

Les cannas font partie des plantes les plus ornementales et les plus importantes utilisées dans le jardinage décoratif. Ils constituent de belles haies herbacées, des groupes, des masses et, lorsque cela est souhaitable, de bonnes plantes centrales pour les plates-bandes. Ils sont très utilisés pour les effets subtropicaux (voir planche V).

Les cannas poussent de 3 à 10 pieds ou plus de haut. Autrefois, ils étaient appréciés principalement pour leur feuillage, mais depuis l'introduction, en

1884, du type français Crozy Dwarf avec ses fleurs voyantes, les cannas sont cultivés autant pour leur floraison que pour leurs effets de feuillage. Les fleurs de ces nouvelles espèces sont aussi grandes que celles des glaïeuls et sont de diverses nuances de jaune et de rouge, avec des formes en bandes et en taches. Ces espèces à fleurs atteignent environ 3 pieds de haut. Les formes les plus anciennes sont plus hautes. Dans les deux sections, on trouve des variétés à feuilles vertes et à feuilles rouge cuivré foncé.

Le canna peut être cultivé à partir de graines et fleurir la première année en semant en février ou mars, dans des boîtes ou des pots placés dans des serres ou une maison chaude, en trempant d'abord les graines dans de l'eau tiède pendant une courte période ou en y faisant une petite encoche. l'enveloppe de chaque graine (en évitant le point de germination rond). Il faut deux ans pour faire pousser des plantes robustes de l'ancien canna à partir de graines. Semer dans un sol léger et sableux, où la terre peut être maintenue à 70° jusqu'après la germination. Une fois que les plantes ont bien poussé, transplantez-les à environ 3 ou 4 pouces l'une de l'autre, ou placez-les dans des pots de 3 pouces de large, dans un sol riche et bon. Ils peuvent désormais être maintenus à 60°.

Cependant, la majorité des cannas sont cultivés à partir de morceaux de racines (rhizomes), chaque morceau possédant un bourgeon. Les racines peuvent être divisées à tout moment de l'hiver, et si l'on souhaite des fleurs et un feuillage précoces, les morceaux peuvent être plantés dans une serre ou une serre au début d'avril, commencés à pousser et plantés là où on le souhaite dès que le sol est bien rempli. réchauffé et tout risque de gel est écarté. Un durcissement des plantes, en ôtant les châssis des serres, ou en plaçant les plantes dans des caisses peu profondes et en plaçant les caisses dans une position abritée jusqu'au mois de mai, sans oublier un apport généreux en eau, permettra aux plantes de prendre en douceur jusqu'à la finale. planter.

Plantez les racines ou les plantes démarrées lorsqu'il n'y a plus de risque de gel. Pour les effets de masse, les plantes peuvent être espacées de douze à dix-huit pouces ; pour une floraison individuelle de vingt à vingt-quatre pouces ou plus. Certains jardiniers ne les plantent pas à moins de vingt à vingt-quatre pouces pour les plates-bandes de masse, si le sol est bon et les plantes fortes. Donnez-leur un endroit chaud et ensoleillé.

Les espèces anciennes (à feuillage) peuvent être laissées de côté tardivement pour faire mûrir les porte-greffes charnus. Coupez le dessus immédiatement après le gel. Les racines sont en sécurité dans le sol tant qu'il ne gèle pas. Creusez, séchez ou « guérissez » quelques jours, puis hivernez-les comme des pommes de terre à la cave. C'est une erreur courante de creuser les racines du canna trop tôt.

On pense généralement que les espèces françaises se conservent mieux si elles continuent de croître quelque peu pendant l'hiver ; mais s'ils sont bien gérés, ils peuvent être reportés comme les autres. Immédiatement après le gel, coupez les sommets au ras du sol. Couvrez les souches avec un peu de terre et laissez les racines en terre jusqu'à ce qu'elles soient bien mûres. Nettoyez-les après avoir creusé et faites-les durcir ou séchez-les pendant une semaine ou plus à l'air libre et au soleil, en les rentrant à l'intérieur la nuit. Placez-les ensuite à l'abri du gel dans un endroit frais et sec.

Les œillets font désormais partie des fleurs les plus appréciées des fleuristes ; mais on ne sait généralement pas qu'ils sont faciles à cultiver dans le jardin extérieur. Ils sont de deux types, les variétés d'extérieur ou de jardin, et les variétés d'intérieur ou de forçage. Normalement, l'œillet est une plante vivace rustique, mais les espèces de jardin, ou marguerites, sont généralement traitées comme des annuelles. Les espèces forçantes ne fleurissent qu'une seule fois, de nouvelles plantes étant cultivées chaque année à partir de boutures.

Les œillets marguerites fleurissent l'année où la graine est semée et, avec une légère protection, ils fleuriront librement la deuxième année. Ils font de jolies plantes d'intérieur si elles sont mises en pot à l'automne. Les graines de ces œillets doivent être semées en caisses au mois de mars et les jeunes plants plantés le plus tôt possible, en pinçant le centre de la plante pour qu'ils se ramifient librement. Donnez le même espace que pour les roses de jardin.

Les œillets à floraison hivernale sont devenus les favoris de tous les amateurs de fleurs, et une collection de plantes d'intérieur d'hiver semble incomplète sans eux.

Les œillets poussent facilement à partir de boutures faites à partir des drageons qui se forment autour de la base de la tige, des pousses latérales de la tige fleurie ou des pousses principales avant qu'elles ne montrent des boutons floraux. Les boutures de la base constituent dans la plupart des cas les meilleures plantes. Ces boutures peuvent être prélevées sur une plante à tout moment de l'automne ou de l'hiver, enracinées dans le sable et mises en pot, pour être conservées dans des pots jusqu'au moment de la plantation au printemps, généralement en avril, ou à tout moment lorsque le sol est prêt. gérer . Il faut prendre soin de pincer le dessus des jeunes plantes lorsqu'elles poussent dans le pot, puis plus tard lorsqu'elles sont dans le sol, ce qui les amène à devenir trapues et à envoyer de nouvelles pousses le long de la tige. Les jeunes plants doivent être cultivés au frais, une température de 45° leur convenant bien. Il faut veiller à pulvériser les boutures chaque jour dans la maison pour éloigner l'araignée rouge, qui est très friande de l'œillet.

En été, les plantes sont cultivées au champ, et non en pots, et sont repiquées à partir de la caisse de bouture. Le sol dans lequel ils seront plantés doit être moyennement riche et meuble. Une culture propre doit être effectuée tout au long de l'été. Pincez fréquemment les sommets.

Les plantes sont récoltées en septembre, mises en pot fermement et bien arrosées ; puis placez-la dans une situation fraîche et partiellement ombragée jusqu'à ce que la croissance des racines ait commencé, et arrosez la plante dès qu'elle montre un besoin en eau.

Les conditions habituelles d'une pièce à vivre en termes d'humidité et de chaleur ne sont pas telles que les exigences des œillets, et il faut prendre soin de surmonter la sécheresse en pulvérisant le feuillage et en plaçant la plante dans une position non exposée à la chaleur directe d'un poêle ou du soleil. Dans les bâtiments commerciaux, il n'est pas souvent nécessaire de pulvériser les plantes établies. Retirez la plupart ou la totalité des bourgeons latéraux afin d'augmenter la taille des fleurs principales. Après tout, il est probablement conseillé dans la plupart des cas d'acheter les plantes en fleurs chez un fleuriste et, après la floraison, de les jeter ou de les stocker pour les planter au printemps, lorsqu'elles fleuriront tout au long de l'été.

Si les conditions sont réunies, la rouille ne devrait pas être très gênante, si le démarrage a été effectué avec du matériel propre. Gardez toutes les feuilles rouillées enlevées.

Les plantes centenaires ou agaves sont des plantes populaires pour le jardin de fenêtre ou la véranda, nécessitant peu de soins et poussant lentement, ne nécessitant donc qu'un rempotage à de longs intervalles. Lorsque les plantes ont perdu leur utilité comme plantes d'intérieur, elles sont encore précieuses comme décorations de porche, pour plonger dans les rocailles ou dans les coins rustiques. La variété à feuilles striées est la plus recherchée, mais le type normal, avec ses feuilles bleu-gris, est très ornemental.

Il existe un certain nombre d'espèces naines d'agave qui ne sont pas si communes, bien qu'elles puissent être cultivées facilement. Ces plantes ajoutent de la nouveauté à une collection et peuvent être utilisées tout au long de l'été comme indiqué ci-dessus ou plongées avec des cactus dans un parterre de plantes tropicales. Tous réussissent bien dans le limon et le sable à parts égales, avec un peu de moisissure foliaire dans le cas des petites variétés.

Les espèces les plus communes se multiplient par drageons autour de la base des plantes établies. Quelques espèces sans drageons doivent être cultivées à partir de graines.

Quant à l'arrosage, ils ne nécessitent aucun soin particulier. Les agaves ne supportent en aucun cas le gel.

Lorsque la tête rejette sa grande tige et fleurit, elle peut s'épuiser et mourir ; mais cela pourrait être bien loin d'un siècle. Certaines espèces fleurissent plus d'une fois.

Les chrysanthèmes sont de nombreuses sortes, certaines étant des plantes de jardin fleuries annuelles, d'autres des sujets de bordure vivaces, et une forme est la plante universelle des fleuristes. Dans les chrysanthèmes sont désormais inclus les pyrèthres.

Il ne faut pas confondre les chrysanthèmes annuels avec les espèces bien connues à floraison automnale, car ils s'avéreront décevants si l'on s'attend à de grandes fleurs de toutes les couleurs et de toutes les formes. Les annuelles sont pour la plupart des plantes à croissance grossière, avec une floraison abondante et une odeur désagréable. Les fleurs sont simples dans la plupart des cas et peu durables. Ils sont utiles pour les massifs et aussi pour les fleurs coupées. Elles font partie des plantes annuelles rustiques les plus faciles à cultiver. La partie la plus pierreuse du jardin leur conviendra généralement. Couleurs blanches et nuances de jaune, les fleurs ressemblent à des marguerites ; 1-3 pieds.

Parmi les espèces vivaces, *le Chrysanthemum frutescens* est la célèbre marguerite ou marguerite de Paris, l'une des plus populaires du genre. Cela fait une bonne plante en pot pour le jardin de fenêtre, fleurissant tout au long des mois d'hiver et de printemps. Il se multiplie généralement par boutures qui, si elles sont prises au printemps, donneront de grandes plantes fleuries pour l'hiver suivant. Transférez progressivement dans des pots ou des boîtes plus grands, jusqu'à ce que les plantes se trouvent enfin dans des pots de 6 ou 8 pouces ou dans de petites boîtes à savon. Il existe une belle variété à fleurs jaunes. La marguerite est très cultivée en extérieur en Californie.

Les espèces vivaces et rustiques sont des plantes à petites fleurs à floraison tardive, connues par de nombreuses personnes âgées sous le nom d'« artemisias ». Ils ont été améliorés ces dernières années et ce sont des plantes très satisfaisantes et faciles à cultiver. Les plantes doivent être renouvelées à partir de graines tous les ans ou tous les deux ans.

Par sa variété de formes et de couleurs, ainsi que par la taille de ses fleurs, le chrysanthème des fleuristes est l'une des plantes les plus merveilleuses. C'est une fleur de fin d'automne, et elle a besoin de peu de chaleur artificielle pour l'amener à la perfection. Les grandes floraisons des expositions sont produites en cultivant une seule fleur par plante et en nourrissant abondamment la plante. Il n'est guère possible pour l'amateur de cultiver des fleurs spécimens comme le fait le fleuriste ou le jardinier professionnel ; ce n'est pas non plus nécessaire. Une plante bien développée avec quatorze à vingt fleurs est bien plus satisfaisante comme plante de fenêtre qu'une longue tige raide avec une seule immense fleur à l'apex. La culture est simple, bien plus que celle de nombreuses plantes couramment cultivées pour la décoration de la maison. Bien que la saison de floraison soit courte, la satisfaction d'avoir un étalage de fleurs automnale avant que les géraniums, les bégonias et autres plantes d'intérieur ne se soient remis de leur retrait de l'extérieur, récompense tous les efforts. De très bonnes plantes peuvent être cultivées sous un abri temporaire, comme le montre la Fig. 268. Le toit n'est pas nécessairement en verre. Sous une telle couverture, des plantes en pot, en fleurs, peuvent également être placées pour se protéger lorsque le temps devient trop froid.

Les boutures prélevées en mars ou avril, plantées en bordure en mai, bien entretenues tout l'été et levées avant les gelées en septembre, fleuriront en octobre ou novembre. Le sol dans lequel les plantes doivent fleurir doit être moyennement riche et humide. Les plants peuvent être attachés à des tuteurs. Lorsque les bourgeons apparaissent, toutes les grappes des pousses principales, sauf celle du centre, doivent être enlevées, ainsi que les petites branches latérales. Une plante buissonnante et économe ainsi traitée aura généralement des fleurs suffisamment grandes pour montrer le caractère de la variété, ainsi qu'un nombre suffisant pour faire une belle présentation.

Après la floraison, les plantes sont décollées de la bordure. Quant au récipient dans lequel les mettre, il n'est pas nécessaire que ce soit un pot de fleurs. Un seau ou une boîte à savon, percé de trous pour le drainage, conviendra tout aussi bien à la plante, et en recouvrant la boîte de tissu ou de papier, la différence ne sera pas remarquée.

S'il n'est pas possible de faire des boutures, les jeunes plants peuvent être achetés chez les fleuristes et traités de la manière décrite. Achetez-les au milieu de l'été ou plus tôt.

Il est préférable de ne pas tenter de faire fleurir la même plante pendant deux saisons. Après la floraison de la plante, la cime peut être coupée et la boîte placée dans une cave et conservée modérément sèche. En février ou mars, amenez la plante à la fenêtre du salon et laissez les pousses partir de la racine. Ces pousses sont utilisées comme boutures pour faire pousser des plantes pour la floraison automnale.

La Cineraria est un sujet tendre en serre, mais elle peut être cultivée comme plante d'intérieur, bien que les conditions nécessaires aux meilleurs résultats soient difficiles à assurer en dehors d'une serre.

Les conditions pour les cinéraires sont une température fraîche, des rempotages fréquents et une protection contre les attaques de pucerons. Cette dernière solution est peut-être la plus difficile, et sans installations de fumigation, il sera presque impossible d'éviter cette difficulté. Un salon a généralement un air trop sec pour les cinéraires.

La graine, très petite, doit être semée en août ou septembre pour que les plantes fleurissent en janvier ou février. Semez les graines à la surface d'un sol fin et arrosez très légèrement pour que les graines pénètrent dans le sol. Un morceau de verre ou un chiffon humide peut être étalé sur le pot ou la boîte dans laquelle les graines sont semées, et y rester jusqu'à ce que les graines soient levées. Gardez toujours le sol humide, mais pas mouillé. Lorsque les plants sont suffisamment grands pour être rempotés, ils doivent être mis en pot individuellement dans des pots de 2 ou 3 pouces. Avant que les plantes ne soient liées au pot, elles doivent à nouveau être rempotées dans des pots plus grands, jusqu'à ce qu'elles soient dans des pots d'au moins 6 pouces dans lesquels fleurir.

Pendant tout ce temps, ils doivent être cultivés au frais et, s'il n'est pas possible de les fumiger avec du tabac, les pots doivent reposer sur des tiges de tabac, qui doivent être constamment humides. La pratique générale, pour avoir des plantes buissonnantes, est de pincer le centre lorsque les boutons floraux apparaissent, ce qui provoque le démarrage des branches latérales, ce qui est lent à faire si l'on laisse pousser la tige centrale. Les plantes ne fleurissent qu'une seule fois.

Clématite. —L'une des meilleures vignes grimpantes ligneuses, la commune *C. Flammula, Virginiana, paniculata* et autres étant fréquemment utilisée pour couvrir les murs de séparation ou les clôtures, poussant année après année sans aucun soin et produisant des quantités de fleurs. *C. paniculata* est désormais très largement planté. Les panicules de fleurs en forme d'étoile recouvrent entièrement la vigne et dégagent un agréable parfum. C'est l'une des meilleures de toutes les vignes à floraison automnale et rustique au nord ; s'accroche bien à un treillis en grillage.

La section à grandes fleurs, dont Jackmani est peut-être la plus connue, est très appréciée des grimpeurs de piliers ou de porches. Les fleurs de cette section sont grandes et voyantes, allant du blanc pur au bleu jusqu'à l'écarlate. De cette classe, un violet utilisable est Jackmani ; blanc, Henryi (Fig. 266) ; bleu, Ramona; cramoisi, Madame E. André.

Un sol profond, moelleux, fertile, naturellement humide, conviendra aux besoins des clématites. Par temps sec, arrosez abondamment, en particulier pour les espèces à grandes fleurs. Fournissez également un treillis ou un autre support dès qu'ils commencent à courir. Les clématites fleurissent généralement sur le bois de saison : taillez donc en hiver ou au début du printemps, afin d'obtenir de nouvelles pousses fleuries fortes. Les espèces à grandes fleurs doivent être rabattues au ras du sol chaque année ; certains autres types peuvent être traités de la même manière, à moins qu'ils ne soient recherchés pour des tonnelles permanentes.

La maladie des racines de clématite est la déprédation d'un nématode ou d'un ver d'anguille. Il est rarement gênant dans un sol complètement gelé, et c'est peut-être la raison pour laquelle il échoue si souvent lorsqu'il est planté contre des bâtiments.

Coleus. —La « plante à feuillage » la plus commune dans les jardins-fenêtres. Il était autrefois très largement utilisé dans les parterres ornementaux et les bordures en rubans, mais en raison de sa tendresse, il a perdu en popularité et sa place est largement prise par d'autres plantes.

Le Coleus se cultive avec la plus grande facilité à partir de boutures ou de boutures. Ne prélevez des boutures que sur des plantes vigoureuses et saines. On peut aussi le cultiver à partir de graines, bien que les types ne soient pas fixés, et qu'un grand nombre de plantes de marques différentes puissent provenir du même paquet. Cela ne serait pas un inconvénient dans le jardin-fenêtre, à moins que l'on ne désire un effet uniforme ; en fait, les meilleurs résultats proviennent souvent des graines. Semez les graines à chaleur douce en mars.

Cultivez de nouvelles plantes chaque année et jetez les anciennes.

Crocus (voir *Bulbes*).—Le Crocus est l'un des meilleurs bulbes de printemps, facile à cultiver et donnant bonne satisfaction soit en bordure, soit dispersé dans la pelouse. Ils sont également forcés pour l'hiver (voir p. 345). Ils sont si bon marché et durables qu'ils peuvent être utilisés en grande quantité. Une bordure de crocus au bord des allées, des petites touffes dans la pelouse ou des masses dans un massif donnent la première touche de couleur à l'ouverture du printemps.

Un sol sableux convient admirablement au crocus. Plantez à l'automne, à l'air libre, à 3 à 4 pouces de profondeur. Lorsqu'elles montrent des signes de défaillance, retirez les ampoules et réinitialisez-les. Ils ont tendance à sortir du sol, car le nouveau bulbe ou bulbe se forme au sommet de l'ancien. Ils s'épuisent sur les pelouses au bout de deux ou trois ans. Si l'on souhaite de meilleurs résultats, il est bon de renouveler le lit de temps en temps en achetant de nouvelles ampoules. Les plates-bandes de crocus peuvent être remplies plus tard dans la saison avec des annuelles à croissance rapide. Il est important que seuls les meilleurs bulbes à fleurs soient conservés.

Ils peuvent être facilement forcés, plantés dans des pots ou des caisses peu profondes, rangés dans un endroit frais et introduits dans la maison à tout moment de l'hiver. Une température basse les fera fleurir parfaitement en quatre semaines environ à compter de leur introduction. On peut ainsi les disposer dans le jardin-fenêtre, s'ouvrant au soleil.

Croton. —Sous ce nom, de nombreuses variétés et espèces dites de Codiæum sont cultivées pour la décoration des vérandas, et dernièrement pour la literie de feuillage en plein air. Les couleurs et les formes des feuilles sont très variées et attrayantes. Les crotons font de bons sujets de jardin de fenêtre, bien qu'ils soient très sensibles aux attaques de la cochenille.

Les plantes doivent recevoir beaucoup de lumière afin de faire ressortir leurs belles couleurs ; mais il est généralement conseillé de les protéger des rayons directs du soleil lorsqu'ils sont cultivés sous serre. Si l'araignée rouge ou la cochenille les attaque, on peut leur injecter de l'eau de tabac à la seringue. Les plantes qui se multiplient à l'intérieur en hiver peuvent être regroupées dans des plates-bandes à l'extérieur en été, où elles produisent des effets très frappants. Donnez-leur un sol solide et profond et assurez-vous qu'ils sont injectés suffisamment fréquemment sur la face inférieure des feuilles pour éloigner l'araignée rouge. Si les plantes ont été progressivement soumises à une forte lumière avant d'être sorties à l'extérieur, elles résisteront au plein soleil et développeront à la perfection leurs riches couleurs. À l'automne, ils peuvent être repris, coupés et utilisés pour des jardins de fenêtres ou des vérandas.

Les crotons sont des arbustes ou de petits arbres, et ils peuvent être transférés dans de grands pots ou bacs et cultivés en de grands spécimens ressemblant à des arbres. Les spécimens vieux et en mauvais état doivent être jetés.

Les crotons se multiplient facilement par boutures de bois à moitié mûri à tout moment de l'hiver ou du printemps.

Cyclamen. —Une plante tubéreuse tendre à effet de serre, parfois vue dans le jardin-fenêtre. Le cyclamen persan est idéal pour la culture du jardinier amateur.

Les cyclamens peuvent être cultivés à partir de graines semées en avril ou septembre dans un sol contenant une grande proportion de sable et de moisissures foliaires. S'ils sont semés en septembre, ils doivent être hivernés dans une maison fraîche. En mai, ils devraient être mis en pot dans des pots plus grands et placés dans un cadre ombragé, et en juillet ils seront devenus suffisamment grands pour leur pot de floraison, qui devrait mesurer 5 ou 6 pouces. Ils doivent être introduits dans la maison avant le risque de gel et cultivés au frais jusqu'à la fin de la floraison. Une température de 55° leur convient en floraison. Après la floraison, ils auront besoin d'un repos pendant une courte période, mais ne doivent pas devenir trop secs, sinon le bulbe sera blessé. Lorsqu'ils commencent à pousser, ils doivent être secoués de l'ancienne terre et mis en pot dans des pots plus petits. À aucun moment, plus de la moitié du tubercule ne doit être sous le sol.

Les plantes semées en avril doivent être traitées de la même manière. Les cyclamens devraient fleurir dans une quinzaine de mois à partir des graines. La graine germe très lentement.

Les tubercules assez gros pour fleurir la première année peuvent être achetés auprès des semenciers à des prix modérés ; et à moins de disposer des installations nécessaires pour cultiver les plants pendant un an, l'achat des tubercules donnera la meilleure satisfaction. Sécurisez les nouveaux tubercules, car les anciens ne sont pas si bons.

Le sol le mieux adapté au cyclamen est celui contenant deux parties de moisissure foliaire, une partie de sable et une partie de limon.

Le dahlia est un vieux favori qui, en raison de ses fleurs formelles, est défavorisé depuis quelques années, bien qu'il ait toujours tenu sa place dans les campagnes. Maintenant, cependant, avec l'avènement des types cactus et semi-cactus (ou formes à fleurs lâches) et l'amélioration des fleurs simples, elle a de nouveau pris le premier rang parmi les fleurs de fin d'été, venant juste avant le chrysanthème. .

XVIII. Bouton de bleuet ou de célibataire. *Centaurée Cyanus* .

Les variétés simples peuvent être cultivées à partir de graines, mais les variétés doubles doivent être cultivées à partir de boutures de jeunes tiges ou de division des racines. Si des boutures doivent être réalisées, il sera nécessaire de démarrer les racines tôt, soit dans une serre, soit dans une maison. Lorsque les pousses ont atteint 4 ou 5 pouces, elles peuvent être coupées de la plante et enracinées dans le sable. Il faut veiller à couper juste en dessous d'un joint, car une coupe faite entre deux joints ne formera pas de tubercules. La méthode de propagation la plus rapide des variétés nommées consiste à les cultiver à partir de boutures de cette manière.

Lors de la culture des plantes à partir de racines, le meilleur plan est de placer la racine entière dans une chaleur douce, en la couvrant légèrement. Lorsque la jeune pousse a commencé, les racines peuvent être ramassées, divisées et plantées à 3 à 4 pieds l'une de l'autre. Ce plan assurera une plante à partir de chaque morceau de racine, alors que si les racines sont divisées pendant la dormance, il y a un risque de ne pas avoir de bourgeon à l'extrémité de chaque morceau, auquel cas aucune croissance ne commencera ; Cependant, les racines sont parfois coupées en morceaux pendant la dormance, mais il faut s'assurer qu'un morceau de vieille tige avec un bourgeon se trouve sur chaque morceau.

Une objection au vieux dahlia était sa floraison tardive. Mais en démarrant les racines tôt dans un cadre ou dans des caisses couvertes la nuit, les plantes peuvent fleurir plusieurs semaines plus tôt que d'habitude. Ils peuvent être démarrés en avril, ou au moins trois semaines avant la plantation. Peu d'eau sera nécessaire jusqu'au démarrage. Lorsqu'elles commencent à pousser, les plantes doivent bénéficier du plein soleil et de l'air tous les jours doux. Ils connaîtront alors une croissance lente et robuste. Tout forçage doit être évité. Ces plantes, plantées lorsqu'il n'y a plus de risque de gel, et bien arrosées avant de recouvrir complètement les racines, pousseront tout droit et commenceront souvent à fleurir en juillet.

Les racines dormantes peuvent être plantées en mai. Les racines, à moins qu'elles ne soient petites, doivent être divisées avant la plantation, car une seule racine solide vaut généralement mieux qu'une touffe entière. Les racines de tous, sauf celle du nain, doivent être espacées d'environ 3 pieds, en rangées. Dans les sols pauvres, seule la première classe aura besoin de tuteurs.

Le dahlia s'épanouit mieux dans un sol profond, meuble et humide ; de très bons résultats peuvent être obtenus sur un sol sableux, à condition que la nourriture végétale et l'humidité soient fournies. L'argile doit être évitée. Si le sol est trop solide, elles fleuriront probablement trop tard pour les latitudes septentrionales.

Si les plantes doivent être cultivées sans tuteurs, il faudra pincer le centre de chaque plante après avoir réalisé deux ou trois joints. En faisant cela, les branches latérales commenceront près du sol et seront suffisamment rigides pour résister aux vents. Dans la plupart des jardins familiaux, les plantes peuvent atteindre toute leur hauteur et sont attachées à des tuteurs si nécessaire. Les espèces hautes atteignent une hauteur de 5 à 8 pieds.

Les dahlias sont très sensibles au gel. Après les premières gelées, soulevez les racines, laissez-les sécher au soleil, secouez-les, coupez les fanes et les parties cassées et conservez-les en cave, comme pour les pommes de terre. Ils pourront être placés dans des fûts de sable, si la cave ouverte n'est pas utilisable. Les cannas peuvent être stockés au même endroit.

Le dahlia arborescent (*D. excelsa* , mais cultivé sous le nom de *D. arborea*) est cultivé plus ou moins loin dans le Sud et en Californie. Cela n'a pas été beaucoup amélioré.

Fougères. —Les fougères indigènes se transplantent facilement dans le jardin et constituent un ajout attrayant sur le côté d'une maison ou comme mélange dans une bordure rustique. L'autruche, la cannelle et les fougères royales sont les meilleurs sujets. Donnez à toutes les fougères d'extérieur un endroit protégé des vents, sinon elles se ratatineront et mourront peut-être. Protégez-les du soleil brûlant ou donnez-leur le côté ombragé du bâtiment. Assurez-vous que le sol est uniformément humide et qu'il ne devient pas trop chaud. Paillez avec la moisissure des feuilles à l'automne. Il n'est pas difficile de coloniser de nombreuses fougères indigènes dans des endroits ombragés et protégés où les arbres ne sapent pas toute la force du sol.

La fougère la plus cultivée comme plante d'intérieur est probablement la fougère maidenhair à petites feuilles (ou *Adiantum gracillimum*). Cette espèce et d'autres sont parmi les plus belles plantes d'intérieur, lorsqu'une humidité suffisante peut être fournie. Ils font de beaux spécimens et servent de verdure pour les fleurs coupées. D'autres espèces souvent cultivées pour les plantes d'intérieur sont *A. cuneatum* et *A. Capillus-Veneris*. Tous ces éléments se portent bien dans un mélange de gazon fibreux, de limon et de sable, avec suffisamment de matériau de drainage. Ils pourront être divisés si une augmentation est souhaitée.

Une autre fougère pour la culture en maison est *Nephrolepsis exaltata* . C'est sans aucun doute le plus facile à cultiver de la liste, s'épanouissant dans un salon. Une variété de *N. exaltata* , appelée fougère de Boston, est un ajout décisif à ce groupe, ayant un port tombant, couvrant le pot et constituant une belle plante sur pied ou en support ; et il en existe maintenant plusieurs autres formes adaptées aux meilleurs jardins-fenêtres.

Plusieurs espèces de ptéris, notamment *P. serrulata* , sont des fougères domestiques précieuses mais nécessitent un endroit plus chaud que celles mentionnées ci-dessus. Ils prospéreront également mieux dans un coin ombragé ou mal éclairé.

Un drainage parfait et un arrosage soigné ont plus à voir avec la réussite de la culture des fougères que n'importe quel mélange spécial de sols. Si le matériau de drainage au fond du pot ou de la boîte est suffisant, il y a peu de risque d'arrosage excessif ; mais les sols gorgés d'eau sont toujours à éviter. N'utilisez pas de sols argileux. Les fougères ont besoin d'une protection contre le soleil direct et également d'une atmosphère humide. Ils prospèrent bien dans une boîte en verre fermée ou dans un jardin avec fenêtre, si les conditions peuvent rester équitables.

Freesia .—l'un des bulbes à fleurs d'hiver tendres les meilleurs et les plus faciles à manipuler; hauteur 12 ou 15 pouces. La forme blanche *(Freesia refracta alba)* est la meilleure.

Les fleurs blanches ou jaunâtres en forme de cloche du freesia sont produites sur de fines tiges juste au-dessus du feuillage, au nombre de six à huit dans une grappe. Ils sont très parfumés et durent longtemps une fois cueillis. Les bulbes sont petits et semblent incapables de produire du feuillage et des fleurs, mais même le plus petit bulbe mature s'avérera satisfaisant. Plusieurs bulbes doivent être plantés ensemble dans un pot, une boîte ou une casserole, en octobre si vous le souhaitez pour les vacances, ou plus tard si vous le souhaitez à Pâques. Les plantes fleurissent dix à douze semaines après la plantation, avec des soins ordinaires.

Aucun traitement spécial n'est requis ; gardez les plantes fraîches et humides pendant toute la saison de croissance. Le sol doit contenir un peu de sable mélangé à du limon fibreux et le pot doit être bien drainé. Après la floraison, retenez progressivement l'eau et les sommets mourront, après quoi les racines pourront être secouées et reposées jusqu'au moment de planter à l'automne. Il faut veiller à les garder parfaitement secs.

Les bulbes augmentent rapidement à partir des décalages. Les plantes peuvent également être cultivées à partir de graines, qui doivent être semées dès qu'elles sont mûres, donnant ainsi aux plantes une floraison la deuxième ou la troisième année.

Fuchsia .—Arbuste de fenêtre ou de serre bien connu, traité comme un sujet herbacé ; de nombreuses formes intéressantes ; fin de l'hiver, printemps et été.

Le fuchsia se cultive facilement à partir de boutures. Du bois vert tendre doit être utilisé pour les boutures, et il s'enracinera dans environ trois semaines, lorsque les boutures doivent être mises en pot. Veillez à ne pas les mettre en pot pendant leur croissance, mais ne les surpotez pas lorsque vous souhaitez fleurir. Avec de la chaleur et un bon sol, ils produiront de belles plantes en trois mois ou moins. Dans des endroits bien protégés et partiellement ombragés, ils peuvent être plantés et se transforment en buissons miniatures à l'automne.

Les plantes peuvent être conservées d'année en année ; et si les branches sont bien coupées après la floraison, une nouvelle floraison abondante viendra. Mais il est généralement préférable de produire de nouvelles plantes chaque année à partir de boutures, car les jeunes plantes fleurissent généralement plus abondamment et nécessitent moins de soins. Les fuchsias font partie des meilleurs sujets de vitrine.

Géranium . — Ce qu'on appelle communément géraniums sont, à proprement parler, des pélargoniums. (Voir *Pélargonium* .)

Les vrais géraniums sont pour la plupart des plantes vivaces rustiques et ne doivent donc pas être confondus avec les pélargoniums tendres. Les géraniums méritent une place dans une bordure. Ils peuvent être transplantés au début du printemps, en les espaçant de 2 pieds. Hauteur 10 à 12 po. Le géranium sauvage commun *(Geranium maculatum)* s'améliore en culture et constitue une plante attrayante lorsqu'elle se trouve devant un feuillage plus haut.

Glaïeul .—Parmi les plantes bulbeuses à floraison estivale et automnale, le glaïeul est probablement le plus populaire. Les couleurs vont de l'écarlate et du violet au blanc, au rose et au jaune pur. Les plantes sont de port mince et dressé, atteignant de 2 à 3 pieds de haut.

Les glaïeuls n'aiment pas les sols argileux lourds. Un sol léger ou sableux leur convient le mieux. Aucun fumier frais ne doit être ajouté au sol l'année où ils sont cultivés. Ils devraient avoir un nouvel endroit chaque année, si possible, et toujours une situation ouverte et ensoleillée.

Les bulbes peuvent être recouverts de 2 pouces de profondeur dans les sols lourds et de 4 à 6 pouces dans les sols légers. Ils peuvent être espacés de 8 à 10 pouces, ou la moitié de cette distance pour les effets de masse. Pour une succession, ils peuvent être plantés à intervalles rapprochés, la plantation la plus précoce étant celle de bulbes plus petits au début du printemps, dès que le sol est suffisamment sec pour fonctionner ; plus tard, les plus grandes doivent être plantées, le dernier réglage étant au plus tard le 4 juillet. Cette dernière plantation donnera de belles fleurs tardives. Les plantes doivent être soutenues par des tuteurs discrets.

Les plantations successives peuvent se faire dans le même massif parmi celles posées plus tôt, ou bien elles peuvent être regroupées dans des recoins ou des portions de bordure inoccupés. Les plantes peuvent se tenir à 6 pouces les unes des autres. La plantation antérieure peut être espacée d'un pied pour permettre des réglages ultérieurs entre les deux.

À la fin de l'automne, après les gelées et avant la congélation, les bulbes doivent être creusés, nettoyés et séchés au soleil et à l'air pendant quelques heures, puis stockés dans des boîtes d'environ 2 1/2 pouces de profondeur dans un endroit frais et sombre. , et endroit sec. Les sommets doivent être laissés en place, au moins jusqu'à ce qu'ils soient complètement ratatinés. Les variétés se perpétuent et se multiplient par les petits bulbes qui apparaissent à la base du grand nouveau bulbe qui se forme chaque année. Ces petits bulbes peuvent être enlevés au printemps et semés en épaisseur dans des semoirs. Beaucoup d'entre eux produiront des plantes à fleurs dès la deuxième saison. Ils sont traités comme les gros bulbes, à l'automne.

Les glaïeuls sont également faciles à cultiver à partir de graines, mais on ne peut pas compter sur cette méthode pour perpétuer des variétés souhaitables, qui ne peuvent être reproduites que par les cormels. Certaines des meilleures fleurs peuvent être pollinisées de manière croisée ou peuvent former des graines de la manière habituelle ; les graines semées en épaisseur dans des semoirs et ombragées jusqu'à l'apparition des plantules, puis soigneusement cultivées, donneront une récolte de petits bulbes à l'automne. Ceux-ci peuvent être stockés pour l'hiver, comme les autres jeunes cormes, et, comme eux, beaucoup fleuriront la deuxième saison, offrant une grande variété et très probablement quelques espèces nouvelles et frappantes. Ceux qui ne fleurissent pas doivent être réservés pour des essais ultérieurs. Ils s'avèrent souvent plus beaux que les premiers à fleurir.

Les variétés de glaïeuls à floraison précoce peuvent être forcées à fleurir à la fin de l'hiver ou au printemps.

Pour les bouquets, coupez l'épi lorsque les fleurs inférieures s'ouvrent ; conserver dans l'eau douce, couper fréquemment l'extrémité de la tige et les autres fleurs se développeront.

Gloxinia . — Plantes vivaces de choix à racines tubéreuses, à floraison printanière et estivale, parfois vues dans les jardins de fenêtres, mais vraiment pas adaptées à elles, bien que certains jardiniers habiles les cultivent avec succès.

Les Gloxinias doivent avoir une atmosphère uniforme, humide et chaude et une protection contre le soleil. Ils ne supporteront pas les abus ni les conditions variables. Se multiplie souvent par boutures de feuilles, qui devraient donner des plantes à fleurs en un an. De la feuille, insérée sur la moitié de sa longueur dans le sol (ou parfois seulement le pétiole inséré), naît un tubercule. Ce tubercule, après s'être reposé jusqu'au milieu de l'hiver ou plus tard, est planté et des plantes à fleurs apparaissent bientôt.

Les Gloxinias poussent également facilement à partir de graines, qui peuvent germer à une température d'environ 70°. Les plantes à fleurs peuvent être obtenues en août si les graines sont semées à la fin de l'hiver, par exemple au début de février. C'est la méthode habituelle. Une fois la floraison passée, le tubercule est partiellement séché et maintenu en dormance jusqu'à la saison suivante. Il montrera généralement des signes d'activité en février ou mars, lorsqu'il pourra être secoué de la vieille terre et qu'un peu d'eau pourra ensuite être appliquée et la quantité augmentée jusqu'à ce que la plante soit en floraison. Les mêmes tubercules peuvent fleurir plusieurs fois.

Le succès de la culture des gloxinias dépend en grande partie d'un arrosage adéquat. Gardez le tubercule dormant juste assez sec pour éviter qu'il ne se flétrisse, sans jamais essayer de le forcer avant l'heure. Évitez de mouiller les feuilles. Protéger de la lumière directe du soleil. Protéger des courants d'air sur les plantes.

Grevillea .—Le "chêne", plante de serre très gracieuse, adaptée également à la culture en maison. Les plantes poussent librement à partir de graines et, jusqu'à ce qu'elles deviennent trop grandes, elles sont aussi décoratives que des fougères. Les Grevilleas sont en réalité des arbres et n'ont de valeur dans les serres et les pièces que dans leur jeune état. Ils résistent à bien des abus. Ils sont désormais très appréciés comme sujets de jardinière. Les graines semées au printemps donneront de belles plantes l'hiver prochain. Jetez les plantes dès qu'elles sont en lambeaux.

Roses trémières .—Ces vieux favoris du jardin ont été négligés ces dernières années, principalement parce que la rouille de la rose trémière a été très répandue, détruisant les plantes ou les rendant inesthétiques.

Leur culture est très simple. Les graines sont généralement semées en juillet ou en août et les plantes sont plantées là où elles le souhaitent au printemps suivant. Ils fleuriront l'année même où ils sont transplantés, c'est-à-dire l'année suivant le semis. Les nouvelles plantes doivent être plantées tous les deux ans, car les vieilles couronnes risquent de pourrir ou de mourir après la première floraison, ou du moins de s'affaiblir.

Les jacinthes (voir *Bulbes*) sont des bulbes à floraison printanière populaires. Les jacinthes sont rustiques, mais elles sont souvent utilisées comme plantes de fenêtre ou de serre. Ils sont faciles à cultiver et très satisfaisants (Fig. 262).

Pour la floraison hivernale, les bulbes doivent être achetés au début de l'automne, mis en pot en octobre dans un sol composé de terreau, de moisissures foliaires et de sable. Si l'on utilise des pots de fleurs ordinaires, mettez au fond quelques morceaux de pots cassés, du charbon de bois ou de petites pierres pour le drainage ; Remplissez ensuite le pot de terre, de sorte que lorsque le bulbe sera planté, le dessus soit au niveau du bord du pot. Remplissez le contour du bulbe avec de la terre, en ne laissant apparaître que la pointe. Ces pots de bulbes doivent être placés dans une fosse froide, une cave ou du côté ombragé d'un bâtiment. Dans tous les cas, plongez le pot dans un matériau frais (comme de la cendre). Avant que le temps ne devienne suffisamment froid pour geler une croûte sur le sol, les pots doivent être protégés par de la paille ou des feuilles pour empêcher les bulbes de geler sévèrement. Au bout de six à huit semaines environ, les bulbes devraient avoir suffisamment de racines pour faire pousser la plante, et les pots peuvent être placés dans une pièce fraîche pendant une courte période.

Lorsque les plantes ont commencé à pousser, elles peuvent être placées dans une situation plus chaude. L'arrosage doit être soigneusement soigné à partir de ce moment, et lorsque la plante est en fleur, le pot peut être placé dans une soucoupe ou un autre plat peu profond contenant de l'eau. Après la floraison, les bulbes peuvent mûrir en retenant progressivement l'eau jusqu'à la mort des feuilles. Ils peuvent ensuite être plantés en bordure, où ils fleuriront chaque printemps pendant plusieurs années, mais ne se révéleront jamais satisfaisants pour le forçage.

La culture en pleine terre des jacinthes est la même que celle des tulipes et autres bulbes de Hollande.

La jacinthe est le bulbe hollandais le plus populaire pour la culture dans des vases d'eau. Le narcisse peut être cultivé dans l'eau et se porte tout aussi bien, mais il n'est pas aussi attrayant dans des verres que la jacinthe. Des verres pour jacinthes peuvent être achetés chez les fleuristes qui vendent des fournitures, et dans diverses formes et couleurs. La forme habituelle est haute et étroite, avec une bouche en forme de coupe pour recevoir le bulbe. Ils sont remplis d'eau, de sorte qu'elle atteigne juste la base de l'ampoule lorsqu'elle est placée dans la tasse ou l'épaule au-dessus. Les récipients en verre de couleur foncée sont préférables à ceux en verre clair, car les racines préfèrent l'obscurité. Une fois les verres remplis, ils sont rangés dans un endroit frais et sombre, où se formeront des racines, comme dans les bulbes en pot. Les résultats sont généralement obtenus plus tôt dans l'eau que dans le sol. Pour garder l'eau douce, quelques morceaux de charbon de bois peuvent être mis dans le verre. Au fur et à mesure que l'eau s'évapore, ajoutez-en de l'eau fraîche ; ajoutez-en suffisamment pour qu'il déborde, et renouvelle ainsi celui dans le verre. Ne dérangez pas les racines en retirant le bulbe.

L'iris comprend de nombreuses belles plantes vivaces, dont le drapeau bleu est familier à tous les jardins à l'ancienne. Ils sont préférés partout, pour leur brillante floraison printanière et estivale ; et ils sont faciles à cultiver.

La plupart des iris prospèrent mieux dans un sol plutôt humide, et certains d'entre eux peuvent être colonisés dans l'eau au bord des étangs.

Les jardiniers les divisent généralement en deux sections : celles à racines tubéreuses ou rhizomateuses et les bulbeuses. Une troisième division, celle à racines fibreuses, est parfois réalisée.

Les espèces communes et les plus utiles appartiennent à la section à racines tubéreuses. Voici le bel et varié iris du Japon, *Iris lævigata* (ou *I. Kœmpferi*), qui compte parmi les plantes vivaces les plus méritantes. La plupart de ces iris ne nécessitent aucun soin particulier. Ils se multiplient par division des porte-greffes. Plantez les pièces à un pied de distance si un effet de masse est souhaité. Lorsque les plantes commencent à tomber, déterrez-les, divisez les racines, jetez les anciennes parties et faites pousser une nouvelle plante, comme auparavant. L'iris du Japon a besoin de beaucoup d'eau et d'un sol très riche. Facilement cultivé à partir de graines, donnant une floraison la deuxième année. *I Susiana*, de cette section, est l'un des iris les plus étranges, mais il n'est pas tout à fait rustique dans le Nord.

De la section bulbeuse, la plupart des espèces ne sont pas rustiques dans l'extrême nord. Les bulbes doivent être cueillis et replantés tous les deux ou trois ans. Les iris persans et espagnols appartiennent ici. Les bulbes ne donnent naissance qu'à une seule tige.

Lily .-Sous ce nom sont incluses des plantes bulbeuses de toutes sortes, qui ne sont pas toutes de vrais lys. On a dit de cette famille de plantes qu'elle n'avait pas de « parents pauvres », chacun étant parfait en soi. La plupart des espèces les plus raffinées sont relativement inconnues, bien que faciles à cultiver. En fait, tous les lys peuvent être cultivés avec une relative facilité dans les régions où les espèces données sont rustiques.

Un sol léger, fertile, bien drainé, moelleux jusqu'à une profondeur d'au moins un pied, une poignée de sable sous chaque bulbe si le sol a tendance à être raide, et une plantation de manière à ce que la couronne du bulbe soit d'au moins 4 cm. pouces sous la surface, sont les exigences générales. Une exception à la profondeur de plantation est *le Lilium auratum*, ou lys à bandes dorées. Celui-ci doit être planté plus profondément - de 8 à 12 pouces sous la surface - car les nouveaux bulbes se forment sur l'ancien et ramènent rapidement les bulbes à la surface s'ils ne sont pas plantés profondément. Un travail du sol en profondeur est toujours souhaitable ; 18 pouces, voire 2 pieds, ne seront pas trop profonds. *L candidum* et *L testaceum* doivent être plantés en août ou septembre, si possible ; mais les lys sont généralement plantés en octobre et novembre.

Pour tous les lis, il est plus sûr d'assurer une bonne protection hivernale sous forme d'un paillis de feuilles ou de fumier, et s'étendant au-delà des limites de la plantation. Cela devrait avoir une profondeur de 5 pouces à un pied, selon la latitude ou la localité.

Bien que la plupart des lis profitent de l'ombre partielle (sauf *L candidum*), ils ne doivent jamais être plantés à proximité ou sous les arbres. L'ombre ou la protection des plantes herbacées hautes sont suffisantes. En fait, les meilleurs résultats, tant en termes de croissance que d'effet, peuvent être obtenus en plantant parmi des arbustes bas ou des plantes de bordure.

La plupart des espèces sont meilleures pour rester tranquilles pendant plusieurs années ; mais s'ils doivent être repris et divisés, ou déplacés vers d'autres quartiers, il ne faut pas les laisser sécher. Les petits bulbes, ou rejets, peuvent être plantés en bordure et, s'ils sont protégés, atteindront la taille de floraison en deux ou trois ans. En prélevant les bulbes pour les diviser, il est préférable de le faire peu de temps après la mort des sommités après la floraison. Cela devrait au moins être fait au début de l'automne, au plus tard en octobre, pour donner aux plantes une chance de s'établir avant le gel.

Comme plantes en pot, certaines espèces de lys sont très satisfaisantes, en particulier celles qui peuvent fleurir pendant l'hiver. Les meilleures espèces à cet effet sont *L. Harrisii* (lys de Pâques), *L. longiflorum* et *L. candidum*. D'autres peuvent être forcés avec succès, mais ce sont ceux-là qui sont les plus généralement utilisés. La culture hivernale pour le forçage est pratiquement la même que pour les jacinthes en pot.

Certaines des meilleures espèces de lys sont mentionnées ci-dessous : -

L. candidum (Lis de l'Annonciation). Blanc; 3 à 4 pieds de haut ; il pousse en automne et doit donc être planté en août ; placez les ampoules de 4 à 6 pouces de profondeur.

L. speciosum (*L. lancifolium*), var. *précox* . Blanc, teinté de rose ; porte plusieurs fleurs sur une tige d'environ 3 pieds de haut.

L. speciosum , var. *rubrique* . Couleur rose, tachetée de rouge.

L. Brownii . Fleurs blanches à l'intérieur, couleur chocolat à l'extérieur ; les tiges atteignent environ 3 pieds de haut et portent de 2 à 4 fleurs tubulaires ; pas difficile à gérer avec une bonne protection et un bon drainage ; les bulbes sont impatients de rester longtemps hors de terre ; après la plantation, il ne faut pas les déranger tant qu'ils fleurissent bien.

L. maculatum (L. Hansoni) . Jaune foncé; tiges de 3 à 4 pieds de haut, chacune produisant 6 à 12 fleurs.

L. testaceum (L. excelsum, L. Isabellinum) . Couleur chamois riche, avec des taches délicates ; plantes d'environ 3 à 5 pieds de haut, avec 3 à une douzaine de fleurs sur une tige ; plantez les bulbes en septembre.

L. longiflorum . Blanc; grandes fleurs tubulaires, 2 à 8 sur une tige ; hauteur, environ 2-1/2 pieds.

L. Batemanniae (une forme de *L. elegans*). Jaune abricot; 6 à 12 fleurs sur des tiges de 3 à 4 pieds de haut.

L. auratum (lys japonais à bandes dorées). Immenses fleurs blanches rubanées de jaune et parsemées de rouge ou de violet, au nombre de 3 à 12 sur une tige ; hauteur, 3 à 4 pieds ; les bulbes ont besoin d'une protection complète, d'un bon drainage et doivent être plantés à 10 ou 12 pouces de profondeur (Fig. 258).

L. tigrinum (lys tigre). Un vieux favori, avec de nombreuses fleurs tombantes tachetées de rouge vif ; var. *splendens* est particulièrement bon; 3 à 5 pieds.

L. tenuifolium . De riches fleurs écarlates penchées en grappe ou en panicule ; 1-1/2 à 2 pieds.

L. Maximowiczii (L. Leichtlinii) . Fleurs jaune clair, avec de petites taches sombres, au nombre de 10 à 12 sur une tige ; hauteur, 4 pieds.

L. monadelphum . Fleurs jaunes de forme tubulaire en grappes de 6 à une douzaine ou plus ; tiges de 2-1/2 pieds de haut.

L. elegans (L. Thunbergianum), var. *Alice Wilson* . Jaune citron; tiges de 2 pieds de haut, portant 2 à 8 fleurs.

L. elegans , var. *fulgens atrosanguineum* . Pourpre foncé ; hauteur, 1 pied.

Muguet .—Une petite plante vivace parfaitement rustique, portant des grappes de petites fleurs blanches en forme de cloche au début du printemps ; et aussi beaucoup forcé par les fleuristes.

Pour la culture ordinaire, des mottes de terre ou des tapis de racines peuvent être creusés dans n'importe quel endroit où la plante est colonisée. Habituellement, il prospère mieux à l'ombre partielle ; et les feuilles forment un joli tapis sur le côté nord d'un bâtiment, ou dans tout autre endroit ombragé, dans lequel l'herbe ne poussera pas. Les plantes prendront soin d'elles-mêmes année après année. De meilleurs résultats peuvent être attendus de bonnes racines commerciales. Les « pépins » peuvent être plantés à tout moment à partir de novembre, espacés de 3 à 6 pouces.

Pour forcer à l'intérieur, des racines ou « pépins » importés sont utilisés, car les plantes sont cultivées à cet effet particulier dans certaines parties de l'Europe. Ces racines peuvent être plantées en pots et traitées comme recommandé pour les bulbes à floraison hivernale. Les fleuristes les forcent cependant à une chaleur plus élevée, leur donnant souvent une chaleur de fond de 80° ou 90° ; mais des compétences et de l'expérience sont nécessaires pour obtenir dans ce cas des résultats uniformément bons.

Mignonette .—Probablement aucune fleur n'est plus généralement cultivée pour son parfum que la mignonette. C'est une plante annuelle semi-rustique, qui prospère soit en plein air, soit sous verre.

La réséda a besoin d'un sol frais, moyennement riche, d'ombre une partie de la journée et d'une attention particulière à couper les tiges florales avant que les graines ne soient mûres. Si un semis est effectué fin avril, suivi d'un second semis début juillet, la saison peut être prolongée jusqu'à de fortes gelées. Il y a peu de fleurs qui s'avéreront aussi décevantes si le simple traitement dont elles ont besoin est omis. Hauteur, 1 à 2 pieds.

Il peut être semé en pot à la fin de l'été et conservé à la maison en hiver.

Les fleurs de lune sont des espèces de la famille des gloires du matin qui ouvrent leurs fleurs la nuit. Une plante bien cultivée, dressée sur un treillis de porche, ou laissée pousser au hasard sur un arbre ou un arbuste bas, est un objet frappant lorsqu'elle est en pleine floraison au crépuscule ou pendant une soirée au clair de lune. Dans les États du Sud (où on la cultive beaucoup), la fleur de lune est une plante vivace, mais même bien protégée, elle ne survit pas aux hivers du Nord.

Les boutures donnent généralement de meilleurs résultats dans les États du Nord, car les saisons ne sont pas assez longues pour que les plants à graines donnent une bonne floraison. Les boutures peuvent être faites avant le risque de gel et hivernées dans la maison, ou les plantes peuvent être cultivées à partir de graines semées en janvier ou février. Les graines doivent être échaudées ou limées juste avant le semis.

La vraie fleur de lune est *Ipomœa Bona-Nox* à fleurs blanches ; mais il en existe d'autres espèces qui portent ce nom. Cela pousse de 20 à 30 pieds là où les saisons sont suffisamment longues.

Narcisse (voir *Bulbes*). — Les jonquilles, les jonquilles et le narcisse du poète appartiennent tous à ce groupe, et beaucoup d'entre eux sont parfaitement rustiques. La section polyanthus, qui comprend le narcisse blanc papier et le lys sacré ou la fleur d'joss chinois, ne sont pas rustiques sauf avec une protection exceptionnellement bonne et sont donc plus adaptées à la culture en intérieur.

Il est courant de laisser les espèces rustiques prendre soin d'elles-mêmes une fois plantées. C'est ce qu'ils feront, mais des résultats bien plus satisfaisants seront obtenus en soulevant et en divisant les touffes tous les trois ou quatre ans. Un seul bulbe forme en quelques années une grosse touffe. Dans ces conditions, les bulbes ne sont pas correctement nourris et ne fleurissent donc pas bien. Le relevage s'effectue de préférence en août ou septembre, lorsque le feuillage est mort et que les bulbes sont mûrs.

Les narcisses conviennent bien aux endroits partiellement ombragés et pousseront et plairont partout où le bon goût les placera. Ils doivent être utilisés librement, car ils sont parfumés, de couleurs vives et faciles à gérer : ils poussent parmi les arbustes, les arbres et dans des endroits où d'autres fleurs refuseraient de pousser. Ils doivent être plantés en touffes ou en masses, en septembre ou octobre, en espaçant les bulbes de 5 à 8 pouces, selon la taille, et de 3 ou 4 pouces de profondeur.

On y cultive plusieurs espèces et d'innombrables variétés, doubles et simples. Quelques bons types seulement peuvent être mentionnés (Fig. 260) : -

Jonquilles, ou Narcisse trompette (Narcisse Pseudo-Narcisse et dérivés).

Fleur unique, jaune. —Golden Spur, Trumpet Major, Van Sion.

Blanc .—Albicans.

Blanc et jaune .—Impératrice, Horsefieldi.

Double floraison, jaune .—Incomparable fl. pl., Van Sion.

Blanc .—Alba plena odorata.

Narcisse du poète (N. poeticus). Fleurs blanches, à coupes jaunes bordées de pourpre. Très parfumé.

Jonquilles (N. Jonquilla). Ceux-ci ont des fleurs jaunes très parfumées, doubles et simples, et sont de vieux favoris du jardin.

Narcisse Polyanthus (N. Tazetta). Il s'agit notamment du lys sacré chinois (var. *orientalis*), blanc comme du papier, et d'autres.

Primevère sans égal (N. biflorus).

Les narcisses peuvent être forcés à fleurir tout au long de l'hiver, comme décrit à la p. 345. Une variété populaire pour la floraison hivernale est ce qu'on appelle le lys sacré chinois. Cela pousse dans l'eau sans aucun sol. Fixez un bol ou un plat en verre, environ trois fois la taille de l'ampoule ; mettez de jolies pierres au fond ; mettre dans le bulbe et construire autour de lui avec des pierres afin de le maintenir rigide lorsque les feuilles auront poussé; placez deux ou trois petits morceaux de charbon de bois parmi les pierres pour garder l'eau douce, puis remplissez le plat d'eau et ajoutez-en un peu tous les quelques jours, au fur et à mesure qu'il s'évapore. Placez le plat dans un endroit chaud et lumineux. Dans environ six semaines, les fines fleurs blanches parfumées rempliront la pièce de parfum. Le Paper-white, étroitement allié à celui-ci, est également forcé et est l'un des rares bons bulbes qui peuvent fleurir avant Noël. Les Van Sions, simples et doubles (une forme de jonquille), sont également très forcés.

Laurier-rose. —Un vieil arbuste préféré pour le jardin-fenêtre, et beaucoup planté dans l'extrême sud ouvert.

Bien qu'il existe de nombreuses variétés nommées de laurier-rose, deux sont souvent observées en culture générale. Ce sont les variétés communes rouges et blanches. Ces deux variétés, ainsi que les variétés nommées, sont faciles à gérer et bien adaptées à la culture domestique, poussant en pots ou en bacs pendant plusieurs années sans soins particuliers. Les spécimens bien cultivés sont très efficaces comme plantes de porche ou de pelouse, ou peuvent être utilisés à bon escient dans des plates-bandes mixtes de plantes à croissance élevée, en plongeant le pot ou le bac jusqu'au bord dans le sol. Les plantes doivent être coupées après la floraison. Ils doivent se reposer dans n'importe quel endroit à l'écart pendant l'hiver. Lorsqu'ils sont sortis au printemps, ils doivent recevoir du soleil et de l'air afin de permettre une croissance robuste.

La multiplication s'effectue en utilisant du bois bien mûr pour les boutures, placé dans un cadre serré ; ou bien les boutures peuvent être enracinées dans une bouteille ou un bidon d'eau, en prenant soin de fournir de l'eau au fur et à mesure de l'évaporation. Après avoir été enracinés, ils peuvent être mis en pot, en utilisant un sol contenant une forte proportion de sable. Les plantes bien établies peuvent être rempotées dans un bon terreau et du fumier bien décomposé. Ils devraient fleurir la deuxième année.

Oxalis .—Un certain nombre d'espèces rustiques d'oxalis sont d'excellentes plantes pour le travail des roches et les bordures. Les espèces de serre sont très voyantes, poussent sans soins particuliers et fleurissent librement à la fin de l'hiver et au printemps et certaines d'entre elles constituent d'excellents sujets de jardinage en vitrine.

Les espèces d'intérieur sont principalement augmentées de bulbes, quelques-unes par division de la racine. *O. violacea* est l'une des plantes d'intérieur les plus communes. Donnez une fenêtre ensoleillée, car les fleurs ne s'ouvrent qu'au soleil ou sous une lumière très vive. Les espèces bulbeuses (tubéreuses) sont traitées de la même manière que *les bulbes*, sauf que les bulbes ne doivent pas geler. Les tubercules sont démarrés en août ou septembre pour la floraison hivernale. Il est préférable d'utiliser des pots profonds, sinon les tubercules se jetteront. La couronne doit être proche de la surface. Après la floraison, les bulbes sont séchés et conservés jusqu'à ce qu'une nouvelle floraison soit souhaitée.

La « renoncule des Bermudes » est *O. lutea* et *O. flava* des jardins (au sens propre *O. cernua*) ; c'est une espèce du Cap de Bonne-Espérance. Sa culture n'est pas particulière.

Palmiers .—On ne trouve pas de plantes plus gracieuses pour la décoration des pièces que des spécimens bien cultivés de certaines espèces de palmiers. La plupart des palmiers des fleuristes sont bien adaptés à cet usage lorsqu'ils sont petits, et comme leur croissance est généralement très lente, une plante peut être utilisée pendant de nombreuses années.

Les palmiers prospèrent mieux à l'ombre partielle. L'une des causes fréquentes d'échec dans la culture du palmier est le surempotage et l'arrosage excessif qui en résulte. Un palmier ne doit pas être rempoté tant que la masse de racines n'a pas rempli le sol et de préférence lorsqu'il est actif ; alors un pot d'une taille seulement plus grande doit être utilisé. Utilisez un drainage suffisant au fond pour évacuer l'excès d'eau. Bien que les plantes aient besoin d'un sol humide, l'eau stagnant au niveau des racines s'avère nuisible. Refuser l'utilisation gratuite de l'eau lorsque les plantes sont partiellement dormantes.

Un sol composé de gazon bien décomposé, de moisissures foliaires et d'un peu de sable répondra aux exigences.

Dans des conditions de vie normales, les palmiers sont soumis à de nombreux abus. L'eau peut stagner dans la jardinière, la plante est conservée dans les coins et les couloirs sombres, l'air est sec et le tartre peut infester les feuilles. Si la plante commence à tomber en panne, la ménagère la rempotera probablement ou lui donnera plus d'eau, ce qui peut être une erreur dans les deux cas. L'ajout de farine d'os ou d'un autre engrais peut être préférable au rempotage. Gardez la plante sous un bon éclairage (mais pas en plein soleil) autant que possible. Épongez les feuilles pour enlever la poussière et le tartre, à l'aide de mousse de savon. Lorsqu'une nouvelle feuille commence à apparaître, ajoutez de la farine d'os pour la faire pousser vigoureusement.

Parmi les meilleurs palmiers pour la culture domestique figurent les arecas, *Cocos Weddelliana*, latania, kentia, howea, caryota, chamærops et phœnix. Cycas peut également être considéré comme un palmier.

Le palmier dattier peut être cultivé à partir de graines de datte commerciale commune. Les semences des autres variétés peuvent être achetées auprès des principaux semenciers ; mais, comme la graine ne germe que dans des conditions favorables et que le palmier est une plante à croissance très lente lorsqu'il est jeune, le meilleur plan est d'acheter les plantes chez un revendeur lorsqu'on en a besoin. Lorsque les plantes deviennent faibles ou malades, apportez-les chez un fleuriste pour traitement et récupération, ou achetez-en de nouvelles. Parfois, le fleuriste place deux ou trois petits palmiers dans un pot, ce qui en fait un morceau de table très satisfaisant pendant deux ou trois ans.

Il est bon de placer les palmiers à l'extérieur en été, en plongeant les pots presque ou complètement jusqu'au bord. Retournez ou soulevez les pots de temps en temps pour que les racines ne pénètrent pas dans la terre. Choisissez un endroit partiellement ombragé, où le soleil brûlant ne les frappera pas directement et où le vent ne les blessera pas.

Pandanus , ou pin à vis.—Les pins à vis sont des plantes à feuilles raides et à bords de scie, souvent cultivées dans les jardins de fenêtres et utilisées pour la décoration des porches.

Le *Pandanus utilis* et *le P. Veitchii* (ce dernier à feuilles rayées ou à feuilles blanches) sont extrêmement ornementaux et sont bien adaptés à la culture en maison. L'habitude de croissance singulière, les feuilles brillantes et brillantes et la capacité à résister à la poussière et à l'ombre d'une pièce d'habitation en font un ajout souhaitable à la collection de la maison.

Ils se multiplient par les pousses ou les jeunes plantes qui poussent autour de la base du tronc ; ou ils peuvent être augmentés par graines. Si l'on utilise la première méthode, les déports seront coupés et mis en sable, à une température de 65° ou 70°. Les boutures s'enracinent lentement et les plantes poussent pendant un certain temps très lentement. Le traitement culturel général est celui des palmiers. Donnez beaucoup d'eau en été.

La pensée (Fig. 244) est sans aucun doute la fleur printanière rustique la plus populaire en culture. Les variétés de graines sont nombreuses, chacune contenant de grandes possibilités.

La culture est simple et les résultats sont sûrs. Les graines semées en août ou septembre, dans des caisses ou dans un cadre, donneront des plantes suffisamment grandes pour se réinitialiser en novembre (à trois ou quatre pouces d'intervalle) et fleurir en mars suivant ; ou ils peuvent être laissés jusqu'en mars dans des lits de semences ouverts avant de partir. De plus, s'ils sont semés très finement dans les cadres, ils peuvent rester tranquilles tout l'hiver et fleurir très tôt au printemps suivant. Les cadres doivent être protégés par des nattes, des planches ou tout autre revêtement en cas de froid intense, et à mesure que le soleil gagne en force, il faut prendre soin de les empêcher de se soulever en alternant dégel et gel. Les graines semées en caisses en janvier ou février donneront de belles plantes à floraison en avril, remplaçant celles qui fleurissent plus tôt.

La pensée est généralement citée parmi les plantes adaptées à la mi-ombre, mais elle prospère également dans d'autres localités, notamment là où le soleil n'est pas très chaud ni le temps très sec. Les conditions requises pour une culture satisfaisante de la pensée sont un sol fertile, humide et frais, une protection contre le soleil de midi et une attention particulière portée à empêcher les plantes de monter en graines. À mesure que le sol se réchauffe, un paillis de moisissure des feuilles ou tout autre matériau léger doit être étalé sur le lit pour retenir l'humidité et exclure la chaleur. Le printemps et l'automne donnent la meilleure floraison. Par temps chaud d'été, les fleurs deviennent petites.

Pélargonium. —À ce genre appartiennent les plantes connues sous le nom de géraniums, les plus satisfaisantes des plantes d'intérieur et largement utilisées comme plantes à massifs. Aucune plante ne donnera de meilleurs rendements en feuilles et en fleurs ; et ces caractéristiques, ajoutées à la facilité de propagation, en font les favoris généraux. Le géranium commun est l'une des rares plantes pouvant fleurir à tout moment de l'année.

Il existe plusieurs groupes principaux de pélargoniums, comme les «géraniums poissons» communs (à cause de l'odeur du feuillage), les pélargoniums «d'exposition» ou Lady Washington, les géraniums lierre, les massifs à feuilles minces (comme Madame Salleroi) et les géraniums « roses ».

Les boutures de bois partiellement mûri de tous les pélargoniums s'enracinent très facilement, atteignent rapidement leur taille de floraison et, plantées ou cultivées en pot, constituent de belles décorations. Les géraniums communs ou poissons donnent beaucoup plus de satisfaction lorsqu'ils ne dépassent pas un an. Prélevez des boutures sur les vieilles plantes au moins une fois par an. Au bout de quatre ou cinq mois, les jeunes plants commencent à fleurir. Les plantes peuvent être récoltées dans le jardin et mises en pot, mais elles donnent rarement autant de satisfaction que les sujets jeunes et vigoureux ; de nouvelles plantes devraient être cultivées chaque année. Rempotez fréquemment jusqu'à ce qu'ils soient dans des pots de 4 à 5 pouces ; puis laissez-les fleurir.

Les pélargoniums d'exposition n'ont qu'une seule période de floraison, généralement en avril, mais ils varient en taille et en couleur. Cette section est plus difficile à gérer comme plante d'intérieur que le géranium commun, nécessitant plus de lumière directe pour la garder trapue et étant gênée par les insectes. Pourtant, tous les efforts déployés pour faire pousser les plantes seront bien récompensés par les belles fleurs. Faites des boutures à la fin du printemps, après la floraison, et des plantes en fleurs pourront être obtenues l' année suivante. De bons résultats sont parfois obtenus en gardant ces plantes deux ou trois ans. Réduisez après chaque saison de floraison.

Pour la culture en intérieur, les géraniums ont besoin d'un terreau fertile et fibreux, additionné d'un peu de sable ; un bon drainage est également essentiel.

Pivoine. —La pivoine herbacée a depuis longtemps sa place dans le jardin ; elle a maintenant été beaucoup améliorée et constitue l'une des meilleures plantes connues en culture. Il est parfaitement rustique et exempt des nombreuses maladies et insectes qui attaquent tant de plantes. Il continue de fleurir année après année sans renouvellement, si le sol est bien préparé et fertile. Figure 250.

Dans la mesure où la pivoine pousse très bien et produit de nombreuses fleurs énormes, elle doit disposer d'un sol capable de fournir une humidité et une nourriture végétale abondantes. Les variétés anciennes à fleurs simples et semi-doubles, à fleurs relativement petites, donneront de bons résultats dans n'importe quel terrain ordinaire, mais les variétés plus récentes, très améliorées, doivent recevoir un meilleur traitement. C'est une des plantes qui profite d'un sol très riche. L'endroit doit être labouré très profondément ou bien creusé de tranchées ; et si le terrain est en gazon ou n'est pas de bon cœur, la préparation doit commencer la saison avant la plantation des pivoines. Un terreau profond et humide leur convient le mieux ; et à mesure que les plantes grandissent et fleurissent, ajoutez de la farine d'os et recouvrez de fumier. Lors de leur croissance et de leur floraison, il ne faut pas leur permettre de manquer d'eau.

Lorsque vous achetez des racines de pivoine, veillez à ne vous procurer que des plants bien cultivés et sélectionnés. Les actions bon marché, les lots de travaux et les bric-à-brac seront probablement très décevants.

Les plants peuvent être plantés à l'automne ou au printemps, ce dernier étant préférable dans le Nord. Couvrez le bourgeon de la couronne de 2 ou 3 pouces, en prenant soin de ne pas le blesser. Si les meilleures fleurs sont souhaitées, donnez suffisamment d'espace, jusqu'à 3 x 4 pieds. Les pivoines atteignent 2 à 3 pieds de hauteur, voire plus. Les racines fortes de certaines variétés donneront la floraison la première année ; une floraison considérable viendra la deuxième année; mais la pleine floraison de la plupart des variétés ne devrait pas être attendue avant la troisième année. Les fleurs peuvent être éclaircies et leur durée prolongée par une ombre partielle pendant la floraison.

Si les vieilles plantes s'affaiblissent ou si elles perdent leurs bourgeons, déterrez-les et voyez si les racines ne sont pas plus ou moins mortes et pourries ; diviser en parties fraîches et replanter dans un sol bien enrichi ; ou acheter de nouvelles plantes.

Les pivoines se multiplient par division des racines au début de l'automne, en laissant un œil solide à chaque pièce.

La pivoine a du mérite pour son feuillage ainsi que pour sa floraison, particulièrement lorsque le sol est riche et la végétation luxuriante. Cette valeur de la plante est souvent négligée. La pivoine mérite sa popularité.

Phlox .—Les phlox de jardin sont de deux sortes, annuelles et vivaces. Les deux sont les plus précieux.

À l'exception du pétunia, aucune plante ne donnera une floraison aussi abondante avec aussi peu de soins que le phlox annuel *(Phlox Drummondii)*. Pour des couleurs claires et brillantes, ses nombreuses variétés sont certainement inégalées. Les espèces naines sont les plus recherchées pour les massifs en ruban, car elles ne sont pas si « aux longues jambes ». Il y a des blancs, des roses, des rouges et des panachés du plus éclatant éclat. Les nains atteignent dix pouces de haut et fleurissent continuellement. Placez-les à 8 pouces de distance dans un bon sol. Les graines peuvent être semées en pleine terre en mai, ou pour les plants précoces, en serre en mars. Ils peuvent être semés à proximité de l'automne s'ils sont semés très tard, de sorte que les graines ne germeront qu'au printemps.

Le phlox vivace des jardins a été développé à partir des espèces indigènes *Phlox paniculata* et P. *maculata* . Les formes de jardin sont souvent connues collectivement sous le nom de *P. decussata* . Ces dernières années, le phlox vivace a été considérablement amélioré et il constitue désormais l'un des meilleurs sujets de jardin fleuri. Il atteint trois pieds de haut et porte une profusion de fines fleurs en lourdes fermes du milieu de l'été à l'automne. Figues. 246, 248.

Le phlox vivace est de culture facile. Le point important est que les plantes commencent à ne plus fleurir au mieux vers la troisième année et qu'elles risquent de devenir malades ; et de nouvelles plantations doivent être faites si l'on souhaite les fleurs les plus fortes. Les plantes peuvent être ramassées à l'automne, les racines divisées et nettoyées des parties mortes et faibles, et les morceaux replantés. Cependant, le débutant aura généralement plus de satisfaction en achetant de nouvelles plantes cultivées en boùtures. Ce phlox se propage facilement par graines, et si l'on ne se soucie pas de perpétuer la variété particulière, on trouvera beaucoup de satisfaction à cultiver des plants. Certaines variétés « se réalisent » à partir de graines avec une assez grande régularité. Les semis devraient fleurir la deuxième année.

Toute terre de jardin fertile devrait produire un bon phlox vivace. Assurez-vous que les plantes n'ont pas besoin d'eau ou de nourriture végétale au moment de la floraison. Le fumier liquide aidera souvent à les maintenir en vie. S'ils risquent de manquer d'eau pendant la floraison, mouillez bien le sol tous les soirs.

Si les pousses principales sont pincées au début de la saison, puis à nouveau au milieu de l'été, la floraison aura lieu plus tard, peut-être en septembre plutôt qu'en juillet.

Les primevères , ou primevères, sont de diverses sortes, certaines étant des plantes de bordure, mais surtout connues dans ce pays comme sujets de serre et de jardin de fenêtre. L'un d'eux est l'oreillette. La primevère vraie ou anglaise est l'une des plantes rustiques de bordure ; aussi les plantes communément appelées polyanthus.

Les primevères rustiques communes (ou polyanthus et formes apparentées) atteignent 6 à 10 pouces de haut, envoyant des grappes de fleurs jaunes et rouges au début du printemps. Propagé par division ou par graines semées un an avant que les plantes ne soient désirées. Donnez-leur un sol plutôt humide.

La primevère du jardin d'hiver est principalement la *P. Sinensis* (primrose chinoise), très cultivée par les fleuristes comme plante de Noël. À l'exception des variétés doubles complètes, elle est généralement cultivée à partir de graines. Il existe une forme unique populaire connue sous le nom de *P. stellata* . Les graines de primevères chinoises semées en mars ou avril donneront de grandes plantes à fleurs en novembre ou décembre, si les jeunes plants sont déplacés dans des pots plus grands selon les besoins. La graine doit être semée sur la surface plane du sol, composée à parts égales de limon, de terreau et de sable. La graine doit être légèrement pressée et le sol arrosé soigneusement pour éviter que la graine ne soit entraînée dans le sol. De la sphaigne très fine peut être tamisée sur les graines ou la boîte placée dans un endroit humide, où le sol restera humide jusqu'à ce que les graines germent. Lorsque les plantes sont suffisamment grandes, elles doivent être mises en pot séparément ou repiquées dans des boîtes peu profondes. Des rempotages ou des transplantations fréquents doivent être effectués jusqu'en septembre, date à laquelle ils doivent être dans les pots dans lesquels ils doivent fleurir. Les deux éléments essentiels à une croissance réussie pendant l'été chaud sont l'ombre et l'humidité. Hauteur, 6 à 8 pouces. Floraison en hiver et au printemps.

Actuellement, le « bébé primevère » (*Primula Forbesi*) est populaire. Il est traité essentiellement de la même manière que le Sinensis. L'obconica (*P. obconica*) sous plusieurs formes est une plante populaire chez les fleuristes, mais elle n'est pas très utilisée dans les jardins avec fenêtres. Les poils empoisonnent les mains de certaines personnes. Culture pratiquement comme pour *P. Sinensis* .

Toutes les primevères sont impatientes d'une atmosphère sèche et de conditions fluctuantes.

Les rhododendrons sont des arbustes à feuilles persistantes à feuilles larges qui sont admirablement adaptés pour produire de forts effets de plantation. Certains d'entre eux sont rustiques dans les États du Nord.

Les rhododendrons nécessitent un sol fibreux ou tourbeux et une protection contre les vents maussades et les soleils éclatants en été comme en hiver. Une exposition au nord ou un peu ombragée, pour atténuer la force du soleil de midi, est conseillée ; mais ils ne devraient pas être plantés là où de grands arbres saperaient la fertilité et l'humidité du sol. Ils se protègent mutuellement s'ils sont cultivés en masse et produisent également de meilleurs effets de plantation.

XIX. Pyracantha en fruit. Une des meilleures plantes ornementales à fruits pour les latitudes moyennes et plus douces.

Ils nécessitent une terre profonde et fibreuse, et on suppose qu'ils ne prospèrent pas dans les sols calcaires ou là où les cendres de bois sont librement utilisées. Si les rhododendrons réussissent parfois sans préparation particulière du terrain, il convient d'y apporter une attention particulière. Il est bon de creuser un trou de 2 ou 3 pieds de profondeur et de le remplir de terre composée de moisissures de feuilles, de gazon bien décomposé et de tourbe. L'approvisionnement en humidité ne devrait jamais manquer, car ils souffrent de la sécheresse. Ils doivent être paillés été comme hiver. Plantez au printemps.

Les formes de jardin rustiques sont des dérivés du *Rhododendron Catawbiense* , du sud des Appalaches. Le Pontica et les autres formes ne sont pas rustiques dans le Nord.

Le « grand laurier » du nord des États-Unis est *le Rhododendron maximum* . Cette espèce a été largement colonisée sur de vastes terrains en étant retirée de la nature dans des lots de wagons entiers. Lorsque les conditions indigènes sont imitées, cela donne une plantation de masse exceptionnellement bonne. Comme tous les rhododendrons, il craint la sécheresse, les sols durs et l'exposition totale au soleil de midi. Cette espèce est appréciée pour son feuillage et son port plus que pour sa floraison. La forme sauvage de *R. Catawbiense* est également transférée dans les sols en grande quantité.

Rose .—Aucune propriété n'est complète sans roses. Il existe tellement de types et de classes que des variétés peuvent être trouvées pour presque tous les usages, des sujets grimpants ou piliers aux thés très parfumés, en passant par de superbes hybrides perpétuels, des massifs à floraison libre et de bons sujets à feuillage pour les arbustes. Il n'y a pas de fleur dans la culture de laquelle on développe si rapidement le tempérament et le goût du connaisseur.

Les roses sont essentiellement des sujets de jardins fleuris plutôt que des sujets de pelouse, puisque les fleurs sont leur principale beauté. Pourtant, le feuillage de la plupart des rosiers très développés est beau et attrayant lorsque les plantes sont bien développées. Pour obtenir les meilleurs résultats avec les roses, elles doivent être placées seules dans un lit, où elles peuvent être labourées, taillées et bien entretenues, comme le sont les autres plantes de jardin fleuri. Les rosiers de jardin ordinaires doivent rarement être cultivés dans des bordures mixtes d'arbustes. Il est généralement plus satisfaisant de faire des plates-bandes d'une seule variété plutôt que de les mélanger avec plusieurs variétés.

Si l'on souhaite placer des rosiers dans des bordures d'arbustes mixtes, il convient de choisir les types simples et informels. Le meilleur de tous est *Rosa rugosa* . Il a non seulement des fleurs attrayantes pendant la majeure partie de la saison, mais il a également un feuillage très intéressant et un port frappant. La grande profusion de poils et d'épines lui confère un caractère individuel et fort. Même sans les fleurs, il est précieux d'ajouter du caractère et de donner du caractère à une masse de feuillage. Le feuillage n'est pas attaqué par les insectes ou les champignons, mais reste vert et brillant toute l'année. Le fruit est également très gros et voyant, et persiste sur les buissons tout au long de l'hiver. Certaines roses sauvages se prêtent également très bien au mélange dans les masses de feuillage, mais, en règle générale, leurs caractéristiques foliaires sont plutôt faibles et elles sont susceptibles d'être attaquées par les thrips.

Il existe tellement de classes de roses que le futur planteur risque d'être confus s'il ne sait pas de quoi il s'agit. Différentes classes nécessitent un traitement différent. Certains d'entre eux, comme les thés et les hybrides perpétuels (ces derniers également appelés remontants), fleurissent à partir de nouvelles cannes ; tandis que le rugosa, l'autrichien, le jaune d'Harrison, les bruyères douces et quelques autres sont des buissons et ne se renouvellent pas chaque année à partir de la couronne ou de la base des cannes.

Les rosiers d'extérieur peuvent être divisés en deux grands groupes en ce qui concerne leur mode de floraison :

(1) Les floraisons continues ou intermittentes, comme les hybrides perpétuels (florissant principalement en juin), les bourbons, les thés, les rugosa, les thés et thés hybrides étant les plus continus en floraison ;

(2) ceux qui fleurissent une seule fois, en été, comme l'Autriche, l'Ayrshire, les bruyères odorantes, les prairies, les Cherokee, les Banksian, les provence, la plupart des roses mousse, les damassés, les multiflores, les polyantha et les mémorial *(Wichuraiana)*. Des races à floraison « perpétuelle » ou à floraison récurrente ont été développées dans l'Ayrshire, la mousse, le polyantha et d'autres.

Si les roses apprécient une exposition ensoleillée, notre atmosphère sèche et nos étés chauds mettent parfois à rude épreuve les fleurs, tout comme les vents hivernaux violents sur les plantes. Bien qu'il ne soit donc jamais conseillé de planter des rosiers à proximité de grands arbres, ou là où ils seront éclipsés par des bâtiments ou des arbustes environnants, un peu d'ombre pendant la chaleur de la journée sera un avantage. La meilleure position est un versant est ou nord, et là où des clôtures ou d'autres objets briseront la force des vents forts, dans les sections où de tels vents prédominent.

Les rosiers doivent être soigneusement ramassés tous les quatre ou cinq ans, les sommités et les racines coupées, puis replacées, soit dans un nouvel endroit, soit dans l'ancien, après avoir enrichi le sol avec un nouveau apport de fumier et l'avoir profondément bêche . Aux Pays-Bas, les roses peuvent rester debout environ huit ans. Ils sont ensuite retirés et leurs places remplies de jeunes plants.

Sol et plantation de roses .

Le meilleur sol pour les roses est un loam argileux profond et riche. S'il présente un caractère plus ou moins fibreux du fait de la présence de racines d'herbe, comme c'est le cas d'un terrain engazonné fraîchement labouré, tant mieux. Bien que cela soit souhaitable, n'importe quel sol ordinaire répondra, à condition qu'il soit bien fumé. Le fumier de vache est solide et durable et n'a aucun effet chauffant. Il ne causera aucun dommage, même s'il n'est pas pourri. Le fumier de cheval, cependant, doit être bien décomposé avant d'être mélangé à la terre. Le fumier peut être mélangé au sol à raison d'une partie sur quatre. Cependant, s'il est bien pourri, une plus grande quantité ne causera aucun dommage, car le sol ne peut guère être rendu trop riche, en particulier pour les roses à floraison permanente (hybrides de thé). Il faut veiller à bien mélanger le fumier avec la terre et à ne pas planter les roses contre le fumier.

Lors de la plantation, il faut veiller à éviter d'exposer les racines au séchage du soleil et de l'air. Si des plantes dormantes cultivées en plein champ ont été achetées, toutes les racines cassées et meurtries devront être coupées doucement et carrément. Les sommets devront également être coupés. La coupe doit toujours être faite juste au-dessus d'un bourgeon, de préférence sur le côté extérieur de la canne. Les espèces à forte croissance peuvent être réduites d'un quart ou de moitié, selon qu'elles ont de bonnes ou de mauvaises racines. Les variétés à croissance plus faible, comme la plupart des roses à floraison constante, devraient être coupées le plus sévèrement. Dans les deux cas, il est préférable d'éliminer d'abord la croissance faible. Les plantes sorties de pots n'auront généralement pas besoin d'être coupées.

Les rosiers rustiques, en particulier les plantes robustes cultivées en plein champ, devraient être plantés au début de l'automne si possible. Il est préférable de les sortir dès qu'ils ont perdu leur feuillage. Sinon, ils peuvent être plantés au début du printemps. À cette époque-là, il est conseillé de les planter dès que le sol est suffisamment sec et avant que les bourgeons aient commencé à pousser. Les plantes en pot dormantes peuvent également être plantées tôt, mais elles doivent être parfaitement inactives. Il est préférable de les planter tôt dans cet état plutôt que d'attendre qu'ils soient en feuillage et en pleine floraison, comme l'exigent si souvent les acheteurs. Les plantes en pot en croissance peuvent être plantées à tout moment au printemps une fois le risque de gel écarté, ou même pendant l'été, si elles sont arrosées et ombragées pendant quelques jours.

Les plantes en pleine terre doivent être placées à peu près aussi profondément qu'elles se trouvaient auparavant, à l'exception des plantes bourgeonnées ou greffées, qui doivent être placées de manière à ce que l'union du porte-greffe et du greffon soit de 2 à 4 pouces sous la surface du sol. Les plantes en pots peuvent également être placées un pouce plus profondément qu'elles ne se trouvaient dans les pots. Le sol doit être friable.

Les roses doivent avoir un sol compacté immédiatement autour de leurs racines ; mais il faut faire la distinction entre planter des roses et installer des poteaux de clôture. Plus le sol est sec, plus il peut être pressé fermement.

D'une manière générale, on peut dire que les roses sur leurs propres racines s'avéreront plus satisfaisantes pour le grand public que les plants greffés. Sur les plants à racines propres, les drageons ou les pousses provenant du dessous de la surface du sol seront de la même espèce, tandis que sur les rosiers en boutons, il y a un risque que le porte-greffe (généralement Manetti ou églantier) commence à pousser et, sans être découvert, devenir trop grand pour le bourgeon, en prendre possession et finalement tuer la croissance la plus faible. Néanmoins, si les plantes sont plantées suffisamment profondément pour empêcher les bourgeons adventifs de la souche de démarrer et que le cultivateur est vigilant, cette difficulté est réduite au minimum. Il ne fait aucun doute que des roses plus belles peuvent être cultivées qu'à partir de plantes sur leurs propres racines, résistant à la chaleur de l'été américain, si le cultivateur prend les précautions appropriées.

Taille des rosiers .

Lors de la taille des rosiers, déterminez s'ils fleurissent sur des tiges émergeant chaque année du sol ou près du sol, ou s'ils forment des sommités vivaces ; Cela permet également de savoir clairement si une abondance de fleurs est souhaitée pour des effets de jardin ou si de grandes fleurs de spécimens sont souhaitées.

Si l'on taille les roses hybrides perpétuelles ou remontantes (qui sont maintenant les roses de jardin communes), il coupe toutes les tiges très vigoureuses, peut-être la moitié de leur longueur, immédiatement après la floraison de juin afin de produire de nouvelles pousses fortes pour l'automne. floraison, et aussi pour faire de bons fonds pour la floraison de l'année suivante. Cependant, une taille estivale très sévère est susceptible de produire une croissance feuillue trop importante. À l'automne, toutes les cannes peuvent être raccourcies à 3 pieds, quatre ou cinq des meilleures cannes étant laissées à chaque plante. Au printemps, ces cannes sont à nouveau coupées en bois frais, laissant peut-être quatre ou cinq bons bourgeons sur chaque canne ; de ces bourgeons doivent naître les cannes fleuries de l'année. Si l'on souhaite obtenir moins de fleurs, mais de la meilleure taille et de la meilleure qualité, on peut laisser moins de cannes et seulement deux ou trois nouvelles pousses peuvent jaillir de chacune d'elles au printemps suivant.

La règle pour tailler tous les rosiers à canne est de *couper sévèrement les variétés à croissance faible ; producteurs modérément forts* .

Les rosiers grimpants et piliers n'ont besoin que de branches faibles et de pointes raccourcies. Les autres espèces rustiques devront généralement être coupées d'environ un quart ou un tiers, selon la vigueur des branches, soit au printemps ou à l'automne.

Les rosiers de thé à floraison permanente ou hybrides devront être débarrassés de tout le bois mort au moment de leur découverte au printemps. Une certaine taille pendant l'été est également utile pour favoriser la croissance et la floraison. Les branches plus fortes qui ont fleuri peuvent être coupées de moitié ou plus.

Les bruyères douces, les autrichiennes et les rugosas peuvent être conservées sous forme de buisson ; mais les troncs peuvent être coupés au ras du sol tous les deux ou trois ans, après avoir laissé apparaître de nouvelles pousses entre-temps. Toutes les excroissances rampantes doivent être réduites ou supprimées.

Insectes et maladies des roses .

La plupart des insectes estivaux qui dérangent le rosier sont mieux traités par un puissant jet d'eau claire. Cela devrait être fait tôt dans la journée et à nouveau le soir. Ceux qui disposent de l'eau de ville ou de bonnes pompes de pulvérisation trouveront que c'est une méthode simple pour contrôler les ravageurs des roses. Ceux qui ne disposent pas de ces installations peuvent utiliser du savon à l'huile de baleine, de l'huile de sapin, de la bonne mousse de savon, des préparations à base de tabac ou de la poudre d'insectes persans.

La punaise des roses ou le hanneton doit être cueilli à la main ou jeté tôt le matin dans une casserole d'huile de charbon. L'enrouleuse doit être écrasée.

Les moisissures sont contrôlées par les différentes pulvérisations de soufre.

Protection hivernale des roses .

Tous les rosiers de jardin doivent être bien paillés avec des feuilles ou du fumier grossier à l'automne. Un monticule de terre autour de la racine offre également une excellente protection. Il est également recommandé de se pencher sur les sommets et de se couvrir d'herbe ou de branches à feuilles persistantes pour les espèces soupçonnées d'être blessées par l'hiver ; les branches sont préférables car elles n'attirent pas les souris.

Au nord de la rivière Ohio, toutes les roses à floraison permanente, même si elles supportent l'hiver sans protection, seront mieux protégées. Celle-ci peut être légère vers le sud, mais elle devrait être complète vers le nord. Le sol, l'emplacement et l'environnement déterminent souvent l'étendue de la protection. Si la situation n'est pas aussi favorable, davantage de protection sera nécessaire. Le long de l'Ohio, un tas de fumier stable, ou de terre légère qui ne se tasse pas et ne se gorge pas d'eau, placé autour de la base des plantes, emportera de nombreuses roses thé. Les sommets sont tués; mais les plantes poussent à la base des vieilles branches au printemps. Bon Silène, Etoile de

Lyon, Perle des Jardins, Mme. Camille et d'autres y hivernent volontiers de cette façon.

À propos de Chicago (*American Florist*, x., No. 358, p. 929, 1895), les plates-bandes ont été protégées avec succès en pliant les sommets, en les fixant, puis en plaçant sur et parmi les plantes une couche de feuilles mortes jusqu'à la profondeur de un pied. Les feuilles doivent être sèches, et le sol aussi, avant de les appliquer ; c'est très essentiel. Après les feuilles, une couche de tontes de gazon, la plus haute au milieu et de 4 à 5 pouces d'épaisseur, placée sur les feuilles, les maintient en place et évacue l'eau. Cette protection s'étend aux variétés de roses à floraison persistante les plus rustiques, y compris les thés. Les sommets sont tués lorsqu'ils ne sont pas pliés, mais cette protection sauve les racines et les couronnes ; une fois pliés, les sommets sont passés sans dommage. Même le rosier grimpant Gloire de Dijon traversa l'hiver 1894-1895 à Chicago sans le moindre dommage aux branches.

Des plantes robustes de roses de thé à floraison permanente ou hybrides peuvent désormais être obtenues à des prix très raisonnables, et plutôt que de se donner la peine de les protéger à l'automne, de nombreuses personnes achètent celles dont elles ont besoin pour leur literie chaque printemps. Si le sol des plates-bandes est bien enrichi, les plantes poussent rapidement et de manière luxuriante, fleurissant librement tout au long de l'été.

Si l'on veut se donner la peine, il peut protéger celles-ci ainsi que les roses de thé, même dans les États du nord, en entassant de la terre autour des plantes, puis en construisant un petit hangar ou une maison autour d'elles (ou en retournant une grande boîte dessus) et en les emballant. sur les plantes à feuilles ou à paille. Certaines personnes fabriquent des boîtes qui peuvent être démontées au printemps et stockées. Le toit devrait évacuer l'eau. Cette méthode est meilleure que d'attacher les plantes avec de la paille et des toiles de jute. Certains thés hybrides n'ont pas besoin d'autant de protection, même dans le centre de New York.

Variétés de roses .

La sélection des variétés doit être faite en fonction de la localité et du but pour lequel les roses sont recherchées. Pour les rosiers à massif, il faut choisir ceux qui fleurissent librement, même si les fleurs individuelles ne sont pas grandes. Pour les plates-bandes permanentes, les roses dites hybrides perpétuelles ou remontantes, qui fleurissent principalement en juin, se révèlent rustiques dans le Nord. — Mais si on peut les protéger convenablement pendant l'hiver, alors le Bengale, le thé, le bourbon, et des thés hybrides ou des roses à floraison permanente peuvent être sélectionnés.

Dans les zones où la température ne descend pas en dessous de 20° au-dessus de zéro, aucune des roses mensuelles vivra sans protection. Au sud, les remontants et autres rosiers à feuilles caduques ne poussent pas aussi bien que plus au nord. Les tendres grimpantes - Noisettes, thés grimpants, bengales et autres - sont excellentes pour les piliers, les tonnelles et les vérandas au sud, mais ne conviennent que pour les vérandas dans les régions du pays où il fait de fortes gelées. Pour le plein air du Nord, les rosiers grimpants dépendent principalement des grimpantes des prairies et des lianes (polyanthas), avec leurs variétés récentes roses et blanches. La *Rosa Wichuraiana* rampante est également un ajout utile comme excellente rose rustique pour les berges.

Pour les États du Nord, une petite liste de choix est la suivante : hybrides perpétuels, Mme John Laing, Wilder, Ulrich Brunner, Frau Karl Druschki, Paul Neyron ; polyanthas nains, Clothilde Soupert, Madame Norbert Levavasseur (Baby Rambler), Mlle. Cécile Brunner ; thés hybrides, Grus an Teplitz, La France, Caroline Testout, Kaiserin Victoria, Killarney ; thés, Maman Cochet Rose, Maman Cochet Blanc.

Les listes classifiées suivantes englobent certaines des variétés de mérite reconnu à diverses fins. Il en existe bien d'autres, mais il est souhaitable de limiter la liste à quelques bons types. Le futur planteur devra consulter les catalogues récents.

Roses mensuelles à floraison libre pour la literie. —Celles-ci sont recommandées non pas pour la beauté individuelle de la fleur, bien que certaines soient très fines, mais en raison de leur aptitude à l'usage indiqué. Pour être transportés pendant l'hiver en pleine terre, ils doivent être protégés au nord de Washington. Dans les massifs, il sera souhaitable de fixer les branches. Ceux marqués (A) se sont révélés rustiques dans le sud de l'Indiana sans protection, bien qu'ils soient plus satisfaisants avec celle-ci. (Le nom de la classe à laquelle appartient la variété est indiqué par la ou les premières lettres du nom de la classe : C., Chine ; T., Thé ; HT, Hybride Thé ; B., Bourbon ; Pol., Polyantha ; N ., Noisette; HP, Hybrid Perpetual; Pr., Prairie Climber):—

    Rouge — Sanguinea, C.
Agrippina, C. Marion Dingee, T.
(A) Meteor, HT

    Pink —(A)Hermosa, B.
Souvenir d'un Ami, T. Pink Soupert, Pol. (A) Le général. Tartas, T.

    Blush —(A)Cels, C.
Mme. Joseph Schwartz, T. (A)Souvenir de la Malmaison, B. Mignonette, Pol.

    Blanc —(A)Clothilde Soupert, Pol.

(A)Sombreuil, B. Flocon de neige, T. Pacquerette, Pol.

Jaune —(A)Isabella Sprunt, T.
Mosella (Yellow Soupert), Pol. La Pactole, T. Marie van Houtte, T.

Roses mensuelles à floraison libre pour les coupes d'été et les plates-bandes. —Celles-ci sont un peu moins souhaitables que les précédentes à des fins purement de literie ; mais ils offrent des fleurs plus fines et sont utiles pour leurs beaux bourgeons. Ceux marqués (A) sont rustiques dans le sud de l'Indiana sans protection : -

Rouge — (A) Météore.
(A)Dinsmore, HP (A)Pierre Guillot, HT Papa Gontier, T.

Rose clair —(A)La France, HT
Comtesse de Labarthe, T. (A)Appoline, B.

White —La mariée, T.
Sénateur McNaughton, T. (A)Marie Guillot, T. (A)Mme. Bavay, T. Kaiserin Augusta Victoria, HT

Rose foncé —(A)American Beauty, HT
(A)Duchesse d'Albany, HT
Mme. C. Testout, HT
Adam, T. (A)Marie Ducher, T.

Jaune —Perle des Jardins, T.
Mme. Welch, T. Sunset, T. Marie van Houtte, T.

Roses hybrides perpétuelles ou remontantes. —Celles-ci ne fleurissent pas aussi librement que les groupes mentionnés précédemment ; mais les fleurs individuelles sont très grandes et inégalées par aucune autre rose. Ils fleurissent principalement en juin. Celles nommées sont parmi les plus belles espèces, et certaines d'entre elles fleurissent plus ou moins continuellement : -

Rouge —Alfred Colomb.
Comte de Dufferin. Glorie de Margottin. Anna de Diesbach. Ulrich Brunner.

Rose — Mme. John Laing.
Paul Neyron. Reine des reines. Grande Charte. La baronne Rothschild.

Blanc —Margaret Dickson.
Merveille de Lyon.

Rosiers grimpants rustiques ou piliers. —Ceux-ci ne fleurissent qu'une fois au cours de la saison. Mais elles viennent après les roses de juin, une bonne saison, et c'est alors qu'il y a des masses de fleurs. Ils ne nécessitent qu'une légère taille.

Blanc —Baltimore Belle, Pr.
Washington, N. Rosa Wichuraiana (à la fin).

Rose —Reine des Prairies, Pr.
Tennessee Belle, Pr. Escalade Jules Margotten, HP

Crimson —Crimson Rambler, Pol.

Jaune — Jaune Rambler, Pol.

Tendres rosiers grimpants ou piliers. Pour les vérandas et le sud jusqu'au Tennessee. — Ceux marqués d'un (A) sont à moitié rustiques au nord de la rivière Ohio, ou à peu près aussi rustiques que les thés hybrides. Ceux-ci ne nécessitent aucune taille, sauf un léger raccourcissement des pousses et un éclaircissement des pousses faibles.

Jaune —Maréchal Niel, N.
Solfaterre, N. (A)Gloire de Dijon, T. Yellow Banksia (Banksiana). *Blanc* —
(A)Aimée Vibert,
semis de N. Bennett (Ayrshire). Banksia blanche (Banksiana). *Rouge* —
(A)Reine Marie Henriette, T.
James Sprunt, C.

Roses en hiver (par CE Hunn).

Bien que la culture des roses sous serre doive être confiée principalement aux fleuristes, des conseils peuvent être utiles à ceux qui possèdent des vérandas :

Lorsqu'ils cultivent des rosiers forcés pour les fleurs d'hiver, les fleuristes fournissent généralement des plates-bandes surélevées, dans les maisons les mieux éclairées dont ils disposent. Le bas du lit ou du banc présente des fissures entre les planches pour le drainage ; les fissures sont recouvertes de bandes de gazon inversées, et le banc est ensuite recouvert de 4 ou 5 pouces de terreau frais et fibreux. Celui-ci est fabriqué à partir de gazon pourri, avec du fumier pourri incorporé à raison d'environ une partie sur quatre. Le gazon provenant de tout pâturage drainé constitue une bonne terre. Les plantes sont placées sur le lit au printemps ou au début de l'été, espacées de 12 à 18 pouces, et y sont cultivées tout l'été.

Pendant l'hiver, ils sont maintenus à une température de 58° à 60° la nuit et de 5° à 10° de plus pendant la journée. Les tuyaux de chauffage sont souvent placés sous les bancs, non pas parce que la rose aime la chaleur du sol, mais pour économiser de l'espace et pour aider à sécher les plates-bandes au cas où elles deviendraient trop humides. Le plus grand soin est requis lors de l'arrosage, du maintien de la température et de la ventilation. Les courants d'air entraînent des contrôles de croissance et un feuillage moisi.

La sécheresse de l'air, due notamment à la chaleur du feu, est suivie de l'apparition de la minuscule araignée rouge sur les feuilles. Le puceron, ou pou des plantes vertes, apparaît dans toutes les conditions et doit être maîtrisé par l'utilisation de certaines préparations à base de tabac (dont plusieurs sont disponibles sur le marché).

Pour l'araignée rouge, le principal moyen de contrôle consiste à utiliser des seringues avec de l'eau claire ou savonneuse. Si les plantes sont intelligemment ventilées et reçoivent à tout moment autant d'air frais que possible, l'araignée rouge est moins susceptible d'apparaître. Contre le mildiou, facilement reconnaissable à l'aspect blanc et poudreux du feuillage, accompagné d'une déformation plus ou moins importante des feuilles, le remède est le soufre sous une forme ou une autre. Les fleurs de soufre peuvent être saupoudrées d'une fine couche sur le feuillage ; il suffit de blanchir légèrement le feuillage. Il peut être saupoudré à la main ou appliqué à l'aide d'un soufflet à poudre, ce qui constitue une méthode meilleure et moins coûteuse. Là encore, une peinture composée de soufre et d'huile de lin peut être appliquée sur une partie d'un des tuyaux de chauffage à vapeur ou à eau chaude. Les fumées qui en résultent ne sont pas agréables à respirer, mais mortelles pour les moisissures. Encore une fois, un peu de soufre peut être saupoudré ici et là sur les parties les plus froides du conduit de fumée de la serre. Toutefois, n'enflammez en aucun cas du soufre dans une serre. La vapeur de soufre brûlant est mortelle pour les plantes.

Propagation des roses d'intérieur. —L'auteur a connu des femmes qui pouvaient enraciner des roses avec la plus grande facilité. Il leur suffirait de casser une branche de la rose, de l'insérer dans le parterre, de la recouvrir d'une cloche, et en quelques semaines ils auraient une plante vigoureuse. Encore une fois, ils auraient recours à la superposition ; auquel cas une branche, entaillée à mi-hauteur sur la face inférieure, était pliée jusqu'au sol et fixée de manière à ce que la partie entaillée soit recouverte de quelques centimètres de terre. La zone en couches était arrosée de temps en temps. Après trois ou quatre semaines, des racines sortirent de l'entaille et la branche ou les bourgeons commencèrent à pousser, lorsqu'on sut que la couche avait formé des racines.

Il y a plusieurs années, un ami a pris une boîte à fromage, l'a remplie jusqu'au bord de sable pointu et l'a soutenue dans une cuve d'eau de manière à ce que le demi-pouce inférieur de la boîte soit immergé. Le sable a été compacté, saupoudré et des boutures de rosiers à branche unique, avec un bouton et une feuille près du sommet, ont été insérées presque sur toute leur longueur dans le sable. C'était en juillet, un mois chaud, où il est généralement difficile d'enraciner toute sorte de bouture ; de plus, la boîte se trouvait sur un versant sud, face au soleil brûlant, sans la moindre parcelle d'ombre. La seule attention apportée à la boîte était de maintenir l'eau suffisamment haute dans la cuve pour toucher le fond de la boîte à fromage. En trois semaines environ, il en sortit trois ou quatre douzaines de boutures aussi bien enracinées que celles qui auraient pu être cultivées en serre.

Le « système de soucoupe », dans lequel les boutures sont insérées dans du sable humide contenu dans une soucoupe d'un pouce ou deux de profondeur, pour être exposées à tout moment au plein soleil, est de même nature. L'essentiel est de donner aux boutures le « plein soleil » et de garder le sable saturé d'eau.

Quelle que soit la méthode utilisée, si les boutures doivent être transplantées après l'enracinement, il est important de les mettre en pot dans de petits pots dès qu'elles présentent un groupe de racines d'un demi-pouce ou d'un pouce de long. Les laisser trop longtemps dans le sable affaiblit la bouture.

Le Smilax des fleuristes est étroitement lié à l'asperge (c'est *Asparagus medeoloides* des botanistes). Bien qu'il ne puisse pas être recommandé pour la culture en intérieur, la facilité avec laquelle il peut être cultivé et les utilisations qui peuvent être faites des festons de feuilles lui donnent droit à une place dans la véranda ou la serre.

Les graines semées en pots ou en boîtes en janvier ou février, les plantes déplacées selon les besoins jusqu'à ce qu'elles soient plantées sur le banc en août, produiront de fines cordes vertes d'ici les vacances. La température devrait être plutôt élevée. Les plantes doivent être placées sur des bancs bas, en laissant autant d'espace que possible au-dessus de votre tête. Des cordes de couleur verte doivent être utilisées pour permettre aux vignes de grimper, les vignes doivent être fréquemment injectées avec une seringue pour éloigner l'araignée rouge, qui est très destructrice pour cette plante, et du fumier liquide doit être administré au fur et à mesure de la croissance des vignes. Le sol doit contenir une bonne proportion de sable et être enrichi de fumier bien décomposé.

Une fois les premières cordes coupées, une seconde croissance aussi bonne que la première peut être obtenue en nettoyant les plantes et en fertilisant le sol avec du fumier pourri. Parfois, les vieilles racines se conservent trois ou quatre ans. Ombrer légèrement la maison jusqu'en août ajoutera à la couleur des feuilles. L'odeur d'une vigne de smilax couverte de petites fleurs est très agréable.

Stocks .—Les stocks de dix semaines et les bisannuels ou Brompton (espèces de *Matthiola*) se trouvent dans presque tous les jardins à l'ancienne. On pense que la plupart des jardins ne seraient pas complets sans eux, et l'utilisation des espèces à fleurs bisannuelles comme plantes d'intérieur est en augmentation.

Le stock de dix semaines est généralement cultivé à partir de graines semées dans des serres ou des caisses en mars. Les plants sont repiqués plusieurs fois avant d'être repiqués début mai. A chaque repiquage, le sol doit être un peu plus riche. Les fleurs doubles seront plus nombreuses lorsque le sol est riche.

Les espèces bisannuelles (ou souches Brompton) doivent être semées la saison précédant celle où les fleurs sont recherchées, les plantes hivernées dans une maison fraîche et cultivées au printemps suivant. Ils peuvent être plantés tout l'été et mis en pot en août ou septembre pour une floraison hivernale. Celles-ci peuvent être augmentées par des boutures prélevées sur les pousses latérales ; mais semer des graines est une méthode plus sûre, et à moins de conserver une variété très fine, ce serait la meilleure à poursuivre. Hauteur, 10 à 15 pouces.

Pois de senteur .—Une plante annuelle robuste à vrilles grimpantes, universellement appréciée comme plante de jardin extérieur ; également forcé dans une certaine mesure par les fleuristes. En toute occasion, le pois de senteur est à sa place. Un bouquet de couleurs nuancées, avec quelques pulvérisations de galium ou de gypsophile vivace, constitue une des décorations de table les plus prisées.

Un sol profond et moelleux, une plantation précoce et un paillage épais leur conviennent admirablement. Il est facile de rendre les sols trop riches en azote pour les pois de senteur ; dans ce cas, ils courront vers la vigne au détriment des fleurs.

Semez les graines dès que le sol est apte au travail au printemps, en faisant un semoir de 5 pouces de profondeur. Semez abondamment et recouvrez de 2 pouces de terre. Lorsque les plantes ont poussé à 2 ou 3 pouces au-dessus du sol, remplissez le semoir presque complètement, en laissant une légère dépression dans laquelle l'eau peut être captée. Une fois que le sol est complètement imbibé d'eau, un bon paillis retiendra l'humidité. Pour que le sol soit prêt au début du printemps, c'est un bon plan de creuser le sol à l'automne. La surface du sol sèche alors très rapidement au printemps et reste en bon état physique.

Dans les États du centre et du sud, les graines peuvent être plantées à l'automne, en particulier dans les sols plus légers.

Des seringues fréquentes avec de l'eau claire éloigneront l'araignée rouge qui détruit souvent le feuillage, et l'attention portée à la cueillette des gousses prolongera la saison de floraison. Si vous souhaitez les plus belles fleurs, ne laissez pas les plantes espacées de moins de 8 à 12 pouces.

Une succession de semis peut être effectuée à intervalles réguliers jusqu'en mai et juin, et une bonne récolte d'automne est assurée si l'on prend soin d'arroser et de pailler ; mais les meilleurs résultats seront obtenus avec une plantation très précoce. Lorsque les plantes sont arrosées, appliquez-en suffisamment pour imbiber le sol et n'arrosez pas fréquemment.

Swainsona. —Cette plante a été appelée pois de senteur d'hiver, mais les fleurs ne sont pas parfumées. C'est une plante d'intérieur très recherchée, qui fleurit jusqu'à la fin de l'hiver et au début du printemps. Les fleurs, qui ressemblent à celles du pois, sont portées en longues grappes. Le feuillage est finement découpé, ressemblant à de petites feuilles de criquet, et ajoute à la beauté de la plante, l'ensemble étant extrêmement gracieux. Swainsona peut être cultivé à partir de graines ou de boutures. Les boutures prises à la fin de l'hiver devraient donner des plantes fleuries en été ; ces plantes peuvent être utilisées pour la floraison hivernale, mais il est préférable de cultiver de nouvelles plantes. Certains jardiniers coupent les vieilles plantes pour obtenir du nouveau bois en fleurs ; ceci est souhaitable si les plantes poussent de manière plus ou moins permanente dans la bordure de la serre, mais pour les pots, de nouvelles plantes doivent être cultivées.

Le swainsona commun a des fleurs blanches ; mais il existe une bonne variété rose.

Tubéreuse (correctement *tuber-ose,* et non *tube-rose,* de son nom spécifique, *Polianthes tuberosa*).—Cette plante, avec ses hautes épis de fleurs blanches cireuses et parfumées, est bien connue sous les latitudes moyennes, mais nécessite généralement plus de chaleur et une saison plus longue que celle généralement observée dans les États les plus septentrionaux.

La tubéreuse est une forte nourricière et aime la chaleur, beaucoup d'eau pendant sa croissance et un sol profond, riche et bien drainé. Les bulbes peuvent être placés dans le jardin ou en bordure à la fin du mois de mai ou en juin, en les recouvrant d'environ 1 pouce de profondeur. Avant la plantation, les vieilles racines mortes à la base du bulbe doivent être coupées et les pépins ou les jeunes bulbes sur les côtés doivent être retirés. Après les avoir conservés jusqu'à ce que leurs cicatrices soient séchées, ces pépins peuvent être plantés à 5 ou 6 pouces de distance dans des forets, et avec un bon sol et une bonne culture, ils produiront des bulbes en fleurs pour l'année suivante.

Avant de planter les gros bulbes, il peut être judicieux d'examiner les pointes, afin de déterminer si elles sont susceptibles de fleurir. La tubéreuse ne fleurit qu'une seule fois. S'il y a un morceau dur et ligneux de vieille tige au milieu des écailles sèches à l'apex du bulbe, il a fleuri et n'a aucune valeur sauf pour produire des pépins. De même, si, au lieu d'un noyau solide, il y a une cavité brunâtre et sèche s'étendant de la pointe vers le milieu du bulbe, le cœur est pourri ou séché et le bulbe ne vaut rien en ce qui concerne la floraison.

Les bulbes de taille fleurie placés dans la bordure en juin fleurissent vers la fin septembre. On peut les faire fleurir trois ou quatre semaines plus tôt en les faisant démarrer tôt dans un endroit chaud, où on peut leur donner une température d'environ 60° à 70°. Préparez les bulbes comme ci-dessus et placez-les avec leurs pointes juste au-dessus de la surface dans des pots d'environ 3 ou 4 pouces, dans un sol légèrement sablonneux. Arrosez-les abondamment, puis avec parcimonie, jusqu'à ce que les feuilles aient poussé considérablement. Ces plantes peuvent être mises en pleine terre à la fin du mois de mai ou en juin et fleuriront probablement au début de septembre.

XX. Une jardinière simple mais efficace, contenant des géraniums, des pétunias, des verveines, de l'héliotrope et des vignes.

Dans les États du nord, s'ils sont plantés en bordure, ils ne commenceront à pousser que lorsque le sol sera devenu complètement chaud, généralement après la mi-juin, ce qui rendra la saison précédant le gel trop courte pour leur croissance et leur floraison parfaites. Si l'on craint un danger de gel automnal, ils peuvent être mis dans des pots ou des boîtes et ramenés dans la maison, où ils fleuriront sans contrôle. Comme pour les autres bulbes, un sol sableux conviendra.

Juste avant le gel, déterrez les bulbes, coupez le sommet à moins de 2 pouces du sommet du bulbe. Ils peuvent ensuite être placés dans des boîtes peu profondes et laissés au soleil et à l'air pendant une semaine ou plus, pour durcir. Chaque soir, si les nuits sont froides, il faut les transporter dans une pièce où la température ne descende pas en dessous de 40°. Lorsque les écailles extérieures sont sèches, le reste de la terre peut être secoué et les bulbes stockés dans des boîtes peu profondes pour l'hiver. Ils se conservent mieux à une température de 45° à 50°. Elle ne doit jamais descendre en dessous de 40°.

La perle naine, créée en 1870, est populaire depuis longtemps et l'est toujours auprès de nombreuses personnes. Mais d'autres en sont venus à préférer l'espèce ancienne et haute, dont les fleurs, même si elles ne sont pas si grandes, sont de forme parfaite et semblent mieux s'ouvrir.

Les tulipes sont sans aucun doute les bulbes les plus prisés du début du printemps. Ils sont robustes et faciles à cultiver. Ils fleurissent également bien en hiver dans un climat ensoleillé. Le parterre de jardin durera plusieurs années s'il est bien entretenu, mais une floraison plus satisfaisante est assurée si les vieux bulbes sont récupérés tous les deux ou trois ans et replantés, tous les bulbes inférieurs étant mis de côté. Lorsque le stock commence à s'épuiser, achetez-en un nouveau. Le vieux stock, s'il n'est pas entièrement épuisé, peut être planté dans les bordures d'arbustes ou de vivaces.

Septembre est la meilleure période pour planter des tulipes, mais comme les plates-bandes sont généralement occupées à cette période, la plantation est généralement reportée à octobre ou novembre. Pour la culture en jardin, les tulipes simples précoces sont les meilleures. Il existe d'excellentes variétés précoces à fleurs doubles. Certains préfèrent le double, car leurs fleurs durent plus longtemps. Les tulipes tardives sont magnifiques, mais occupent les massifs trop longtemps au printemps. Bien que les tulipes soient rustiques, elles bénéficient d'un paillis hivernal.

Lors de l'élaboration des modèles de conception, le plus grand soin doit être apporté à l'uniformité des lignes et des courbes, ce qui ne peut être assuré qu'en marquant le dessin et en plantant soigneusement. Une plantation formelle n'est cependant en aucun cas nécessaire pour obtenir des effets agréables. Les bordures, les lignes et les masses de couleurs uniques, ou les groupes de couleurs mélangées qui s'harmonisent, sont toujours en ordre et agréables. Les couleurs claires sont préférables aux teintes neutres. Comme les variétés varient en hauteur et en saison de floraison, seules les variétés nommées doivent être commandées si des effets de litière uniformes sont souhaités. Voir pages 286 et 345 ; Figure 255.

Violette. —Bien que la culture des violettes comme plantes d'intérieur soit rarement couronnée de succès, il n'y a aucune raison pour qu'on n'en ait pas un bon approvisionnement ailleurs pendant la plus grande partie de l'hiver et du printemps.

Un emplacement abrité étant choisi, les jeunes plants issus de stolons peuvent être plantés en août ou septembre. Ayez le sol fertile et bien drainé. Ces plantes formeront de belles couronnes en décembre et fleuriront souvent avant qu'il ne fasse suffisamment froid pour les geler.

Pour avoir des fleurs tout au long de l'hiver, il faudra s'offrir une certaine protection. La meilleure façon d'y parvenir est de construire un cadre de planches suffisamment grand pour couvrir les plantes, en faisant le cadre de la même manière que pour un foyer, 4 à 6 pouces plus haut à l'arrière qu'à l'avant. Couvrez le cadre avec des châssis ou des planches et, lorsque le temps devient rigoureux, des nattes ou de la paille doivent être placées sur et autour du cadre pour protéger les plantes du gel. Chaque fois que le temps le permet, le revêtement doit être enlevé et l'air admis, mais aucun dommage ne surviendra si les cadres ne sont pas déplacés pendant plusieurs semaines. Il faut éviter beaucoup de soleil et une température élevée au milieu de l'hiver, car si les plantes sont stimulées, une période de floraison plus courte en résultera. En avril, le cadre peut être enlevé, les plantes donnant la dernière partie de la récolte sans protection.

Les violettes font partie des plantes « cool » des fleuristes. Lorsqu'ils sont bien durcis, un gel considérable ne leur nuit pas. Ils doivent toujours rester trapus. Commencez chaque année un nouveau lot de plantes à stolons. Ils prospèrent à une température de 55° à 65°. Pages 190, 206.

Plante de cire. —La plante de cire, ou hoya, est l'une des plantes de jardin de fenêtre les plus courantes, et pourtant c'est une plante que les jardiniers ont généralement du mal à fleurir. Cependant, c'est l'une des plantes les plus faciles à gérer si une personne comprend sa nature.

C'est naturellement une plante à floraison estivale et qui doit se reposer en hiver. En hiver, conservez-le simplement vivant dans un endroit frais et plutôt sec. Si la température ne dépasse pas 50° Fahr., tant mieux ; il ne devrait pas non plus descendre beaucoup plus bas. À la fin de l'hiver ou au printemps, la plante est amenée à une température chaude, avec de l'eau, et commence sa croissance. Les vieilles tiges florales ne doivent pas être coupées, car de nouvelles fleurs en proviennent ainsi que du nouveau bois. Lorsqu'il est sorti pour démarrer sa croissance, il peut être rempoté, parfois dans un pot de taille plus grande, mais toujours avec de la terre plus ou moins fraîche. La plante devrait prendre de la valeur chaque année. Dans les vérandas, il est parfois planté dans le sol et laissé courir sur un mur, auquel cas il atteindra une hauteur de plusieurs pieds.

CHAPITRE IX
LA CULTURE DES PLANTES FRUITIÈRES

Les fruits doivent être considérés comme faisant partie intégrante de la maison. Il existe peu de parcelles de résidence si petites qu'il est impossible de cultiver des fruits, quels qu'ils soient. S'il n'est pas possible de planter les fruits du verger seuls à intervalles réguliers, il y a quand même des limites à l'endroit, et le long de ces limites et dispersés dans les masses frontalières, des pommes, des poires et d'autres fruits peuvent être plantés.

On ne peut pas s'attendre à ce que les fruits prospèrent aussi bien dans ces endroits que dans des vergers bien labourés, mais il est possible de faire quelque chose et les résultats sont souvent très satisfaisants. Le long d'une clôture ou d'une allée, on peut planter une rangée ou deux de groseilles, de groseilles ou de mûres, ou on peut faire un treillis de raisins. S'il n'y a pas d'arbres à l'avant ou à l'arrière de la bordure, les plantes fruitières peuvent être placées les unes à côté des autres dans la rangée et le plus grand développement des cimes peut avoir lieu latéralement. Si l'on a une cour arrière de cinquante pieds de côté, il y aura possibilité, sur trois bordures, de six à huit arbres fruitiers et des fruits de brousse entre eux, sans empiéter beaucoup sur la pelouse. Dans de tels cas, les arbres sont plantés juste à l'intérieur de la limite.

Une suggestion pour l'aménagement d'un jardin fruitier d'un acre est donnée dans la Fig. 270. Un tel plan permet une culture continue dans une direction et facilite la pulvérisation, l'élagage et la récolte ; et les espaces intermédiaires peuvent être utilisés pour la culture de cultures annuelles, au moins pendant quelques années.

270. Plan for a fruit-garden of one acre. From "Principles of Fruit-growing."

Arbres fruitiers nains.

Pour de très petites superficies et pour la culture des meilleurs fruits de dessert, des arbres nains peuvent être cultivés à partir de pommes et de poires. La pomme est naine lorsqu'elle est travaillée sur certains types de pommiers de petite taille et à croissance lente, comme les ceps paradis et doucin. Le paradis est meilleur si l'on désire un arbre ou un buisson très petit et productif. Le doucin ne fait qu'un demi-nain. La poire est naine lorsqu'elle est cultivée sur la racine du coing. Les poires naines peuvent être plantées à une distance d'à peine dix pieds dans chaque sens, bien qu'il faille leur donner plus d'espace si possible. Les nains paradisiaques (pommes) peuvent être plantés à huit ou dix pieds dans chaque sens, et sur une distance double de cette distance. Tous les nains doivent rester petits grâce à un afflux annuel vigoureux. Si l'arbre pousse bien, disons entre un et trois pieds, la moitié ou les deux tiers de la croissance peuvent être enlevés en hiver. Un pommier ou un poirier nain doit être maintenu à une hauteur de douze ou quinze pieds, et il ne doit pas atteindre cette stature en moins de dix ou douze ans. Un pommier nain, en pleine production, devrait faire en moyenne de deux picotements à un boisseau de pommes de première qualité, et un poirier nain devrait faire un peu plus que cela.

Si l'on cultive des arbres fruitiers nains, il faut s'attendre à leur accorder une attention particulière lors de la taille et de la culture. Ce n'est que dans des cas très exceptionnels que l'on peut s'attendre à ce que les fruits nains égalent les normes de croissance libre en termes de résultats commerciaux. Cela est particulièrement vrai pour les pommes naines, qui sont pratiquement des plantes de jardin potager dans ce pays. Ceci étant, seuls les fruits de dessert de choix doivent être tentés sur les racines de paradis et de doucin. Pour les jardins familiaux, le paradis donnera probablement plus de satisfaction que le doucin.

Si l'arbre est pris jeune, il peut être palissé le long d'un mur ou sur un treillis en espalier ; et dans de telles conditions, les fruits devraient être d'une qualité supérieure si les variétés sont de choix. La planche XXII montre le dressage d'une poire naine sur un mur. Cet arbre est en bon état depuis de nombreuses années. Dans la plupart des régions du pays, l'exposition du mur sud est susceptible de forcer la floraison si tôt qu'elle risque de présenter un danger de gelées printanières.

Âge et taille des arbres .

Pour une plantation ordinaire, il est souhaitable de choisir des arbres âgés de deux ans à partir du bourgeon ou du greffon, sauf dans le cas du pêcher, qui doit être âgé d'un an. De nombreux producteurs préfèrent les arbres solides d'un an . Une bonne taille est d'environ cinq huitièmes de pouce de diamètre juste au-dessus du collet et cinq pieds de hauteur, et s'ils ont été bien développés, les arbres de cette taille donneront d'aussi bons résultats que ces sept huitièmes de pouce. ou plus, de diamètre et de six ou sept pieds de haut. Achetez des arbres de première classe auprès de revendeurs fiables. Il est rarement rentable d'essayer d'économiser quelques centimes sur un arbre, car la qualité risque d'être sacrifiée.

S'ils sont correctement emballés, les arbres peuvent être expédiés sur de longues distances et peuvent faire aussi bien que ceux cultivés dans une pépinière à domicile, mais il sera généralement préférable de sécuriser les arbres aussi près de chez vous que possible, à condition que la qualité des arbres et le prix soient satisfaisants. . Lorsqu'un grand nombre doit être acheté, il sera préférable d'envoyer la commande directement à une pépinière fiable, ou de sélectionner les arbres en personne, plutôt que de s'en remettre aux vendeurs d'arbres.

Taille .

Après avoir planté les arbres, il faut les tailler soigneusement. En règle générale, les arbres à tête basse sont souhaitables. Les pêches et les poires naines doivent avoir les branches inférieures de 12 à 24 pouces au-dessus du sol, et les cerises douces et les poires standards ne dépassent généralement pas 30 pouces ; les prunes, les cerises acides et les pommes peuvent être un peu plus hautes, mais si elles sont correctement manipulées, lorsqu'elles sont démarrées à 3 pieds du sol, les cimes ne gêneront pas la culture du verger.

Pour tous, sauf pour la pêche dans les États du Nord, une forme pyramidale sera souhaitable. Pour garantir cela, il faut laisser pousser quatre ou cinq branches latérales avec trois ou quatre bourgeons chacune et la pousse centrale doit être coupée à une hauteur de 10 à 12 pouces. Une fois la croissance commencée, les arbres doivent être examinés de temps en temps et toutes les pousses excédentaires enlevées, renvoyant ainsi toute la vigueur de la plante à celles qui restent. En règle générale, trois ou quatre pousses sur chaque branche peuvent être laissées à l'avantage. Au printemps suivant, les pousses doivent être coupées de moitié et environ la moitié des branches enlevées. Il faut veiller à éviter les entrejambes, et si l'une des branches se croise, au point qu'elle risque de frotter, il faut couper l'une ou l'autre. Ces coupes et élagages doivent être poursuivis pendant deux ou trois ans et, dans le cas des poiriers nains, un élagage régulier doit être poursuivi chaque année. Bien qu'un retour occasionnel soit avantageux pour les arbres, les pommiers, les pruniers et les cerisiers qui ont été correctement taillés alors qu'ils étaient jeunes n'exigeront pas autant d'attention après leur entrée en production.

Une taille importante du sommet tend à la production de bois ; c'est pourquoi l'élagage sévère des arbres du verger, après trois ou quatre années de négligence, rend les arbres plus productifs de bois et les rend plus vigoureux. Un tel traitement tend généralement à s'éloigner de la fructification. Cette taille lourde est cependant généralement nécessaire dans les vergers négligés pour remettre les arbres en forme et les revitaliser ; mais le meilleur traitement de taille d'un verger est de le tailler un peu chaque année. Il doit être taillé de telle sorte que la cime des arbres soit ouverte, qu'aucune branche ne gêne l'une l'autre, et que les fruits eux-mêmes ne soient pas si abondants qu'ils surchargent l'arbre.

En général, il est préférable de tailler les arbres du verger à la fin de l'hiver ou au début du printemps. Il est cependant quelquefois préférable de laisser les pêches et autres fruits tendres jusqu'à ce que les bourgeons soient gonflés, ou même après la chute des fleurs, afin de pouvoir déterminer à quel point ils ont été endommagés par l'hiver. Les vignes doivent être taillées en hiver ou au plus tard (à New York) le premier mars. S'ils sont taillés plus tard, ils peuvent saigner. Les remarques ci-dessus s'appliqueront aussi bien aux autres arbres qu'aux fruits.

Éclaircir les fruits .

Si l'on souhaite obtenir des fruits de taille et de qualité optimales, il faut veiller à ce que la plante ne soit pas envahissante.

L'éclaircissage des fruits a quatre utilisations générales : faire grossir les fruits restants ; augmenter les chances de récoltes annuelles; pour sauver la vitalité de l'arbre; pour permettre de lutter contre les insectes et les maladies en détruisant les fruits blessés.

L'éclaircissage est presque toujours effectué peu de temps après la nouaison complète du fruit. Il est alors possible de déterminer lesquels des fruits sont susceptibles de persister. Les pêches sont généralement éclaircies lorsqu'elles ont la taille d'un pouce. Eclaircies avant cette époque, elles sont si petites qu'il est difficile de les arracher ; et il n'est pas si facile de voir le travail du charançon et de sélectionner ainsi les fruits blessés. Des remarques similaires s'appliquent aux autres fruits. La tendance générale est, même chez ceux qui éclaircissent leurs fruits, de ne pas les éclaircir suffisamment. Il est généralement plus sûr d'enlever ce qui semble être trop que de ne pas en enlever suffisamment. Les spécimens restants sont meilleurs. Les variétés qui ont tendance à dominer profitent grandement de l'éclaircissage. C'est notamment le cas de nombreuses prunes japonaises qui, si elles ne sont pas éclaircies, sont de très mauvaise qualité.

L'éclaircissage peut également être réalisé par taille. Couper les bourgeons des fruits aura pour effet de retirer les fruits. Cependant, dans le cas de fruits tendres, comme les pêches, il n'est peut-être pas conseillé de les éclaircir très fortement par la taille, car les fruits peuvent être encore plus éclaircis pendant les jours restants de l'hiver, à cause des gelées printanières tardives ou à cause des feuilles. -boucle ou autre maladie. Cependant, la bonne taille d'un pêcher en hiver consiste en partie à éclaircir le fruit. La pêche est portée sur le bois de la saison précédente. Les meilleurs fruits doivent être attendus avec la croissance la plus forte et la plus lourde. Les producteurs de pêches ont pour habitude d'enlever tout le bois faible et immature de l'intérieur de l'arbre. Cela a pour effet d'éclaircir les fruits inférieurs et de permettre à l'énergie de l'arbre d'être dépensée sur le reste.

Les pommes sont rarement éclaircies ; mais, dans de nombreux cas, l'éclaircie peut être réalisée avec profit.

Laver et frotter les arbres .

Le lavage des arbres du verger est une pratique ancienne. Cela aboutit généralement à rendre un arbre plus vigoureux. L'une des raisons est qu'il détruit les insectes et les champignons qui se logent sous l'écorce ; mais la raison principale est probablement qu'elle ramollit l'écorce et permet au tronc de se dilater. Il est également possible que la potasse du savon ou de la lessive finisse par passer dans le sol et fournisse un peu de nourriture aux plantes. Les arbres sont généralement lavés avec de la mousse de savon ou avec une solution de lessive. Le matériau est généralement appliqué avec un vieux balai ou une brosse dure. Le nettoyage de l'arbre est peut-être presque aussi bénéfique que l'application du nettoyant lui-même.

Il est d'usage de laver les arbres à la fin du printemps ou au début de l'été, puis de nouveau à l'automne, dans l'idée que ce lavage détruit les œufs et les petits des foreurs. Il détruira sans aucun doute les foreurs s'ils viennent juste de commencer, mais il n'éloignera pas les insectes qui pondent et ne détruira pas les foreurs qui se sont frayés un chemin sous l'écorce. Il vaut peut-être mieux laver les arbres très tôt au printemps, au début de leur croissance.

C'est une vieille pratique de laver les arbres avec une lessive forte lorsqu'ils sont atteints par le pou de l'écorce de l'huître. Cependant, la méthode moderne de traitement de ces parasites consiste à pulvériser du kérosène ou un mélange d'huile au moment où les jeunes pousses commencent, car à ce moment-là, les jeunes insectes migrent vers le nouveau bois et sont très facilement détruits.

Le blanchiment des troncs d'arbres tend aussi à les débarrasser des insectes et des champignons ; et il est probable que dans les régions chaudes et sèches, la couverture blanche offre une protection contre le climat.

Cueillette et conservation des fruits .

Presque tous les fruits doivent être cueillis dès qu'ils se détachent facilement des tiges sur lesquelles ils sont portés. Pour de nombreux fruits périssables, le moment approprié pour la cueillette sera déterminé en grande partie par la distance à laquelle ils doivent être expédiés. À l'exception des variétés hivernales de pommes et de poires et de quelques sortes de raisins, il est préférable de jeter les fruits peu de temps après leur cueillette, à moins qu'ils ne soient réservés à l'usage familial.

S'ils sont destinés à une utilisation hivernale, les fruits doivent être immédiatement placés dans la cave ou dans la fruiterie dans laquelle ils doivent être stockés, et y être conservés aussi près que possible du point de congélation. Il y aura moins de risque de flétrissement si les fruits sont placés immédiatement dans des fûts fermés ou dans d'autres emballages hermétiques, mais si une ventilation adéquate est assurée, ils peuvent être conservés dans des bacs avec peu de pertes. Même si aucune glace n'est utilisée, il sera possible de maintenir une température assez basse en ouvrant les fenêtres la nuit lorsque l'atmosphère extérieure est plus froide qu'à l'intérieur du bâtiment, et en les fermant pendant la journée lorsque l'air extérieur se réchauffe.

Les fruits doivent toujours être manipulés avec beaucoup de soin, car si les cellules sont brisées par une manipulation brutale, les qualités de conservation seront gravement endommagées. Les illustrations (Figs. 187-189) montrent trois types de hangars à fruits.

Les pommes et les poires d'hiver peuvent être emballées dans du sable ou des feuilles dans la cave (en caisses) et ainsi éviter le flétrissement.

Amande. —L'amandier est rarement vu dans les États de l'Est, mais de temps en temps, on en trouve un dans une cour et sans production. L'absence de production peut être due à des dommages causés par le gel ou à un manque de pollinisation.

L'amandier est à peu près aussi rustique que le pêcher, mais il fleurit si tôt au printemps qu'il est peu cultivé à l'est du versant du Pacifique. C'est un arbre ornemental intéressant, et sa floraison précoce est un mérite lorsque l'on ne désire pas ses fruits. Les amandes couramment vendues par les pépiniéristes de l'Est sont des variétés à coque dure et les noix ne sont pas assez bonnes pour le commerce. Le fruit de l'amande est une drupe, comme la pêche, mais la chair est fine et dure et le noyau est « l'amande » du commerce. Culture comme pour la pêche.

Les « amandiers fleuris » sont des buissons d'espèces différentes de l'arbre fruitier. Ils sont généralement greffés sur des pruniers, et le cep est susceptible de vomir des drageons et de causer des problèmes.

Les pommes prospèrent sur un plus large éventail de territoires et dans des conditions plus variées que tout autre arbre fruitier. Cela signifie qu'ils sont faciles à cultiver. En fait, ils sont si faciles à cultiver qu'ils sont généralement négligés.

Les pommes poussent mieux sur un sol limoneux sableux solide ou sur un sol limoneux argileux léger. Même si un sol très riche en matière organique n'est pas souhaitable, de bons résultats ne peuvent être obtenus que s'il contient une quantité suffisante de matière végétale. Un gazon de trèfle est particulièrement souhaitable pour cela ainsi que pour d'autres fruits.

Pour un verger commercial, la plupart des variétés doivent être espacées de 35 à 40 pieds ; mais les variétés à croissance lente et à longue durée de vie peuvent être à 40 pieds, et, à mi-chemin dans les deux directions, certaines des variétés à durée de vie courte et à production précoce peuvent être placées, pour être enlevées après qu'elles commencent à se rassembler. Dans les terrains résidentiels, les arbres peuvent être placés à une distance inférieure à 35 à 40 pieds, surtout s'ils sont plantés sur les limites, afin que les branches puissent se projeter librement dans une direction.

Il est habituellement conseillé, surtout dans les climats humides à l'est des Grands Lacs, d'avoir le corps de l'arbre de 3 1/2 à 4 1/2 pieds de long. Les branches doivent être coupées jusqu'à ce point lorsque l'arbre est fixé. De trois à cinq branches principales peuvent être laissées pour former la charpente du sommet. Ceux-ci doivent être raccourcis d'un quart ou de moitié lorsque l'arbre est planté. (Fig. 142-145) L'élagage ultérieur doit maintenir la cime de l'arbre ouverte et la maintenir dans une forme plus ou moins symétrique. À l'ouest des Grands Lacs, particulièrement dans les plaines et dans les régions semi-arides, le sommet peut commencer beaucoup plus près du sol.

Dans les vergers, les arbres doivent être maintenus en culture propre, surtout pendant les premières années ; mais cela n'est pas toujours possible dans les cours domestiques. Au lieu du travail du sol, la pelouse peut être paillée chaque automne avec du fumier stable, et un engrais commercial peut être appliqué chaque automne ou chaque printemps. Si l'on recherche des fruits plutôt que du feuillage et de l'ombre, il faut prendre soin de ne pas rendre le sol trop riche, mais de le maintenir dans un état tel que l'arbre fasse une croissance assez vigoureuse, avec un bon feuillage fort, mais ne prolifère pas. Un pommier en pleine production est généralement en bon état si les rameaux poussent de 10 à 18 pouces chaque saison.

Les pommiers devraient commencer à porter leurs fruits après trois à cinq ans de plantation, et au bout de dix ans ils devraient donner de bonnes récoltes. Avec un bon traitement, ils devraient continuer à porter pendant trente ans ou plus dans les États du nord-est.

XXI. Le roi des fruits. Newtown cultivé dans le pays du Pacifique.

Insectes et maladies de la pomme .

Parmi les insectes les plus couramment trouvés sur le pommier figurent le papillon de nuit, le chancre et la livrée. Le papillon de nuit pond son œuf sur le fruit peu après la chute des fleurs et les larves, à l'éclosion, se frayent un chemin à l'intérieur. Une pulvérisation approfondie d'arsénites sur les arbres dans la semaine qui suit la chute des fleurs contribuera grandement à leur destruction ; et une deuxième application, dans environ trois semaines, sera indispensable. Le chancre (Fig. 217) et les chenilles se nourrissent des feuilles et peuvent également être détruits au moyen d'arsénites. Cependant, pour être efficace contre les premiers, les applications doivent être faites peu de temps après leur éclosion et de manière très approfondie.

Il convient de surveiller de près les foreurs. Chaque fois que l'écorce semble morte ou enfoncée par plaques, retirez-la et recherchez la cause. Un foreur se trouve généralement sous l'écorce. C'est à la base de l'arbre que les foreurs provoquent les dégâts les plus graves, car l'insecte qui y pénètre pénètre dans le bois dur. Sa présence peut être déterminée par les éclats lancés depuis ses terriers. Si les arbres sont bien cultivés et dans des conditions de croissance économes, les dommages seront considérablement réduits. Il conviendra de laver les troncs et les grosses branches avec un savon doux, dilué avec de l'eau pour pouvoir l'appliquer avec un pinceau ou un balai, au printemps. L'ajout d'une once de vert de Paris dans chaque cinq gallons de lavage sera utile. Cependant, le seul véritable remède consiste à déterrer les foreurs.

La maladie la plus gênante de la pomme est la tavelure, qui défigure le fruit et diminue sa taille. Il nuit aussi souvent au feuillage et freine ainsi la croissance des arbres (Fig. 214). Les Baldwin, Fameuse, Northern Spy et Red Canada sont particulièrement sujets à cette maladie, et elle est beaucoup plus gênante dans les saisons humides que lorsque le temps est sec. L'utilisation de fongicides contribuera grandement à atténuer les dommages causés par cette maladie.

Variétés de pommes .

La sélection des variétés de pommes destinées à la consommation domestique est, dans une large mesure, une affaire personnelle ; et personne ne peut dire quoi planter. Une variété cultivée avec succès dans une section peut s'avérer décevante dans une autre. Il faut étudier la localité dans laquelle on souhaite planter et choisir les variétés qui y sont cultivées avec le plus de succès, en choisissant parmi les espèces à succès celles qu'il préfère et qui semblent les mieux répondre aux objectifs pour lesquels il doit les cultiver. .

Pour les États du nord et de l'est, les variétés suivantes seront généralement considérées comme utiles : -

[Les variétés marquées d'un * sont particulièrement utiles pour le marché ainsi que pour l'usage domestique ; les autres sont principalement souhaitables pour un usage domestique.]

Début.—Jaune Transparent, Récolte précoce, Fraise précoce, Primate, Dyer, Rose d'été, Joe précoce, Astrachan rouge, Golden Sweet, Oldenburg,* Pearmain d'été, Williams (favori), Chenango, Branche (sucré), Reine d'été, Gravenstein ,* Jefferis, Porter, Maiden Blush.

Automne.—Bailey (Sweet), Fameuse,* Jersey Sweet, Fall Pippin, riche,* mère, vingt onces, magnat.

271. The Jonathan.

Hiver .—Jonathan* (Fig. 271), Hubbardston,* Grimes,* Tompkins King,* Wagener* (Fig. 272), Baldwin,* Bellflower jaune, Tolman (Sweet), Northern Spy,* Red Canada,* Roxbury, McIntosh,* Yellow Newtown (planche XXI), Golden Russet, Belmont, Melon, Lady, Rambo, York Imperial, Pomme Gris, Esopus (Spitzenburgh), Swaar, Peck (Agréable), Rhode Island Greening, Sutton, Delicious, Stayman Winesap, Westfield (Ne cherchez pas plus loin).

Pour le Sud et le Sud-Ouest, les variétés nommées dans la liste suivante sont intéressantes : -

Début .—Rouge juin, jaune transparent, rouge Astrachan, Summer Queen, Benoni, Oldenburg, Gravenstein, Maiden Blush, Earlyripe,* Williams,* Early Cooper,* Horse.

272. The Wagener.

Automne .—Haas, Late Strawberry, Oconee, Rambo, Peck (Peck Pleasant), Carter Blue, Bonum,* Smokehouse,* Hoover.

273. Pewaukee Apple.

Hiver .—Shockley, Rome Beauty,* Smith Cider, Grimes, Buckingham, Jonathan,* Winesap, Kinnard, York Imperial, Gilpiri (Romanite), Ralls (Genet), Limbertwig, Royal Lumbertwig, Stayman Winesap,* Milam, Virginia Beauty, *Terry,* Ingram.*

Dans le Nord-Ouest, seules les variétés extrêmement rustiques seront satisfaisantes, et parmi celles susceptibles de réussir, nous pouvons mentionner : -

Début .—Jaune Transparent, Tetofski, Oldenburg.*

Automne .—Fameuse, Longfield, riche, McMahan,* McIntosh,* Shiawassee.

Hiver .—Wolf River,* Hibernal, Nord-Ouest (écologisation), Pewaukee (Fig. 273), Switzer, Golden Russet, Patten (écologisation).*

Abricot . — Ce fruit n'est pas souvent vu dans les jardins familiaux de l'Est, bien qu'il mérite d'être mieux connu. Lorsqu'il est cultivé, il est probable qu'il soit palissé sur les murs, selon la coutume anglaise.

274. Roman Apricot.

Sous la latitude de New York, l'abricot s'est révélé aussi rustique que la pêche. Dans de bonnes conditions de sol et d'exposition, il produira des récoltes abondantes, faisant mûrir ses fruits environ trois semaines avant les premières pêches.

L'abricot prospère généralement mieux sur des terrains solides ; mais sinon le traitement réservé à la pêche lui convient très bien. Le sol doit être plutôt sec ; le sous-sol doit surtout être tel qu'aucune eau ne puisse stagner autour des racines. L'exposition doit être au nord ou à l'ouest pour retarder la période de floraison, car le principal inconvénient d'une fructification réussie est la floraison précoce et le gel ultérieur des fleurs ou des petits fruits.

Les deux difficultés sérieuses de la culture des abricotiers sont les ravages du charançon et le danger que représentent les gelées printanières pour les fleurs. Il est généralement presque impossible d'obtenir des fruits d'un ou deux abricotiers isolés, car les charançons les prendront tous. Il est également possible que certaines variétés nécessitent une pollinisation croisée.

Parmi les meilleurs types d'abricots figurent Montgamet, Jackson, Royal, St. Ambroise, Early Golden, Harris, Roman (Fig. 274) et Moorpark. En Orient, les abricots sont couramment travaillés sur les prunes, mais ils prospèrent également sur la pêche.

L'introduction des variétés russes, il y a quelques années, a ajouté à la liste plusieurs espèces recherchées qui se sont révélées plus résistantes et à floraison un peu plus tardive que les anciennes espèces. Les fruits des variétés russes, bien que moins gros que les autres variétés, en égalent beaucoup en saveur et sont très productifs. Ils portent plus abondamment et avec moins de soins que les espèces anciennes et plus grandes.

Mûre. — D'une manière générale, la plantation et l'entretien d'une plantation de mûres sont les mêmes que ceux requis pour les framboises. Du fait qu'ils mûrissent plus tard dans la saison, lorsque les sécheresses sont les plus fréquentes, il convient d'accorder une plus grande attention à leur placement dans des terres qui retiennent l'humidité et à leur fournir un paillis efficace, qui peut généralement être mieux obtenu avec un cultivateur. . Les espèces à plus petite croissance (comme Early Harvest et Wilson) peuvent être plantées 4 x 7 pieds, les variétés à croissance rapide (comme Snyder) 6 x 8 pieds. Une culture minutieuse tout au long de la saison aidera dans une mesure matérielle à maintenir l'humidité nécessaire pour parfaire une bonne récolte. Le sol doit cependant être travaillé très superficiellement, afin de ne pas perturber les racines, car la cassure des racines donne naissance à un grand nombre de drageons qui doivent être coupés et détruits. Bien que la culture en colline (comme recommandé ci-dessus) soit souhaitable pour le jardin, les producteurs commerciaux utilisent généralement des rangées continues.

Les mûres, comme les mûres et les framboises, ne portent qu'une seule récolte sur la canne. C'est-à-dire que les cannes qui poussent cette année portent leurs fruits l'année suivante. De 3 à 6 cannes suffisent à laisser dans chaque colline. Les superflus sont éclaircis peu après leur départ du sol. Les vieilles cannes doivent être coupées peu après la fructification et brûlées. Les nouvelles pousses doivent être pincées à une hauteur de 2 ou 3 pieds pour que les plantes puissent se soutenir. S'ils doivent être attachés à des fils, ils peuvent pousser tout au long de la saison et être coupés lorsqu'ils sont attachés aux fils en hiver ou au début du printemps.

Les plants de mûres sont parfois déposés dans les climats froids, les cimes étant courbées et maintenues au sol par de la terre ou des mottes de terre jetées sur leurs pointes (Fig. 155).

La maladie la plus gênante du mûrier est la rouille orange (remarquable sur la face inférieure des feuilles), qui s'avère souvent très destructrice, en particulier pour Kittatinny et quelques autres espèces. Il n'existe aucun remède et dès l'apparition de la maladie, les plantes infectées doivent être déterrées et brûlées.

Variétés de mûres .

Beaucoup des meilleures variétés de mûres manquent de rusticité et ne peuvent être cultivées que dans les localités les plus favorables. Snyder et Taylor réussissent généralement bien, bien que Wilson et Early Harvest soient souvent cultivés à grande échelle pour le marché et se portent bien avec la protection hivernale. Eldorado ressemble beaucoup à Snyder, il semble robuste et productif. Erie, Minnewaski, Kittatinny et Early King sont dans de nombreuses sections des espèces importantes et précieuses.

275. Sour or pie cherries.

Cerise. —Des cerises, il existe deux types courants, les cerises douces et les cerises aigres. Les cerises douces sont des arbres plus gros et plus hauts. Ils comprennent les variétés connues sous le nom de cœurs, bigarreaus et ducs. Les cerises acides (Fig. 275) comprennent les différentes sortes de griottes et de cerises à tarte, et celles-ci mûrissent généralement après les cerises douces.

Les cerises acides forment des arbres bas à tête ronde. Les fruits sont largement utilisés pour la mise en conserve. Les cerises aigres prospèrent bien sur les loams argileux. La cerise aigre doit être plantée à 18 pieds sur 18 pieds l'un de l'autre, dans un sol bien préparé et sous-drainé. Les arbres peuvent être légèrement taillés chaque année, en gardant la tête basse et touffue.

Les cerises douces se sont révélées décevantes dans de nombreux cas en raison de la pourriture des fruits. Cela ne sera peut-être jamais entièrement évité, mais une bonne culture, un sol pas trop riche en azote, une attention particulière aux pulvérisations et à la cueillette des fruits secs réduiront considérablement les pertes. Dans les années de pourriture grave, les fruits doivent être cueillis avant qu'ils ne soient complètement mûrs, placés dans une pièce fraîche et aérée et laissés se colorer. Il sera presque aussi savoureux que s'il était laissé sur l'arbre ; et comme le champignon n'attaque habituellement que les fruits mûrs, une partie considérable de la récolte peut être sauvée. Placez les arbres à 25 ou 30 pieds l'un de l'autre. Seules des terres très bien drainées doivent être consacrées aux cerises douces, de préférence de nature quelque peu graveleuse.

La brûlure des feuilles est facilement contrôlée par une pulvérisation opportune de bouillie bordelaise. Le charançon ou ver des fruits peut être contrôlé par potage, comme pour les prunes, ou par pulvérisation. Le procédé de mise en pot est rarement employé avec les cerises pour le charançon, dans la mesure où le spray empoisonné semble, pour une raison quelconque, être particulièrement efficace sur ces fruits.

Variétés de cerises .

Parmi les variétés aigres, May Duke (Fig. 36), Richmond, Dyehouse, Montmorency, Ostheim, Hortense (Fig. 34), Late Kentish, Suda et Morello (English Morello) (Fig. 35) sont les plus précieuses. Les variétés sucrées suivantes ont de la valeur là où elles réussissent : Rockport, (jaune) espagnol, Elton, (gouverneur) Wood, Coe, Windsor, (noir) Tartarian et Downer.

Canneberge. —La culture des canneberges dans les tourbières artificielles est une industrie américaine. La grosse canneberge commune des marchés est aussi un fruit particulièrement américain, puisqu'elle est inconnue dans les autres pays, sauf lorsque le fruit y est expédié.

Les canneberges sont cultivées dans des tourbières qui peuvent être inondées. Toute la zone est maintenue sous l'eau pendant l'hiver, en grande partie pour empêcher les plantes d'être endommagées par le soulèvement, le gel et le dégel des tourbières. Les inondations sont également utilisées à intervalles réguliers pour noyer les insectes, atténuer la sécheresse et se protéger du gel et des incendies. La pratique ordinaire consiste à choisir une tourbière traversée par un ruisseau, ou à travers laquelle un ruisseau ou un fossé peut être détourné. Sur la partie inférieure de la tourbière, des vannes sont prévues, de sorte que lorsque les vannes sont fermées, l'eau refoule et inonde la zone. Il est préférable que la tourbière soit relativement plate, de sorte que l'eau ait une profondeur à peu près égale sur toute la zone. Aux endroits les moins profonds, l'eau doit se trouver à environ un pied au-dessus des plantes. L'eau est généralement versée dans la tourbière au début de décembre et maintenue jusqu'en avril ou début mai. Aucune inondation n'a lieu le reste de l'année, sauf en cas d'occasion particulière.

Toutes les pousses sauvages et gazonnées doivent être retirées de la tourbière avant la mise en place des vignes. Cela se fait soit en le déterrant et en l'enlevant physiquement, soit en le noyant au moyen d'une inondation d'un an. La première méthode est généralement considérée comme la meilleure. Une fois la végétation gazonnée enlevée, la tourbière est lissée et recouverte de sable propre sur 2 ou 3 pouces de profondeur. Les vignes sont maintenant plantées, leurs extrémités inférieures étant poussées à travers le sable vers la terre plus riche. Afin d'empêcher une croissance trop rapide et enchevêtrée de la vigne, il est d'usage de resabler la tourbière tous les trois ou quatre ans jusqu'à une profondeur d'un quart ou d'un demi de pouce. Lorsque le ponçage n'est pas réalisable, les vignes peuvent être fauchées lorsqu'elles deviennent trop luxuriantes.

Les plants à planter sont de simples boutures ou sarments de vigne. Ces boutures peuvent mesurer de 5 à 10 pouces de long. Ils sont insérés dans le sol dans un trou fait par un pied de biche ou un bâton. Ils sont généralement plantés à des distances de 12 à 18 pouces dans chaque sens, et les vignes peuvent couvrir tout le sol comme avec un tapis. Dans trois ans, une bonne récolte devrait être assurée, si les mauvaises herbes et les végétations sauvages sont maîtrisées. Une récolte varie entre 50 et 100 barils par acre.

Groseille .—Comme la groseille est l'un des fruits les plus rustiques et les plus productifs du Nord, elle est souvent négligée, la parcelle est laissée devenir sale avec de l'herbe, jamais éclaircie ni taillée, les vers mangeant les feuilles jusqu'à ce que, au cours avec le temps, les plantes s'affaiblissent et meurent. Le long de la clôture, il n'y a aucun endroit pour planter des groseilles, ni d'ailleurs aucun autre fruit ; plantez à l'air libre, à au moins 5 pieds de tout ce qui pourrait gêner la culture.

Aucune culture fruitière ne répondra plus facilement à de bons soins que la groseille. Une culture propre et une utilisation généreuse de fumier ou d'engrais seront certainement suivies par des récoltes bien rémunératrices. Les plantes d'un ou deux ans peuvent être fixées à 4 pieds sur 6 pieds. Taillez le buisson en coupant la plupart des drageons sous la surface du sol. La groseille doit avoir un sol frais et humide. Si la saison est sèche, un paillis de paille ou de feuilles aidera les plantes à s'établir.

Les groseilles se multiplient facilement par boutures matures des cannes de la nouvelle ou de l'année précédente.

Les groseilles rouges et blanches portent principalement sur du bois âgé de deux ans ou plus. Il faut laisser pousser une succession de jeunes pousses pour remplacer le vieux bois porteur. Découpez les cannes à mesure qu'elles vieillissent. L'ombre partielle offerte par un jeune verger convient bien aux groseilliers, et si le sol est en bon état, le verger ne subira aucun mauvais résultat, à condition que les groseilliers soient enlevés avant que les arbres n'aient besoin de tout l'espace d'alimentation.

Un champ de groseille devrait rester en bonne santé pendant 10 à 20 ans, s'il est correctement manipulé. Un point très important est de couper les vieilles cannes fragiles et de faire une succession de deux à quatre nouvelles tiges provenant de la racine chaque année.

Pour lutter contre le ver du cassis, vaporisez abondamment du vert de Paris pour tuer la première couvée, dès que des trous sont visibles dans les feuilles inférieures, généralement avant la floraison des plantes. Pour la deuxième couvée, si elle apparaît, pulvérisez de l'hellébore blanc (p. 203). Pour les foreurs, découpez et brûlez les cannes affectées.

Variétés de groseilles .

Dans la plupart des sections, la Red Dutch s'avère être la variété la plus satisfaisante, car les plantes sont beaucoup moins blessées par les foreurs que le Cherry (Planche XXIII), Fay et Versailles, qui sont des variétés plus grandes et meilleures, et doivent être préférées. dans les sections où les foreurs ne sont pas gênants. Victoria est une espèce commerciale précieuse où les foreurs sont nombreux, car ils lui font peu de mal. Il en va de même pour le (Prince) Albert, peu attaqué par les vers du groseillier et particulièrement précieux comme variété tardive. Le White Dutch et le White Grape sont des variétés précieuses de couleur claire, et le Naples (noir) est une variété pour la gelée. Londres (London Market) se révèle également satisfaisante dans certains secteurs.

276. Lucretia dew-
berry.

Dewberry .—Le dewberry peut être appelé une mûre précoce. La culture est très simple. Un soutien doit être apporté aux cannes, car elles sont très minces et poussent bien. Un treillis métallique ou un grillage à larges mailles répond admirablement ; ou (et c'est la meilleure méthode générale) ils peuvent être liés à des enjeux. Les fruits sont gros et voyants, ce qui, combiné à leur précocité, les rend souhaitables ; mais ils manquent généralement de saveur. La Lucretia (Fig. 276) est la variété dominante.

Posez les cannes au sol en hiver. Au printemps, attachez toutes les tiges de chaque plante à un tuteur. Après la fructification, coupez les vieilles cannes et brûlez-les (comme pour les mûres). Entre-temps, les jeunes cannes (pour la fructification de l'année prochaine) poussent. Ceux-ci peuvent être attachés au fur et à mesure de leur croissance, pour ne pas gêner le cultivateur. Les baies sont une à deux semaines plus tôt que les mûres.

Fig. —La figue est peu cultivée dans l'Est, sauf à titre de curiosité, mais sur la côte du Pacifique, elle a acquis une importance considérable comme fruit du verger. Les figues résistent au gel considérable et les semis ou les variétés inférieures poussent à l'extérieur sans protection aussi loin au nord que la Virginie. Beaucoup de variétés donnent des fruits sur de jeunes pousses et, dans la mesure où les racines supportent un froid considérable, ces variétés donnent souvent quelques figues dans les États du Nord. Les figues ont été fruitées en pleine terre dans le Michigan. Dans les régions où il y a dix degrés de gel, la figue doit être déposée en hiver. À cette fin, les plantes sont taillées pour se ramifier à partir du sol, et les toits souples sont courbés vers la surface et recouverts de terre. En culture commerciale, les figuiers deviennent grands et sont espacés de 18 à 25 pieds ; mais dans les jardins où ils doivent être courbés, ils doivent être gardés comme des buissons.

L'Adriatique est la figue blanche la plus cultivée. Parmi les autres variétés figurent California Black ou Mission Fig, Brown Ischia, Brown Turkey, White Ischia et Celeste (Celestial).

277. One of the English-American gooseberries.

Groseille à maquereau. —La groseille à maquereau diffère peu de la groseille par ses exigences en matière de sol, de taille et de soins généraux. Les plantes doivent être espacées de 3 à 4 pieds ; rangées espacées de 5 à 7 pieds. Choisissez un sol riche et plutôt humide. Les sommets n'ont pas besoin de protection hivernale. Si l'on veut maîtriser la moisissure et les vers, la pulvérisation doit être commencée dès les premiers signes de problème et être soigneusement effectuée.

La propagation de la groseille est semblable à celle de la groseille, bien que la pratique de butter une plante entière, faisant que chaque branche ainsi recouverte jette des racines, soit pratiquée avec les variétés européennes. Les branches enracinées sont coupées au printemps suivant et plantées en rangs de pépinière ou parfois directement dans le champ. Pour réussir cette méthode, la plante doit avoir été rabattue jusqu'au sol afin que toutes les pousses soient d'un an.

Depuis l'avènement de la pulvérisation de fongicides pour prévenir le mildiou, la culture de la groseille à maquereau s'est développée. Il n'y a maintenant aucune raison pour que, avec un peu de soin, on ne puisse pas obtenir de bonnes récoltes de plusieurs des meilleures variétés anglaises.

Une grande partie de la récolte de groseilles à maquereau est cueillie verte à des fins culinaires. Plusieurs variétés anglaises et leurs dérivés se sont révélés utiles, ayant des fruits plus gros que les indigènes (Fig. 277).

Variétés de groseilles à maquereau .

Pour une utilisation ordinaire, le Downing peut généralement être recommandé. Il est rustique, productif, de bonne taille et de couleur blanc verdâtre. Houghton est encore plus rustique et productif, mais le fruit est plutôt petit et de couleur rouge foncé. Parmi les variétés d'origine européenne qui peuvent être cultivées avec succès, si le mildiou peut être évité, figurent Industry, Triumph, Keepsake, Lancashire Lad et Golden Prolific. Parmi les autres variétés prometteuses figurent Champion, Columbus, Chautauqua et Josselyn (Red Jacket).

Raisin. —L'une des cultures fruitières les plus sûres est le raisin, une récolte chaque année étant raisonnablement certaine après la troisième année à compter du moment de la plantation des vignes ; et les bons amateurs sont nombreux.

Le raisin se porte bien sur tout sol bien cultivé et bien drainé. Un sol contenant une quantité considérable d'argile est préférable dans ces circonstances qu'un loam léger et sableux. L'exposition doit se faire au soleil ; et l'endroit devrait permettre la culture de tous les côtés.

Pour la plantation, il faut utiliser des vignes âgées de 1 ou 2 ans, plantées soit à l'automne, soit au début du printemps. Lors de la plantation, la vigne est taillée à 3 ou 4 yeux et les racines sont bien raccourcies. Le trou dans lequel la plante doit être plantée doit être suffisamment grand pour permettre un déploiement complet des racines. Si la saison doit être sèche, un paillis de litière grossière peut être épandu autour de la vigne. Si tous les bourgeons démarrent, le ou les deux plus forts peuvent pousser. Les cannes issues de ces bourgeons doivent être jalonnées et laissées pousser tout au long de la saison ; ou dans les grandes plantations, les cannes de première année peuvent reposer sur le sol.

La deuxième année, une canne doit être coupée au même nombre d'yeux que la première année. Après le début de la croissance au printemps, il faut laisser subsister deux des bourgeons les plus forts. Ces deux cannes qui apparaissent maintenant peuvent être cultivées en un seul tuteur au cours du deuxième été, ou elles peuvent être étalées horizontalement sur un treillis. Ce sont les sarments qui forment les bras ou parties permanentes de la vigne. C'est de là que partent les pousses dressées qui, les années suivantes, porteront les fruits.

Pour comprendre la taille du raisin, l'opérateur doit bien maîtriser ce principe : *Les fruits sont portés sur le bois de la saison en cours, issu du bois de la saison précédente* . Pour illustrer : une pousse, ou canne, en croissance, de 1909, produit des bourgeons. En 1910, une pousse naît de chaque bourgeon ; et près de la base de ces sarments portent les raisins (1 à 4 grappes sur chacun). Même si chaque bourgeon de la pousse de 1909 peut produire des pousses ou des cannes en 1910, seules les plus solides de ces nouvelles cannes porteront des fruits. Le vigneron expérimenté sait à l'apparence de sa canne (qu'il taille en hiver) quels bourgeons donneront naissance au bois viticole la saison suivante. Les têtes plus grosses et plus fortes donnent généralement de meilleurs résultats ; mais si la canne elle-même est très grande et robuste, ou si elle est très faible et mince, il n'attend de bons résultats d'aucun de ses bourgeons. Une canne dure et bien mûrie, du diamètre du petit doigt d'un homme, est la taille idéale.

Un autre principe à maîtriser est celui-ci : *une vigne ne doit porter qu'un nombre limité de grappes* , disons de 30 à 80. Un sarment porte des grappes près de sa base ; au-delà de ces grappes, la pousse se développe en une longue canne feuillue. On peut compter en moyenne deux grappes par pousse. Si la vigne est suffisamment forte pour porter 60 grappes, il faut laisser 30 bons bourgeons à la taille (qui s'effectue de décembre à fin février).

L'opération essentielle de la taille d'une vigne est donc chaque année de couper un nombre limité de bonnes cannes à quelques bourgeons, et de couper entièrement toutes les cannes ou bois restants de la croissance de la saison précédente. Si une canne est réduite à 2 ou 3 bourgeons, la partie en forme de moignon qui reste s'appelle un éperon. Cependant, les systèmes actuels coupent chaque canne à 8 ou 10 bourgeons (sur les variétés fortes), et il reste 3 ou 4 cannes, toutes rayonnant à proximité de la tête ou du tronc de la vigne. Le sommet de la vigne ne s'agrandit pas d'année en année après avoir recouvert le treillis, mais est réduit chaque année à pratiquement le même nombre de bourgeons. Comme ces bourgeons sont sur du bois neuf, il est évident qu'ils s'éloignent chaque année de plus en plus de l'épi de la vigne. Afin d'éviter cette difficulté, de nouvelles cannes sont retirées tous les ans ou tous les deux ans à proximité des épis de vigne, et le bois âgé de 2 ou 3 ans est coupé.

La formation des raisins est une autre affaire. Une douzaine de systèmes différents de palissage peuvent être pratiqués sur le même treillis et à partir du même style de taille, car le palissage n'est que la disposition ou l'arrangement des parties.

Sur les tonnelles, il est préférable de porter un bras ou un tronc permanent de chaque racine sur la structure jusqu'au sommet. Chaque année, les cannes sont coupées en éperons courts (de 2 ou 3 bourgeons) le long des côtés de ce tronc.

Les raisins sont espacés de 6 à 8 pieds en rangées espacées de 8 à 10 pieds. Un treillis composé de 2 ou 3 fils constitue le meilleur support. Les treillis à lattes captent trop de vent et s'effondrent. Évitez de stimuler les fumiers. Dans les climats très froids, les vignes peuvent être retirées du treillis au début de l'hiver et posées au sol et légèrement recouvertes de terre. Aux limites des parcelles résidentielles, où l'on plante souvent du raisin, on ne s'attend pas à beaucoup de fruits car le sol n'est pas bien labouré.

Le raisin est soumis à de nombreux insectes et maladies, dont certains sont très destructeurs. La pourriture noire est le problème le plus courant. Voir p. 209.

Pour produire des grappes de haute qualité et exemptes de pourriture et de gel, les raisins sont parfois ensachés. Lorsque les raisins sont à moitié cultivés, la grappe est recouverte d'un sac en toile d'épicier. Les sacs restent jusqu'à ce que le fruit soit mûr. Les raisins mûrissent généralement plus tôt dans les sacs. Le haut du sac est fendu et les rabats sont fixés sur la branche avec une épingle ; Figues. 278, 279, 280 expliquent le fonctionnement.

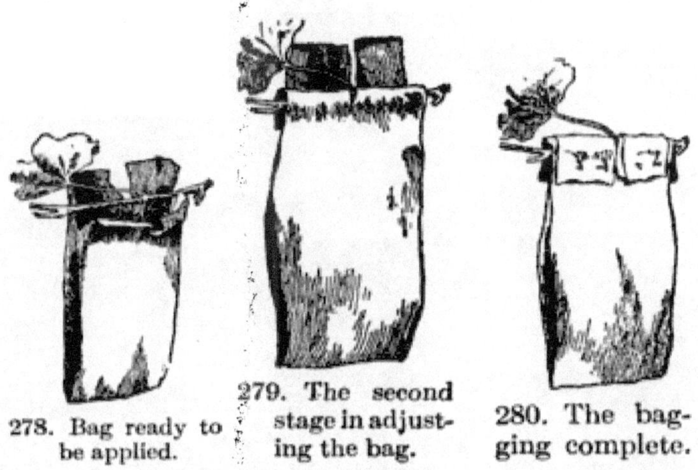

Dans toute la discussion ci-dessus, seuls les raisins dits indigènes sont pris en compte. En Californie, on cultive les types européens ou vinifera, dont les exigences sont radicalement différentes de celles des types orientaux.

XXII. Formation murale d'un poirier.

Dans presque toutes les conditions, la Concord sera une variété noire précieuse, bien que Worden, quelques jours plus tôt, puisse être préférée par beaucoup. Moore (Moore Early) a été notre meilleure variété noire très précoce, mais elle sera probablement remplacée par Campbell, qui est une vigne plus forte, plus productive, avec des grappes plus grosses, des fruits de meilleure qualité et des qualités de conservation supérieures, ce qui la rend précieuse pour à des fins d'expédition. Catawba, Delaware et Brighton comptent parmi les meilleures variétés rouges, bien que l'Agawam et le Salem soient très utilisés. Winchell (Green Mountain) est la meilleure variété blanche précoce et, dans la plupart des régions, Niagara, une variété blanche tardive, se porte bien. Le Diamond (Moore Diamond) est un raisin blanc de meilleure qualité que le Niagara.

Raisins sous verre (SW Fletcher).

Les raisins européens prospèrent rarement à l'extérieur en Amérique de l'Est. Des chais sont nécessaires, avec ou sans chauffage artificiel. Les fruits destinés à la consommation domestique peuvent être cultivés de manière très satisfaisante dans une cave froide (sans chaleur artificielle). Un simple appentis contre le côté sud d'un bâtiment ou d'un mur est bon marché et utilisable. Lorsqu'un bâtiment séparé est souhaité, une maison de même portée orientée nord et sud est préférable. Il n'y a aucun avantage à avoir un toit courbé, sauf en termes d'apparence. Un compost composé de quatre parties de gazon pourri et une de fumier est déposé sur un fond de ciment en pente à l'extérieur de la maison, formant une bordure de 12 pieds de large et 2 pieds de profondeur. Le ciment peut être remplacé par des gravats sur des sols bien drainés, mais il s'agit d'une piètre solution de fortune. Tous les trois ans, les 6 pouces supérieurs de la bordure doivent être renouvelés avec du fumier. La bordure à l'intérieur de la maison est également préparée. Les vignes en pot de deux ans sont plantées à environ 4 pieds de distance sur une seule rangée. Une partie des racines traverse une crevasse du mur jusqu'au bord extérieur et une partie reste à l'intérieur ; ou tous peuvent sortir si la maison est désirée à d'autres fins. Une canne solide est dressée sur un treillis métallique suspendu à au moins 18 pouces du verre et est réduite à 3 pieds la première année, 6 la deuxième et 9 la troisième. Ne soyez pas pressé d'acquérir une longue canne. La taille se fait sur le système d'éperons, comme recommandé pour les tonnelles à la p. 430. Les vignes sont généralement déposées au sol pour l'hiver et couvertes de feuilles ou enveloppées de tissu.

Dès que les bourgeons gonflent au début du printemps, attachez les vignes au treillis et démarrez une pousse de chaque éperon, en effaçant toutes les autres. Cependant, une fois que les baies commencent à se colorer, il est préférable de laisser toute croissance ultérieure pour ombrer le fruit. Pincez chacune de ces articulations latérales de deux joints au-delà du deuxième paquet. Pour lutter contre les araignées rouges et les thrips, le feuillage doit être aspergé d'eau tous les matins lumineux, sauf pendant la saison de floraison. Au moins un tiers des baies doivent être éclaircies de chaque grappe ; n'ayez pas peur d'en retirer trop. Arrosez fréquemment la bordure intérieure tout au long de l'été et l'extérieur occasionnellement si la saison est sèche. La moisissure peut apparaître en juillet. Les meilleurs moyens de prévention sont de seringuer fidèlement, d'admettre librement l'air et de répandre du soufre sur le sol.

Les fruits peuvent être conservés frais sur les vignes dans une cave chaude (ou chauffée artificiellement) jusqu'à fin décembre ; en chambre froide, il doit être cueilli avant les gelées. Une fois le fruit retiré, aérez par le haut et le bas et retenez l'eau afin de bien faire mûrir le bois. Au cours du mois de novembre, les cannes sont taillées, recouvertes de paille ou enveloppées de nattes et déposées jusqu'au printemps. Le Black Hamburg est supérieur à tous les autres cépages pour un raisin froid ; Le Bowood Muscat, le Muscat d'Alexandrie et le Chasselas Musque peuvent être ajoutés dans la serre chaude. Les bonnes vignes vivront et porteront presque indéfiniment.

Mûrier .—Tant pour ses fruits que pour son ornement, le mûrier devrait être planté de manière plus générale. Même si le fruit n'est pas du goût, l'arbre est naturellement centré et à tête ronde, et constitue un sujet intéressant ; certaines variétés ont des feuilles finement coupées. Les fruits sont très demandés par les oiseaux et, une fois qu'ils commencent à mûrir, les fraisiers et les cerisiers sont plus exempts de merles et d'autres oiseaux frugivores. C'est pour cette seule raison qu'ils constituent un arbre précieux pour le fruiticulteur. Les arbres peuvent être achetés à moindre coût que leur multiplication.

S'ils sont plantés sous forme de verger, placez-les à une distance de 25 à 30 pieds. Ils peuvent se rapprocher des frontières d'un lieu. Les variétés russes sont souvent plantées comme brise-vent, car elles sont très rustiques et prospèrent dans la plus grande négligence ; et à cette fin, ils peuvent être plantés à une distance de 8 à 20 pieds. Les Russes font d'excellents écrans. Ils supportent bien la coupe. Les fruits des Russes varient en qualité, car les arbres proviennent généralement directement de graines ; mais de temps en temps un arbre porte d'excellents fruits.

New American, Trowbridge et Thorburn sont les principaux types de mûres fruitières du Nord. Le vrai Downing n'est pas rustique dans les États du Nord ; mais le New American est souvent vendu sous ce nom. Les mûres prospèrent dans n'importe quel bon sol et ne nécessitent aucun traitement spécial.

Noix. —Les arbres à noix exigent trop d'espace pour la plupart des plantations fruitières à domicile, bien qu'ils soient également utiles comme brise-vent et comme ombrage. Les caryers, tous américains, font d'excellents arbres à gazon et devraient être mieux connus. Les noisetiers et les noisetiers, petits arbres ou buissons, ne sont cultivés avec succès dans ce pays que dans des cas très particuliers.

La culture commerciale des noix aux États-Unis et au Canada concerne principalement les amandes, les noix et les noix de pécan, avec quelques tentatives pour les châtaignes. Parmi ceux-ci, le châtaignier est le plus adaptable aux habitats de la partie nord-est.

Il existe trois types de châtaignes cultivées : les européennes, les japonaises et les américaines. Les châtaignes américaines ou indigènes, dont il existe plusieurs variétés améliorées, sont les plus résistantes et les plus fiables, et les noix sont les plus douces, mais elles sont aussi les plus petites. Les variétés japonaises sont généralement endommagées par l'hiver dans le centre de New York. Les variétés européennes sont un peu plus résistantes et certaines variétés prospéreront dans les États du nord. Les châtaignes sont très faciles à cultiver, même si la maladie de l'écorce les menace désormais. Ils portent généralement mieux lorsque deux arbres ou plus sont plantés les uns à côté des autres. Les pousses des anciennes clairières de châtaigniers sont souvent laissées sur place et parfois greffées sur les variétés améliorées. Les jeunes arbres peuvent être greffés au printemps par la méthode du fouet ou de la greffe en fente ; mais les cions doivent être parfaitement dormants, et l'opération doit être faite avec beaucoup de soin. Même avec la meilleure qualité de travail, un pourcentage considérable de greffons risquent d'échouer ou de se rompre au bout de deux ou trois ans. La variété de châtaignier la plus populaire est le Paragon, qui produit de grosses et excellentes noix lorsque l'arbre est très jeune. Lorsque le terrain est suffisamment grand, deux ou trois de ces arbres doivent être plantés près des bordures.

Orange. —Les oranges sont cultivées abondamment en Floride, dans des endroits le long du Golfe et dans de nombreuses régions de Californie, mais dans les régions les plus favorisées, il y a parfois des dommages causés par le froid ou le gel aux arbres ou aux fruits.

Le sol préféré pour les oranges en Californie est un alluvion riche et profond, évitant les sous-sols durs ou en adobe. L'eau stagnante dans le sous-sol est un défaut fatal. Bien qu'ils puissent être cultivés près de l'océan à un niveau inférieur, une altitude de 600 à 1 200 pieds est généralement souhaitable. Alors que le sud de la Californie est particulièrement adapté à la culture de l'orange, le fruit est cultivé avec succès le long des contreforts des vallées de San Joaquin et de Sacramento et dans d'autres parties de l'État.

En Floride, les terres de pins avec un sous-sol argileux sont généralement préférées pour les oranges, mais si elles sont correctement manipulées, de bons résultats peuvent être obtenus avec des terres en hamac. Comme les endroits surélevés ne peuvent pas être sécurisés, une ceinture de bois entourant le verger ou le long des côtés nord et ouest est souhaitable.

La distance pour les espèces d'oranges à grande croissance dans le verger est de 25 à 30 pieds dans chaque sens, mais les espèces semi-naines, telles que Bahia ou Washington Navel, peuvent être aussi proches que 20 pieds dans chaque sens, bien que 25 pieds le soient. être souhaitable. Si les racines sont saccagées, les arbres doivent être placés dans le trou sans enlever la couverture, et la terre doit ensuite être tassée autour d'eux ; mais s'ils sont en flaque d'eau, il faut faire un monticule au fond du trou. Au centre, une ouverture doit être pratiquée dans laquelle la racine pivotante peut être insérée. Une fois que la terre a été bien tassée, les autres racines doivent être étalées et le trou rempli de bonne terre, en le tassant soigneusement. Il faut veiller à ce que les racines ne soient pas exposées lors de la manipulation des arbres, et si le temps est chaud et sec, les cimes doivent être ombragées. L'eau peut souvent être utilisée avec de bons résultats pour tasser le sol autour des racines.

Lors de la transplantation, les cimes doivent être coupées proportionnellement à la quantité de racines perdues en creusant les arbres. La tête commence généralement avec les branches à environ 2 pieds du sol. Chaque année, tant que les arbres sont petits, les pousses fortes doivent être coupées pour conserver une forme symétrique et les pousses faibles et excédentaires doivent être supprimées.

La culture des vergers d'orangers devrait être la même que celle recommandée pour les autres fruits, sauf que, comme ils poussent dans des climats chauds et secs, elle devrait être encore plus approfondie, afin que l'évaporation de l'humidité du sol puisse être réduite au minimum. Les producteurs californiens ont découvert qu'en cultivant fréquemment à faible profondeur, ils peuvent réduire la quantité d'eau qui doit être appliquée par irrigation, et qu'un travail fréquent du sol et un peu d'eau donneront de meilleurs résultats que peu ou pas de culture et une grande quantité d'eau. La quantité d'eau nécessaire dépendra également de la saison et de la nature du sol. Ainsi, sur les sols solides et après de fortes pluies, aucune irrigation ne sera nécessaire, tandis que les sols sableux nécessiteront une irrigation aussi souvent qu'une fois toutes les trois ou quatre semaines de mai à octobre. En règle générale, deux ou trois irrigations par saison suffiront. Lorsqu'elle est utilisée, l'eau doit être appliquée en quantité suffisante pour mouiller jusqu'aux racines des arbres. De rares arrosages fréquents peuvent faire beaucoup de mal. L'eau est généralement appliquée dans des sillons, et pour les jeunes arbres, il devrait y en avoir un de chaque côté de chaque rangée, mais à mesure que les racines s'étendent, le nombre doit être augmenté, jusqu'à ce qu'à cinq ou six ans, tout le verger soit irrigué à partir de sillons. ou 5 pieds de distance. En Floride, l'irrigation n'est pas pratiquée.

Les cultures de couverture en hiver sont désormais courantes en Floride et en Californie, certaines cultures de légumineuses étant utilisées.

Variétés d'orange .

Parmi les meilleures variétés figurent : Bahia, communément connue sous le nom de Washington Navel, Thompson Improvement, Maltese Blood, Mediterranean Sweet, Paper Rind St. Michael et Valencia. Homosassa, Magnum Bonum, Nonpareil, Boone, Parson Brown, Pineapple et Hart sont les favoris en Floride. Les mandarines et les mandarines, ou oranges « kid-glove », ont une fine écorce qui se détache facilement de la pulpe plutôt sèche. Les orangers sont fréquemment blessés par diverses cochenilles, mais pour plusieurs des espèces les plus gênantes, des insectes parasites ont été trouvés qui les maintiennent partiellement ou totalement sous contrôle, et pour d'autres, les arbres sont pulvérisés ou fumigés avec de l'acide cyanhydrique.

Pêches. —Avec une exposition appropriée, les pêches peuvent produire des fruits dans de nombreuses régions où il semble actuellement impossible d'en obtenir une récolte. C'est habituellement l'habitude de l'amateur de placer les pêchers à l'abri d'un bâtiment, exposé au sud ou à l'est au soleil, et « dans une poche » vis-à-vis des vents. Cette situation devrait être inversée, sauf à proximité immédiate de grandes étendues d'eau. Les bourgeons fruitiers des pêchers supportent des températures très froides lorsqu'ils sont parfaitement dormants, souvent jusqu'à 12° ou 18° au-dessous de zéro à New York ; mais si les bourgeons deviennent gonflés, un gel relativement léger détruira la récolte. Par conséquent, si les arbres sont placés à des altitudes où un drainage constant de l'air peut être obtenu, abrités, le cas échéant, au sud et à l'est de l'influence réchauffante du soleil, les bourgeons resteront dormants jusqu'à ce que le sol se réchauffe et que le sol se réchauffe. les chances d'échec seront diminuées. Ce conseil s'applique principalement aux sections intérieures.

Un sol limoneux sableux ou graveleux bien drainé convient mieux à la pêche qu'un sol lourd ; mais si le sol plus lourd est bien drainé, de bonnes récoltes peuvent être assurées.

Les pêches ont au mieux une durée de vie courte et on devrait se contenter de trois ou quatre récoltes de chaque arbre. Ils portent des petits, généralement une récolte partielle la troisième année. Si l'on peut faire une récolte tous les deux ans jusqu'à ce que les arbres aient huit ou dix ans, ils auront largement récompensé l'effort de culture. Mais ils durent souvent deux fois plus longtemps. Les jeunes arbres peuvent être plantés tous les quatre ou cinq ans pour remplacer les plus vieux, ce qui permet d'avoir des arbres en âge de porter à tout moment sur une petite surface. Les arbres doivent être espacés de 14 à 18 pieds dans chaque sens.

Les pêchers sont toujours achetés à l'âge d'un an, c'est-à-dire un an après le bourgeon. Par exemple, le bourgeon est inséré à l'automne 1909. Il reste dormant jusqu'au printemps 1910, date à laquelle il pousse vers une croissance vigoureuse ; et à l'automne 1910, l'arbre est prêt à être vendu. Les pêchers âgés de plus d'un an ne valent guère la peine d'être achetés. Il est courant, lors de la plantation des pêchers, de les tailler au fouet, en laissant un moignon ne portant pas plus d'un bourgeon à l'endroit où chaque branche est coupée.

Les trois grands ennemis du pêcher sont le foreur, le jaune et le charançon.

Il est préférable de lutter contre le foreur en le déterrant chaque printemps et chaque automne. Les arbres attaqués par le foreur présentent une exsudation de gomme autour de la couronne. Si les foreurs sont creusés deux fois par an, ils n'obtiendront pas un démarrage suffisant et rendront l'opération très laborieuse. C'est le seul moyen sûr.

281. Seckel pear.

La jaunisse est une maladie transmissible dont la cause n'est pas connue avec certitude. Il se manifeste par la maturation prématurée du fruit, avec des taches rouges distinctes qui s'étendent à travers la chair, et plus tard par la projection de fines touffes ramifiées et ramifiées le long des branches principales (Fig. 215). Le seul traitement consiste à arracher les arbres et à les brûler. D'autres arbres peuvent être plantés aux mêmes endroits.

Le charançon doit être capturé en le secouant sur des feuilles (voir *Prune*).

Variétés de pêche .

Pour un usage domestique, il est conseillé de fournir des variétés qui mûriront successivement, mais pour les besoins du marché, dans la plupart des régions, les variétés moyennes et tardives devraient être plantées de manière plus extensive. Bien qu'il existe de nombreuses variétés qui ont une réputation locale, mais qu'on ne trouve pas couramment dans les pépinières, les variétés suivantes sont bien connues et peuvent généralement être cultivées avec succès : Alexander, Hale Early, Rivers, St. John, Bishop, Connett (Southern Early), Carman, Crawford (début et tard), Oldmixon, Lewis, Champion, Sneed, Greensboro, Kalamazoo, Stump, Elberta, Ede (Capt. Ede), Stevens (Stevens' Rareripe), Crosby, Gold Drop, Reeves, Chaises, Smock, Salway et Levy (Henrietta).

Poire. —Aucune plantation fruitière ne devrait être considérée comme complète sans arbres de diverses sortes de poires, dont les fruits mûrissent du début d'août jusqu'à l'hiver. Les variétés tardives se conservent généralement bien et prolongent la saison jusqu'en février, fournissant ainsi des fruits pendant six ou sept mois.

Comme le poirier pousse à la perfection sur le coing, l'arbre nain est particulièrement adapté à la plantation sur de petits terrains domestiques et est souvent utilisé comme plante de bordure ou pour servir d'écran. Ces arbres nains doivent être placés profondément, 4 à 6 pouces sous le syndicat, pour empêcher le stock de croître. Les arbres nains peuvent être placés aussi près les uns des autres que 10 à 16 pieds, tandis que les poires standard ou à croissance haute doivent être espacées de 18 à 25 pieds. Les arbres sont plantés à l'âge de deux ou trois ans.

282. Duchesse d'Angoulême pear.

283. The Kieffer pear.

La poire prospère sur un sol argileux, s'il est bien sous-drainé, et pour cette raison, elle peut réussir dans des endroits où d'autres fruits pourraient échouer. Une croissance bonne et régulière doit être maintenue, mais l'utilisation de fumiers azotés doit être évitée, car ils ont tendance à former une croissance abondante et à provoquer des attaques de pourriture du poirier, qui est le pire ennemi du poirier (p. 211).

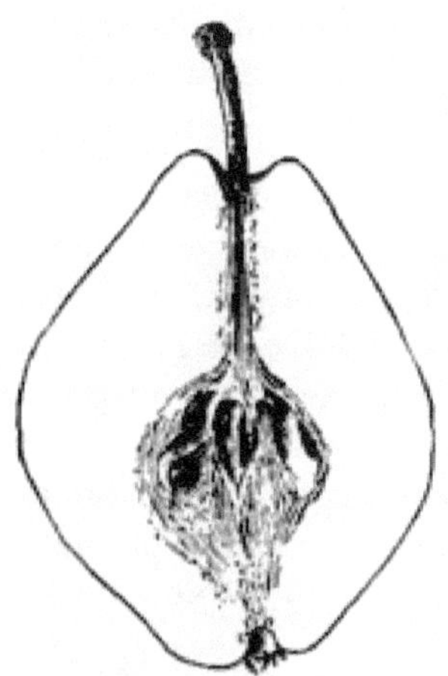

284. Kieffer pear.

Variétés de poire .

Comme sélection pour fournir une succession de variétés tout au long de la saison, la liste suivante est recommandée :

Début .—Summer Doyenne, Bloodgood, Clapp, Osband, Elizabeth (Elizabeth de Manning).

Automne .—Bartlett, Boussock, Flamand (Beauté flamande), Buffum, Howell, Seckel (Fig. 281), Louise Bonne, Angoulême (Duchesse d'Angoulême) (Fig. 282), Sheldon.

Hiver.—Anjou, Clairgeau, Lawrence, Kieffer (Fig. 283, 284), Winter Nelis et Easter Beurre.

Pour les besoins ordinaires du marché, les titres suivants se sont révélés utiles : Bartlett, Howell, Anjou, Clairgeau et Lawrence. Dans les États du centre et du sud, Kieffer est cultivé avec succès. Pour un usage domestique, cette variété n'est pas recommandée dans le Nord, en raison de sa mauvaise qualité et de son plus petit calibre.

Pour la culture naine, Angoulême (Duchesse d'Angoulême), Louise Bonne, Anjou, Clairgeau et Lawrence sont les plus populaires, mais de nombreuses autres variétés prospèrent grâce au coing.

Prune .—Des prunes, il existe trois types généraux ou communs : premièrement, la commune Domestica ou prune européenne, qui donne naissance à toutes les variétés plus anciennes, comme Lombard, Bradshaw, Green Gage, les pruneaux, les prunes aux œufs, les Damsons et le genre; deuxièmement, les prunes japonaises, qui sont devenues populaires au cours des vingt dernières années et qui sont adaptées à un plus grand nombre de pays que les Domesticas ; troisièmement, les prunes indigènes de plusieurs espèces ou types, adaptées aux plaines, aux États du centre et du sud, et certaines espèces au nord froid.

Partout où les prunes Domestica et japonaises peuvent être cultivées, les prunes indigènes ne sont pas destinées à devenir populaires ; mais beaucoup d'indigènes sont beaucoup plus robustes que les autres, et sont donc adaptés aux régions dans lesquelles les Domestica et les Japonais ne sont pas en sécurité. D'autres d'entre eux sont bien adaptés aux États du centre et du sud. Les prunes Domestica et japonaises sont considérablement plus résistantes que les pêches, mais pas aussi résistantes que la pomme. La limite nord de leur culture générale est la péninsule sud du Michigan, le centre et le sud de l'Ontario, le centre de l'État de New York et le centre de la Nouvelle-Angleterre.

Les prunes prospèrent sur une grande variété de sols, mais elles réussissent généralement mieux sur ceux qui sont plutôt lourds et contiennent une teneur considérable en argile. En fait, de nombreuses variétés prospèrent sur une argile aussi dure que celle dans laquelle poussent les poires. En revanche, ils prospèrent souvent bien dans les sols légers, voire presque sableux.

Les arbres sont plantés à deux ou trois ans du bourgeon. Il est préférable d'avoir des pruniers sur des plants de la même espèce, mais il n'est pas toujours possible de les sécuriser dans les pépinières. Dans le Sud, les prunes sont cultivées principalement sur les racines des pêchers, et celles-ci font d'excellents arbres là où le climat n'est pas trop rigoureux, et surtout sur les terres plus légères sur lesquelles elles sont plantées dans le Sud. Dans le Nord, la plus grande partie des stocks de pruniers sont cultivés sur les racines de prunier Myrobalan. Ce Myrobalan est une espèce de prune de l'Ancien Monde, de croissance plus petite que la Domestica. Cette souche a donc tendance à éclipser l'arbre et est également susceptible de rejeter des pousses à partir des racines.

Les pruniers sont espacés de 12 à 18 pieds. De nombreux producteurs aiment les disposer en rangées à 8 pieds de distance et les rangées sont espacées de 16 à 20 pieds.

Les prunes sont taillées de la même manière que les pommes et les poires. C'est-à-dire que la cime est éclaircie d'année en année et que toutes les branches superflues et le bois cassé ou malade sont enlevés. Si le sol est très résistant et les arbres rapprochés, il peut être bon de les étêter un peu chaque année, surtout les variétés qui poussent très fortes et robustes.

Ravageurs et maladies .

Il existe quatre principales difficultés dans la culture des prunes : la brûlure des feuilles, la pourriture des fruits, le nœud noir et le charançon.

La brûlure des feuilles apparaît généralement vers le milieu de l'été, les feuilles étant tachetées et tombant. Le remède consiste à pulvériser abondamment de la bouillie bordelaise, en commençant peu après la nouaison des fruits et avant que les problèmes ne commencent à se manifester.

La pourriture des fruits peut être évitée par les mêmes moyens, c'est-à-dire en pulvérisant de la bouillie bordelaise. Il est généralement préférable de commencer juste après que les fruits soient bien fixés. Une considération très importante dans la lutte contre cette maladie est d'éclaircir les fruits afin qu'ils ne pendent pas en grappes. Si un fruit en touche un autre, la pourriture se propage de fruit en fruit malgré la pulvérisation. Certaines variétés, comme Lombard et Abundance, sont particulièrement sensibles à ces dommages.

Il est préférable de contrôler le nœud noir en coupant les nœuds chaque fois qu'ils sont visibles et en les brûlant. Dès que les feuilles tombent, le verger doit être inspecté et tous les nœuds enlevés. Les vergers qui sont soigneusement pulvérisés avec de la bouillie bordelaise contre la brûlure des feuilles et la pourriture des fruits sont moins sujets aux attaques du nœud noir.

Le charançon, ou l'insecte qui est le parent des vers présents dans le fruit, est l'ennemi invétéré de la prune et des autres fruits à noyau. Le coléoptère adulte pond ses œufs dans les fruits lorsqu'ils sont très petits et commence généralement son travail dès la chute des fleurs. Ces œufs éclosent bientôt et la petite larve pénètre dans le fruit. Les fruits attaqués alors qu'ils sont très jeunes tombent habituellement de l'arbre, mais ceux attaqués lorsqu'ils ont atteint la moitié ou plus de leur croissance peuvent adhérer à l'arbre, mais restent véreux et gommeux au moment de la cueillette. Les coléoptères matures sont lents le matin et sont facilement arrachés des arbres. Profitant de ce fait, le fruiticulteur peut les mettre en pot sur des feuilles ; ou, dans les grands vergers, dans une grande trémie en toile, qui roule d'arbre en arbre sur un cadre semblable à une brouette, et sous le sommet de laquelle se trouve une boîte de conserve dans laquelle roulent les insectes. Il y a une fente ou une ouverture sur un côté de la trémie, qui permet à l'arbre de se tenir presque au milieu de la toile. L'opérateur donne ensuite à l'arbre deux ou trois bocaux pointus avec une perche rembourrée ou un maillet. Les bords de la trémie sont ensuite rapidement secoués avec les mains et les insectes roulent dans le récipient en fer blanc. Dans ce récipient se trouve de l'huile de kérosène, ou on peut le vider de temps en temps. La durée de fonctionnement de cette machine dans le verger dépendra entièrement des circonstances. Il est conseillé d'utiliser le collecteur peu de temps après la chute des fleurs, afin de connaître l'abondance des insectes. Si quelques insectes sont capturés sur chaque arbre, cela indique qu'il y a suffisamment de parasites pour causer de sérieux problèmes. Si au bout de quelques jours les insectes semblent avoir disparu, il ne sera pas nécessaire de poursuivre la chasse. Certaines années, surtout celles qui reçoivent une récolte très abondante, il peut être nécessaire de faire fonctionner le collecteur de curculio tous les matins pendant quatre ou cinq semaines ; mais, en règle générale, il ne sera pas nécessaire de l'utiliser plus de deux ou trois fois par semaine pendant cette saison ; et parfois la saison peut être raccourcie de moitié. Les insectes tombent plus facilement lorsque le temps est frais, et il est donc préférable de parcourir tout le verger, si possible, avant midi. Toutefois, par temps nuageux, les insectes peuvent être capturés toute la journée. Un homme intelligent peut s'occuper de 300 ou 400 arbres en pleine production en six heures si le sol a été bien laminé ou raffermi, comme il devrait l'être avant le début de l'opération de débogage. Le même traitement s'applique à la conservation des pêches et rarement aussi des griottes.

Variétés de prune .

Les variétés suivantes d'origine européenne seront jugées souhaitables pour la culture dans les États du nord et de l'est : Bradshaw, Imperial Gage, Lombard, McLaughlin, Pond, Quackenbos, Copper, Jefferson, Italian Prune (Fellenberg), Shropshire, Golden Drop (Coe Golden Drop), Bavay ou Reine Claude, Grand-Duc, Monarque.

Plusieurs variétés japonaises sont également bien adaptées à la culture dans ces régions, ainsi que dans les États plus au sud. Les arbres sont généralement rustiques, mais ils fleurissent tôt et risquent d'être endommagés par des gelées tardives dans certaines localités. Parmi les meilleurs types figurent les Red June, Abundance, Chabot, Burbank et Satsuma.

Peu des espèces ci-dessus sont rustiques dans le Nord-Ouest et les producteurs doivent s'appuyer sur des variétés d'espèces indigènes. Parmi ceux-ci figurent : Forest Garden, Wyant, De Soto, Rollingstone, Weaver, Quaker et Hawkeye. Plus au sud encore, d'autres classes de prunes ont été introduites, parmi lesquelles Wildgoose, Clinton, Moreman, Miner et Golden Beauty. Et encore plus au sud, on cultive Transparent, Texas Belle (Paris Belle), Newman, Lone Star et El Paso.

285. Meech Quince (Meech's Prolific).

Coing. — Bien qu'ils ne soient pas largement cultivés, les coings trouvent généralement un marché facile et sont souhaitables pour un usage domestique. Les arbres sont généralement plantés à environ 12 pieds dans chaque sens et peuvent être formés sous forme d'arbuste ou d'arbre, mais il sera généralement préférable de les cultiver avec un tronc court. Ils réussissent mieux sur un sol profond, humide et fertile. Elles nécessitent à peu près les mêmes soins que la poire. Les insectes et les maladies qui les attaquent sont également les mêmes que pour ce fruit. Le fléau est particulièrement grave. Le fruit est porté sur des pousses courtes de la même saison, et une forte poussée de la croissance en hiver enlève une bonne partie des bourgeons d'où naissent les pousses. L'Orange est la variété la plus commune, mais Champion, Meech (Fig. 285) et Rea sont parfois cultivées.

Framboise .—Les framboises rouges et noires sont essentielles à un bon jardin. Quelques plants de chacun produiront une réserve de baies pour une famille pendant six ou huit semaines, à condition que des variétés précoces et tardives soient plantées.

Une situation fraîche, un sol qui retiendra l'humidité sans être mouillé et une préparation minutieuse du sol sont les conditions nécessaires au succès. Les framboises à tête noire doivent être espacées de 3 à 4 pieds, les rangées de 6 ou 7 pieds ; les variétés rouges espacées de 3 pieds, les rangées espacées de 5 pieds. La prise au printemps est généralement préférable.

Les pousses de framboises donnent des fruits une saison et meurent l'année suivante, comme les mûres et les mûres.

La plupart des variétés à tête noire jettent naturellement des branches latérales la première saison, et c'est donc un bon plan de pincer les nouvelles tiges dès qu'elles ont atteint une hauteur de 2 à 3 pieds, selon la hauteur totale de la variété. . Cela accélérera la chute des pousses latérales, sur lesquelles porteront les fruits l'année suivante. Dès que les fortes gelées sont terminées au printemps, ces pousses latérales doivent être coupées de 9 à 12 pouces, selon la force des cannes et le nombre de branches latérales qui les composent.

La même méthode de taille est conseillée avec les variétés rouges comme Cuthbert, qui se ramifient naturellement librement. D'autres espèces, comme King, Hansell, Marlboro, Turner et Thwack, qui se ramifient rarement, ne devraient pas être pincées en été, car, même si cela pourrait les inciter à émettre des pousses, les branches seront faibles, et si elles survivent l'hiver, produira moins de fruits que ne le feraient les puissants bourgeons des cannes principales s'ils n'avaient pas été forcés à pousser.

Dès que la récolte est récoltée et que les vieilles cannes sont mortes, il faut les enlever, et en même temps toutes les nouvelles pousses excédentaires doivent être coupées. De quatre à cinq bonnes cannes suffiront pour chaque colline, tandis qu'en rangées, le nombre peut être de deux à trois par pied.

Tailles de cette manière, presque toutes les variétés auront des tiges suffisamment grandes pour se soutenir, mais comme les fruits seront plus ou moins brisés et endommagés par le pliage des cannes, de nombreux producteurs préfèrent les soutenir au moyen de tuteurs. ou des treillis. Des piquets peuvent être placés dans chaque colline, ou pour les rangées de nattes, de gros piquets de 3 pieds de haut sont enfoncés à des intervalles de 40 pieds et un fil galvanisé n° 10 est tendu le long de la rangée, auquel les cannes sont attachées. Ce serait une économie de travail si un fil était tendu de chaque côté de la rangée, car alors aucun attachement ne serait nécessaire.

XXIII. Groseille cerise.

Si l'on désire obtenir de nouvelles plantes, les extrémités des branches des variétés noires doivent être recouvertes de terre vers le milieu du mois d'août, lorsqu'on voit les pointes se diviser en plusieurs pousses minces et prendre racine (Fig. 286). ; ceux-ci peuvent être récupérés et plantés au printemps suivant. Bien que les drageons qui naissent des racines des variétés rouges (Fig. 287) puissent être utilisés pour leur multiplication, il sera préférable d'utiliser des plantes issues de boutures de racines, car elles auront de bien meilleures racines.

287. Sprouting habit of red raspberry.

Les framboises peuvent être repliées jusqu'au sol pour que la neige les protège, dans les climats rigoureux.

Pour la rouille rouge, arrachez la plante, la racine et la branche, et brûlez-la. Des rotations courtes – fructification des plantes seulement deux ou trois ans – et le brûlage des vieilles cannes et des parures contribueront grandement à maintenir les plantations de framboisiers en bonne santé. La pulvérisation aura un certain effet dans la lutte contre l'anthracnose.

Variétés de framboises .

Parmi les espèces noires, les suivantes seront jugées souhaitables : Palmer, Conrath, Kansas et Eureka, qui mûrissent dans l'ordre indiqué. Dans certaines sections, le Gregg est encore précieux, mais il manque quelque peu de rusticité. L'Ohio est une variété préférée pour l'évaporation. Parmi les variétés à calotte violette, Shaffer et Columbian réussissent généralement. Parmi les variétés rouges, aucune n'a plus de succès que Cuthbert. King est une variété précoce prometteuse et Loudon est une variété tardive précieuse. De nombreux producteurs trouvent les Marlboro et Turner dignes d'être cultivées, bien que leurs adaptations soient plutôt locales ; tandis que pour un usage domestique, Golden Queen, un Cuthbert jaune, est très apprécié.

Fraises. —Tout le monde peut cultiver des fraises, mais le dicton selon lequel les fraises poussent sur n'importe quel sol est trompeur, bien que vrai. Certaines variétés de fraises pousseront mieux sur certains sols que d'autres variétés. Ce que sont ces variétés ne peut être déterminé que par un essai réel, mais c'est une règle sûre de choisir celles qui se révèlent bonnes dans de nombreuses localités.

Quant aux méthodes de culture, beaucoup de choses dépendent de la taille de la parcelle, de l'usage pour lequel le fruit est recherché et de l'étendue des soins que l'on est prêt à lui apporter, qu'aucune règle fixe ne peut être donnée pour un jardin dans lequel il n'y a que peu de plantes sont cultivées et des soins supplémentaires peuvent être apportés. Le cultivateur doit toujours être sûr que ses variétés « fertiliseront » ; c'est-à-dire qu'il possède suffisamment d'espèces pollinisées pour assurer une récolte.

Avec la culture la plus élevée, de bons résultats peuvent être obtenus avec le système de collines de culture des fraises. Pour cela, les plantes peuvent être disposées en rangées espacées de 3 pieds et 1 pied dans la rangée, ou si elles sont travaillées dans les deux sens, elles peuvent mesurer de 2 à 2 1/2 pieds dans chaque sens. Dans le petit jardin, où un cheval ne peut pas être utilisé, les plantes sont fréquemment placées à 1 pied dans chaque sens, en les disposant en plates-bandes de trois à cinq rangées, avec des allées de 2 pieds de large entre elles. Dès que les stolons se forment, ils doivent être retirés, afin que toute la vigueur de la plante soit exercée pour renforcer la couronne. Lorsque des spécimens de baies extra fines sont souhaités, la plante peut être maintenue au-dessus du sol par un cadre en fil de fer, comme le montre la Fig. 288.

288. Strawberry plant supported by a wire rack.

Les fraises peuvent également être cultivées selon le système de rangées étroites de nattes, dans lequel les stolons, avant l'enracinement, doivent être tournés le long des rangées à une distance de 4 à 6 pouces de la plante mère. Ces stolons doivent être les premiers fabriqués par la plante et ne doivent pas pouvoir s'enraciner, mais « s'installer ». Ce n'est pas une opération difficile ; et si les stolons sont séparés de la plante mère dès qu'ils sont bien établis, le drainage sur cette plante n'est pas grand. Tous les autres coureurs doivent être exclus dès leur départ. La rangée doit avoir une largeur d'environ 12 pouces au moment de la fructification (Fig. 289). Chaque plante doit disposer d'un terrain d'alimentation suffisant, d'un plein soleil et d'une position ferme dans le sol. Ce système de rangées de nattes est peut-être une méthode aussi efficace que celle qui pourrait être pratiquée, que ce soit dans un jardin privé ou en culture en plein champ. Avec un peu de soin en binant, en désherbant et en coupant les stolons, les plates-bandes semblent produire des récoltes aussi abondantes la deuxième année que la première.

L'ancienne façon de cultiver une culture consistait à espacer les plantes de 10 à 12 pouces, en rangées espacées de 3 pieds, et à leur permettre de courir et de s'enraciner à volonté, les résultats étant une masse de petites plantes encombrées, chacune s'efforçant d'obtenir des plantes. -de la nourriture et aucun d'entre eux ne parvient à en avoir assez. Les derniers, ou stolons extérieurs, n'ayant que le bout de leurs racines dans le sol, sont déplacés par le vent, soulevés par le gel, ou ont les racines exposées desséchées par le vent et le soleil.

Un sol riche en potasse produit les baies les plus fermes et les plus savoureuses. L'utilisation excessive de fumier d'étable, généralement riche en azote, doit être évitée, car elle a tendance à donner lieu à une croissance trop dense du feuillage et des baies à texture molle.

289. A narrow matted row of strawberries.

Dans la plupart des cas, les fraises doivent être plantées dès le printemps, car le sol peut être travaillé. La plantation peut se faire à la truelle, à la bêche ou au plantoir, en prenant soin d'étaler les racines le plus possible et de presser fermement la terre autour d'elles, en tenant la plante de manière à ce que le bourgeon soit juste au-dessus de la surface. Si la saison est tardive et que le temps est chaud et sec, il faut enlever tout ou partie des feuilles les plus anciennes. Si de l'eau est utilisée, elle doit être versée sur les racines avant de remplir le trou et dès qu'elle a été absorbée, la terre restante doit être tassée autour des plantes. Au cours de la première saison, les tiges florales doivent être enlevées dès leur apparition et les stolons doivent être limités à un espace d'environ 1 pied de large. Certaines personnes préfèrent réduire encore davantage le nombre de plantes et, après avoir superposé trois à quatre plantes entre celles initialement plantées, éliminer toutes les autres.

Les fraises sont souvent plantées en août ou en septembre, mais cela n'est conseillé que pour de petites parcelles ou lorsque le sol est dans les meilleures conditions possibles et que la culture la plus élevée est obtenue. Pour la culture en jardin, il peut être avantageux de se procurer des plantes en pot (Fig. 290). Ceux-ci sont vendus par de nombreux pépiniéristes et peuvent être obtenus en plongeant des pots sous les stolons dès que la saison de fructification est passée. En août, la plante devrait remplir le pot (qui devrait mesurer 3 ou 4 pouces) et la plante est prête à être installée dans la plantation. Ces plantes devraient donner une bonne récolte au printemps suivant.

Au cours de la première saison, les fraises doivent être travaillées fréquemment, assez profondément au début, mais à mesure que le temps se réchauffe et que les racines remplissent le sol, le travail du sol doit être limité à une profondeur ne dépassant pas 2 pouces. Les mauvaises herbes ne devraient jamais pouvoir germer, et si la saison est sèche, le travail du sol devrait être si fréquent que le sol de surface devrait à tout moment être meuble et ouvert, formant un paillis de poussière pour conserver l'humidité. Si l'automne est humide et la plantation exempte de mauvaises herbes, il y aura peu d'occasions de labourer après le premier septembre, jusqu'à ce que le sol ne gèle, moment où il faudra procéder à un labour approfondi. En plus du travail du cheval, la houe doit être utilisée chaque fois que cela est nécessaire pour ameublir le sol autour des plantes et détruire les mauvaises herbes qui peuvent apparaître dans le rang.

290. A potted strawberry plant.

Une fois le sol gelé, il sera conseillé de pailler les plantes en recouvrant l'espace entre les rangées avec des déchets jusqu'à une profondeur d'environ 2 pouces. Directement sur les plantes, une couverture de 1 pouce suffira généralement. Le matériau utilisé doit être exempt de graines d'herbe et de mauvaises herbes, et doit être tel qu'il restera sur les plates-bandes sans être emporté par le vent et qu'il ne s'accumulera pas trop étroitement sur les plantes. Le foin des marais constitue un paillis idéal, mais là où il ne peut pas être sécurisé, la paille répondra. Le fourrage de maïs constitue un paillis propre mais plutôt grossier, et lorsqu'il peut être maintenu en place par un autre matériau, les feuilles forestières font bien l'affaire comme paillis entre les rangées. Au printemps, la paille doit être retirée du dessus des plantes et laissée entre les rangées comme paillis, ou la totalité peut être enlevée et le sol travaillé avec un cultivateur.

Une récolte abondante devrait être produite la deuxième saison ; beaucoup de personnes pensent qu'il est préférable de renouveler la plantation chaque année, mais si les plantes sont saines et le sol exempt d'herbe et de mauvaises herbes, la plantation peut souvent être conservée pour une seconde récolte. Il sera bon de labourer le sol en éloignant les rangées de manière à ne laisser qu'une bande étroite, et le long de celle-ci, les vieilles plantes doivent être coupées de manière à laisser les nouvelles plantes à environ 1 pied l'une de l'autre. Si cela est fait en juillet, les rangées devraient se remplir d'ici l'hiver, de manière à être à peu près dans le même état qu'un nouveau lit.

Insectes et maladies du fraisier .

L'insecte le plus souvent gênant pour le producteur de fraises est la punaise commune, ou coléoptère de mai, dont les larves sont souvent très communes dans les terres gazonnées. Deux ans devraient s'écouler avant que les terres gazonnées soient utilisées pour cette culture.

Les vers gris sont souvent gênants, mais le labourage de la terre l'automne précédant la plantation des plantes en détruira un grand nombre. Ils peuvent être empoisonnés en les aspergeant sur le trèfle des champs ou d'autres plantes vertes trempées dans l'eau verte de Paris (p. 203).

La maladie fongique la plus courante du fraisier est la brûlure des feuilles ou « rouille », qui cause souvent de graves dommages au feuillage et peut entraîner la perte de la récolte. Les variétés les moins sujettes à la maladie doivent être choisies pour la plantation, et sur des sols appropriés et bien entretenus, il y aura peu de pertes dues à cette maladie si la plantation est fréquemment renouvelée. La rouille et la moisissure peuvent être maîtrisées par la bouillie bordelaise. Il suffit généralement de pulvériser après la saison de floraison (ou à tout moment la première année de croissance des plantes), afin d'obtenir un feuillage sain pour l'année suivante (p. 213).

Variétés de fraises .

Dans la plupart des régions du pays, Haverland, Warfield, Bubach et Gandy se succèdent et sont toutes des variétés rustiques et productives. Les trois premières sont des variétés à floraison imparfaite, et certaines espèces à floraison parfaite comme Lowett ou Bederwood devraient être fournies pour les fertiliser. Parmi les autres variétés qui réussissent bien dans la plupart des sections figurent Brandywine, Greenville, Clyde et Woolverton. Parker Earle est très tardif et est précieux soit pour un usage domestique, soit pour le marché, sur des sols solides et humides, où il peut recevoir les meilleurs soins. Belt (William Belt) et Marshall ont de gros fruits voyants et se portent bien sur un sol solide.

Excelsior ou Michel pourraient être ajoutés très tôt ; L'arôme est cultivé de manière très étendue dans certaines sections ; le Tennessee (Tennessee Prolific) est également une nouvelle espèce très prometteuse originaire du Tennessee.

CHAPITRE X
LA CULTURE DES PLANTES LÉGUMES

Un potager fait certes partie de toute maison disposant d'un bon espace arrière. Un légume acheté n'est jamais la même chose qu'un légume prélevé sur le propre sol d'un homme et représentant son propre effort et sa sollicitude.

291. Cultivating the backache.

Il est essentiel, pour toute satisfaction en matière de culture maraîchère, que le sol soit riche, soigneusement maîtrisé et raffiné. La plantation doit également être aménagée de telle sorte que le labourage puisse être effectué avec des outils à roues et, là où l'espace le permet, avec des outils à chevaux. Le lit de jardin d'antan (Fig. 291) consomme du temps et du travail, gaspille de l'humidité et représente plus de problèmes et de dépenses qu'il n'en vaut la peine.

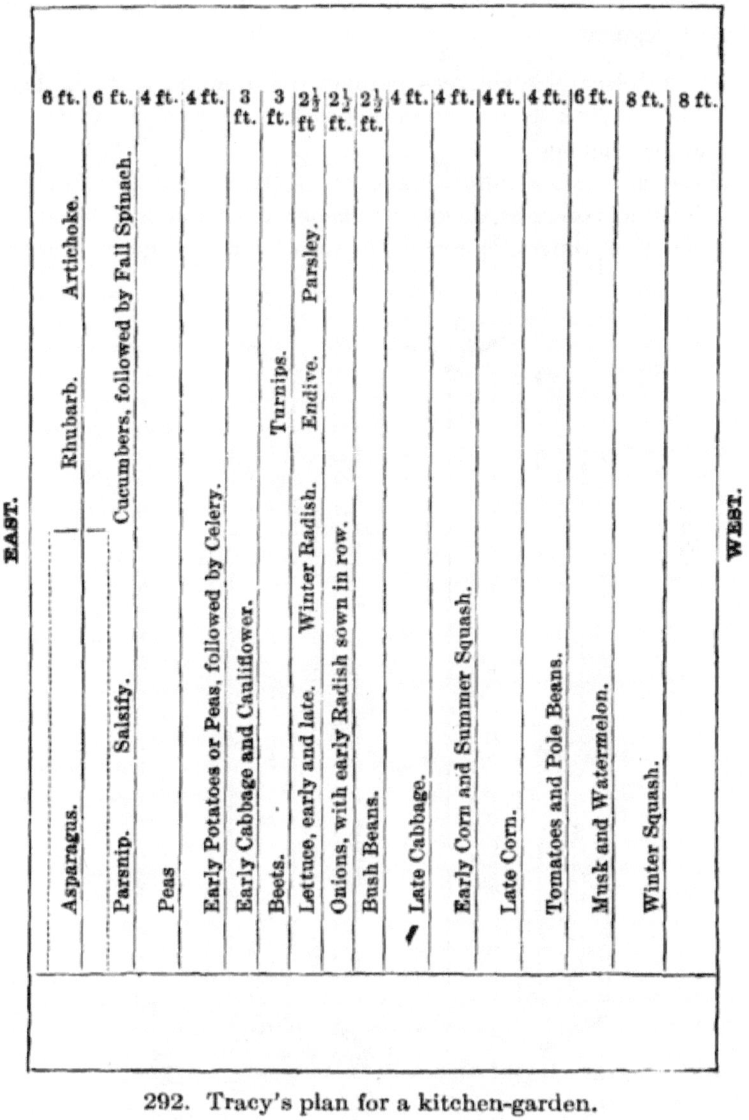

EAST.   WEST.

| 6 ft. | 6 ft. | 4 ft. | 4 ft. | 3 ft. | 3 ft. | 2½ ft | 2½ ft. | 2½ ft. | 4 ft. | 4 ft. | 4 ft. | 4 ft. | 6 ft. | 8 ft. | 8 ft. |

- Asparagus.
- Rhubarb. Artichoke.
- Parsnip. Salsify.
- Peas. Cucumbers, followed by Fall Spinach.
- Early Potatoes or Peas, followed by Celery.
- Early Cabbage and Cauliflower.
- Beets. Turnips.
- Lettuce, early and late. Winter Radish.
- Onions, with early Radish sown in row. Endive. Parsley.
- Bush Beans.
- Late Cabbage.
- Early Corn and Summer Squash.
- Late Corn.
- Tomatoes and Pole Beans.
- Musk and Watermelon.
- Winter Squash.

292. Tracy's plan for a kitchen-garden.

Les rangées de légumes doivent être aussi longues et continues que possible, pour permettre le travail du sol avec des outils à roues. Si l'on ne désire pas cultiver une rangée complète d'un même légume, la lignée peut être composée de plusieurs espèces, les unes à la suite des autres, en prenant soin de regrouper celles qui ont des exigences similaires ; une longue rangée, par exemple, peut contenir tous les panais, les carottes et les salsifis. Une ou deux longues rangées contenant une douzaine de sortes de légumes sont généralement préférables à une douzaine de rangées courtes, chacune avec une sorte de légume.

Il est bon de placer les légumes permanents, comme la rhubarbe et les asperges, de côté, où ils ne gêneront pas le labour ou le labourage. Les légumes annuels devraient être cultivés sur différentes parties de la superficie au cours des années suivantes, pratiquant ainsi une sorte de rotation des cultures. Si les vers du radis, du chou ou la hernie s'établissent complètement dans la plantation, omettez pendant un an ou plus les légumes sur lesquels ils vivent.

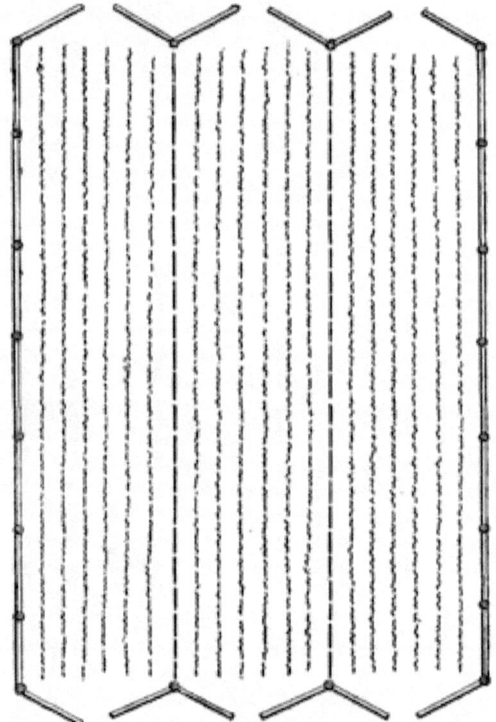

293. A garden fence arranged to allow of horse work.

Un arrangement suggestif pour un potager est donné dans la Fig. 292. Dans la Fig. 293 est un plan d'un jardin clôturé, dans lequel des portes sont prévues aux extrémités pour permettre le retournement d'un cheval et d'un cultivateur (Webb Donnell, en *américain Jardinage*). La figure 294 montre un jardin avec des rangées continues, mais avec deux coupures traversant la zone, divisant la plantation en blocs. La zone est entourée d'un brise-vent et les charpentes et plantes permanentes sont d'un côté.

Il n'est en aucun cas nécessaire que le potager contienne uniquement des produits maraîchers. Des fleurs peuvent être déposées ici et là partout où un coin vacant se présente ou où une plante meurt. Ces jardins informels et mixtes ont généralement un caractère personnel qui ajoute grandement à leur intérêt et, par conséquent, à leur valeur. On est généralement impressionné par le caractère informel des jardins familiaux dans de nombreux pays européens, un type de plantation qui naît de la nécessité de tirer le meilleur parti de chaque centimètre carré de terrain. Ce fut le plaisir de l'écrivain de regarder par-dessus la clôture du jardin d'un paysan bavarois et de voir, sur un espace d'environ 40 pieds sur 100 pieds de superficie, un délicieux mélange d'oignons, de haricots verts, de pivoines, de céleri, de baumes, de groseilles, de coleus, choux, tournesols, betteraves, coquelicots, concombres, gloires du matin, chou-rave, verveines, haricots nains, roses, bouillons, groseilles, absinthe, persil, carottes, chou frisé, phlox vivace, capucines, grande camomille, laitue, lys !

Légumes pour six (par CE Hunn).

Un potager familial pour une famille de six personnes nécessiterait, sans compter les pommes de terre, un espace ne dépassant pas 100 pieds sur 150 pieds. En commençant d'un côté du jardin et en parcourant les rangées sur le chemin le plus court (chaque rangée mesurant 100 pieds de long), les semis peuvent être effectués, dès que le sol est en état de fonctionner, des éléments suivants :

Cinquante pieds chacun de panais et de salsifis.

Cent pieds d'oignons, dont 25 pieds peuvent être des pommes de terre ou des oignons verts, le reste étant constitué de graines noires pour l'été et l'automne.

Cinquante pieds de betteraves précoces ; 50 pieds de laitue, avec lesquels les radis peuvent être semés pour briser le sol et récoltés avant que la laitue n'ait besoin de l'espace.

Cent pieds de chou précoce, dont les plants doivent provenir d'un cadre ou être achetés. Réglez les plantes de 18 pouces à 2 pieds l'une de l'autre.

Cent pieds de chou-fleur précoce ; culture identique à celle du chou.

Quatre cent cinquante pieds de pois semés ainsi :

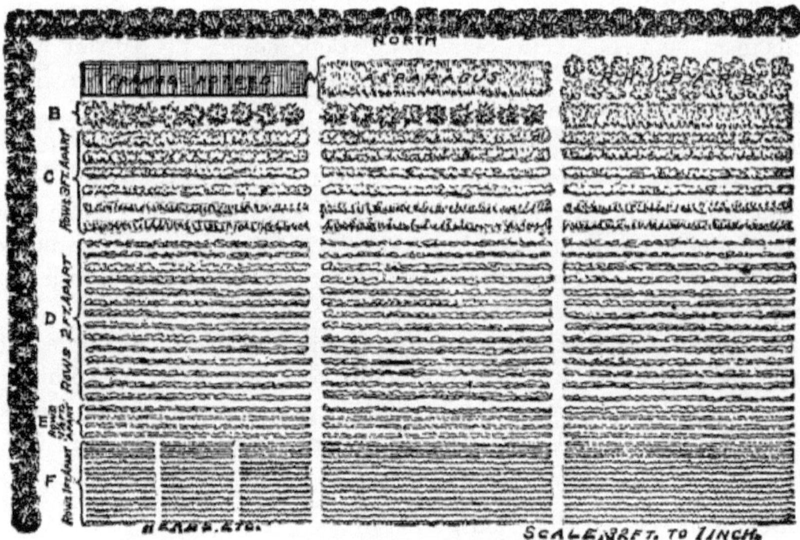

294. A family kitchen-garden.

100 pieds de plus tôt.
100 pieds de très précoce, semé tard.100 pieds d'intermédiaire.100 pieds de fin.50 pieds de variétés naines.

Si aucun treillis ou broussailles ne doit être utilisé, des semis fréquents de nains maintiendront un approvisionnement.

Une fois que le sol est réchauffé et que tout risque de gel est écarté, les légumes tendres doivent être plantés comme suit :

Maïs en cinq rangées espacées de 3 pieds, trois rangées précoces et intermédiaires et deux rangées tardives.

Cent pieds de haricots verts, variétés précoces à tardives.

Vignes comme suit : –

10 collines de concombres, 6x6 pieds.
6 collines de courges précoces, 6x6 pieds.20 collines de melon, 6x6 pieds.10 collines de Hubbard, 6x6 pieds.

Cent pieds de gombo.

Vingt aubergines. Tomates de cent pieds (25 plants).

Six grosses touffes de rhubarbe.

Un lit d'asperges de 25 pieds de long et 3 pieds de large.

Le chou tardif, le chou-fleur et le céleri doivent occuper l'espace rendu vacant en supprimant les premières cultures de pois et de haricots verts précoces et intermédiaires.

Une bordure sur un côté ou à une extrémité retiendra toutes les herbes, comme le persil, le thym, la sauge, l'hysope et la menthe.

Les classes de légumes .

Avant d'essayer de cultiver des légumes particuliers, il sera utile au débutant de comprendre le sujet s'il reconnaît certains groupes ou classes culturels et quelles sont leurs principales exigences.

Plantes-racines : betterave, carotte, panais, salsifis.

Les plantes-racines sont des plantes de temps frais ; c'est-à-dire qu'ils peuvent être semés très tôt, même avant la disparition des légères gelées ; et les espèces d'hiver poussent très tard à l'automne, ou peuvent être laissées en terre jusqu'à ce que la plupart des autres cultures soient récoltées. Ils ne sont pas souvent transplantés.

Un sol meuble et profond, exempt de mottes, est nécessaire pour faire pousser des racines droites et bien développées. Le terrain doit également être parfaitement drainé, non seulement pour éliminer l'humidité superflue, mais aussi pour offrir un sol profond et friable. Le sous-solage est utile sur les terrains durs. Un mélange important de sable est généralement souhaitable, à condition que le sol ne risque pas de surchauffer par temps ensoleillé.

Pour garder les racines fraîches dans la cave, emballez-les dans des barils, des caisses ou des bacs de sable naturellement humide, permettant à chaque racine d'entrer en contact total ou partiel avec le sable. Le meilleur matériau pour les emballer est la mousse de sphaigne, la même que celle que les pépiniéristes utilisent pour emballer les arbres destinés à l'expédition, et que l'on peut se procurer dans les tourbières de nombreuses régions du pays. Que ce soit dans le sable ou dans la sphaigne, les racines ne se ratatineront pas ; mais si la cave est chaude, ils peuvent commencer à pousser. Les racines peuvent également être enterrées, à la manière des pommes de terre.

Groupe alliacées : oignon, poireau, ail.

Un groupe de plantes très rustiques par temps frais, exigeant une préparation inhabituellement minutieuse du sol de surface pour recevoir les graines et faire démarrer les jeunes plants. Ils résistent au gel et au temps frais et peuvent être semés très tôt. Les graines sont semées directement là où les plantes doivent se trouver. Cependant, pour les oignons précoces, une pratique particulière est apparue récemment : le repiquage à partir de lits de semence.

Groupe des brassicacés : chou, chou frisé, chou-fleur.

Ce sont des cultures de temps frais, toutes résistantes à des gelées considérables. Les choux et les choux frisés commencent souvent à l'automne dans les latitudes moyennes et méridionales et sont récoltés avant l'arrivée des fortes chaleurs.

Dans les États du Nord, ces plantes donneront toutes de meilleurs résultats lorsqu'elles seront démarrées tôt dans un foyer, un cadre ou une serre, - de la fin février à avril - et transplantées en pleine terre du premier mai au premier juin, en partie parce que leur saison de croissance peut être longue et en partie pour leur permettre d'échapper à la chaleur du milieu de l'été. Pourtant, certaines personnes réussissent à cultiver du chou tardif, du chou frisé et du chou-fleur, en semant les graines dans les collines et en pleine terre où les plantes doivent mûrir. Il est préférable de transplanter les jeunes plantules deux fois, d'abord du lit de semence dans des boîtes ou des cadres, à peu près au moment où la deuxième série de vraies feuilles apparaît, en plaçant les plantes à 24 pouces l'une de l'autre, et en les transplantant à nouveau en pleine terre. rangées espacées de 4 à 5 pieds, avec des plantes espacées de 2 à 4 pieds dans la rangée. Si les plantes sont démarrées sous abri, elles doivent être durcies par exposition à la lumière et à l'air pendant les heures les plus chaudes de plusieurs jours précédant le repiquage final.

L'ennemi le plus sérieux des plantes ressemblant au chou est la mouche des racines. Voir la discussion de cet insecte aux pages 187, 201.

295. The white butterfly that lays the
eggs for the cabbage-worm.

Le ver du chou (larve du papillon blanc illustré à la Fig. 295) peut être expédié avec une émulsion de pyrèthre ou de kérosène. Il faut le traiter très tôt, avant que le ver ne pénètre profondément dans la tête (p. 200).

La hernie ou souche-racine est une maladie fongique contre laquelle il n'existe pas de bon remède. Utilisez de nouvelles terres si la maladie est présente (p. 208).

Groupe solanacées : tomate, aubergine, poivron rouge.

Ce sont des plantes de temps chaud, très impatientes du gel. Ils sont tous originaires des zones méridionales et ne se sont pas encore suffisamment acclimatés au Nord pour ne pas avoir besoin du bénéfice de nos saisons les plus longues.

Les plants doivent être démarrés tôt, sous serre. Ils doivent être « piqués » lorsque les deuxièmes feuilles apparaissent, espacées de 3 ou 4 pouces, dans des appartements ou des boîtes. Ces boîtes doivent être conservées dans un cadre froid, dans lequel une abondance de lumière et d'air est admis lors des journées chaudes et ensoleillées, afin de les durcir. Une fois que tout risque de gel est écarté et que la terre du jardin est bien réchauffée, les plantes peuvent enfin être transplantées.

Si le sol est trop riche, ces plantes risquent de pousser trop tard dans les saisons nordiques.

Groupe des cucurbitacées : concombre, melon, courge, citrouille.

Tous les membres de ce groupe sont très sensibles au gel, et ils ne doivent pas être plantés avant que la saison ne soit complètement ouverte et réglée. Les plantes ne sont pas repiquées, sauf si elles sont transférées de caisses ou de pots.

Les graines doivent être plantées un peu superficiellement du début du printemps au milieu de l'été. Pour les premiers concombres et melons, les graines sont plantées dans des cadres. C'est-à-dire que chaque colline est entourée d'un cadre de boîte portable d'environ 3 pieds carrés et ayant généralement un couvercle à châssis mobile. La couverture est relevée ou retirée par temps chaud, et le cadre est retiré lorsque tout risque de gel est écarté. Dans la culture en plein champ, les graines sont plantées à un pouce de profondeur, quatre à six dans une colline, avec des collines espacées de 4 pieds sur 6 pieds, ces distances variant légèrement selon l'emplacement et la variété. Les bons concombres sont parfois cultivés sur des collines entourant un tonneau dans lequel du fumier est déposé pour être lessivé par des arrosages successifs.

Les ennemis omniprésents de toutes les cultures de cucurbitacées sont le petit chrysomèle du concombre et la grande « punaise noire ». Les cendres, la chaux ou la poussière de tabac semblent parfois montrer une certaine efficacité pour prévenir les ravages de ces insectes, mais la seule immunité raisonnablement sûre réside dans l'utilisation de couvertures sur les collines

(Fig. 229) et dans la cueillette manuelle (p. 202).). Les couvertures peuvent également être réalisées en étirant une moustiquaire sur des arcs de cerceaux ou des fils pliés. Si, grâce à de tels moyens, les plantes sont maintenues à l'abri des insectes jusqu'à ce qu'elles deviennent trop grandes pour la protection, elles échapperont généralement à de graves dommages causés par les insectes par la suite. Il est bon de planter des collines pièges ou leurres de concombres, de courges ou de melons avant la plantation régulière, sur lesquelles les insectes peuvent être récoltés.

Cultures légumineuses – Pois et haricots.

Deux groupes culturels sont inclus dans les légumineuses : le groupe des haricots (y compris tous les haricots de grande culture, de jardin et rouges, ainsi que le niébé) comprenant les plantes de temps chaud ; le groupe des pois (y compris les pois de grande culture et de jardin, le Windsor ou la fève) comprenant les plantes de temps frais. Les premiers sont rapidement sensibles au gel et ne doivent être plantés qu'une fois le temps calmé. Ces derniers font partie des premiers légumes plantés. Les légumineuses ne sont pas repiquées, les graines étant placées là où les plantes doivent pousser.

Plantes à salade et herbes en pot (« légumes verts »).

Ces plantes sont toutes cultivées pour leurs feuilles tendres, fraîches et succulentes, et par conséquent, tous les efforts raisonnables doivent être faits pour assurer une croissance rapide et continue du feuillage. Il est évidemment opportun de les cultiver dans un sol chaud et moelleux, bien cultivé et abondamment arrosé. Des petites plantes comme le cresson, la salade de maïs et le persil peuvent être cultivées dans de petits lits, ou même dans des boîtes ou des pots ; mais dans un jardin où l'espace n'est pas trop restreint, il peut être plus commode de les cultiver en rangées, comme les pois ou les betteraves. Presque toutes les salades peuvent être semées au printemps et de temps en temps tout au long de l'été pour la succession. Le groupe n'est pas culturellement homogène, dans la mesure où certaines plantes nécessitent un traitement spécial ; mais la plupart d'entre eux sont des sujets de temps frais.

Herbes douces.

Le jardin d'herbes aromatiques devrait trouver sa place sur tous les terrains des amateurs. Les herbes douces peuvent parfois être rentabilisées en cédant le surplus au marchand de légumes et au pharmacien. Ces dernières achèteront souvent tout ce dont la ménagère souhaite se débarrasser, car l'approvisionnement général en herbes médicinales est cultivé par des spécialistes, passe entre les mains du grossiste et est souvent ancien lorsqu'il est reçu par le revendeur local.

Les catalogues des semenciers mentionnent plus de quarante herbes différentes, médicinales et culinaires. La majorité d'entre eux sont vivaces et pousseront pendant de nombreuses années s'ils sont bien entretenus. Il vaut toutefois mieux les ressemer tous les trois ou quatre ans. Des lits de 4 pieds carrés de chacune des herbes approvisionneront une famille ordinaire.

Les herbes douces vivaces peuvent être multipliées par division, bien qu'elles soient généralement cultivées à partir de graines. La deuxième année – et parfois même la première année – les plantes sont suffisamment robustes pour être coupées. Les herbes douces vivaces communes sont : la sauge, la lavande, la menthe poivrée, la menthe verte, l'hysope, le thym, la marjolaine, la mélisse, l'herbe à chat, le romarin, le marrube, le fenouil, la livèche, la sarriette, la tanaisie, l'absinthe, la costmary.

Les espèces annuelles les plus courantes (ou celles qui sont assimilées à des annuelles) sont : l'anis, le basilic doux, la sarriette, la coriandre, la pouliot, le carvi (biennal), le sclaré (biennal), l'aneth (biennal), la marjolaine douce (biennal).

La culture des principaux légumes .

Ayant maintenant une idée de l'aménagement du potager et une bonne idée des principaux groupes culturels, nous pouvons procéder à une discussion sur les différentes sortes de légumes eux-mêmes. Une bonne expérience vaut mieux que des conseils de lecture ; mais celui qui consulte un livre est celui qui manque d'expérience. Toutes les instructions imprimées sont nécessairement imparfaites et peuvent ne pas être adaptables aux conditions particulières dans lesquelles l'amateur travaille ; mais il faut le mettre dans la bonne direction, afin qu'il puisse s'orienter plus facilement. Les catalogues des semenciers contiennent souvent de nombreux conseils utiles et fiables de ce type.

Asperges .—Le meilleur de tous les légumes du début du printemps ; une plante herbacée vivace, cultivée pour les pousses molles et comestibles qui jaillissent de la couronne.

La culture de l'asperge a été simplifiée au cours des dernières années et, à l'heure actuelle, les connaissances requises pour réussir à planter et à cultiver une bonne quantité ne doivent pas nécessairement être celles d'un professionnel. L'ancienne méthode consistant à creuser jusqu'à une profondeur de 3 pieds ou plus, en jetant de 4 à 6 pouces de pierres ou de briques cassées pour le drainage, puis en remplissant jusqu'à 16 à 18 pouces de la surface avec du fumier bien pourri, avec 6 pouces de le sol sur lequel fixer les racines a cédé la place à la simple pratique de labourer ou de creuser une tranchée de 14 à 16 pouces de profondeur, en répandant du fumier bien pourri dans le fond jusqu'à une profondeur de 3 ou 4 pouces ; une fois bien foulé, recouvrir le fumier de 3 ou 4 pouces de bonne terre de jardin, puis planter les plantes, avec les racines bien étalées, recouvrir soigneusement de terre jusqu'au niveau du jardin, et raffermir le sol avec les pieds. Cela laissera les couronnes des plantes entre 4 et 5 pouces sous la surface.

Dans un sol tenace et lourd, la meilleure méthode à suivre pour créer un lit permanent est de jeter toute la saleté de la tranchée et de la remplacer par un bon terreau fibreux.

Lors de la mise en place, les plantes âgées d'un an se révéleront plus satisfaisantes que les plantes plus âgées, étant moins susceptibles de souffrir de dommages au système racinaire que celles qui ont fait une croissance plus importante. Deux ans après la nouaison, la culture peut être quelque peu coupée, mais pas plus tôt si l'on souhaite un lit durable, car l'effort de remplacement des tiges a tendance à affaiblir la plante à moins que les racines ne soient bien établies. La coupe devrait cesser en juin ou début juillet, sinon les racines pourraient être très affaiblies. Lors de la coupe, il faut veiller à insérer le couteau verticalement, afin que les couronnes adjacentes ne soient pas blessées (Fig. 296).

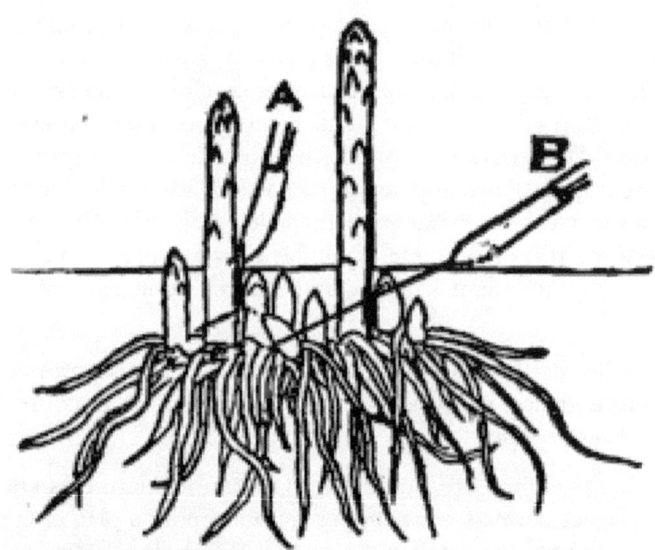

296. Good (*A*) and poor (*B*) modes of inserting the knife to cut asparagus. Some careful growers pull or break the shoots rather than cut them.

Le traitement annuel d'un massif d'asperges consiste à nettoyer les cimes et les mauvaises herbes à l'automne et à ajouter un pansement de fumier bien décomposé sur une profondeur de 3 ou 4 pouces, ce fumier étant légèrement fourchu dans le massif au printemps suivant ; ou les sommets peuvent être laissés debout pour la protection hivernale et le paillis laissé de côté. Une couche de nitrate de soude, à raison de 200 livres par acre, est souvent bénéfique comme stimulant printanier, en particulier dans le cas d'un vieux lit. De bons résultats suivront également une application de farine d'os ou de superphosphate à raison de 300 à 500 livres par acre. La pratique consistant à semer du sel sur un lit d'asperges est presque universelle ; pourtant les lits qui n'ont jamais reçu une livre de sel se révèlent aussi productifs que ceux qui ont reçu un pansement annuel. Néanmoins, une vinaigrette salée est recommandée. Deux rangées d'asperges de 25 pieds de long et espacées de 3 pieds devraient fournir une abondance à une grande famille tout au long de la saison et, si elles sont bien entretenues, dureront plusieurs années.

Conover Colossal est la variété la plus généralement cultivée et est peut-être la variété la plus satisfaisante. Le Palmetto, variété originaire du Sud, est également très apprécié.

Artichaut. —L'artichaut de la littérature est une plante vivace haute et grossière de la tribu des chardons, produisant des capitules comestibles. Le cardon est une plante apparentée.

Les écailles charnues de la tête et le « dessous » mou de la tête sont les parties utilisées. Les jeunes drageons ou pousses peuvent également être liés ensemble et blanchis, en les utilisant comme des asperges ou des blettes. Mais peu de ces plantes seraient nécessaires à une famille, car elles produisent un certain nombre de capitules par plante et une quantité de drageons. Les plantes doivent être espacées de 2 à 3 pieds dans la rangée, les rangées étant espacées de 3 pieds. Ce légume n'est pas tout à fait rustique dans le Nord, mais une couverture de feuilles ou de litière de basse-cour jusqu'à une profondeur d'un pied le protégera bien. La plante est vivace, mais le meilleur rendement provient des jeunes plants. Si on laisse les épis mûrir, ils réduisent la vitalité de la plante.

Les artichauts ne sont jamais devenus si populaires dans ce pays qu'ils ont produit une longue liste de variétés. Le Large Green Globe est le plus souvent proposé par les semenciers. Les épis comestibles doivent être retirés des graines la deuxième année. Les semis sont susceptibles de varier considérablement, et si l'on est amateur d'artichauts, il ferait mieux de les multiplier par drageons à partir des meilleures plantes.

Ces plantes ne constituent pas de médiocres sujets décoratifs, soit en masse, soit en bordure mixte, et de par la rareté de leur culture, elles sont toujours des objets d'intérêt.

L'artichaut de Jérusalem est une plante totalement différente de la précédente, bien qu'elle soit communément connue sous le nom d'« artichaut » dans ce pays. C'est une espèce de tournesol qui produit des tubercules ressemblant à des pommes de terre. Ces tubercules peuvent être utilisés à la place des pommes de terre. Ils sont très savoureux pour les porcs ; et lorsque la plante devient une mauvaise herbe, comme c'est souvent le cas, elle peut être exterminée en mettant les porcs dans les champs. Rustique, et poussera n'importe où.

Haricot .—Chaque jardin produit des haricots d'une sorte ou d'une autre. Sous ce nom général, de nombreuses espèces de plantes sont cultivées. Ils sont tous tendres, et les graines ne doivent donc pas être plantées avant que le temps ne soit complètement réglé ; et le sol doit être chaud et meuble. Ce sont toutes des annuelles dans les pays du Nord, ou traitées comme telles.

Les plants de haricots peuvent être classés de différentes manières. En ce qui concerne leur stature, ils peuvent être classés en trois catégories générales : à savoir. les haricots à tige ou grimpants, les haricots nains et les haricots à croissance stricte ou dressés (comme la fève ou la fève Windsor).

En ce qui concerne leurs utilisations, les haricots peuvent encore être divisés en trois catégories : à savoir. ceux utilisés comme haricots verts ou mange-tout, la gousse entière étant consommée ; ceux qui sont utilisés comme haricots à coque, les haricots de taille normale mais immatures étant décortiqués de la cosse et cuits ; haricots secs, ou ceux consommés dans leur état sec ou hivernal. La même variété de haricot peut être utilisée à ces trois fins à différents stades de son développement ; mais en fait, il existe des variétés meilleures pour un usage que pour un autre.

Encore une fois, les haricots peuvent être classés en fonction de leur espèce. Les espèces les plus connues sont les suivantes :

(1) Haricot commun, ou *Phaseolus vulgaris* , dont il existe à la fois des formes hautes et des formes buissonnantes. Tous les haricots mange-tout et verts communs appartiennent ici, ainsi que les haricots verts de type canneberge mouchetée et les haricots de grande culture communs.

(2) Les haricots de Lima, ou *Phaseolus lunatus* . La plus grande partie d'entre eux sont des haricots à tige, mais récemment des variétés naines ou buissonnantes sont apparues.

(3) Le coureur écarlate, *Phaseolus multiflorus* , dont le coureur écarlate et le coureur hollandais blanc sont des exemples familiers. Le Scarlet Runner est généralement cultivé comme vigne ornementale et est vivace dans les pays chauds, mais les graines sont comestibles sous forme de haricots écossés. Le White Dutch Runner est plus souvent cultivé pour l'alimentation.

(4) Le haricot Yard-Long, ou asperge, *Dolichos sesquipedalis* , qui produit des vignes longues et faibles et des gousses très longues et minces. Les gousses vertes sont consommées, ainsi que les haricots décortiqués. Le French Yard-Long est la seule variété de ce type communément connue dans ce pays. Ce type de haricot est populaire en Orient.

(5) Les fèves, dont la Windsor est le type commun. Ceux-ci sont très cultivés dans l'Ancien Monde pour l'alimentation du bétail, et ils sont parfois utilisés pour l'alimentation humaine. Ils poussent jusqu'à former une tige stricte, centrale et rigide, jusqu'à une hauteur de 2 à 4 ou 5 pieds, et leur apparence est très différente des autres types de haricots. Dans ce pays, on les cultive très peu à cause de nos étés chauds et secs. Au Canada, ils sont quelque peu élevés et servent parfois à la fabrication de l'ensilage.

(6) Le niébé, qui est en réalité un haricot (espèce de *Vigna*), très cultivé dans le Sud pour le foin et l'engrais vert, est aussi un très bon légume de table et destiné à gagner en popularité pour l'usage domestique.

La culture du haricot, bien que l'une des plus faciles, s'avère souvent un échec en ce qui concerne la première récolte, car elle consiste à planter la graine avant que le sol ne soit devenu chaud et sec. Aucune graine de légumes ne pourrira plus vite que les haricots, et le retard causé par l'attente que le sol se réchauffe et soit exempt d'humidité excessive sera largement compensé par la rapidité de leur croissance lorsqu'elles seront finalement plantées. Les haricots poussent sur presque toutes les terres, mais les meilleurs résultats peuvent être obtenus en ayant un sol bien enrichi et en bonne condition physique.

Du 5 au 10 mai, à la latitude du centre de New York, il sera possible de planter des haricots pour une récolte précoce en toute sécurité. Les haricots peuvent être déposés à 2 pouces de profondeur dans des forets peu profonds, les graines devant être espacées de 3 pouces. Couvrez jusqu'à la surface du sol, et si le sol est sec, raffermissez-le avec le pied ou le dos de la houe. Pour les variétés de buisson, laissez 2 pieds entre les rangées de forets, mais pour les Limas nain, 2-1/2 pieds sont meilleurs. Les Pole Limas sont généralement plantés dans des collines espacées de 2 à 3 pieds dans les rangées. Les Limas naines peuvent être semées finement en semoirs.

Un grand nombre de variétés de haricots à gousse verte et à gousse cireuse sont utilisées presque exclusivement comme haricots mange-tout, à manger avec la gousse lorsqu'elle est tendre. Les différentes variétés de Black Wax sont les haricots verts les plus populaires. Les haricots perchés ou courants sont utilisés soit verts, soit séchés, et les Limas, grands et nains, sont bien connus pour leur saveur supérieure, sous forme de haricots décortiqués ou secs. Le type à l'ancienne canneberge ou Lima horticole (une forme polaire de *Phaseolus vulgaris*) est probablement le meilleur haricot à coque, mais la difficulté de l'éclosion le rend impopulaire. Les Limas naines sont beaucoup plus recherchées pour les petits jardins que les variétés sur poteaux, car elles peuvent être plantées beaucoup plus près, la peine de se procurer des poteaux ou de la ficelle est évitée et le jardin aura une apparence plus visuelle. Les Limas nains et les Limas poteaux nécessitent une saison de maturation plus longue que les haricots nains, et une seule plantation est généralement effectuée.

Les haricots nains ordinaires peuvent être plantés à des intervalles de deux semaines à partir de la première plantation jusqu'au 10 août. Chaque plantation peut être effectuée sur un terrain préalablement occupé par une culture précoce. Ainsi, la première à la troisième plantation peut avoir lieu sur un terrain sur lequel a été récoltée une récolte d'épinards, de radis précoces ou de laitue ; ensuite, sur un terrain où ont poussé les premiers pois ; et les semis ultérieurs où ont poussé des betteraves ou des pommes de terre primeurs. Les haricots verts destinés à la mise en conserve proviennent généralement de la dernière récolte.

Un litre de graines permettra de planter 100 pieds de semoir de haricots nains ; ou 1 litre de Limas plantera 100 collines.

Les haricots de Lima sont les haricots les plus riches, mais ils ne parviennent souvent pas à maturité dans les États du nord. La terre ne doit pas être très riche en azote (ou en fumier d'écurie), sinon les plantes courront trop et arriveront trop tard. Choisissez un sol fertile, sablonneux ou graveleux, exposé à la chaleur, utilisez un engrais commercial soluble pour les démarrer et donnez-leur le meilleur de la culture. Essayez de faire planter les gousses avant l'arrivée des sécheresses du milieu de l'été. Les bons treillis pour haricots sont fabriqués avec de la ficelle de laine tendue entre deux fils horizontaux, dont l'un est tiré à un pied au-dessus du sol et l'autre à 6 ou 7 pieds de haut.

Les plants de haricots ne sont en aucun cas perturbés par les insectes, mais ils sont parfois attaqués par la brûlure. Lorsque cela se produit, ne plantez pas de haricots dans la même terre pendant un an ou deux.

Betterave. —Ce légume est cultivé pour sa racine épaisse et pour son herbe (utilisée comme « verdure ») ; et des variétés à feuilles ornementales sont parfois plantées dans les jardins de fleurs.

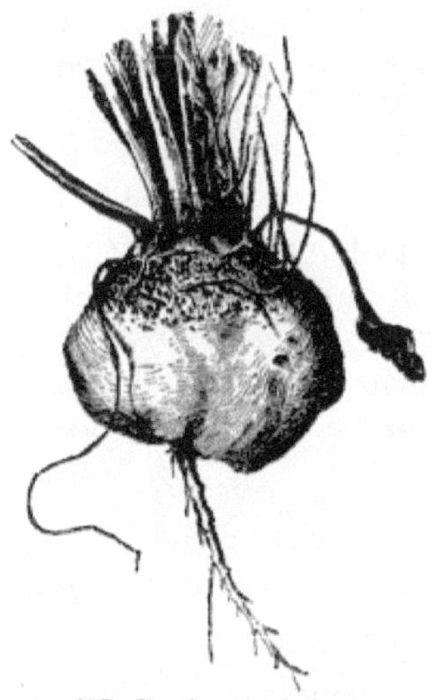

297. Bastian turnip beet.

Étant l'un des légumes de printemps les plus résistants, la graine peut être semée dès le printemps, lorsque le sol peut être travaillé. Un sol léger et sablonneux est le meilleur pour faire pousser des betteraves à la perfection, mais tout jardin bien labouré donnera des récoltes satisfaisantes. Sur un sol lourd, la betterave navet donne les meilleurs résultats, car sa croissance se situe presque entièrement au niveau ou au-dessus de la surface. Les variétés longues, dont les racines effilées s'enfoncent profondément dans le sol, sont susceptibles d'être déformées à moins que l'état physique du sol ne soit tel que les racines ne rencontrent que peu d'obstruction. Il convient de procéder à des semis successifs, à intervalles de deux à trois semaines, jusqu'à la fin de l'été, car les betteraves sont beaucoup plus désirables à leur stade jeune que lorsqu'elles sont devenues vieilles et ligneuses. Le mangel-wurzel et la betterave à sucre sont généralement cultivés en plein champ et n'entrent pas dans les calculs du jardin potager.

Afin d'accélérer la saison de récolte extra-précoce des betteraves, les graines peuvent être semées en caisses ou dans le sol d'une serre en février ou mars, en transplantant les petites plantes en pleine terre au moment du premier semis des graines. est fait. À mesure que les variétés plates ou à racines de navet poussent à la surface du sol, les graines peuvent être semées en épaisseur, et comme les racines les plus avancées sont suffisamment grosses pour être utilisées, elles peuvent être arrachées, laissant ainsi la place aux plus tardives de se développer, poussant ainsi une grande quantité sur une petite superficie et ayant une longue saison de petites betteraves issues d'un seul semis.

Pour une utilisation hivernale, les graines semées fin juillet donneront les meilleures racines, poussant pendant les mois frais de l'automne jusqu'à une taille moyenne et restant fermes sans être dures ou filandreuses. Ceux-ci peuvent être creusés après de légères gelées et avant tout froid intense, et stockés dans des tonneaux ou des boîtes dans la cave, en utilisant suffisamment de terre sèche pour remplir les espaces entre les racines et les recouvrir jusqu'à une profondeur de 6 pouces. Ces racines, ainsi conditionnées dans une cave fraîche, pourront être utilisées tout au long des mois d'hiver. Lorsqu'on peut en avoir, la mousse de fleuriste ou la sphaigne est un excellent substrat pour emballer les racines pour l'hiver.

Les variétés précoces rondes ou navets (Fig. 297) sont les meilleures pour une utilisation précoce et estivale. Les betteraves à sang long peuvent être utilisées pour le stockage, mais elles nécessitent une saison de croissance plus longue.

Le brocoli est presque identique au chou-fleur, sauf qu'il nécessite généralement une saison plus longue et mûrit à l'automne. Il est cultivé plus généralement en Europe que dans ce pays. Le mérite particulier du brocoli réside dans sa capacité d'adaptation aux semis de fin d'été et sa croissance rapide en fin de saison. On dit qu'une grande proportion de brocoli est utilisée dans la fabrication des cornichons. La culture est la même que pour le chou-fleur : sol profond et humide, bien enrichi, temps frais et destruction de la piéride du chou.

298. Brussels sprouts.

Choux de Bruxelles .—La plante est cultivée pour les boutons ou pousses (têtes de chou miniatures) qui poussent de manière épaisse le long de la tige (Fig. 298). Il devrait être plus généralement connu, car c'est l'un des choux les plus prisés de la famille des choux et on peut le déguster à son meilleur une fois la saison du chou-fleur passée. C'est d'autant mieux d'être touché par les gelées d'automne. Les boutons doivent être coupés plutôt que cassés. Les très petites « pousses » ou boutons durs sont les meilleurs. La culture est essentiellement la même que pour le chou tardif ou le brocoli. Une once permettra de semer 100 pieds de semoir ou de produire plus de 2 000 plantes. Placez les plantes dans le champ à une distance de 2 à 3 pieds, ou les variétés naines plus près. Ils ont besoin de toute la saison pour pousser.

Chou. —Le chou est maintenant si largement cultivé comme culture de plein champ, dont le marché est approvisionné, et les plantes nécessitent tellement d'espace que de nombreux jardiniers amateurs sont enclins à abandonner sa culture ; mais les variétés précoces, au moins, devraient être cultivées à la maison.

Pour une récolte précoce dans le Nord, les plants doivent être démarrés soit en février ou début mars, soit en septembre précédent et hivernés sous châssis froid. Cette dernière méthode était autrefois une pratique courante chez les jardiniers près des grandes villes, mais la construction de serres pour remplacer les nombreux foyers des maraîchers a changé la pratique dans de nombreuses localités, et maintenant la plupart des premiers choux du Nord sont cultivés à partir de graines semées en janvier, février ou mars. Les plantes sont endurcies en mars et début avril et repiquées le plus tôt possible. Le cultivateur privé, ou celui qui possède un petit jardin, peut souvent se procurer ses premières plantes auprès du maraîcher à un prix bien inférieur à celui qu'il peut les cultiver, car il ne lui faut généralement qu'un nombre limité de plants de choux précoces ; mais pour la mi-saison et la culture principale, les graines peuvent être semées en mai ou juin dans un lit de semence, les plantes étant plantées en juillet.

Le lit de semence doit être moelleux et riche. Une bonne bordure fera l'affaire. Les graines sont semées de préférence en rangées, permettant ainsi un éclaircissage des plants et l'arrachage des mauvaises herbes qui germent. Les jeunes plants feront bien attention à l'arrosage et à l'éclaircissage. Les rangées doivent être espacées de 3 ou 4 pouces. Lorsque les plantes sont suffisamment grandes pour être transplantées, elles peuvent être plantées là où des légumes primeurs ont été cultivés. Placez les plantes de 18 à 24 pouces l'une de l'autre dans la rangée, les rangées étant espacées de 3 pieds pour les espèces à croissance moyenne. Une once de graines fournira environ 2 000 plantes.

Tous les choux nécessitent un sol profond et riche, qui retient bien l'humidité. Un travail régulier doit être effectué afin que l'humidité puisse être conservée et que la croissance soit continue.

Pour les semis précoces, le nombre de variétés est limité à trois ou quatre. Pour une culture intermédiaire, la liste est plus longue et les variétés tardives sont très nombreuses. La première liste est dirigée par la Jersey Wakefield, une variété qui pousse très rapidement et, bien que ne faisant pas partie des variétés solides, elle est généralement cultivée. Le Early York et le Winnigstadt sont de bonnes variétés pour le suivre. Ce dernier surtout est solide et de très bonne qualité. Pour la mi-saison, les modèles Succession et All Season sont parmi les meilleurs, et pour l'hiver, les types Drumhead, Danish Ball et Flat Dutch sont les leaders. L'un des meilleurs choux de table est rarement vu dans le jardin : le chou de Milan. C'est un type à feuilles réticulées, formant une grosse pomme basse, dont le centre est très solide et d'excellente saveur, surtout à la fin de l'automne, lorsque les têtes ont eu une légère touche de gel. La Savoie devrait être cultivée dans chaque jardin privé.

Le meilleur remède contre la piéride du chou est de tuer la première couvée des très jeunes plants avec du vert de Paris. Une fois que les plantes commencent à pousser, du pyrèthre, une émulsion de kérosène ou de l'eau salée peuvent être utilisées. Sur une petite superficie, une cueillette manuelle peut être recommandée (p. 200).

La mouche est le ravageur le plus grave du chou. Après avoir étudié les soixante-dix remèdes proposés, Slingerland conclut que six sont efficaces et réalisables : cultiver les jeunes plants dans des cadres étroitement couverts ; des cartes en papier goudronné bien ajustées à la base des plantes pour éloigner les mouches ; frotter les œufs de la base de la plante ; cueillette manuelle des asticots ; traiter les plantes avec une émulsion d'acide carbolique ; les traiter avec du bisulfure de carbone. Les matières insecticides sont injectées ou versées dans le sol autour de la base de la plante (pp. 187, 201).

La hernie, qui provoque un épaississement et une déformation considérables des racines, est difficile à gérer si des choux ou des plantes apparentées sont cultivés en permanence sur des terres dans lesquelles des plantes malades ont été cultivées. Changer l'emplacement du chou ou du chou-fleur est la meilleure procédure. Si des cultures très différentes, comme le maïs, les pommes de terre, les pois, les tomates, sont cultivées sur la terre, la maladie disparaîtra de faim dans deux ou trois ans (p. 208).

Il existe de nombreuses façons de conserver les choux pour l'hiver et le printemps, mais aucune n'est uniformément efficace. Le sujet général est abordé p. 158. Sur ce point, T. Greiner écrit ce qui suit : « Jusqu'à présent, j'ai entassé dans le champ un grand nombre de choux coupés de la souche en un tas conique et je les ai recouverts de grappes de feuilles extérieures coupées avec un morceau de souche. . Les feuilles sont soigneusement disposées sur le tas en forme de bardeaux, de manière à évacuer l'eau. Les choux ainsi entassés et couverts peuvent être laissés de côté jusqu'à ce que le véritable hiver s'installe. Mais je trouve que les limaces et les vers de terre infestent fréquemment les choux ainsi stockés et font beaucoup de dégâts. Il serait peut-être bon de placer sur le sol une couche solide de chaux ou de sel, puis d'y emballer les choux. Si l'on doit rester dehors après l'apparition d'un gel sévère, il faut mettre une couverture supplémentaire, comme de la paille, des tiges de maïs ou du foin des marais, sur tout le tas. Le petit livre de M. Burpee, « Cabbage and Cauliflower for Profit », écrit par JM Lupton, un éminent producteur de choux, suggère le plan suivant pour les ventes du début de l'hiver : « Prenez les choux avec les racines et stockez-les dans un endroit bien aéré. caves, où ils se conserveront jusqu'au milieu de l'hiver. Ou bien, empilez-les dans un endroit abrité autour de la grange, en les plaçant les uns au-dessus des autres en étages, avec les racines à l'intérieur, et en les recouvrant profondément d'algues ; ou si cela ne peut être obtenu, quelque chose comme des tiges de maïs peut être utilisé pour les protéger autant que possible des intempéries (Fig. 299). Ainsi stockés, ils peuvent être obtenus à tout moment de l'hiver lorsque les prix sont favorables.

300. A half-long
carrot.

Carotte. —Bien qu'elle soit essentiellement une culture agricole dans ce pays, la carotte est néanmoins un légume de jardin très acceptable. Il est rustique et facile à cultiver. Les variétés extra-précoces peuvent être forcées dans une serre chaude, ou les graines peuvent être semées dès que le sol est apte au travail au printemps. Les variétés à racines souches ou mi-longues (Fig. 300) sont semées pour la culture générale du jardin.

Un terreau moelleux et bien enrichi, profondément creusé ou labouré, convient le mieux aux besoins des carottes. Les graines de la culture principale peuvent être semées jusqu'au 1er juillet. Semez en couche épaisse, en éclaircissant à 3 à 4 pouces dans le rang. Les rangées, si elles se trouvent dans un jardin travaillé à la main, peuvent être espacées de 12 pouces. Si la culture est effectuée avec un cheval, les rangées doivent être espacées de 2 à 3 pieds. Une once sèmera 100 pieds de forage.

Chou-fleur. —C'est le meilleur de tous les légumes du groupe du chou, et sa culture est de beaucoup la plus difficile. Même si les exigences particulières sont peu nombreuses, elles doivent être pleinement satisfaites si l'on veut espérer de bons résultats.

La culture générale du chou-fleur ressemble beaucoup à celle du chou, sauf que le chou-fleur, étant plus tendre, doit être mieux durci avant de partir, les têtes doivent être protégées des rayons du soleil, les plantes ne doivent jamais souffrir de l'humidité, et le le plus grand soin doit être pris pour obtenir uniquement des semences hautement sélectionnées.

301. Cauliflower head with leaves trimmed off.

Il est essentiel que les plantes soient plantées le plus tôt possible, car le temps chaud de juin les fait produire des épis imparfaits à moins que le sol ne soit rempli d'humidité. Aucune culture de jardin ne remboursera aussi bien le coût et le temps d'une irrigation approfondie, que ce soit en faisant couler l'eau entre les rangées ou en l'appliquant directement sur les plantes. Lorsqu'il est impossible de fournir de l'eau et qu'il y a un risque de perte d'humidité du sol, il est judicieux de pailler abondamment avec de la paille ou une autre substance. Ce paillis, s'il est appliqué juste après une forte pluie, retiendra l'humidité pendant longtemps. Le chou-fleur prospère mieux dans un climat frais.

Lorsque les têtes commencent à se former, les feuilles extérieures peuvent être rapprochées et attachées au-dessus de la tête, excluant ainsi la lumière directe du soleil et gardant la tête blanche et tendre. La figure 301 montre une bonne tête.

Aucun légume ne répondra plus rapidement à une bonne culture et à un sol bien fumé que le chou-fleur, et aucun ne se révélera aussi complètement inefficace s'il est négligé. Il est impératif de prendre soin de détruire tous les vers du chou avant que les feuilles ne soient attachées, car après cela, il sera impossible de les voir ou de les atteindre. De 1 000 à 1 500 plantes peuvent être cultivées à partir de 1 once de graines. Une bonne graine de chou-fleur coûte très cher.

Pour les cultures d'hiver, les semis peuvent être démarrés en juin ou juillet, comme pour le chou tardif.

Erfurt, Snowball et Paris sont des variétés précoces populaires. Nonpareil et Alger sont de bons types tardifs.

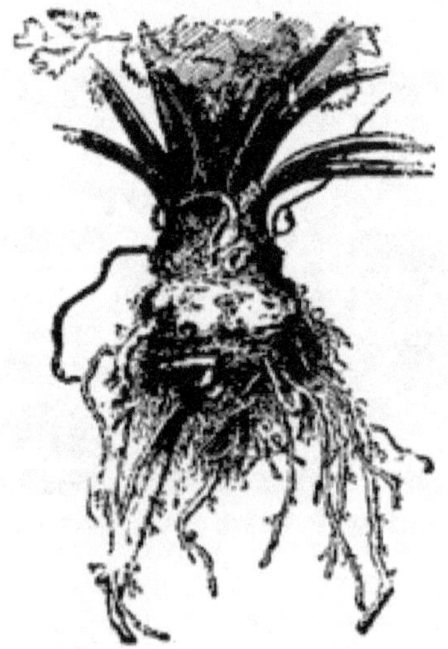

302. Celeriac or turnip-rooted celery.

Céleri-rave .—Une forme de céleri dans laquelle la racine tubéreuse est la partie comestible (Fig. 302). Le tubercule a une saveur prononcée de céleri et est utilisé pour aromatiser les soupes et pour les salades de céleri. Il peut être servi cru, tranché dans du vinaigre et de l'huile ou bouilli.

La culture est la même que celle donnée pour le céleri, sauf qu'aucune mise à la terre ni blanchiment n'est nécessaire. Un nombre à peu près égal de plants est obtenu à partir du même poids de graines qu'à partir de graines de céleri. Le céleri-rave est largement utilisé à l'étranger, mais malheureusement peu connu en Amérique.

Céleri . — Bien que le céleri soit désormais devenu un légume de base pour toutes les classes sociales, le jardinier amateur ne s'essayera probablement pas à sa culture ; cependant, il n'est pas difficile d'en cultiver en petites quantités dans la plupart des bons jardins. Même si le céleri commercial est en grande partie cultivé sur des terres marécageuses récupérées, ces zones ne sont pas du tout essentielles à sa culture.

Les variétés autoblanchissantes ont simplifié la culture du céleri afin que l'amateur comme l'expert puissent disposer d'un bon approvisionnement au moins six mois par an. La culture dite nouvelle, qui consiste à rapprocher les plantes les unes des autres et à les faire s'ombrer les unes les autres, peut être recommandée pour le jardin lorsqu'on dispose d'un apport de fumier bien décomposé et lorsqu'on dispose d'une certaine quantité d'eau. Cette méthode est la suivante : Fourcher ou creuser dans le sol une grande quantité de fumier jusqu'à une profondeur de 10 à 12 pouces ; Pulvérisez le sol jusqu'à ce que le sol sur une profondeur de 4 à 6 pouces soit en très bon état. Ensuite, placez les plantes en rangées espacées de 10 pouces et les plantes espacées de 5 ou 6 pouces dans les rangées. On verra que les plantes placées aussi près rempliront bientôt le sol d'une masse de racines et doivent avoir de grandes quantités de nourriture végétale, ainsi qu'une grande quantité d'eau ; et la fabrication d'un tel lit ne peut être recommandée qu'à ceux qui peuvent subvenir à ces besoins.

La pratique courante dans les jardins familiaux consiste à labourer ou à creuser une tranchée peu profonde, en plaçant les plantes au fond et en binant le sol à mesure que les plantes grandissent. La distance entre les rangs et les plants dépendra des variétés. Pour les variétés naines, telles que White Plume, Golden Self-blanchiment et autres de ce type, les rangées peuvent être aussi proches que 3 pieds et les plantes 6 pouces dans les rangées. Pour les variétés à grande croissance, comme Kalamazoo, Giant Pascal et, en fait, la plupart des variétés tardives, les rangées peuvent être espacées de 4 1/2 à 5 pieds et les plantes 7 ou 8 pouces dans la rangée.

Les graines d'une culture précoce doivent être semées en février ou au début de mars dans des boîtes peu profondes, qui peuvent être placées dans une serre ou une fenêtre ensoleillée, ou semées directement dans le sol d'une serre. Couvrez finement les graines et tassez fermement la terre dessus. Lorsque les plants mesurent environ 1 pouce de haut, ils doivent être transplantés dans d'autres boîtes ou serres, en plaçant les plantes à 1 pouce l'une de l'autre en rangées espacées de 3 pouces. Lors de ce repiquage, comme pour les suivants, les feuilles hautes doivent être coupées ou pincées, ne laissant que la croissance verticale, car avec le plus grand soin, il est presque impossible d'empêcher les pétioles extérieurs de se flétrir et de mourir. Les racines doivent également être coupées à chaque repiquage afin d'augmenter les racines nourricières. Les plantes doivent être plantées le plus profondément possible, en prenant toutefois soin de ne pas recouvrir le cœur de la plante. Les variétés habituellement cultivées pour une récolte précoce sont les variétés dites auto-blanchissantes. Ils peuvent être préparés pour la table avec beaucoup moins de travail que la récolte tardive, l'ombre nécessaire pour blanchir les tiges étant bien moindre. Lorsque seulement quelques rangées courtes sont cultivées dans un jardin privé, des écrans de lattes peuvent être fabriqués en enfonçant des piquets de chaque côté de la rangée et en clouant les lattes, en laissant des espaces d'un pouce ou plus pour que la lumière puisse entrer ; ou chaque tête peut être enveloppée dans du papier, ou un tuyau de drainage en carrelage peut être installé au-dessus de l' usine. En fait, tout matériau qui exclut la lumière rendra les tiges blanches et cassantes.

Les graines de la culture principale ou d'automne doivent être semées en avril ou au début de mai dans un lit de semence préparé en enfouissant du fumier court et bien pourri dans un sol fin, en semant les graines finement en rangées espacées de 8 ou 10 pouces, en les recouvrant légèrement. et en raffermissant la graine avec les pieds, la houe ou le dos d'une bêche. Ce lit de semence doit être maintenu humide en tout temps jusqu'à ce que la graine germe, soit en faisant très attention à l'arrosage, soit à l'aide d'un tamis à lattes. L'utilisation d'un morceau de tissu posé directement sur le sol et le lit mouillé à travers le tissu est souvent recommandé, et si le tissu est toujours humide et retiré du lit dès que les graines germent, il peut être utilisé. Une fois que les jeunes plantes ont atteint une hauteur de 1 ou 2 pouces, elles doivent être éclaircies, en laissant les plantes de manière à ce qu'elles ne se touchent pas, et en transplantant celles éclaircies, si désiré, sur un autre terrain préparé de la même manière que le lit de semence. Toutes ces plantes peuvent être tondues ou coupées pour les rendre trapues.

Une once de graines fournira environ trois mille plantes.

303. Storing celery in a trench in the field.

304. A celery pit.

S'il s'agit d'un jardin privé, le sol sur lequel la culture d'automne est habituellement plantée sera probablement celui sur lequel une récolte de légumes précoces a été récoltée. Cette terre doit être encore bien enrichie d'un fumier fin et bien décomposé, auquel peut être ajoutée une quantité généreuse de cendre de bois. Si le fumier ou les cendres ne sont pas faciles à obtenir, on peut en utiliser une petite quantité en labourant ou en creusant un sillon de 8 ou 12 pouces de profondeur, en dispersant le fumier et les cendres au fond de la tranchée et en la remplissant presque au niveau de la surface. Les plantes doivent être plantées vers la mi-juillet, de préférence juste avant une pluie. Le parterre de plantes doit être complètement trempé peu de temps avant que les plantes ne soient soulevées, et chaque plante doit être taillée, à la fois le dessus et les racines, avant la mise en place. Les plantes doivent être espacées de 5 à 6 pouces dans les rangées et la terre bien raffermie autour de chacune d'elles.

L'après-culture consiste en un travail du sol minutieux jusqu'au moment de la « manipulation » ou du buttage des plants. Ce processus de manipulation s'effectue en arrachant la terre d'une main tout en tenant la plante de l'autre, en tassant bien la terre autour des tiges. Ce processus peut être poursuivi jusqu'à ce que seules les feuilles soient visibles. Pour le producteur privé, il est beaucoup plus facile de blanchir le céleri avec des planches ou du papier, ou si le céleri n'est pas désiré avant l'hiver, les plantes peuvent être déterrées, emballées étroitement dans des boîtes, recouvrant les racines de terre et placées dans un cave sombre et fraîche, où les tiges blanchiront d'elles-mêmes. De cette façon, le céleri peut être stocké dans des caisses dans la cave de la maison. Mettez de la terre au fond d'une caisse profonde et plantez-y le céleri.

Le céleri est parfois stocké dans des tranchées à l'air libre (Fig. 303), les racines étant transplantées dans ces endroits à la fin de l'automne. Les plantes sont rapprochées et les tranchées sont recouvertes de planches. Une tranchée ou une fosse plus large peut être creusée (Fig. 304) et recouverte d'un toit en appentis.

La bette à carde , ou **bette à carde** , est un développement de l'espèce de betterave caractérisée par de grandes tiges succulentes au lieu de racines élargies. (Fig. 305). Les feuilles sont très tendres et font des « verts » un peu comme les jeunes betteraves. On les cultive exactement comme les betteraves. Une seule variété est proposée par la plupart des semenciers de ce pays, même si plusieurs variétés sont cultivées en France et en Allemagne.

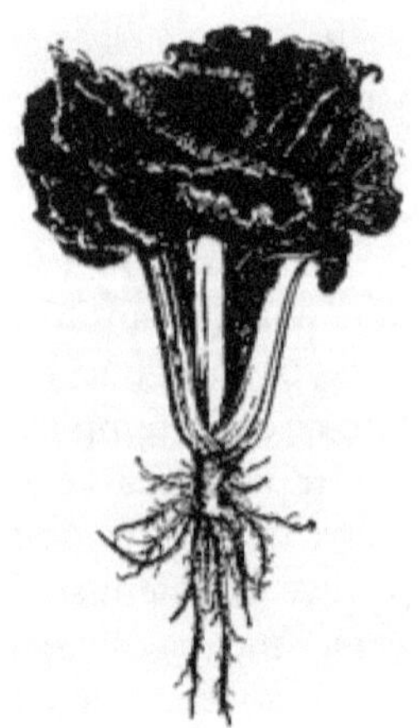

305. Swiss chard.

La chicorée est cultivée à deux fins : pour les racines et pour l'herbe. La « Barbe de capucin » est une salade à base de jeunes pousses de chicorée.

La chicorée de Magdebourg est la variété dont on parle habituellement, car elle est la plus cultivée. Ses racines, après avoir été moulues et torréfiées, sont utilisées soit comme substitut, soit comme adultérant pour le café.

Le Witloof, une forme de chicorée, est utilisé en salade ou bouilli et servi de la même manière que le chou-fleur. Les plantes doivent être éclaircies à 6 pouces. À la fin de l'été, ils doivent être mis en banque comme le céleri et les feuilles utilisées après être devenues blanches et tendres. Cette chicorée sauvage ainsi que la chicorée sauvage commune sont souvent déterrées à l'automne, les feuilles coupées, les racines emballées dans du sable dans une cave et arrosées jusqu'à ce qu'une nouvelle pousse de feuilles commence. Ces feuilles poussent rapidement et sont très tendres, ce qui en fait un bon légume à salade. Un sachet de graines de Witloof fournira suffisamment de plantes pour une famille nombreuse.

Cerfeuil . — Le cerfeuil se cultive sous deux formes : pour les feuilles et pour les racines tubéreuses.

Le cerfeuil frisé est un bon ajout à la liste des légumes de garniture et d'assaisonnement. Semez les graines et cultivez-les comme le persil.

Le cerfeuil tubéreux ressemble à une carotte courte ou à un panais. Il est très apprécié en France et en Allemagne. Les tubercules ont un peu la saveur d'une patate douce, peut-être un peu plus sucrée. Ils sont parfaitement rustiques et, comme le panais, résistent mieux aux gelées. La graine peut être semée en septembre ou en octobre, car elle ne se conserve pas bien ; ou dès que le sol est apte au travail au printemps, il tarde à germer après que le temps

devient chaud et sec. Un sachet de graines donnera toutes les plantes
nécessaires à une famille.

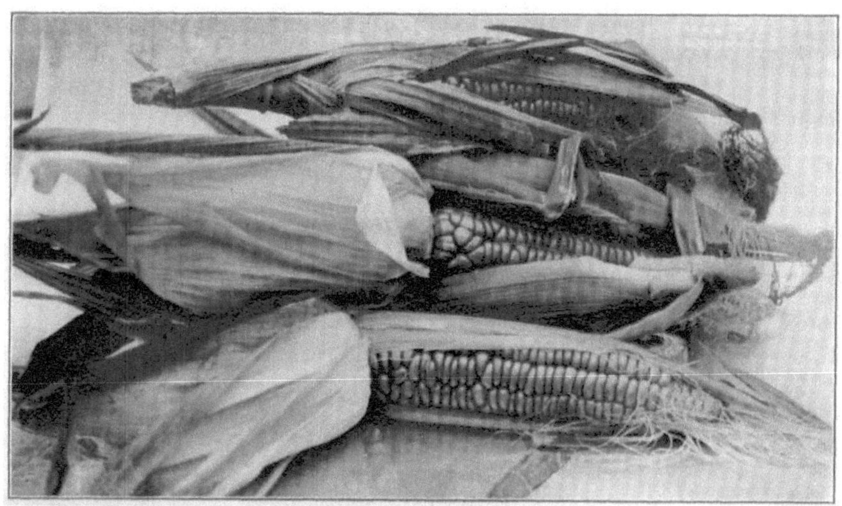

XXIV. Maïs sucré nain doré.

Chou vert. —C'est un nom donné à une sorte de chou frisé, utilisé lorsqu'il
est jeune comme vert ; aussi aux jeunes choux utilisés de la même manière.

Les graines de tout chou précoce peuvent être semées en couches épaisses
en rangées espacées de 18 pouces, du début du printemps à la fin de
l'automne. Les plantes sont coupées lorsqu'elles atteignent 6 ou 8 pouces de
hauteur et bouillies comme le sont les autres légumes verts.

Le chou frisé, ou chou de Géorgie, est cultivé dans le Sud, où les choux ne
poussent pas. Il atteint une hauteur de 2 à 6 pieds, fournissant une grande
quantité de feuilles. Les jeunes feuilles et les touffes qui apparaissent au fur
et à mesure que les vieilles feuilles sont arrachées constituent d'excellents
légumes verts.

Cives. —Petite plante vivace de la famille des oignons, utilisée pour
l'aromatisation.

Elle se propage par division de la racine. Il peut être planté dans un endroit
permanent en bordure et, étant totalement rustique, il le restera pendant des
années. Les feuilles sont les parties utilisées, car les racines ont une saveur
très noble. Les feuilles peuvent être coupées fréquemment, car elles
repoussent facilement.

Salade de maïs. —C'est l'un des premiers légumes à salade de printemps,
venant en condition avec les épinards et nécessitant la même culture.

Semé à l'automne et recouvert de paille ou de foin lorsque le froid s'installe, il connaîtra une croissance rapide une fois la couverture enlevée en mars ou avril. Ou encore, les graines peuvent être semées au début du printemps et les plantes seront prêtes à être utilisées dans six ou huit semaines. Un sachet de graines suffira pour une petite famille.

Maïs, sucré ou sucré. —C'est le légume de table américain caractéristique, et que tout jardinier amateur s'attend à cultiver. Mais trop souvent, on ne fait qu'une seule plantation d'un même type. Les épis arrivent à maturité comestible presque simultanément, ce qui entraîne une saison courte.

Les premiers semis de maïs sucré doivent être effectués du 1er au 10 mai, en plantant simultanément les variétés précoces, intermédiaires et tardives, puis à intervalles de deux semaines jusqu'à la mi-juillet, date à laquelle les variétés tardives doivent être plantées, ayant ainsi une succession depuis la première récolte jusqu'en octobre.

Le sol pour le maïs doit être fertile et « rapide ». Le fumier plus grossier résultant de la préparation du sol pour les petites cultures peut être utilisé à bon escient. Le maïs pour le jardin est mieux planté dans des semoirs, les forets espacés de 3 pieds, laissant tomber les graines de 10 à 12 pouces l'un de l'autre dans les semoirs. Un litre de graines plantera 200 collines.

Pour plus tôt, Marblehead, Adams, Vermont, Minnesota et Early Corey sont les favoris. Le Golden Bantam est un maïs sucré jaune très précoce, dont les grains ressemblent à ceux du maïs de petite culture. les épis sont petits et n'attireraient probablement pas l'acheteur du marché, mais pour un usage domestique, la variété est inégalée (planche XXIV). Pour les cultures ultérieures, Crosby, Hickox, Shoe Peg et Stowell Evergreen sont désormais populaires.

Cresson . — Deux espèces de plantes très différentes sont cultivées sous le nom de cresson, le cresson des hautes terres et le cresson d'eau. Il existe encore d'autres espèces, mais peu connues dans ce pays.

Le cresson des hautes terres, ou la véritable herbe poivrée, peut être cultivé sur n'importe quel sol de jardin. Semez tôt au printemps. Sa croissance est rapide et peut être coupée en quatre à cinq semaines. Il faut faire des semis successifs, car la graine monte rapidement. La variété frisée est celle habituellement cultivée, car les feuilles peuvent être utilisées aussi bien pour la garniture que pour les salades. Un sachet de graines suffira pour chaque semis. N'importe quelle bonne terre fera l'affaire. Semez en épaisseur dans des forets espacés de 12 à 18 pouces. En été, il monte rapidement en graines, de sorte qu'il est généralement cultivé au printemps et à l'automne.

Le cresson est plus exigeant dans sa culture et ne peut être cultivé avec succès que dans des endroits humides, tels que les bords de ruisseaux peu profonds à courant lent, les drains ouverts ou les lits creusés à proximité de ces ruisseaux. Quelques plantes à usage privé peuvent être cultivées dans un cadre, à condition d'utiliser un sol rétentif et de veiller à arroser souvent le massif. Le cresson peut se multiplier à partir de morceaux de tige, utilisés comme boutures. Si l'on aime le cresson, il est bon de le coloniser dans un ruisseau ou un étang propre. Il prendra soin de lui-même d'année en année. Les graines peuvent également être utilisées pour sa propagation.

Concombre. —La coutume de déposer des cornichons au concombre dans la cuisine de la maison est probablement en train de s'évanouir ; mais le marinage et le tranchage des concombres, en particulier ces derniers, restent un élément essentiel d'un bon jardin potager. Un concombre rassis ou fané est un aliment de très mauvaise qualité.

Pour une utilisation précoce, le concombre est généralement démarré dans un foyer ou un cadre froid en semant les graines sur des morceaux de gazon de 4 à 6 pouces carrés, tournés côté herbe vers le bas. Trois ou quatre graines sont placées ou poussées dans chaque morceau de gazon et recouvertes de 1 à 2 pouces de terre fine. Le sol doit être bien arrosé et le verre ou le tissu placé sur le cadre. Les racines traverseront le gazon. Lorsque les plantes sont suffisamment grandes pour pouvoir planter, une truelle plate ou un bardeau peut être glissé sous le gazon et les plantes peuvent être déplacées vers la colline sans contrôle. Au lieu de gazon, de vieilles boîtes à baies d'un quart sont bonnes ; une fois installées dans la colline, les racines peuvent se frayer un chemin à travers les fissures des paniers. Les paniers se détériorent également rapidement. Des pots de fleurs peuvent être utilisés. Ces plantes des cadres peuvent être plantées lorsque le risque de gel est passé, généralement vers le 10 mai, et devraient avoir une croissance très rapide, donnant des fruits de bonne taille en deux mois. Les collines doivent être enrichies en y ajoutant une quantité de fumier bien décomposé et en leur donnant une légère élévation au-dessus du jardin - pas assez haut pour permettre au vent de sécher le sol, mais légèrement surélevé pour que l'eau ne reste pas autour des racines. .

La culture principale est issue de graines plantées directement en plein air, et les plantes sont cultivées en culture de niveau.

Une once de graines permettra de planter cinquante collines de concombres. Les collines peuvent être espacées de 4 à 5 pieds dans chaque sens.

La White Spine est la principale variété à usage général. Pour les sortes très précoces ou marinées, les marinades de Chicago, russes et autres sont bonnes.

Le coléoptère rayé est un ravageur invétéré des concombres et des courges (voir page 201).

Le nom cornichon est appliqué aux petits concombres marinés. Le cornichon des Antilles est une espèce tout à fait distincte, mais on le cultive comme le concombre. (Fig. 306.)

Pissenlit. —Sous la domestication, le pissenlit s'est développé jusqu'à devenir méconnaissable pour l'observateur occasionnel. Les plantes atteignent une grande taille et les feuilles sont beaucoup plus tendres.

Semez au printemps dans un sol bien fumé, soit en semoirs, soit en collines espacées de 1 pied. Une coupe des feuilles peut être effectuée en septembre ou octobre, et certaines selles peuvent rester debout jusqu'au printemps. La délicatesse des feuilles peut être améliorée en les blanchissant, soit à l'aide de planches, soit de terre. Un paquet commercial de semences fournira un nombre suffisant pour une famille. La plante entière est détruite lors de la récolte des feuilles.

Les graines peuvent être sélectionnées parmi les meilleures plantes cultivées en plein champ, mais il est préférable d'acheter les graines françaises des semenciers.

Aubergine. —L'aubergine ou courge de Guinée n'est jamais devenue un produit de jardinage populaire dans le Nord. Dans le Sud, il est mieux connu.

307. Black Pekin egg-plant.

A moins de disposer d'une serre ou d'un foyer très chaud, la culture des aubergines dans le Nord doit être laissée au jardinier professionnel, car les jeunes plants sont très tendres et doivent être cultivés sans contrôle. Les graines doivent être semées en serre ou en serre vers le 10 avril, en gardant une température de 65° à 70°. Lorsque les plants ont formé trois feuilles rugueuses, ils peuvent être repiqués dans des boîtes peu profondes ou, mieux encore, dans des pots de 3 pouces. Les pots ou les boîtes doivent être plongés jusqu'au bord dans le sol dans un foyer ou un cadre froid situé de manière à pouvoir être protégé pendant les nuits fraîches. Le 10 juin est suffisamment tôt pour les planter dans le centre de New York.

Le sol dans lequel les aubergines doivent pousser ne peut pas être rendu trop « rapide », car elles n'ont qu'une courte saison pour développer leurs fruits. Les plantes sont généralement espacées de 3 pieds dans chaque sens. Une douzaine de plantes suffisent pour les besoins d'une famille nombreuse, chaque plante devant donner de deux à six gros fruits. Les fruits sont comestibles à tous les stades de croissance, depuis ceux de la taille d'un gros œuf jusqu'à leur plus grand développement. Une once de graines fournira de 600 à 800 plantes.

Le New York Improvement Purple est la variété standard. Le Pékin noir (Fig. 307) est bon. Pour un climat précoce ou pour une saison courte, le Early Dwarf Purple est excellent.

Endive. —L'un des meilleurs légumes de salade d'automne, étant de loin supérieur à la laitue à cette époque et aussi facile à cultiver.

Pour une utilisation en automne, les graines peuvent être semées de juin à août, et à mesure que les plantes deviennent aptes à la consommation à peu près au même moment après le semis que la laitue, une succession peut avoir lieu jusqu'au temps froid. Les plantes auront besoin d'être protégées des fortes gelées d'automne, ce qui peut être obtenu en soulevant soigneusement les plantes et en les transplantant sur un cadre, où une ceinture ou un tissu peut être utilisé pour les couvrir par temps glacial.

308. Endive tied up.

Les feuilles, qui constituent pratiquement toute la plante, sont blanchies avant d'être utilisées, soit en les attachant ensemble avec un matériau mou (Fig. 308), soit en plaçant des planches de chaque côté de la rangée, permettant au haut des planches de se rejoindre sur le centre de la rangée. Attachez les feuilles seulement lorsqu'elles sont sèches.

Les rangées doivent être espacées de 1 1/2 ou 2 pieds, les plantes espacées de 1 pied dans les rangées. Une once de graines sèmera 150 pieds de semoir.

Ail. —Plante semblable à l'oignon, dont les bulbes sont utilisés pour l'aromatisation.

L'ail est peu connu dans ce pays, sauf parmi ceux d'origine étrangère. Il se multiplie de la même manière que les oignons multiplicateurs : le bulbe est brisé et chaque bulbule ou « clou de girofle » forme un nouveau bulbe composé en quelques semaines. Robuste; planter au début du printemps ou dans le sud à l'automne. Plantez à 2 à 3 pouces de distance dans le rang.

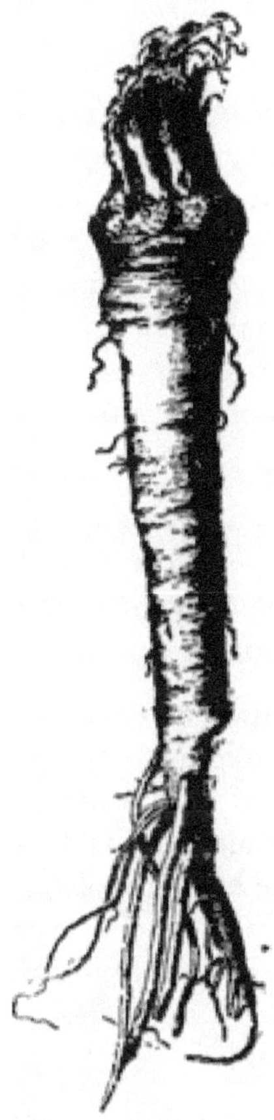

309. A good
horseradish
root.

Raifort .—Largement utilisé comme apéritif et maintenant cultivé commercialement. En tant que légume de potager, il est généralement planté dans un endroit éloigné et un morceau de racine est déterré aussi souvent que nécessaire, les fragments de racines étant laissés dans le sol pour pousser en vue d'une utilisation ultérieure. Cette méthode aboutit à n'avoir que des racines dures et filandreuses, très différentes du produit d'un lit correctement planté et bien entretenu. Une bonne racine de raifort doit être droite et bien faite (Fig. 309).

Le meilleur raifort est obtenu à partir de plants plantés au printemps au moment de la mise en terre précoce du chou, et déterré aussi tard le même automne que le temps le permet. Cela devient donc une culture annuelle. Les racines à planter sont de petits morceaux, de 4 à 6 pouces de long, obtenus lors de la taille des racines creusées à l'automne. Ces morceaux peuvent être emballés dans du sable et stockés jusqu'à leur utilisation au printemps suivant.

Lors de la plantation, les racines doivent être placées avec l'extrémité supérieure à 3 pouces sous la surface du sol, en utilisant un plantoir ou un bâton pointu pour faire les trous. La culture peut être plantée entre des rangées de betteraves, de laitue ou d'autres cultures semées tôt, et avoir la pleine possession du sol lorsque ces cultures sont récoltées. Lorsque le sol est raide ou que le sous-sol est proche de la surface, les racines peuvent être placées dans une position inclinée. En fait, de nombreux jardiniers pratiquent cette méthode de plantation, pensant que les racines poussent mieux et sont de taille plus uniforme.

Chou frisé. —Sous ce nom, on cultive une grande variété de plantes de la tribu du chou, certaines atteignant une hauteur de plusieurs pieds. Cependant, le nom est généralement appliqué à une plante à croissance basse et étalée, largement utilisée pour les légumes verts d'hiver et de printemps.

La culture donnée au chou tardif convient. A l'approche des fortes gelées, une légère protection est assurée au Nord. Les feuilles restent vertes tout l'hiver et peuvent être récoltées sous la neige à une époque où le matériel pour la verdure est rare. Certains choux frisés sont très ornementaux en raison de leur feuillage enroulé bleu et violet. Le Scotch Curled est la variété la plus populaire. Laissez les plantes être espacées de 18 à 30 pouces. Les jeunes plants de chou sont parfois utilisés comme chou frisé. Le chou vert et le borecole sont des sortes de chou frisé. Le chou marin est un légume totalement différent (que voyez).

Les choux frisés sont largement cultivés à Norfolk, en Virginie, et vers le sud, et expédiés vers le nord en hiver, les plantes étant démarrées à la fin de l'été ou à l'automne.

Le chou-rave est peu connu aux États-Unis. Il ressemble à un navet feuillu poussant au-dessus du sol.

S'il est utilisé lorsqu'il est petit (2 à 3 pouces de diamètre) et qu'il ne devient pas dur et résistant, il est de qualité supérieure. Il devrait être cultivé de manière plus générale. La culture est très simple. Une succession de semis doit être effectuée du début du printemps jusqu'au milieu de l'été, dans des forets espacés de 18 pouces à 2 pieds, en éclaircissant les jeunes plants à 6 ou 8 pouces dans les rangées. Il mûrit aussi vite que le navet. Une once de graines pour 100 pieds de semoir.

Poireau . — Le poireau est peu cultivé dans ce pays, sauf par des personnes d'origine étrangère. La plante fait partie de la famille des oignons et est principalement utilisée comme arôme pour les soupes. Les poireaux bien cultivés ont une saveur d'oignon très agréable et peu prononcée.

Le poireau est la culture la plus facile et est généralement cultivé comme deuxième culture, après les betteraves, les pois précoces et d'autres produits précoces. Les graines doivent être semées dans un lit de semence en avril ou au début de mai et les plants plantés dans le jardin en juillet, en rangées espacées de 2 pieds, les plantes étant espacées de 6 pouces dans les rangées. Les plantes doivent être plantées en profondeur si le cou ou la partie inférieure des feuilles doit être utilisé à l'état blanchi. La terre peut être attirée vers les plantes lors du binage, pour favoriser le blanchiment. Étant très rustiques, les plantes peuvent être déterrées à la fin de l'automne et stockées de la même manière que le céleri, dans des tranchées ou dans une cave à racines fraîche. Une once de graines pour 100 pieds de semoir.

La laitue est le légume à salade le plus cultivé. Il est désormais demandé et disponible chaque mois de l'année. Les cultures d'hiver et du début du printemps sont cultivées dans des serres et des châssis froids, mais le jardin peut être approvisionné d'avril à novembre, en utilisant un châssis bon marché dans lequel faire pousser la première et la dernière récolte, en s'appuyant sur une succession. de semis pour l'approvisionnement intermédiaire.

Les graines de la première récolte peuvent être semées dans un châssis froid en mars, de manière à obtenir une récolte épaisse et comportant de nombreuses plantes petites et tendres ; ou, en éclaircissant à une distance de 3 pouces et en permettant aux plantes de croître plus largement, les plantes arrachées peuvent être placées en pleine terre pour la récolte suivante.

Les semis doivent être effectués au jardin d'avril à octobre, à intervalles rapprochés. Un emplacement humide doit être choisi pour les semis de juillet et août. Les semis précoces et tardifs doivent être d'une variété à croissance lâche, car ils sont comestibles plus tôt que les variétés de chou ou d'épi.

Les variétés de choux sont de loin supérieures aux variétés à croissance libre pour les salades. Pour être cultivés à merveille, ils doivent avoir un sol très riche, des cultures fréquentes et un stimulant occasionnel, tel que du fumier liquide ou du nitrate de soude.

La laitue cos est une variété à croissance dressée très appréciée en Europe, mais moins cultivée ici. Les feuilles des plantes adultes sont liées ensemble, blanchissant ainsi le centre, ce qui en fait une salade ou une variété de garniture recherchée. Il prospère mieux en été.

Une once de graines fera pousser 3 000 plantes ou sèmera 100 pieds de semoir. Dans le jardin, les plantes peuvent être espacées de 6 pouces dans les rangées, et les rangées peuvent être aussi rapprochées que le système de labour le permet.

Champignons . — Tôt ou tard, le novice veut cultiver des champignons. S'il est facile de décrire les conditions dans lesquelles ils peuvent être cultivés, cela ne signifie pas pour autant qu'une récolte puisse être prédite avec certitude.

Dernièrement, des études minutieuses ont été faites sur la culture des champignons à partir de spores et sur les principes impliqués dans la fabrication du blanc, dans l'espoir de ramener toute la question de la culture des champignons à une base rationnelle. On peut avoir une bonne idée de ces travaux en lisant la contribution de Duggar sur le sujet dans le Bulletin 85 du Bureau of Plant Industry, United States Department of Agriculture. Mais ici, nous pouvons nous limiter à la pratique horticole habituelle.

Les paragraphes suivants sont tirés du « Farmers' Bulletin », n° 53 (par William Falconer), du Département américain de l'Agriculture (mars 1897) : -

Les champignons sont une culture d'hiver, qui commence de septembre à avril ou mai, c'est-à-dire que le travail de préparation du fumier commence en septembre et se termine en février, et le conditionnement de la récolte commence en octobre ou novembre et se termine en mai. Dans des conditions extraordinaires, la saison peut commencer plus tôt et durer plus longtemps et, en fait, elle peut se poursuivre tout l'été.

Les champignons peuvent être cultivés presque partout à l'extérieur, ainsi qu'à l'intérieur, où il y a un fond sec dans lequel placer les plates-bandes, où une température uniforme et modérée peut être maintenue et où les plates-bandes peuvent être protégées de l'humidité et des vents. , la sécheresse et le soleil direct. Parmi les endroits les plus recherchés pour cultiver des champignons figurent les granges, les caves, les tunnels fermés, les hangars, les fosses, les serres et les champignonnières ordinaires. L'obscurité totale n'est pas impérative, car les champignons poussent bien à la lumière ouverte s'ils sont à l'abri du soleil. La température et l'humidité sont plus susceptibles d'être égales dans les endroits sombres que dans les endroits ouverts et clairs, et c'est en grande partie pour cette raison que les champignonnières restent sombres.

D'après l'expérience de l'auteur, le meilleur engrais pour les champignons est le fumier de cheval frais. Rassemblez une grande partie de cette matière (courte et pailleuse) bien piétinée et mouillée dans l'écurie. Jetez-le en tas, mouillez-le bien s'il est un peu sec et laissez-le chauffer. Lorsqu'il commence à fumer, retournez-le, secouez-le bien pour bien mélanger, puis tassez-le solidement. Après cela, laissez-le reposer jusqu'à ce qu'il redevienne assez chaud ; puis retournez, secouez, piétinez comme avant et ajoutez de l'eau librement si elle commence à sécher. Répétez cette opération de retournement, d'humidification et de piétinement aussi souvent que nécessaire pour empêcher le fumier de « brûler ». S'il fait très chaud, étalez-le pour qu'il refroidisse, puis mélangez-le à nouveau. Après avoir été retourné de cette manière plusieurs fois, et que la chaleur n'est pas susceptible de dépasser 130° F., il devrait être prêt à être récupéré dans les lits. En ajoutant au fumier, au deuxième ou au troisième retournement, un quart ou un cinquième de sa masse de terreau, la tendance à un échauffement intense est diminuée et son utilité n'est en rien diminuée. Certains producteurs préfèrent exclusivement le fumier court, c'est-à-dire le crottin de cheval, tandis que d'autres préfèrent y mélanger une grande quantité de paille. L'expérience de l'auteur, cependant, est que, s'il est correctement préparé, peu importe ce qui est utilisé.

Habituellement, les lits n'ont que 8 à 10 pouces de profondeur ; c'est-à-dire qu'ils sont confrontés à des planches de pruche de 10 pouces de large et ne représentent que la profondeur de cette planche. Dans de tels lits, mettez une couche de fumier frais, humide et chaud, et piétinez-le fermement jusqu'à ce qu'il constitue la moitié de la profondeur du lit ; puis remplissez avec le fumier préparé, qui doit être plutôt frais (100° à 115°F.) lors de l'utilisation, et emballez le tout fermement. Si vous le souhaitez, les lits peuvent être entièrement constitués de fumier préparé. Les lits d'étagères ont généralement une profondeur de 9 pouces; c'est-à-dire que l'étagère est dotée de planches de 1 pouce et de planches de 10 pouces de large. Cela laisse environ 8 pouces pour le fumier et 1 pouce s'élevant à 2 pouces de terreau sur le dessus. Lors du remplissage des plates-bandes, la moitié inférieure peut être constituée de fumier frais, humide ou mouillé, chaud, tassé solidement, et la moitié supérieure de fumier préparé plutôt frais, ou elle peut être constituée de fumier entièrement préparé. Comme les étagères ne peuvent pas être piétinées et ne peuvent pas être frappées très fort avec le dos de la fourchette, une brique est utilisée en plus de la fourchette.

Les lits devraient être frayés après que la chaleur y soit tombée au-dessous de 100° F. L'auteur considère 90° F. comme la meilleure température pour le frai. Si les lits ont été recouverts de foin, de paille, de litière ou de nattes, ceux-ci doivent être retirés. Cassez chaque brique en douze ou quinze morceaux. Les rangées doivent être, disons, espacées de 1 pied, la première étant à 6 pouces du bord, et les pièces doivent être espacées de 9 pouces dans la rangée. En commençant par la première rangée, soulevez chaque morceau, soulevez 2 à 3 pouces de fumier avec la main et dans ce trou, placez le morceau en le recouvrant étroitement de fumier. Lorsque tout le lit est apparu, tassez toute la surface. Il est bon de recouvrir les plates-bandes de paille, de foin ou de nattes, pour garder la surface également humide. Le blanc en flocons est planté de la même manière que le blanc en brique, mais pas aussi profondément.

Au bout de huit ou neuf jours, le paillis doit être enlevé et les plates-bandes recouvertes d'une couche de bon terreau de 2 pouces d'épaisseur, afin que les champignons puissent pousser à l'intérieur et à travers. Cela leur donne une tenue ferme et améliore dans une large mesure leur qualité et leur texture. N'importe quel terreau équitable fera l'affaire. Celui provenant d'un champ ordinaire, d'un bord de chemin ou d'un jardin est généralement utilisé, et il répond admirablement. Il existe une idée selon laquelle une terre de jardin saturée de vieux fumier est impropre aux plates-bandes de champignons, car elle est susceptible de produire des champignons parasites. Ceci, en revanche, n'est pas le cas. En fait, c'est la terre la plus couramment utilisée. Pour façonner les plates-bandes, le terreau doit être plutôt fin, libre et moelleux, afin de pouvoir être facilement et uniformément étalé et fermement compacté dans le fumier.

Si une température atmosphérique uniforme de 55° à 60° F. peut être maintenue et que la maison ou la cave contenant les parterres de champignons est maintenue fermée et à l'abri des courants d'air, les parterres peuvent être laissés découverts et doivent être arrosés s'ils deviennent secs. . Mais quel que soit l'endroit où se trouvent les plates-bandes, il est bon de poser dessus du foin ou de la paille en vrac, ou de vieilles nattes ou tapis, pour les garder humides. Cependant, la couverture doit être retirée dès que les jeunes champignons commencent à apparaître au-dessus du sol. Si l'atmosphère est sèche, les allées et les murs doivent être arrosés. Le paillage doit également être saupoudré, mais pas suffisamment pour que l'eau pénètre dans le lit. Toutefois, si le massif devient sec, n'hésitez pas à l'arroser.

Moutarde. —Presque toutes les moutardes sont bonnes pour les légumes verts, bien que la moutarde blanche soit généralement la meilleure. La moutarde chinoise est également précieuse.

Les graines doivent être semées dans des semoirs espacés de 3 à 3 1/2 pieds et recouverts d'un demi-pouce de terre. La facilité avec laquelle ils peuvent être cultivés et l'abondance de l'herbe qu'ils produisent marquent leur utilité particulière. Semez très tôt pour les verts de printemps et à la fin de l'été ou au début septembre pour les verts d'automne.

Melon musqué. —Le plus délicieux de tous les légumes du jardin mangés à la main et de culture simple ; mais comme beaucoup d'autres plantes faciles à cultiver, elle échoue souvent complètement. La saison et le sol doivent être chauds et la croissance continue.

Le sol naturel des melons est un limon sableux léger, bien enrichi de fumier pourri, bien que de bonnes récoltes puissent être obtenues sur des terres naturellement lourdes si les collines sont spécialement préparées. Lorsqu'on ne dispose que d'un sol lourd, la terre où les graines doivent être plantées doit être soigneusement pulvérisée et mélangée avec du fumier fin et bien décomposé. Une pincée de moisissure des feuilles ou de copeaux aidera à l'éclaircir. Sur cette colline, de dix à quinze graines peuvent être semées, éclaircies à quatre ou cinq vignes lorsque le danger des insectes est passé.

La saison peut être avancée et les dégâts causés par les insectes atténués en démarrant les plantes dans des serres. Cela peut être fait en utilisant du gazon frais, coupé en morceaux de 6 pouces, en les plaçant côté herbe vers le bas dans le foyer, en semant huit à dix graines sur chaque morceau et en les recouvrant de 2 pouces de terre légère. Lorsque tout danger de gel est écarté et que le sol est devenu chaud, ces mottes peuvent être soigneusement soulevées et placées dans les collines préparées. Les plantes poussent généralement sans contrôle et donnent des fruits de deux à quatre semaines avant celles provenant de graines plantées directement dans la colline. Les vieilles boîtes à baies d'un quart sont excellentes pour planter des graines, car, lorsqu'elles sont plantées dans le sol, elles pourrissent très rapidement, ne causant aucune restriction aux racines.

Netted Gem, Hackensack, Emerald Gem, Montreal, Osage et le melon Nutmeg sont des variétés populaires. Une once de graines permettra de planter une cinquantaine de collines.

Gombo . — Plante de la famille du coton, à partir des gousses vertes dont on prépare la soupe de gombo bien connue du Sud, où la plante est plus largement cultivée que dans le Nord. Les gousses sont également utilisées à l'état vert pour les ragoûts, et sont séchées et utilisées en hiver, lorsqu'elles sont nutritives, et constituent une partie importante de l'alimentation dans certaines régions du pays.

Les graines sont très sensibles au froid et à l'humidité et ne doivent pas être semées avant que le sol ne soit devenu chaud – la dernière semaine de mai ou le premier juin étant assez tôt à New York. Les graines doivent être semées dans un semoir à 1 pouce de profondeur, les plantes éclaircies pour atteindre 12 pouces dans le rang. Donnez la même culture que pour le maïs. Une once sèmera 40 pieds de forage. Les variétés naines sont les meilleures pour le Nord. Green Density et Velvet sont les variétés phares.

Oignon . — Quelques oignons, d'une espèce ou d'une autre, donnent du caractère à tout bon potager. Ils sont cultivés à partir de graines (« graines noires ») pour la culture principale. On les cultive aussi à partir de plants (qui sont de très petits oignons, arrêtés dans leur développement) ; à partir de « sommités » (qui sont des bulbes produits à la place des fleurs) ; et des multiplicateurs ou des oignons de pomme de terre, qui sont des bulbes composés.

La récolte d'oignons extrêmement précoce est cultivée à partir de plants, et la récolte tardive ou automnale est cultivée à partir de graines semées en avril ou au début de mai. Les ensembles peuvent être conservés à partir de la récolte récoltée l'automne précédent, sans économiser de bulbes mesurant plus de trois quarts de pouce de diamètre, ou, mieux, ils peuvent être achetés auprès du semencier. Ces ensembles doivent être plantés le plus tôt possible au printemps, de préférence sur un terrain fumé et creusé à l'automne. Plantez en rangées espacées de 12 pouces, les ensembles mesurant 2 ou 3 pouces dans la rangée. Enfoncez bien les plants dans le sol et recouvrez-les de terre en les raffermissant avec les pieds ou un rouleau. Lors de la culture, la terre doit être projetée vers les sommets, car les tiges blanches sont généralement recherchées comme une indication de douceur. La récolte sera prête à être utilisée dans trois à quatre semaines et pourra durer jusqu'à ce que de petites graines d'oignons soient disponibles. Des fanes ou des multiplicateurs peuvent également être utilisés pour les premières récoltes.

310. Bunch onions, grown from seed.

En cultivant des oignons à partir de graines, il suffit de dire que la graine doit être en terre très tôt, afin que les bulbes fassent leur croissance avant les températures extrêmement chaudes du mois d'août, où, faute d'humidité et à cause de la chaleur, les bulbes mûriront lorsqu'ils seront petits. Au début d'avril, à New York, si le sol est en bon état, les graines doivent être semées en épaisseur dans des semoirs espacés de 12 à 16 pouces, et le sol au-dessus des graines doit être bien raffermi. Une bonne culture et un désherbage constant sont le prix d'une bonne récolte d'oignons. Lors du travail du sol et du binage, le sol doit être éloigné des rangs, sans recouvrir les bulbes en croissance, mais en leur permettant de s'étendre sur la surface du sol. Lorsque la récolte est prête à être récoltée, les bulbes peuvent être arrachés ou cultivés, laissés sécher en double rangée pendant plusieurs jours, les sommités et les racines enlevées et les bulbes stockés dans un endroit sec. Plus tard dans la saison, ils peuvent être laissés geler, recouverts de paille ou de paille pour les maintenir gelés, et conservés jusqu'au début du printemps ; mais cette méthode est généralement peu sûre pour les débutants, et toujours ainsi dans un climat changeant. Les graines d'oignon doivent toujours être fraîches au moment du semis, de préférence celles de la récolte de l'année dernière. Une once de graines d'oignon sèmera 100 pieds de semoir.

L'une des méthodes récentes pour obtenir des bulbes extra-gros et précoces à partir de graines consiste à semer les graines dans une serre en février ou au début mars et à les transplanter en pleine terre en avril. Un bouquet d'oignons, à manger à la main, est illustré à la Fig. 310.

Les Danvers, Prizetaker, Globe et Wethersfield sont les variétés préférées, avec l'ajout de White Queen ou Barletta pour le marinage.

Persil. — C'est la garniture la plus universelle. Il est également utilisé comme arôme dans les soupes.

La graine est lente à germer, et souvent on fait le deuxième ou le troisième semis en pensant que le premier est un échec ; mais généralement après ce qui semble long, les jeunes plants seront visibles. Lorsqu'il est semé en pleine terre, il doit être éclairci pour atteindre 3 ou 4 pouces dans le rang, les rangs étant espacés de 10 à 12 pouces. Quelques plantes dans une bordure fourniront de l'approvisionnement pour une famille nombreuse et, avec un peu de protection, elles survivront pendant l'hiver.

Les racines peuvent être récoltées à l'automne, placées dans des boîtes ou de vieilles boîtes et cultivées dans une fenêtre ensoleillée pour une utilisation hivernale. Le persil frisé est la forme couramment utilisée.

311. The Student parsnip, a
leading variety.

Panais. —Un légume standard d'hiver et de printemps, de la culture la plus facile en sol profond (Fig. 311).

Les panais résistent mieux au gel de l'hiver, bien qu'ils soient de bonne qualité s'ils sont ramassés après les gelées d'automne et emballés dans de la terre, du sable ou de la mousse dans la cave.

La graine, qui ne doit pas avoir plus d'un an, doit être semée le plus tôt possible dans un sol bien préparé, tasser au pied ou au rouleau. Comme les graines germent assez lentement, le sol devient souvent recouvert d'une croûte ou d'une croûte, auquel cas il faut le briser et le broyer avec un râteau de jardin. Cette opération est souvent synonyme de réussite de la récolte. Des graines de radis ou de chou peuvent être semées avec les graines de panais pour marquer le rang et casser la croûte. Une once de graines sèmera 200 pieds de semoir. Mince à 6 pouces d'intervalle dans la rangée.

Pois. — Peut-être qu'aucun légume n'est planté dans une plus grande espérance que le pois. C'est l'une des premières graines à entrer en terre, et la fièvre des plantations est impatiente.

Il existe une grande différence de qualité entre les pois lisses et les pois ridés. Les premiers sont un peu les plus tôt à être plantés et à devenir aptes à l'usage, et c'est pour cette raison qu'ils devraient être plantés en petite quantité ; mais les sortes ridées sont de qualité bien supérieure.

La récolte précoce de pois peut être transmise en faisant germer les graines à l'intérieur. Le sol peut être trop riche ou trop résistant pour les pois.

Pour le potager, les variétés naines et demi-naines sont les meilleures, car les variétés hautes auront besoin de brosses ou de fils métalliques pour les soutenir, ce qui causera des problèmes et un travail considérables et n'aura pas une apparence aussi soignée. Les variétés naines doivent être plantées sur quatre rangées dans un bloc, chaque rangée étant espacée de seulement 6 ou 8 pouces. Les pois des deux rangées centrales peuvent être cueillis de l'extérieur. Laissez un espace de 2 pieds et plantez le même.

Les variétés hautes donnent une récolte plus importante que les variétés naines, mais comme les rangées doivent être espacées de 3 à 5 pieds, les variétés naines, qui sont plantées à seulement 6 à 8 pouces l'une de l'autre, donneront un rendement aussi important sur la même superficie. Plantez toujours des rangées doubles de variétés hautes ; c'est-à-dire deux rangées espacées de 4 à 6 pouces, avec la brosse ou le fil entre les deux, les rangées doubles étant espacées de 3 à 5 pieds, selon les variétés.

Au moment de la première plantation, seules les variétés lisses doivent être semées, mais à la mi-avril, à New York, le sol sera suffisamment chaud et sec pour les variétés ridées. Il faut semer des cultures successives qui arriveront à maturité les unes après les autres, prolongeant ainsi la saison de six ou huit semaines. Si un approvisionnement supplémentaire est nécessaire, les variétés précoces à maturation rapide peuvent être semées en août, donnant généralement une bonne récolte de pois en septembre et début octobre. Par temps chaud au milieu de l'été, ils ne prospèrent pas très bien. Un litre de graines permettra de planter environ 100 pieds de semoir.

312. One of the bell peppers.

Poivre . — Le poivre du jardin n'est pas le poivre du commerce ; il est plus connu sous le nom de poivron rouge (bien que les gousses ne soient pas toujours rouges), de piment et de poivron. Les cosses sont très utilisées dans le Sud et la plupart des ménages du Nord les emploient désormais dans une certaine mesure.

Les poivrons sont tendres lorsqu'ils sont jeunes, même s'ils supportent de fortes gelées à l'automne. Leur culture est celle recommandée pour les aubergines. Un petit sachet de graines d'un semencier suffira pour un grand nombre de plantes, disons deux cents. Les gros poivrons (Fig. 312) sont les plus doux et sont utilisés pour préparer des « poivrons farcis » et d'autres plats. Les petits piments forts sont utilisés pour les assaisonnements et les sauces.

Pomme de terre. —La pomme de terre est plutôt une culture de plein champ qu'un produit de jardinage; pourtant, le jardinier amateur désire souvent cultiver un petit lot précoce.

La pratique courante consistant à cultiver des pommes de terre sur des crêtes ou des collines élevées est erronée, à moins que le sol ne soit si humide que cette pratique soit nécessaire pour assurer un bon drainage (mais dans ce cas, la terre n'est pas adaptée à la culture de pommes de terre), ou à moins qu'elle ne soit nécessaire. nécessaire, dans un endroit particulier, d'assurer une récolte très précoce. Si le terrain est élevé en crêtes ou en collines, il y a une grande perte d'humidité par évaporation. Lors du dernier labour, les pommes de terre peuvent être légèrement taillées afin de recouvrir les tubercules ; mais les collines ne devraient pas être aménagées au début pour la culture principale si la terre et les conditions sont favorables.

La terre destinée à la culture des pommes de terre doit être plutôt limoneuse et doit avoir une quantité généreuse de potasse, soit naturellement, soit fournie dans le semoir, au moyen d'une application de sulfate de potasse. Assurez-vous que la terre est profondément labourée ou bêcheuse, afin que les racines puissent pénétrer plus profondément. Plantez les pommes de terre à 3 ou 4 pouces sous la surface naturelle du sol. Il est généralement préférable de déposer les pièces dans des perceuses. Une perceuse ou une rangée continue peut être réalisée en laissant tomber une pièce tous les 6 pouces, mais il est généralement préférable de laisser tomber deux pièces tous les 12 à 18 pouces environ. Les semoirs sont suffisamment espacés pour permettre un bon travail du sol. Si la culture des chevaux est utilisée, les exercices doivent être espacés d'au moins 3 pieds.

Les petites pommes de terre sont considérées comme moins bonnes que les grosses pour la plantation. L'une des raisons est que trop de pousses proviennent de chacune d'elles, et ces pousses risquent de se regrouper. Il en va de même pour l'extrémité apicale ou l'extrémité graine du tubercule. Même lorsque la pointe est coupée, les yeux sont si nombreux qu'on obtient de nombreuses pousses faibles plutôt que deux ou trois fortes. Il est généralement préférable de couper les pommes de terre en deux ou trois yeux, en laissant autant de tubercules que possible avec chaque morceau. De 7 à 10 boisseaux de pommes de terre sont nécessaires pour planter un acre.

XXV. Le radis de jardin, cultivé à l'automne parmi les variétés printanières habituelles.

Pour une récolte très précoce au jardin, les tubercules sont parfois germés en cave. Lorsque les pousses atteignent 4 à 6 pouces de hauteur, les tubercules sont soigneusement plantés. Il est essentiel que les pousses ne soient pas cassées lors de la manipulation. Dans cette pratique également, les tubercules sont d'abord coupés en gros morceaux, afin qu'ils ne se dessèchent pas trop.

Le remède de base contre la punaise de la pomme de terre est le vert de Paris, 2 livres ou plus de poison pour 150 à 200 gallons d'eau, avec un peu de citron vert. Pour le mildiou, vaporisez de la bouillie bordelaise et vaporisez soigneusement. La bouillie bordelaise éloignera également dans une large mesure l'altise.

Radis (Planche XXV).—Dans toutes les régions du pays, le radis est populaire comme plat d'accompagnement, utilisé comme apéritif et pour son caractère décoratif. Cependant, c'est un produit de mauvaise qualité s'il est déformé, véreux ou dur.

Les radis doivent être cultivés rapidement afin d'être à leur meilleur. Ils deviennent durs et ligneux s'ils sont cultivés lentement ou s'ils restent trop longtemps dans le sol. Un sol léger et bien enrichi permettra à la plupart des variétés précoces d'atteindre la taille d'une table en trois à cinq semaines. Pour avoir un approvisionnement pendant les premiers mois, les semis doivent être effectués toutes les deux semaines. Pour le printemps, le petit-déjeuner français reste une variété standard (Fig. 313).

Pour l'été, les grandes variétés blanches ou grises sont les meilleures. Les variétés d'hiver peuvent être semées en septembre, récoltées avant les fortes gelées et conservées dans du sable dans une cave fraîche. Au moment de les utiliser, s'ils sont jetés brièvement dans l'eau froide, ils retrouveront leur croustillant.

Semez les radis en épaisseur dans des semoirs espacés de 12 à 18 pouces. Mince au besoin.

Rhubarbe, ou plante à tarte. —Une plante herbacée vivace forte, à cultiver seule dans un lit ou une rangée à une extrémité ou sur un côté du jardin. C'est un gros mangeur.

La rhubarbe se multiplie généralement par division des racines charnues, dont de petits morceaux pousseront s'ils sont séparés des anciennes racines établies et plantés dans un sol riche et moelleux. Un sol pauvre doit être enrichi en bêchant au moins 3 pieds de la surface, en le remplissant de fumier bien décomposé jusqu'à 1 pied du niveau, en jetant la terre végétale et en plaçant les racines avec les couronnes à 4 pouces sous la surface, en raffermissant. eux avec les pieds. Les tiges ne doivent pas être coupées avant la deuxième année. Assurez-vous que la plante n'a pas besoin d'eau lorsqu'elle produit une forte croissance de feuilles. À l'automne, du fumier grossier doit être jeté sur les couronnes, pour être fourchu ou bêche légèrement à l'ouverture du printemps.

Lors de la culture de semis de rhubarbe, les graines peuvent être semées dans un cadre froid en mars ou avril, à l'abri du gel, et dans deux mois, les plantes seront prêtes à être disposées en rangées espacées de 12 pouces. Donnez aux plantes une bonne culture et, au printemps suivant, elles pourront être plantées dans un endroit permanent. À ce stade, les plantes doivent être placées dans un sol bien préparé, à une distance de 4 à 5 pieds dans chaque sens, et traitées comme celles plantées avec des morceaux de racines.

Si elles sont bien soignées et bien fertilisées, les plantes vivront des années et donneront des rendements abondants. Deux douzaines de bonnes racines alimenteront une famille nombreuse.

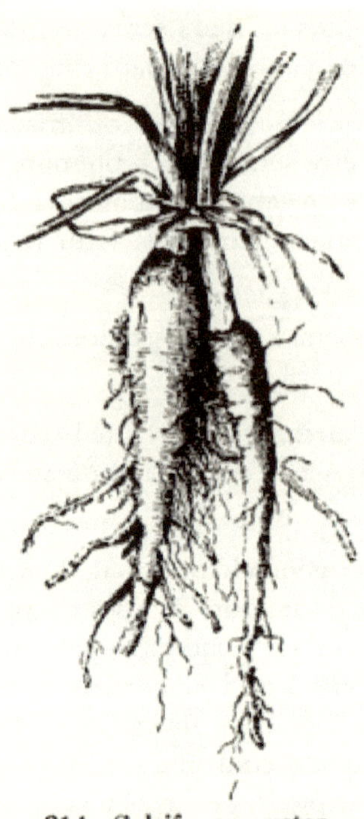
314. Salsify, or oyster
plant.

Salsifis , ou **huître végétale** (Fig. 314).—Le salsifis est l'un des meilleurs légumes d'hiver et du début du printemps, et devrait être cultivé dans chaque jardin. Elle peut être cuite de plusieurs manières différentes, pour faire ressortir la saveur de l'huître.

Les graines doivent être semées le plus tôt possible au printemps. Manipulez la même chose que les panais dans tous les sens. Les racines, comme les panais, résistent mieux au gel hivernal, mais une partie de la récolte doit être déterrée à l'automne et stockée dans de la terre ou de la mousse dans une cave pour une utilisation hivernale.

Le chou marin est une plante vivace aux racines solides, dont les pousses sont très prisées comme mets délicat une fois blanchies.

Les graines doivent être semées dans un foyer au début du printemps, les plantes transplantées dans le jardin lorsqu'elles mesurent entre 2 et 3 pouces de hauteur et bien cultivées tout au long de la saison, étant recouvertes de litière à l'approche de l'hiver. Les jeunes tiges sont blanchies au début du printemps suivant en les recouvrant de grands pots ou de boîtes, ou en les mettant en banque avec du sable ou un autre matériau propre. Le Dwarf Green Scotch, le Dwarf Brown et le Sibérien sont parmi les principales variétés. Le chou marin est consommé autant que les asperges. Il est très prisé par ceux qui le connaissent.

Le chou marin se multiplie également par boutures de racines de 4 ou 5 pouces de long, plantées directement dans le sol au printemps. La plante étant vivace, les premières pousses peuvent être blanchies année après année.

L'oseille des sortes de jardin européennes peut être semée au printemps, dans des forets espacés de 16 pouces dans des lits, ou de 3 à 3 1/2 pieds l'un de l'autre en rangées. Une fois que les plantes sont bien établies, elles doivent être éclaircies à 10 à 12 pouces de distance dans les rangées. Ils sont vivaces et peuvent pousser au même endroit pendant plusieurs années. Le français à larges feuilles est la variété la plus populaire.

La menthe verte est appréciée par de nombreuses personnes comme assaisonnement, en particulier pour la cuisine de Thanksgiving et des fêtes.

C'est une plante vivace et parfaitement rustique, qui vivra dans le jardin ouvert année après année. Si un approvisionnement en herbes fraîches est nécessaire en hiver, apportez-en des mottes à la maison six semaines avant la demande. Placez les gazons dans des boîtes et traitez-les comme pour les plantes d'intérieur. Les plantes doivent avoir été gelées et devenir parfaitement dormantes avant d'être retirées.

Épinards. —Le plus cultivé de tous les « légumes verts », étant en saison au début du printemps, ainsi qu'en automne et en hiver.

Les épinards les plus précoces qui arrivent sur le marché sont produits à partir de graines semées en septembre ou octobre, souvent protégées par des cadres ou d'autres moyens pendant l'hiver rigoureux, et coupées peu après le début de la croissance au début du printemps. Même aussi loin au nord que dans l'État de New York, les épinards peuvent passer l'hiver sans protection.

Les épinards sont forcés en plaçant des ceintures sur les cadres en février et mars, protégeant les jeunes feuilles du gel sévère grâce à des nattes ou de la paille jetées sur les cadres.

Les graines peuvent être semées au début du printemps pour une succession ; plus tard dans la saison, des graines d'épinards d'été de Nouvelle-Zélande peuvent être semées, et elles pousseront malgré la chaleur de l'été et donneront des feuilles de belle qualité. Les graines de cette espèce, étant très dures, doivent être échaudées et laissées tremper quelques heures avant le semis. Cette graine est généralement semée dans des collines espacées d'environ 3 pieds, en semant quatre à six graines dans chaque colline.

Les épinards de printemps et d'hiver doivent être semés dans des semoirs espacés de 12 à 14 pouces, une once étant suffisante pour 100 pieds de semoir. N'oubliez pas que les épinards communs sont une culture par temps frais (automne et printemps).

Courges. —Les courges d'été échouent rarement si elles échappent une fois au fléau du coléoptère rayé. Les variétés tardives ne sont pas aussi sûres ; ils doivent assurer un bon départ et se trouver « rapidement » sur des terres chaudes et fertiles afin de pouvoir produire une récolte avant les nuits fraîches de l'automne (Fig. 315).

315. One of the so-called Japanese type of squash (*Cucurbita moschata*).

Le moment de la plantation, la méthode de préparation des collines et la post-culture sont les mêmes que pour les concombres et les melons, sauf que pour les premières variétés de brousse, les collines doivent être espacées de 4 ou 5 pieds, et pour les variétés plus tardives, de 6 à 5 pieds. 8 pieds de distance. De huit à dix graines doivent être plantées dans chaque colline, en réduisant à quatre plantes une fois le danger des insectes passé. Parmi les premières courges, une once de graines plantera cinquante collines ; parmi les variétés plus récentes, une once ne plantera que dix-huit à vingt collines. Pour une utilisation hivernale, les variétés du type Hubbard sont les meilleures. Pour une utilisation estivale, les courges Crooknecks et Scallop sont populaires. Pour cultiver des courges d'hiver dans un climat nordique, il est essentiel que les plants démarrent rapidement et vigoureusement : un peu d'engrais chimique aidera.

Les citrouilles sont cultivées de la même manière que les courges.

La patate douce est rarement cultivée au nord de Philadelphie ; dans le Sud, c'est une culture maraîchère universelle.

Les patates douces sont cultivées à partir de pousses plantées sur des crêtes ou des collines, et non en plantant les tubercules, comme c'est le cas pour la pomme de terre commune ou irlandaise. La méthode d'obtention de ces pousses est la suivante : En avril, les tubercules de patate douce sont plantés dans une serre partiellement épuisée en utilisant le tubercule entier (ou s'il est gros, en le coupant en deux dans la longueur), en recouvrant la tubercules avec 2 pouces de sol léger et bien ferme. Les châssis doivent être placés sur les cadres et une ventilation suffisante doit être assurée pour empêcher les pommes de terre de pourrir. Au bout de dix ou douze jours, les jeunes pousses devraient commencer à apparaître et le lit doit être arrosé s'il est sec. Les pousses, lorsqu'elles sont extraites du tubercule, présentent des radicelles à l'extrémité inférieure et le long des tiges. Ces pousses devraient mesurer environ 3 à 5 pouces de long au moment où le sol est suffisamment chaud pour les planter sur leurs crêtes.

Les crêtes ou les collines doivent être préparées en creusant un sillon de 4 à 6 pouces de profondeur. Répartissez le fumier dans le sillon et labourez le sol de manière à élever le centre d'au moins 6 pouces au-dessus du niveau du sol. Sur cette crête, les plantes sont placées, en plaçant les plantes bien dans les feuilles et à environ 12 à 18 pouces l'une de l'autre dans les rangées, les rangées étant espacées de 3 à 4 pieds.

L'après-culture consiste à remuer le sol entre les billons ; et lorsque les vignes commencent à courir, elles doivent être soulevées fréquemment pour éviter l'enracinement au niveau des articulations. Lorsque les pointes des vignes ont été touchées par le gel, la récolte peut être récoltée, les tubercules laissés sécher quelques jours et stockés dans un endroit sec et chaud.

Pour conserver les patates douces, conservez-les en couches dans des fûts ou des boîtes dans du sable sec et conservez-les dans une pièce sèche. Assurez-vous que toutes les pommes de terre meurtries ou réfrigérées soient jetées.

316. A good form or type of tomato.

Tomate .—La tomate est un habitant de pratiquement tous les jardins familiaux, et tout le monde comprend sa culture (Fig. 316).

Les premiers fruits se cultivent très facilement en démarrant les plantes dans une serre, un foyer ou dans des boîtes peu profondes placées dans les fenêtres. Une pincée de graines semées en mars donnera toutes les plantes précoces qu'une famille nombreuse pourra utiliser. Lorsque les plantes ont atteint la hauteur de 2 ou 3 pouces, elles doivent être transplantées dans des pots de fleurs de 3 pouces, de vieilles boîtes à baies ou d'autres récipients, et laissées pousser lentement et trapues jusqu'au moment de les planter, ce qui est de Le 15 mai (à New York). Ils doivent être disposés en rangées espacées de 4 ou 5 pieds, les plantes étant à la même distance dans les rangées.

317. A tomato trellis.

Un certain soutien doit être apporté pour maintenir les fruits hors du sol et accélérer la maturation. Un treillis de grillage constitue un excellent support, tout comme la clôture à lattes légères que l'on peut acheter ou fabriquer à la maison. Des piquets robustes, avec du fil tendu sur toute la longueur des rangées, offrent un excellent support. Une méthode très voyante est celle d'un cadre en forme de V inversé, qui permet aux fruits de pendre librement ; avec un peu d'attention au parage, la lumière atteint les fruits et les mûrit parfaitement (Fig. 317). Ce support est réalisé en accouplant deux cadres à lattes.

Les fruits tardifs peuvent être cueillis verts et mûris sur une étagère au soleil ; ou ils mûriront s'ils sont placés dans un tiroir.

Une once de graines suffira pour douze à mille cinq cents plantes. Un peu d'engrais dans la colline fera démarrer les plantes rapidement. La pourriture est moins grave lorsque les vignes ne touchent pas le sol et que les drageons rampants sont supprimés. Les variétés disparaissent et de nouvelles apparaissent, de sorte qu'une liste a peu de valeur permanente.

Les navets et **les rutabagas** sont peu cultivés dans les jardins familiaux ; et pourtant, on pourrait obtenir une qualité de légumes d'une qualité supérieure à ce que la plupart des gens pensent, si ces plantes étaient cultivées sur son propre sol et apportées fraîches à la table. Ils sont généralement cultivés en automne, à partir de graines semées en juillet et au début d'août, bien que certains potagers les cultivent à partir de graines semées au printemps. La culture est facile.

Les navets doivent être cultivés en semoirs, comme les betteraves, pour la récolte précoce. Les jeunes plants supportent de légères gelées. Choisissez un jour de pluie pour planter, si possible. Couvrez très légèrement les graines. Éclaircissez les jeunes plants à 5 à 7 pouces dans le rang. Semez toutes les deux semaines si un approvisionnement constant est souhaité, car les navets deviennent rapidement durs et ligneux par temps chaud d'été. Pour la récolte d'automne et d'hiver dans le Nord,

« Le quatorzième jour du mois de juillet,
semez vos navets, mouillés ou secs. »

Dans de nombreuses régions des États du Nord et du Centre, la tradition fixe au 25 juillet la date appropriée pour semer les navets plats destinés à l'hiver. Dans les États du Centre, les navets sont parfois semés jusqu'à la fin du mois d'août. Préparez un morceau de sol très moelleux et semez les graines finement et uniformément. Malgré la vieille comptine, une douce douche sera alors acceptable. Ces navets sont arrachés après les gelées, les fanes enlevées et les racines stockées dans des caves ou des fosses.

Pour la récolte précoce, Purple-top Strap-leaf, Early White Flat Dutch et Early Purple-top Milan sont les variétés préférées. Les variétés à chair jaune comme Golden Ball sont très bonnes pour une utilisation précoce sur la table, lorsqu'elles sont bien cultivées, mais la plupart des consommateurs préfèrent les navets blancs au printemps, bien qu'ils fréquentent occasionnellement les variétés jaunes à l'automne. Yellow Globe est le navet jaune d'automne préféré, bien que certaines personnes cultivent des rutabagas jaunes et les appellent navets. Pour la récolte tardive de navets blancs, les mêmes variétés choisies pour les semis de printemps sont également souhaitables.

Les rutabagas se distinguent des navets par leur feuillage lisse et bleuâtre, leur longue racine et leur chair jaune. Ils sont plus riches que les navets ; ils nécessitent le même traitement, sauf que la saison de croissance est plus longue. Les bagas semés en automne ou en été devraient avoir un mois avant le début des navets plats.

Hormis la mouche (voir mouche du chou), il n'y a pas d'insectes graves ni de maladies propres aux navets et aux bagas.

Pastèque. —La pastèque est expédiée partout en quantités si énormes et elle couvre tellement d'espace dans le jardin que les jardiniers amateurs du

Nord la cultivent rarement. Quand on a de la place, il faut l'ajouter au potager.

La culture est essentiellement celle des melons (voir), sauf que la plupart des variétés nécessitent un endroit plus chaud et une période de croissance plus longue. Donnez aux collines une distance de 6 à 10 pieds. Choisissez un sol chaud, « rapide » et une exposition ensoleillée. Il est essentiel, dans le Nord, que les plantes poussent rapidement et fleurissent tôt. Une once de graines plantera trente collines.

Il existe plusieurs variétés à chair blanche ou jaune, mais en dehors de leur bizarrerie d'apparence, elles ont peu de valeur. Une bonne pastèque a une chair solide et rouge vif, de préférence avec des graines noires, et une croûte protectrice solide. Kolb Gem, Jones, Boss, Cuban Queen et Dixie sont parmi les meilleures variétés. Il existe des variétés précoces qui mûriront pendant la saison du Nord et donneront un melon bien meilleur que ceux trouvés sur le marché.

Le soi-disant « citron », à chair blanche et dure, utilisé dans la fabrication de conserves, est une forme de pastèque.

CHAPITRE XI
RAPPELS SAISONNIERS

L'auteur suppose qu'une personne suffisamment intelligente pour créer un jardin n'a pas besoin d'un calendrier d'opérations arbitraire. Des conseils trop précis sont trompeurs et peu pratiques. La plupart des livres de jardinage plus anciens étaient entièrement organisés selon la méthode du calendrier, donnant des instructions spécifiques pour chaque mois de l'année. Cependant, nous avons maintenant accumulé suffisamment de faits et d'expériences pour nous permettre d'énoncer des principes ; et ces principes peuvent être appliqués partout, lorsqu'ils sont complétés par un bon jugement, alors que de simples règles sont arbitraires et généralement inutiles pour toute autre condition que celle pour laquelle elles ont été spécifiquement conçues. Les domaines de l'expérience du jardinage se sont considérablement développés au cours des cinquante et soixante-quinze dernières années. Les saisons et les conditions varient tellement selon les années et les lieux qu'aucun conseil précis ne peut être donné pour l'exécution des opérations de jardinage, mais de brefs conseils pour le bon travail des différents mois peuvent être utiles comme suggestions et rappels.

Les rappels mensuels sont compilés à partir de dossiers du « American Garden » d'il y a quelques années, lorsque l'auteur était responsable de la rédaction de ce magazine. Les conseils pour le Nord (pages 504 à 516) ont été rédigés par T. Greiner, La Salle, NY, bien connu comme jardinier et auteur. Celui pour le Sud (pages 516 à 526) a été réalisé par HW Smith, Baton Rouge, Louisiane, pendant les neuf premiers mois, et il a été étendu pour « Garden-Making » aux mois d'octobre, novembre et décembre par FH. Burnette, horticulteur de la Louisiana Experiment Station.

TABLE DE PLANTATION CUISINE-JARDIN

GUIDE DES HORAIRES APPROPRIÉS POUR SEMIS DE DIVERSES GRAINES AFIN D'OBTENIR UNE SUCCESSION CONTINUE DES CULTURES

Explication des signes utilisés dans le tableau.

(0)A semer en pleine terre sans repiquage. Les plantes doivent être éclaircies en respectant une distance appropriée.

(1) Semer dans un lit de semence dans le jardin et transplanter là dans un endroit permanent.

(2) Effectuer deux semis en pleine terre au cours du mois.

(3) Effectuer trois semis en pleine terre au cours du mois.

(4) Commencez en serre ou en lit chaud et plantez dès que le sol est en bon état et que le temps le permet.

(5) Semer en pleine terre dès que possible.

(6) À cultiver uniquement en serre chaude ou en serre.

(7) Semer sous châssis froid, y conserver les plants pendant l'hiver avec un peu de protection ; planter au printemps dès que le sol peut être travaillé.

(8) A semer en pleine terre, et protégé par une litière pendant l'hiver.

(9) Plante sous cadre. Lorsque le froid s'installe, couvrez avec une ceinture et des nattes de paille. Les plantes seront prêtes à être utilisées en décembre et janvier.

(10) Planter en cave, dans une grange ou sous des bancs en serre.

(11) Planter à l'extérieur sur des plates-bandes préparées.

(12) Semer chaque semaine sous serre ou sous châssis, pour avoir une bonne succession.

LES LÉGUMES DU JARDIN

	Jan	Fév	Mar	Avr	Peut	juin	Juillet	Août	Sep	Octobre	Nov	Déc
Artichaut, américain	-	-	-	(0)	(0)	-	-	-	-	-	-	-
Artichaut, Français	-	(4)	-	(1)	(1)	-	-	-	-	-	-	-
Haricots, Buisson	(6)	(6)	(6)	(0)	(2)	(2)	(2)	(0)	-	-	-	-
Haricots, Polonais et Lima	-	-	-	-	(0)	(0)	-	-	-	-	-	-
Betteraves	-	-	(4)	(4)	(0)	(0)	(0)	(0)	-	-	-	-
Borécole, chou frisé	-	-	-	-	(1)	(1)	(1)	-	-	-	-	-
Brocoli	-	(4)	(4)	(1)	(1)	(1)	-	-	(7)	(7)	-	-

Choux de Bruxelles	-	-	-	-	(1)	(1)	-	-	-	-	-	-
Chou, toutes sortes	-	(4)	(4)	(1)	(1)	(1)	-	-	(7)	(7)	-	-
Cardon	-	(4)	(4)	(1)	(1)	(1)	-	-	-	-	-	-
Carotte	(6)	(6)	(5)	(0)	(0)	(0)	(0)	-	-	-	-	-
Chou-fleur	(6)	(4)	(4)	(1)	(1)	(1)	-	-	-	-	-	-
Céleri-rave	-	(4)	(4)	(1)	(1)	(1)	-	-	-	-	-	-
Céleri	-	(4)	(4)	(1)	(1)	(1)	-	-	-	-	-	-
Chicorée	-	-	(5)	(0)	(0)	(0)	-	-	-	-	-	-
Chou chou	-	-	-	-	-	-	(0)	(0)	(0)	-	-	-
Maïs, champ	-	-	-	(0)	(0)	(0)	-	-	-	-	-	-
Maïs, sucré	-	-	-	(2)	(2)	(2)	(2)	(0)	-	-	-	-
Maïs, Pop	-	-	-	(0)	(0)	(0)	-	-	-	-	-	-
Salade de maïs	-	-	(5)	(0)	(0)	(0)	-	-	(8)	-	-	-
Cresson	(12)	(12)	(12)	(12)	(0)	(0)	-	-	(12)	(12)	(12)	(12)
Concombre	(6)	(6)	(6)	(4)	(0)	(0)	-	(6)	(6)	-	-	-
Aubergines	-	(6)	(4)	(1)	(1)	(1)	-	-	-	-	-	-
Endive	-	-	-	(1)	(1)	(1)	(1)	-	-	-	-	-
Chou-rave	(6)	(6)	(4)	(1)	(1)	(1)	(1)	-	-	-	-	-
poireau	-	(4)	(4)	(1)	(1)	(1)	-	-	-	-	-	-
Laitue	(6)	(4)	(4)	(1)	(2)	(2)	(2)	(0)	(9)	(9)	(7)	-
Mangel	-	-	(5)	(0)	(0)	(0)	-	-	-	-	-	-
Melon	(6)	(6)	(6)	(4)	(0)	(0)	(9)	(6)	-	-	-	-
Champignon	(dix)	(dix)	(11)	-	-	-	-	(11)	(dix)	(dix)	(dix)	(dix)

Moutarde	(12)	(12)	(12)	(0)	(0)	(0)	-	(0)	(0)	(12)	(12)	(12)
Capucine	-	-	-	(0)	(0)	-	-	-	-	-	-	-
Gombo	-	-	(4)	(4)	(2)	(2)	(2)	-	-	-	-	-
Oignon	-	(4)	(4)	(1)	(1)	-	-	-	-	-	-	-
Panais	-	-	(5)	(0)	(0)	(0)	-	-	-	-	-	-
Persil	(6)	(6)	(4)	(0)	(0)	(0)	(0)	-	-	-	-	-
Petits pois	-	-	(5)	(2)	(2)	(2)	(2)	(0)	-	(0)	-	-
Poivre	-	(4)	(4)	(4)	(1)	-	-	-	-	-	-	-
Patates	-	-	-	(0)	(0)	-	-	-	-	-	-	-
Citrouille	-	-	-	(4)	(0)	(0)	-	-	-	-	-	-
Un radis	(12)	(12)	(12)	(3)	(3)	(3)	-	-	(9)	(9)	-	-
Rutabaga	-	-	-	-	-	-	-	(0)	(0)	-	-	-
Salsifis	-	-	(5)	(0)	-	-	-	(0)	(0)	-	-	-
Seakale	-	-	(5)	(0)	(0)	(0)	-	-	-	-	-	-
Épinard	-	-	(5)	(0)	(0)	-	-	-	(2)	(8)	-	-
Squash	-	-	(4)	(4)	(0)	(0)	-	-	-	-	-	-
Tomate	(6)	(6)	(4)	(1)	(1)	(1)	-	(6)	(6)	(6)	-	-
Navets	-	-	-	-	-	-	-	(0)	(0)	-	-	-

NB—Pour les dernières plantations de Haricots, de Maïs doux, de Chou-rave, de Pois et de Radis, ou encore de Tomates, prenez les variétés les plus précoces, exactement les mêmes que celles utilisées pour la première plantation.

—Les semis tardifs de Salsifis sont destinés à rester tranquilles pendant l'hiver. Les racines issues de ces semis atteindront, l'année suivante, une taille double de celle habituellement observée.

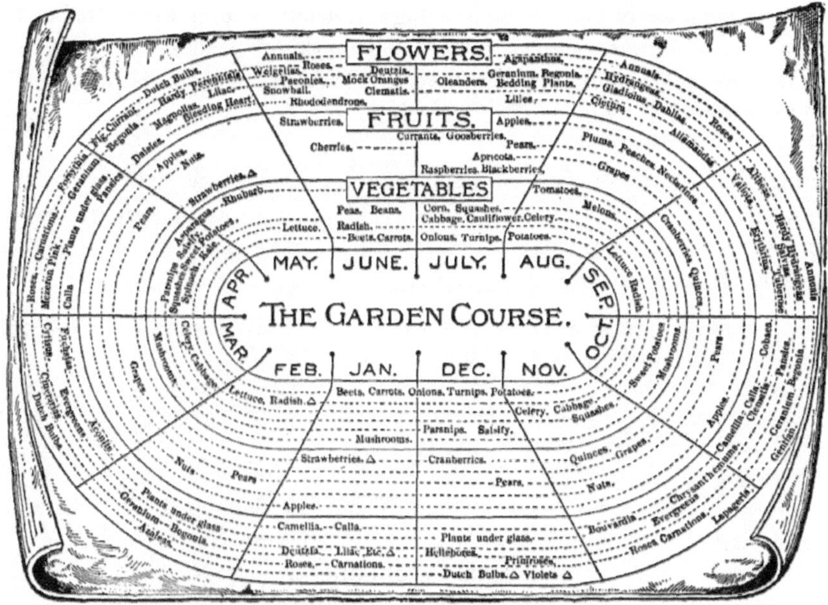

256. Bird's-eye view of the seasons in which the various garden products may be in their prime.

SUGGESTIONS ET RAPPELS.—I. POUR LE NORD

JANVIER

Les plants de chou dans des cadres ont besoin d'une aération libre chaque fois que la température est supérieure au point de congélation, ou tant que le sol du lit n'est pas gelé. Dans ce cas, la neige doit être enlevée peu de temps après sa chute. Tant que le sol est gelé, la neige peut rester en place pendant plusieurs jours en toute sécurité. Les graines de chou, de chou-fleur et de laitue doivent être semées à intervalles réguliers pour garantir que les plantes puissent être vendues ou mises très tôt. Un mois plus tard, ils seront prêts à être transférés dans des cartons qui devront être placés dans le châssis froid et protégés par des nattes ou des volets.

Les châssis froids doivent être bien ventilés lors des journées chaudes et ensoleillées ; laissez les ceintures retirées aussi longtemps que possible sans endommager les plantes. Gardez le sol dans un état friable et examinez attentivement les endroits possibles où l'eau peut stagner et geler. Si les cadres vous semblent trop froids, recouvrez-les de fumier grossier.

Foyers.—Recherchez et réparez les châssis. Conservez le fumier de cheval au jour le jour, en rejetant la litière sèche et en empilant les crottes et la litière imbibée d'urine en fines couches pour éviter un échauffement violent.

Laitue en cadres traiter comme conseillé pour les plants de choux.

Il faut désormais envisager *la taille* . Il est peut-être préférable de tailler les arbres fruitiers en mars ou avril, mais les raisins, les groseilles et les groseilles peuvent être taillés maintenant. Janvier et février sont de bons mois pour tailler les pêchers. Éclaircissez bien les pêchers en prenant soin d'enlever tout le bois mort. Si vous avez beaucoup de taille à faire dans les vergers de pommiers, de poiriers ou de pruniers, vous gagnerez du temps en profitant des journées chaudes maintenant. Étudiez bien les différentes méthodes de taille. Ne laissez jamais un élagueur itinérant toucher vos arbres tant que vous n'êtes pas sûr qu'il comprend son métier.

Les outils doivent maintenant être inspectés et réparés, et tous les nouveaux nécessaires fabriqués ou commandés.

FÉVRIER

Chou .—Semez les graines de Jersey Wakefield dans des appartements remplis de sol limoneux léger, la dernière semaine de ce mois. Semez finement, couvrez légèrement et placez les boîtes dans un foyer doux ou dans toute situation chaude et ensoleillée. Lorsque les plantes sont fortes, transplantez-les dans des appartements espacés de 1 1/2 po dans chaque sens. Au fur et à mesure du début de la croissance, exposez-les progressivement à l'air libre à toutes les occasions favorables. Fin mars, retirez-les sur un châssis froid et durcissez-les correctement avant de les mettre en pleine terre.

Céleri. —Nous conseillons d'urgence à tous ceux qui possèdent un jardin, grand ou petit, de faire l'essai de la nouvelle culture du céleri. Il faut d'abord de bonnes plantes. Procurez-vous des graines de White Plume ou Golden Self-blanchiment et semez-les en couche épaisse dans des appartements remplis de terreau fin. Couvrir en tamisant une fine couche de sable ou de terre fine dessus et bien raffermir. Conserver dans un endroit modérément chaud, en arrosant au besoin, jusqu'à l'apparition des plantes. Si vous possédez plusieurs appartements, ils peuvent être superposés. Dès les premiers signes de croissance des plantes, amener progressivement les appartements à la lumière. Lorsque les plantes mesurent 1-1/2 ou 2 pouces de hauteur, transplantez-les dans d'autres appartements, en les plaçant en rangées espacées de 2-1/2 pouces, les plantes étant espacées d'un demi-pouce dans les rangées. Placez ensuite les appartements dans un cadre froid jusqu'à ce que les plantes soient suffisamment grandes pour être plantées en pleine terre.

Les foyers pour la culture des plantes précoces devraient être réalisés ce mois-ci. Brisez toujours bien le fumier et foulez-le bien. Assurez-vous d'en mettre suffisamment au centre des lits, afin qu'il n'y ait pas d'affaissement. Le fumier frais de chevaux travaillés dur et bien nourris, exempt de litière sèche, est préférable. Un ajout de feuilles utilisées pour la litière servira à produire une chaleur plus modérée mais plus durable. Du fumier de mouton peut également être ajouté au fumier de cheval, si celui-ci est peu disponible.

Oignons .—Nous conseillons d'essayer de toute urgence la nouvelle culture de l'oignon. Pour les graines, achetez un paquet ou une once de Prizetaker, de Spanish King, de White Victoria ou d'un autre gros type d'oignon globe. Semez les graines en appartement, en serre ou en serre à la fin du mois, et repiquez les oignons en pleine terre dès que celle-ci est en état de marche. Placez les plantes en rangées espacées de 1 pied et espacées d'environ 3 pouces dans la rangée.

Prunes .—Faites une inspection approfondie de tous les pruniers et cerisiers, sauvages et cultivés, pour détecter la présence de nœuds de prunier. Coupez et brûlez tous les nœuds trouvés. Retirez toutes les prunes « momies », car elles propagent la pourriture des fruits.

Rhubarbe. —Donnez aux plantes du jardin un pansement épais de vieux compost fin. Si vous désirez quelques tiges précoces, placez des fûts ou des caisses sur certaines plantes et entassez dessus du fumier de cheval chauffant.

MARS

Betteraves .—Quelques graines peuvent être semées dans le foyer.

de chou, de chou-fleur et de céleri peuvent être semées pour la récolte précoce.

Aubergines. — Les graines doivent être semées. Veillez à ce que les jeunes plants ne soient jamais rabougris.

Le greffage peut être effectué par temps favorable. Les cerises et les prunes doivent être greffées tôt. Utilisez de la cire de greffage liquide par temps froid.

Des foyers peuvent être construits à tout moment, mais ne vous impatientez pas du travail, car il fera encore froid. Du fumier propre et frais est nécessaire, et une couche de 2 pieds d'épaisseur doit être piétinée durement. Une fois démarré et les graines semées, ne laissez pas les plates-bandes devenir trop chaudes. Donnez-leur de l'air les jours de beau temps et arrosez beaucoup les plants. Utilisez deux thermomètres : l'un pour tester l'atmosphère et l'autre la chaleur du sol.

La laitue doit être semée dans le foyer pour une récolte précoce.

d'oignon pour la nouvelle culture d'oignons peuvent être semées à la fin du mois.

Pois .—Semez maintenant, si le sol peut être travaillé.

Les poivrons peuvent être semés tard dans le mois.

Les pommes de terre destinées à la semence ne doivent pas germer. Conservez-les à une température proche du point de congélation. Frottez les pousses des pommes de terre destinées à la consommation et récupérez tous les spécimens pourris.

Épinards .—Semez quelques graines pour une récolte précoce.

de tomates peuvent être semées dans les serres.

AVRIL

Artichauts .—Sèmez les graines pour la récolte de l'année prochaine. Un loam sableux profond et riche est préférable. Fourchez un pansement de fumier bien décomposé autour des vieilles plantes.

Asperges . — Mettez du bon fumier dans le lit et travaillez soigneusement le sol avant le début des couronnes. Semez les graines en pleine terre pour les jeunes plants pour un nouveau lit.

Haricots .—Limas peut être démarré sur du gazon dans un foyer ou un châssis froid vers la fin du mois.

Betteraves. —Le terrain doit être préparé et les graines semées pour les betteraves destinées au bétail dès que le temps le permet. Mettez-les avant de planter du maïs. Ils résisteront à un froid considérable et devraient être plantés tôt pour faire démarrer les mauvaises herbes.

Les mûres doivent être taillées, les broussailles arrachées, empilées et brûlées. S'il est nécessaire de les tuteurer, essayez un treillis métallique, le même que pour les raisins, en mettant un fil de 2 1/2 pieds de haut. Les jeunes plants doivent être déterrés avant le début des bourgeons.

de chou peuvent être semées en pleine terre, dans des châssis froids ou dans des bacs ou des caisses dans la maison. Les variétés précoces doivent être démarrées immédiatement. Les choux aiment un terreau riche et lourd, avec un bon drainage. Donnez-leur tout le fumier que vous pouvez obtenir.

de chou-fleur peuvent être semées vers la fin du mois. Ils ne devraient jamais avoir de contrôle à partir du moment où la graine est semée jusqu'à sa récolte.

Carotte .—Semez les graines des variétés précoces, comme le forçage précoce, dès que le sol peut être travaillé.

Céleri. —Prévoyez de cultiver du céleri selon la nouvelle méthode. Pour ce faire, il faut beaucoup de fumier et d'humidité. Semez les graines dans un sol léger et riche dans la maison, dans une serre, dans une chambre froide ou en pleine terre. Transplantez les plantes une fois avant de les mettre au champ. Page 505.

Cresson .—Semer tôt et toutes les deux ou trois semaines. Le cresson doit être semé dans un sol humide ou dans des ruisseaux. Les bords extérieurs d'un foyer peuvent également être utilisés. Le cresson est souvent une culture rentable lorsqu'il est correctement utilisé.

de concombre peuvent être semées sur du gazon dans le foyer.

Aubergine. —Semez dans le foyer et transplantez à 2 po de hauteur dans d'autres plates-bandes ou pots. Il faut en prendre bien soin, car un frein à leur croissance signifie toute la différence entre profit et perte.

Laitue . — Semer les graines en serre et en pleine terre dès qu'on peut la travailler. Les plantes semées il y a un mois doivent être repiquées.

Poireau. —Semez les graines en pleine terre dans des forets espacés de 6 po et 1 po de profondeur, et lorsqu'elles sont assez grosses, éclaircissez à 1 po dans le rang.

Melon musqué .—planter des graines dans des mottes de terre dans le foyer.

Panais. —Creusez les racines avant qu'elles ne poussent et ne deviennent molles et moelleuses. Les graines peuvent être semées dès que le sol est suffisamment sec pour fonctionner.

Persil. —Tremper les graines dans l'eau tiède pendant quelques heures et semer en pleine terre.

Pois. —Semez les graines dès que le sol peut être travaillé. Ils résisteront également au froid et au repiquage. On peut gagner du temps en semant quelques graines dans du sable humide dans une caisse en cave et en les transplantant lorsqu'elles ont bien germé. Plantez profondément dans un sol léger et sec; couvrez d'abord un pouce et dessinez la terre au fur et à mesure que les vignes poussent.

Pommes de terre .—Planter tôt sur un sol riche, exempt de brûlure et de gale. Pour une récolte très précoce, les pommes de terre peuvent germer avant la plantation.

Poivrons. —Semez les graines dans le foyer ou dans les caisses de la maison.

de radis peuvent être semées en pleine terre ou dans une serre et la récolte y est récoltée. Les petites variétés rondes sont les meilleures à cet effet.

Fraises. —Faites un bon travail du sol entre les rangées, puis retirez le paillis des plantes et placez-le dans les rangées, où il aidera à maintenir les mauvaises herbes en place.

Salsifis. —Semez les graines dès que le sol peut être travaillé. Donnez les mêmes soins et la même culture que pour les carottes ou les panais.

d'épinards doivent être semées tôt, puis toutes les deux semaines successivement. Éclaircissez et utilisez les plantes avant qu'elles n'envoient des tiges florales.

Courges .—Les courges Hubbards et d'été peuvent être cultivées sur le gazon du foyer.

Tomate .—Semez en serre ou dans des caissettes peu profondes dans la maison. Essayez quelques-unes des variétés jaunes ; ils sont les plus savoureux de tous.

PEUT

Haricots .—Les sortes de buissons peuvent être plantées en pleine terre, et les limas dans des pots ou des gazons dans un cadre froid ou un foyer épuisé. Les Limas nécessitent une longue saison pour mûrir et doivent être commencées tôt.

Betteraves .—Semez pour une succession. Transplantez ceux commencés sous verre.

Les choux donnent toujours de meilleurs résultats sur un gazon fraîchement retourné et doivent être plantés avant que la terre n'ait eu le temps de sécher après le labour. Le secret pour réussir à obtenir une grande récolte de choux est de commencer avec une terre riche et d'y mettre tout le fumier disponible. Nettoyez la porcherie à cet effet.

Concombres . — Semer en pleine terre vers la fin du mois. Quelques-uns peuvent être démarrés comme conseillé pour les haricots de Lima.

Laitue .—Semez pour une succession et éclaircissez à 4 po dans les rangées.

Melons. —Planter en pleine terre vers la fin du mois. Il est inutile de planter des melons et autres plantes cucurbitacées tant que le temps n'est pas revenu.

Oignons. —Terminer la plantation et le repiquage, et éliminer toutes les mauvaises herbes, tant dans le lit de semence qu'en plein champ.

Pois.—Semez pour une succession.

Courges. —Planter comme conseillé pour les melons et les concombres. Ils nécessitent un sol riche et bien fumé.

Fraises .—Retirer les fleurs des plantes nouvellement plantées. Paillez avec du foin salé ou du foin des marais ou de la paille propre ou des feuilles celles qui doivent supporter. Le paillage conserve l'humidité, garde les baies propres et empêche la croissance des mauvaises herbes.

Maïs sucré . — Plantez des variétés hâtives et tardives, et en faisant deux ou trois plantations de chacune, à intervalles réguliers, une succession peut être maintenue tout l'été et l'automne. Le maïs sucré est délicieux et on ne peut guère en consommer trop.

Tomates. —Placez quelques plants précoces vers le milieu du mois ou vers le milieu du mois, si le sol est chaud et si la saison est précoce et belle. Ils peuvent être protégés du froid en les recouvrant de foin, de paille, de tissu ou de papier, voire de terre. La récolte principale ne doit pas être effectuée avant le 20 ou le 25, ou jusqu'à ce que tout risque de gel soit écarté. Cependant, les tomates résisteront plus au froid qu'on ne le suppose habituellement.

JUIN

Asperges . — Cesser de couper et laisser pousser les pousses. Gardez les mauvaises herbes vers le bas et le sol bien remué. Une application d'un engrais commercial rapide ou de fumier liquide sera bénéfique.

Haricots .—Semez les sortes de cire pour la succession. Dès qu'une récolte est terminée, arrachez les vignes et plantez du chou tardif, des navets ou du maïs sucré.

Betteraves .—Transplantation en rangées espacées de 1 à 3 pieds et 6 pouces dans la rangée. Coupez la majeure partie du dessus, arrosez abondamment et ils commenceront bientôt.

Chou et chou-fleur .—Définir les plantes pour la récolte tardive. Un gazon riche et fraîchement retourné et un épandage épais de fumier bien décomposé contribuent grandement à assurer une bonne récolte.

Céleri. —Réglez la culture principale et essayez la nouvelle méthode consistant à espacer les plantes de 7 pouces dans chaque sens, si vous avez une terre riche et pouvez irriguer, mais pas à moins que ces conditions ne soient présentes. Page 505.

Les concombres peuvent encore être plantés, si cela est fait au début du mois.

Groseilles .—Pulvériser du vert de Paris pour le ver de groseille jusqu'à la nouaison. L'hellébore est bon, mais il est difficile de l'obtenir de bonne force ; utilisez-le pour toutes les pulvérisations tardives.

Laitue .—Semez pour la succession dans un endroit humide, frais et partiellement ombragé. La graine ne germe pas bien par temps chaud.

Les haricots de Lima doivent être sarclés fréquemment et démarrés sur les poteaux s'ils sont contraires.

Melons.—Cultiver souvent et surveiller les insectes. Un écran de fil métallique étroitement tissé ou une moustiquaire peut être utilisé pour recouvrir les vignes, ou de la poussière de tabac tamisée épaissement.

Oignons. —Garder exempt de mauvaises herbes et remuer le sol fréquemment et surtout après chaque pluie.

Courges. —Gardez le sol bien cultivé et faites attention aux insectes. (Voir *Melons* .) Superposez les vignes et recouvrez les joints de terre fraîche, pour éviter la mort des vignes à cause des attaques du foreur.

Fraises. —Labourez l'ancien lit qui a donné naissance à deux récoltes, car il ne sera généralement pas rentable de le conserver. Réglez le sol pour du chou tardif ou une autre culture. Le jeune lit qui a porté la première récolte doit être soigneusement labouré et la charrue doit passer près des rangs pour les rétrécir à la largeur requise. Arrachez ou binez toutes les mauvaises herbes et gardez le sol propre le reste de la saison. Cela s'applique avec la même force au lit nouvellement installé. Un lit pourra être dressé à la fin du mois prochain par de jeunes coureurs. Pincez l'extrémité après le premier joint et laissez-la s'enraciner sur un gazon ou dans un petit pot placé au niveau de la surface.

Tomates .—Pour une récolte précoce, formez un treillis, pincez toutes les pousses latérales et laissez toute la force aller vers la tige principale. Ils peuvent également être dressés sur des poteaux, comme les haricots de Lima, et peuvent être rapprochés s'ils sont cultivés de cette manière. Pulvérisez la bouillie bordelaise contre le mildiou, gardez le feuillage éclairci et les vignes hors du sol.

Navets .—Sow pour une récolte au début de l'automne.

JUILLET

Haricots .—Semez les sortes de cire pour une succession.

Betteraves .—Sow Early Egyptien ou Eclipse pour les jeunes betteraves l'automne prochain.

Mûres. —Reculez les jeunes cannes à 3 pieds, et les latérales également lorsqu'elles s'allongent. On peut les pincer avec l'ongle du pouce et le doigt dans une petite zone, mais cela rend vite les doigts douloureux, et lorsqu'il y a de nombreux buissons à parcourir, il est préférable d'utiliser une paire de cisailles ou une faucille bien aiguisée.

Chou .—Définir les plantes pour la récolte tardive.

Maïs .—planter du maïs sucré pour la succession et une utilisation tardive.

Concombres. —Il est tard pour les planter, mais ils peuvent être mis en cornichons s'ils sont faits avant le quatrième. Cultivez ceux qui sont en place et gardez un œil ouvert sur les bugs.

Groseilles. —Couvrez quelques buissons de mousseline ou de toile de jute avant que les fruits ne mûrissent, et vous pourrez manger des groseilles en août. Utilisez l'hellébore, plutôt que le vert de Paris, pour la dernière couvée de vers de groseille, et appliquez-le dès l'apparition des vers. Il y a peu de danger à l'utiliser, même si les groseilles sont mûres.

de laitue ne germent pas bien par temps chaud. Semez dans un endroit humide et ombragé pendant une succession.

Haricots de Lima. —Sarclez-les fréquemment et aidez-les à monter sur les poteaux.

Melons. —Surveillez les insectes et appliquez librement de la poussière de tabac autour des plantes. Gardez-les bien cultivés. Une légère application de farine d'os sera payante.

Les pêches, les poires et les prunes doivent être éclaircies pour obtenir des fruits fins et aider à maintenir la vigueur de l'arbre. La maturation des graines est ce qui fait appel à la vitalité de l'arbre, et si le nombre de graines peut être réduit de moitié ou des deux tiers, une partie de la force nécessaire pour les faire mûrir ira au perfectionnement des fruits et des graines restantes, et contribuera grandement à leur maturation. l'apparence, la saveur et la qualité de la portion comestible.

Radis. —Semez les premières variétés pour une succession, et vers la fin du mois les variétés d'hiver peuvent être mises en place.

Framboises. —Pincez les cannes à 2-1/2 pieds, de la même manière que pour les mûres.

Courges. —Gardez le sol bien agité et utilisez librement la poussière de tabac contre les insectes et les coléoptères. Couvrir les joints de terre fraîche pour se prémunir contre les blessures du foreur de la vigne.

AOÛT

Betteraves. —Un dernier semis des premières sortes de table peut être effectué pour une succession.

Chou. —Récoltez la première récolte et donnez une bonne culture à la récolte principale. Gardez les insectes et les vers.

Céleri.—La dernière récolte peut encore être fixée. Les plantes plantées plus tôt doivent être manipulées dès qu'elles atteignent une taille suffisante. Les tuiles de drainage communes sont excellentes pour blanchir si on en a et doivent être mises en place lorsque les plantes sont à moitié développées. Binez fréquemment pour maintenir la croissance des plantes.

Oignons. —Récolter dès que les bulbes sont bien formés. Laissez-les reposer sur le sol jusqu'à ce qu'ils soient guéris, puis dessinez-les sur le sol de la grange ou dans un autre endroit aéré et étalez-les finement. Marché lorsque vous pouvez obtenir un bon prix, et le plus tôt sera le mieux.

des tomates peut être accélérée en étant cueillies au moment où elles commencent à se colorer et placées en une seule couche dans un cadre froid ou un foyer, où elles peuvent être recouvertes d'une ceinture.

SEPTEMBRE

Dans de nombreuses régions du Nord, il n'est pas trop tard pour semer du seigle, des pois ou du maïs afin de protéger les vergers pendant l'hiver. En règle générale, il n'est pas conseillé de labourer les vergers très tard à l'automne. C'est le bon moment pour tailler les clôtures et brûler les tas de broussailles, afin de détruire les gîtes larvaires des lapins, des insectes et des mauvaises herbes. Des boutures de groseilles et de groseilles peuvent être prélevées. Utilisez uniquement le bois de la croissance de l'année en cours, en faisant des boutures d'environ un pied de long. Enlevez les feuilles, si elles ne sont pas déjà tombées, attachez les boutures en gros paquets et enterrez-les dans une cave froide ou dans une butte sablonneuse et bien drainée ; ou si le lit de coupe est bien préparé et bien drainé, ils peuvent être plantés immédiatement, le lit étant bien paillé à l'approche de l'hiver. Septembre et octobre sont de bons mois pour planter des vergers, à condition que le sol soit bien préparé et bien drainé et qu'il ne soit pas trop exposé aux vents violents. Les terres humides ne devraient jamais être aménagées à l'automne ; et ces terres, cependant, ne sont pas propres aux vergers. Les fraises peuvent encore être prises ; aussi des fruits de brousse.

Des graines de diverses fleurs peuvent maintenant être semées pour la floraison hivernale, si l'on dispose d'une véranda ou d'une bonne fenêtre. Les pétunias, les phlox et de nombreuses plantes annuelles font de bonnes plantes de fenêtre. Des résultats plus rapides sont cependant obtenus si les plants de pétunias et autres plantes de bordure sont déterrés juste avant le gel et placés dans des pots ou des boîtes. Gardez-les au frais et à l'ombre pendant quelques semaines, coupez les sommets et ils donneront une croissance vigoureuse et florifère. Les rosiers d'hiver devraient désormais être en place dans les massifs ou en pots.

Il y aura des jours impairs où l'on pourra aller dans les bois et les champs et récolter des racines d'herbes sauvages et d'arbustes pour les planter dans la cour ou le long des bordures inutilisées du jardin.

OCTOBRE

Asperges. —Les vieilles plantations doivent maintenant être nettoyées et les cimes enlevées immédiatement. C'est le bon moment pour épandre du fumier sur les plates-bandes. Pour les jeunes plantations, qui peuvent être démarrées maintenant ainsi qu'au printemps, choisissez un sol chaud et ensoleillé, et donnez à chaque plante suffisamment d'espace. Nous aimons les placer en rangées espacées de 5 pieds et espacées d'au moins 2 pieds dans les rangées.

Choux. —Les têtes qui hiverneront le mieux sont celles qui viennent d'être complètement formées, et non celles qui sont trop mûres. Pour un usage familial, enterrez un fût vide dans un endroit bien drainé et remplissez-le de bonnes têtes. Placez beaucoup de feuilles sèches dessus et couvrez le tonneau pour qu'il pleuve. Ou encore, empilez quelques choux dans un coin du sol de la grange et couvrez-les avec suffisamment de paille pour éviter qu'ils ne gèlent. Pages 159, 470.

Les plants de chou, germés à partir de graines le mois dernier, doivent être repiqués dans des châssis froids, en plaçant environ 600 par châssis ordinaire et en les plaçant assez profondément.

Chicorée. —Creusez ce qu'on veut pour la salade et conservez-le dans du sable dans une cave sèche.

Endive. —Blanchir en ramassant les feuilles et en les attachant légèrement aux extrémités.

Gestion générale du jardin. —Les seules plantations qui peuvent être faites en pleine terre à l'heure actuelle sont limitées à la rhubarbe, aux asperges et peut-être aux plants d'oignons. Commencez à penser aux semis de l'année prochaine et à prendre des dispositions pour le fumier qui sera nécessaire. Souvent, vous pouvez l'acheter maintenant avec avantage et le transporter pendant que les routes sont encore bonnes. Nettoyez et labourez le sol lorsque les récoltes sont récoltées.

Laitue. —Les plantes à hiverner doivent être placées dans des cadres comme les plants de chou.

Oignons. —Plantez des ensembles d'Extra Early Pearl, ou d'une autre espèce rustique, de la même manière qu'au début du printemps. Ils hiverneront probablement bien et donneront une récolte précoce d'oignons en bottes fines. Pour le Nord, les semis d'automne de graines d'oignon ne peuvent pas être recommandés.

Persil. —Soulevez quelques plantes et placez-les dans un cadre froid espacé de 4 ou 5 pouces, ou dans une boîte remplie de bonne terre, et placez-les dans une cave légère ou sous un hangar.

Poires. —Cueillez les variétés d'hiver juste avant qu'il n'y ait un risque de gel. Mettez-les dans un endroit frais et sombre, où ils ne moisiront ni ne se ratatineront. Pour accélérer la maturation, on peut, selon les besoins, les amener dans une pièce chaude.

Rhubarbe. —Si les plantes doivent être plantées ou replantées cet automne, enrichissez le sol avec une surabondance de bon fumier d'écurie et donnez à chaque plante quelques pieds d'espace dans chaque sens. Afin d'avoir des plants de tarte frais en hiver, déterrez quelques racines et plantez-les dans une bonne terre dans un tonneau placé à la cave.

Patates douces. —Creusez-les à maturité après les premières gelées. Coupez les vignes et retournez les pommes de terre avec une fourchette à pommes de terre ou une charrue. Manipulez-les avec précaution pour éviter les ecchymoses. Seules les racines saines et bien mûres sont en bon état pour être hivernées.

NOVEMBRE

Asperges. —Fumier avant le début de l'hiver.

Betteraves .—Ils se conservent mieux dans les fosses. Certains peuvent être conservés en cave pour être utilisés pendant l'hiver, mais recouvrez-les de sable ou de gazon pour éviter qu'ils ne se flétrissent.

Mûres. —Coupez le vieux bois et paillez les racines. Les variétés tendres doivent être déposées et légèrement recouvertes de terre aux extrémités.

Carottes. —Traiter comme conseillé pour les betteraves.

Céleri . — Déterrez les tiges, en laissant les racines, et placez-les rapprochées les unes des autres dans une tranchée étroite, les sommets étant juste au niveau du sol. Recouvrez-les progressivement de planches, de terre et de fumier. Une autre façon consiste à les placer debout sur le sol d'une cave ou d'un local à racines humide, en gardant les racines humides et les sommets secs. Le céleri peut supporter un peu de gel, mais pas une exposition à moins de 22° F. Les tiges destinées à être utilisées avant Noël peuvent, dans la plupart des localités, être laissées à l'extérieur, pour être utilisées à volonté. Si le froid s'installe tôt, ils auront besoin d'une couverture d'une manière ou d'une autre. Page 475.

Gestion des vergers. —Les jeunes arbres devraient avoir un monticule de terre élevé autour de la tige pour les soutenir et les protéger contre les souris, etc. Les petits arbres récemment plantés peuvent avoir des tuteurs placés à côté d'eux et être attachés aux tuteurs avec une large bande. Des pommiers et des poiriers pourraient encore être plantés. Coupez le bois superflu ou malsain des vieux vergers.

Épinards. —Couvrir légèrement les plates-bandes de feuilles ou de litière avant que l'hiver ne s'installe.

Fraises. —Bientôt il sera temps de pailler les plates-bandes. Fournissez du foin de marais ou autre litière grossière, exempte de graines de mauvaises herbes, et lorsque le sol a gelé d'environ un pouce, étalez-le sur toute la surface de manière fine et uniforme.

DÉCEMBRE

Choux .—Les plantes placées dans des châssis froids doivent être aérées librement et conservées au frais. Les têtes destinées à un usage hivernal et printanier, si elles ne sont pas encore rentrées ou protégées du gel sévère, doivent maintenant être entretenues. Ne les couvrez pas trop profondément et ne les stockez pas dans un endroit trop chaud.

Carottes. —Conservez-les dans des caves ou des fosses. Si vous êtes dans des caves, gardez les racines recouvertes de sable ou de gazon pour éviter le flétrissement.

Gestion générale du jardin. —Commencez dès maintenant à faire vos plans pour les travaux de la saison prochaine. Étudiez attentivement la question de la rotation, ainsi que celle de nourrir vos cultures de la manière la plus efficace et la plus économique. Réparer les cadres, les châssis et les outils. Dégagez le jardin et les locaux. Drainage souterrain si nécessaire. Les plates-bandes de légumes primeurs doivent être disposées en crêtes hautes et étroites, avec des sillons profonds entre elles. Cela vous permettra de les planter plusieurs jours ou semaines plus tôt qu'autrement.

Chou frisé. —Dans les endroits très exposés ou au nord, recouvrez-le légèrement de litière grossière.

Oignons. —Pour l'hivernage, sélectionnez uniquement des bulbes bien mûrs et parfaitement secs. Conservez-les dans un endroit sec et aéré, pas en cave. Ils peuvent être étalés en fine couche sur le sol, loin des murs, laissés geler, puis recouverts de foin ou de paille sur plusieurs pieds de profondeur.

Panais. —Récolter quelques racines pour l'hiver et les conserver dans le sable de la cave.

Les plates-bandes de fraises devraient recevoir leur couverture hivernale de foin de marais, etc., dès que le sol est complètement gelé.

SUGGESTIONS ET RAPPELS.—II. POUR LE SUD

JANVIER

Annuelles .—Toutes sortes de plantes annuelles et vivaces, telles que l'alyssum, le muflier, la digitale, la rose trémière, le phlox, le pavot, la pensée, la lobélie, le candytuft, le pois de senteur, le rose de Chine, le william doux, le pied d'alouette, les cinéraires à feuillage, la centaurée, la réséda et beaucoup d'autres de la même classe peuvent être semés. La plupart d'entre eux doivent être semés finement et là où ils sont destinés à fleurir, car ils se transplantent mal sous cette latitude.

Les cannas, caladiums, phlox vivaces, chrysanthèmes et verveines peuvent être repris, divisés et replantés.

Les roses peuvent être plantées en grande quantité. Laissez le sol qui leur est destiné être soigneusement fertilisé avec du fumier. Parfois, une plante peut être reprise et divisée. Les variétés hybrides peuvent désormais être marcottées. Cela se fait comme suit : sélectionnez une pousse et pliez-la à plat sur le sol ; tenez-le à deux mains, en laissant une distance d'environ 6 pouces entre elles ; gardez la main gauche ferme et, avec la droite, donnez une forte torsion à la pousse ; couvrez-le maintenant de 4 pouces de terre et attachez l'extrémité libre à un piquet vertical.

Les massifs d'asperges doivent être généreusement fumés. De nouveaux lits devraient maintenant être faits. Placez les plantes à 6 pouces de profondeur. Semez les graines maintenant.

Les betteraves et tous les légumes rustiques (carottes, panais, navets, rutabagas, chou-rave, épinards, laitue, fines herbes, etc.) peuvent désormais être semés, plantés ou repiqués.

Les plants de chou doivent être plantés sur un sol fortement fumé. Semez les graines du début de l'été pour un approvisionnement ultérieur.

Fruits . — Si possible, toutes les plantations et transplantations d'arbres fruitiers et de vignes devraient être terminées ce mois-ci. La taille doit être terminée le plus tôt possible et la préparation effectuée pour protéger les fleurs des fruits tendres le mois prochain. Plantez des plants de fraisiers et, par temps sec, passez le cultivateur sur tous les vieux lits qui sont du tout envahis de mauvaises herbes. C'est un bon plan, lorsque cela est possible, de pailler les plates-bandes. Ici, on peut se procurer en abondance de la paille de pin . Examinez les pêchers à la recherche de foreurs. Les framboises et les mûres doivent être taillées maintenant si le travail n'est pas déjà fait. Les boutures de poires Le Conte, de prunes Marianna, de vignes et de grenades doivent être mises immédiatement si elles ont été oubliées jusqu'à présent. La greffe de racines devrait progresser rapidement ; c'est le meilleur moment pour ce travail important.

Graines d'oignon. —Semez immédiatement et plantez dès que possible.

Pois .—Semez les variétés précoces et tardives. Les variétés tardives réussissent mieux si elles sont semées à cette saison.

Travail de saison. —C'est un bon mois pour obtenir des cannes pour tuteurer les pois, les tomates et les haricots, transporter le fumier, effectuer des réparations et examiner les outils, etc. Au fur et à mesure que la récolte d'automne est récoltée, la terre doit être préparée pour une autre récolte. Le drainage des carreaux est désormais de mise. Préparez les cadres à recouvrir de toile pour une utilisation le mois prochain.

Patates douces. — Quelques-uns peuvent être couchés dans un cadre pour obtenir des « tirages » pour un départ vers le 15 mars.

Tomates, aubergines et poivrons. —Semez maintenant sur un léger foyer. Lorsque les plantes poussent, il faut leur donner tout l'air possible pendant la journée. Ils peuvent être élevés sans chaleur, mais à cette saison, il vaudrait mieux que ce plan ne soit tenté que par des personnes habiles.

FÉVRIER

de semer les asters, cannas, dahlias, héliotropes, lobélies, pétunias, pyrèthres, ricins, salvias et verveines dans un châssis froid, où ils peuvent bénéficier d'une certaine protection contre les fortes pluies.

Les cannabis devraient être transplantés maintenant.

Les chrysanthèmes doivent être plantés dans un sol bien fertilisé, dans un endroit où l'eau peut leur être facilement fournie.

Les dahlias peuvent être repris et divisés dès le début de leur croissance.

Les bulbes de glaïeuls et de tubéreuses doivent être plantés maintenant. C'est un bon plan de prolonger la plantation jusqu'en mars et avril.

Pensées .—plantez-les dans les plates-bandes où elles doivent fleurir.

Travaux de routine . — L'engazonnement devrait maintenant se dérouler rapidement. S'il est impossible d'obtenir du gazon, le sol peut être planté d'herbe des Bermudes. Plantez de petits morceaux d'herbe à un pied de distance et arrosez-les si le temps est sec, et ils pousseront rapidement. Les haies doivent être dégagées et remises en bon état. Toutes les plantations d'arbres et d'arbustes devraient être terminées ce mois-ci. Toute taille d' arbres doit être effectuée au début du mois. Les jeunes roses ne peuvent pas être plantées trop tôt en février. Ils prospèrent mieux lorsqu'ils sont plantés à l'automne. Faites rouler les disques et réparez-les si nécessaire. La pelouse nécessitera désormais des soins constants et la tondeuse doit être utilisée avant que l'herbe n'atteigne 1-1/2 po de hauteur.

Les haricots nains peuvent être plantés le 14 février. Sur les terres alluviales, il est préférable de les planter sur de légères pentes pour se protéger des pluies qui surviennent parfois vers la fin du mois. Si le gel menace au moment où les haricots commencent à apparaître, recouvrez-les d'un pouce de profondeur avec la charrue ou le cultivateur manuel. Semez d'abord Early

Mohawk, et à la fin du mois, semez Early Valentine ; une semaine plus tard, semez les variétés de cire.

Chou ,—Semez des variétés précoces, telles que le début de l'été, le début de la tête de tambour et le début du Flat Dutch. Etampes, Extra Early Express et Winnigstadt semés pour les petites têtes dans l'ordre indiqué ont très bien réussi dans le sud de la Louisiane. Les plantes semées plus tôt doivent être repiquées aussi souvent que possible. Si les vers causent des problèmes, saupoudrez les plantes avec un mélange d'une partie de poudre de pyrèthre pour six parties de poussière fine.

Il faut maintenant semer *les carottes, le céleri, les betteraves, les endives, le chou-rave, les oignons, le persil, les panais, les radis et les navets violets* .

Maïs .—planter Extra Early Adams, Yellow Canada, Stowell Evergreen et White Flint vers le milieu du mois. Semez à nouveau une semaine plus tard, et à nouveau après une autre semaine. Si les deux premiers semis échouent, le dernier donnera une récolte précoce.

Concombres. —Semez et protégez avec de petites caissettes pendant les jours et les nuits froides, ou semez en pots ou sur gazon. Protégez les plants avec des écharpes ou des toiles et plantez-les tardivement.

Laitue .—Sèmez les graines et repiquez les plantes disponibles. Cette culture nécessite un sol bien pourvu en nutriments végétaux.

Melons. —Plantez les graines de la même manière que celle conseillée pour les concombres.

Gombo .—sèmez les graines sur du gazon et plantez les plantes le mois prochain.

Pois .—Semez des graines d'un certain nombre de variétés.

Les poivrons et les aubergines , s'ils n'ont pas été semés le mois dernier, devraient l'être maintenant. Semez-les sous des châssis vitrés et gardez-les à proximité. Lorsque les plantes apparaissent, donnez un peu d'air, et augmentez-le en fonction de la météo. Si un grand nombre de plants est nécessaire, le semis peut être retardé jusqu'au mois prochain. Si les altises vous dérangent, utilisez beaucoup de bordeaux sur les aubergines.

Pommes de terre irlandaises. —La culture principale devrait être semée le plus tôt possible. Les variétés standards sont Early Rose, Peerless et Burbank.

Fraises. —Passez le cultivateur à travers elles au moins une fois toutes les trois semaines ; s'ils doivent être paillés, récupérez le matériel nécessaire. Les fraises plantées en février donnent rarement une grande récolte.

Les patates douces peuvent désormais être plantées en massif et protégées par une toile, ou une rangée ou deux de tubercules entiers peuvent être plantées pour les « tirages » et les vignes.

Les tomates dans des cadres doivent recevoir tout l'air et la lumière possibles et suffisamment d'espace si elles sont protégées par une toile, ne laissez pas les plantes se rassembler.

MARS

Haricots .—Semez toutes les variétés pour une récolte d'automne. Dès que les plantes apparaissent, le cultivateur doit parcourir la culture et continuer aussi souvent que nécessaire.

Maïs .—Continuer à planter ; et nous recommandons de herser la parcelle dès l'apparition du jeune maïs. Il est généralement planté dans des collines espacées de 3 ou 4 pieds, mais de meilleurs résultats seront obtenus en plantant en semoirs et en laissant une tige tous les 12 pouces.

Concombres. —Semez dans des collines espacées de 4 pieds, en utilisant une quantité généreuse de graines pour chaque colline. Lorsque les plantes poussent, éclaircissez-les à environ six dans la colline. Lorsque les plantes commencent à avoir des feuilles rugueuses, retirez-en une ou deux supplémentaires de chaque colline. Les chrysomèles rayées du concombre sont parfois très nombreuses, et pour obtenir un peuplement de plantes, il est nécessaire de parcourir la parcelle tôt chaque matin et d'arroser toutes les collines de chaux éteinte à l'air.

Aubergines. —Vers la fin du mois, les plantes poussant en cadres peuvent être transplantées dans leurs quartiers fruitiers. Les graines peuvent être semées à l'extérieur après le 15 mars ; plus tôt si un endroit chaud et abrité est choisi.

Laitue. —Semez en semoirs, et lorsque les plantes sont assez grandes, éclaircissez à un pied de distance. S'ils sont transplantés à cette saison, ils montent souvent en graines.

Okra. —Un semis peut être effectué maintenant, mais il serait préférable de différer la plantation principale jusqu'après le 15 mars. Semer dans des forets espacés de 3 pieds et éclaircir les plantes à 18 po de distance dans les forets.

Pois .—Les variétés précoces peuvent être semées ; il est maintenant trop tard pour semer des espèces à croissance élevée.

Poivrons. —Traiter comme conseillé pour les aubergines.

Pommes de terre irlandaises. —Il n'est pas trop tard pour les planter, mais le plus tôt sera le mieux. La récolte semée en février doit être hersée dès que les pousses commencent à pousser, et lorsque les rangs sont bien visibles, le cultivateur doit être mis au travail pour éloigner les mauvaises herbes et l'herbe.

Courges .—planter des graines dans des collines espacées de 6 pieds. Les instructions pour planter des melons peuvent être suivies. Les mêmes remarques s'appliquent aux citrouilles et autres légumes de cette espèce.

Patates douces. —Si des plants ou des vignes sont disponibles, ils peuvent être plantés à la fin du mois pour les tubercules les plus précoces. Les pommes de terre entières peuvent être plantées sur une crête pour produire des vignes pour une plantation ultérieure.

Fraises. —Le paillage des plates-bandes ou des rangées ne devrait plus être retardé si l'on veut des fruits propres et abondants.

Tomates. —Vers le 15 mars, les plantes à charpente peuvent se rendre dans leurs quartiers fructifères. Il est nécessaire de faire preuve de jugement dans cette affaire, car ils pourraient être tués ou blessés par un gel d'avril. Les graines peuvent être semées en pleine terre pour les plantes à fructification tardive. Placez les plantes à 4 pieds l'une de l'autre dans chaque sens.

AVRIL

Alternantheras devrait sortir maintenant.

Les annuelles de toutes sortes peuvent encore être semées là où elles doivent fleurir, car elles se transplantent difficilement à cette saison.

Coleuses .—Plantez-les maintenant dans les massifs. Les boutures s'enracinent facilement, nécessitant simplement d'être plantées.

Des haricots de toutes sortes peuvent être plantés, notamment des haricots de Lima.

Betteraves. —Faire un autre semis.

Les plants de chou obtenus à partir des semis de printemps doivent être plantés dès que possible. Le sol doit être très riche pour supporter cette récolte.

Concombres .—Ceux-ci peuvent être semés n'importe où maintenant.

Maïs. —Faire un semis pour donner des épis rôtis après ceux semés le mois dernier.

Okra .—Sow dans des forets espacés de 3 ou 4 pieds.

Pois. —Faire un dernier semis de variétés précoces.

Les courges (buissons) et les citrouilles peuvent désormais être plantées.

Les tomates doivent être sorties dans leurs quartiers de fructification le plus tôt possible dans le mois. Laissez-les être espacés d'au moins 4 pieds dans chaque sens.

PEUT

Haricots .—Plantez quelques haricots de brousse et de poteaux supplémentaires.

Le céleri peut maintenant être commencé. Le lit ou le box a besoin de beaucoup d'eau et doit être à l'abri du soleil.

La laitue nécessite une manipulation soigneuse pour favoriser sa germination. Il est préférable de le semer dans une boîte et de le conserver à l'ombre et à l'humidité.

Des melons, des concombres, des courges et des citrouilles peuvent être semés.

Radis .—Semez les variétés d'été jaunes et blanches.

Remarques .—C'est une lutte constante contre les mauvaises herbes tout au long de ce mois, et le cultivateur et la charrue sont toujours en marche. Au fur et à mesure que la terre devient vacante, semez du maïs ou plantez des patates douces, des lianes ou des vignes. Semez du chou-fleur italien tardif. Laissez le verger être cultivé de manière constante et approfondie et supprimez toute croissance inutile des arbres dès leur apparition. Soyez toujours à l'affût des foreurs. Gardez les fraises aussi exemptes d'herbe et de coco, ou d'herbe à bouton, que possible.

JUIN

Haricots .—Toutes sortes peuvent maintenant être semées.

Chou-fleur .—Semez les variétés italiennes.

Maïs .—Faire une plantation au début du mois et à la fin du mois.

Concombres .—Plantez quelques collines supplémentaires. À cette saison, les plantes doivent recevoir beaucoup d'eau.

Endive .—Semez et veillez à attacher les plants de grosseur suffisante.

Melons .—Sèmez successivement encore quelques eaux et melons musqués.

Le gombo peut encore être semé.

Radis .—Semez maintenant les variétés d'été.

Les courges et les citrouilles peuvent encore être semées.

de patate douce peuvent désormais être plantées en quantité.

Tomates .—Vers le milieu du mois, semez pour la récolte d'automne.

JUILLET

Haricots. —Les haricots nains et les haricots verts peuvent être plantés vers la fin du mois.

Le chou et le chou-fleur peuvent désormais être semés, mais les semis principaux devraient être reportés au mois prochain.

Carottes. —Un semis doit être effectué.

Céleri. —Sèmez et transplantez les plantes disponibles.

Concombres .—Ceux-ci peuvent être semés maintenant pour être marinés.

Endive .—greffe et truie.

Les raisins doivent être bien attachés au treillis et les pousses inutiles éliminées, afin que le bois ait la chance de mûrir complètement. Si le cultivateur et la charrue ne sont pas utilisés judicieusement, une seconde pousse s'amorcera, ce qui n'est pas souhaitable.

Laitue. —La graine doit germer avant d'être semée, et si le semis est fait par temps sec, les semoirs doivent être arrosés.

Radis .—Semez les variétés d'été.

Fraises .—Gardez les plates-bandes propres des mauvaises herbes et de l'herbe.

Tomates. —Faites un semis au début du mois, ou, ce qui est bien mieux, prélevez des boutures sur des plantes encore en production.

Navets. —Semez-en quelques-uns après une averse vers la fin du mois.

Remarques . — On ne peut pas faire grand-chose ce mois-ci, car le temps est chaud et sec, mais il ne faut pas perdre l'occasion de détruire les mauvaises herbes et de préparer la saison des semailles, qui approche à grands pas.

AOÛT

Artichauts. —Les graines du globe vert peuvent être semées maintenant et les grandes plantes obtenues au printemps. Le lit de semence doit être ombragé.

Les haricots nains, les betteraves, les haricots verts, les carottes, le céleri, les endives, le chou-rave, la laitue, la moutarde, les radis noirs et roses de Chine, le persil, les navets, les rutabagas et les salades de toutes sortes peuvent désormais être semés. Les graines doivent être semées sur de petites billons, adaptables au type de plantes, car la culture à plat n'est pas réussie dans le potager de cette section.

Le brocoli devrait être plus cultivé, car il est plus résistant que le chou-fleur. Beaucoup ne peuvent pas faire la différence entre les deux. Semez maintenant.

Les choux doivent être semés au milieu du mois. Rendre le sol très riche et ombrager le lit de semence en le gardant humide pendant tout le temps.

Le chou-fleur doit également être semé.

Les pommes de terre irlandaises doivent être plantées si possible au milieu du mois. Plantez uniquement ceux qui ont germé, et au lieu de planter au sommet de la crête, placez-les dans le sillon et couvrez 2 pouces de profondeur ; à mesure que les pommes de terre poussent, travaillez plus de terre.

Salsifis .—Sow maintenant ou au début du mois prochain.

Échalotes .—Plantez-les maintenant.

Courge .—Les types de buissons peuvent être plantés maintenant à tout moment.

Patates douces. — Les vignes peuvent encore être plantées, avec des perspectives de récolte équitable.

Tomates. —Si vous manquez de plantes, coupez les branches de bonne taille des plantes porteuses et plantez-les profondément. Gardez-les humides et ils prendront racine dans quelques jours. Faites-le juste avant qu'il ne pleuve.

SEPTEMBRE

Les annuelles de la classe rustique peuvent être semées ce mois-ci : la liste suivante aidera à faire une sélection : Calliopsis, candytuft, calendulas, cloches de Canterbury, ancolie, bleuet, marguerites, myosotis, gaillardia, godetia, pied d'alouette, *Limnanthes Douglasii* , réséda, pensées, *Phlox Drummondii* , primevères, coquelicots de toutes sortes, *Saponaria Calabrica, Silene pendula* , williams sucrés et pois de senteur.

Bulbes .—Étudiez les catalogues et déterminez vos besoins, car le moment de la plantation approche.

Lys. —Si l'on veut du succès avec le lis de Saint-Joseph ou lis vierge (*L. candidum*), il faut le planter immédiatement.

Les plantes vivaces et bisannuelles devraient être semées au début du mois. Ils ont encore deux bons mois de croissance devant eux et encore des progrès considérables. Le lit de semence aura besoin d'ombre en milieu de journée jusqu'à la levée des jeunes plants ; des désherbages fréquents seront nécessaires, car le cocotier n'a pas encore arrêté de pousser et les mauvaises herbes d'hiver font désormais leur apparition.

Remarques .—Toutes les plantes utilisées pour la salade peuvent être semées ce mois-ci. Le sol entre les rangées de cultures en croissance doit être maintenu dans un état fin et friable. Les graines de légumes de toutes sortes doivent toujours être semées sur de légères billons, sauf sur des sols très sablonneux. Si la graine est semée sur un lit plat, comme cela se pratique dans le Nord, le sol deviendra aussi dur qu'une route à péage en cas de forte pluie ; et si cette averse survient avant que les plantes ne soient levées, une croûte d'un quart de pouce de profondeur se formera et les plantes ne verront jamais la lumière du jour. Semés sur une crête, ils se portent bien, à mesure que l'eau s'écoule progressivement, laissant le sommet de la crête lâche et mou.

OCTOBRE

Toutes les graines de fleurs de printemps doivent être semées dans des boîtes ou des plateaux dans la véranda, et tous les bulbes de printemps doivent être plantés. Les jacinthes, narcisses, tulipes et anémones, renoncules et divers bulbes de lys, fleuriront en bonne saison plantés à cette époque. Les plantes à massif doivent être soigneusement surveillées afin que toute attaque de pucerons puisse être traitée immédiatement. Les pois de senteur peuvent être plantés le premier de ce mois, bien qu'ils soient généralement semés en septembre. Un endroit riche devrait être choisi pour eux. C'est le moment de faire la nouvelle pelouse. Le sol doit être soigneusement remué et bien pulvérisé, en y mélangeant une bonne couche d'engrais commercial ou, si l'on préfère, un mélange que l'on peut préparer à la maison, composé de farine de graines de coton, de phosphate acide et de sulfate de potasse. au taux de 1 000 lb, 300 lb et 100 lb respectivement, par acre. Un compost riche et bien décomposé, comme top dressing, serait également très bénéfique. Les roses taillées fin septembre ou au début de ce mois produiront de belles fleurs hivernales.

Dans le jardin , c'est un mois chargé ; certains légumes d'hiver poussent et d'autres devraient être semés. Les artichauts bourgeons doivent être séparés et espacés de 3 pieds. Les oignons peuvent encore être semés au début du mois et les échalotes doivent être divisées et plantées. Certains haricots peuvent être risqués et des pois anglais semés pour la récolte d'hiver. Quelques choux-fleurs peuvent être essayés et les concombres plantés en pots pour les serres le mois prochain. Les légumes suivants doivent être semés : Carottes, salade de maïs, cerfeuil, choux de Bruxelles, brocoli, betteraves, endive, chou-rave, chou frisé, laitue, poireaux, moutarde, persil, panais, radis, roquette, épinards, bette à carde, salsifis. Quelques choux et quelques choux-fleurs devraient être ajoutés à la liste. Les navets doivent être semés successivement toutes les deux semaines jusqu'en avril ou mai. Le céleri doit continuer à pousser et commencer à accumuler.

C'est le moment idéal pour planter le nouveau parterre de fraises. Rendre le lit riche avec du fumier bien décomposé et sélectionner de bons ensembles sains. Les Michel's Early et Cloud sont probablement les variétés les plus populaires pour la plantation générale et doivent être placées en rangées alternées.

NOVEMBRE

Les graines de fleurs et les bulbes peuvent être plantés ce mois-ci des mêmes variétés qu'en octobre. Des boutures de toutes les plantes herbacées doivent être faites et mises en pot, pour être utilisées dans la maison et pour les bordures la saison prochaine. Les coldframes devraient également être mis de l'ordre. Certains bulbes destinés au forçage hivernal doivent être sélectionnés et mis en pot. L'un des meilleurs jardiniers de Louisiane recommande le traitement suivant : sélectionnez de bons bulbes forts et plantez-les dans un sol riche et léger, en 5 pouces. pots, en les couvrant d'environ un demi-pouce. Arrosez bien et enterrez les pots à 6 ou 8 pouces de profondeur dans le sol, en les laissant là environ cinq semaines, lorsque les bulbes se révèleront bien enracinés. A partir de ce moment, exposez-les progressivement à la lumière et elles fleuriront bientôt.

Les mêmes légumes peuvent être semés qu'en octobre et les graines de chou tardives peuvent être plantées. Les variétés Flat Dutch et Drumhead sont les préférées. De nouveaux semis de pois, de navets, de moutarde et de radis doivent être faits, et les serres préparées et aménagées pour les concombres. On ne peut pas trop veiller à ce que le fumier soit dans les meilleures conditions possibles, de manière à pouvoir compter sur un bon apport de chaleur. Les concombres plantés le mois dernier seront désormais prêts à être plantés dans les serres et une récolte d'hiver forcée.

Plantation de vergers et de vignes . — C'est le moment de préparer la terre. Celui sur lequel a poussé une récolte tardive de niébé convient bien à cet usage et doit être labouré en profondeur et bien travaillé. Vers la fin du mois, il faut le cultiver à nouveau, afin d'être prêt pour les arbres le mois prochain.

DÉCEMBRE

Les pelouses et les cours doivent être surveillées ce mois-ci, et une attention particulière doit être portée aux vieilles feuilles et aux déchets d'automne, qui donnent à la cour un aspect en désordre. Un bon endroit pour les feuilles est le tas de compost. Les haies doivent être aménagées et les drains de surface maintenus ouverts. Les arbustes et les rosiers doivent être taillés pour un approvisionnement précoce en fleurs. Les Camellia Japonicas sont maintenant en fleurs et il faut veiller à ce que les petites branches ne soient pas arrachées, au lieu d'être coupées correctement. Beaucoup de ces plus beaux arbres ornementaux du Sud ont été ruinés par une cueillette négligente des fleurs.

Jardin et verger. —Beaucoup de légumes d'automne peuvent être semés ce mois-ci et d'autres semés pour une succession. Il faut également semer des pois, des épinards, de la roquette, des radis, de la laitue, des endives et du chou Early York. Dans les anciennes serres usées, on peut faire germer des tomates, des poivrons et des aubergines ; il n'y aura pas assez de chaleur pour les presser, et de bonnes et fortes plantes seront sécurisées si des précautions sont prises. Les pommes de terre irlandaises peuvent être risquées s'il y a un moment favorable pour la plantation vers la fin du mois. Ils sont généralement plantés en janvier. Les chances sont à peu près égales s'ils sont plantés à la fin du mois. Des noix de toutes sortes, tant pour le bourgeonnement que pour d'autres raisons, doivent être plantées. On dit que certaines des meilleures noix de pécan de Louisiane proviennent de graines et peuvent être semées là où elles sont destinées à pousser.